随机与不确定多智能体系统

——估计与学习

李　韬　著

科　学　出　版　社

北　京

内 容 简 介

多智能体系统是分布式人工智能的主流方法之一. 多智能体系统中存在的各种随机与不确定因素对协同估计与学习算法能否成功运行以及网络的整体性能有重要影响. 本书介绍了作者近年来在随机与不确定多智能体系统分布式估计与学习方面的最新研究成果. 全书共6章, 包括随机分布式共识计算、随机分布式线性回归和基于随机梯度下降的分布式优化算法等, 建立了各类算法的收敛性条件以及算法性能与系统参数的定量关系.

本书可供应用数学、自动控制、人工智能、信号处理、系统科学及相关应用领域的科研人员、工程师、教师和研究生参考.

图书在版编目(CIP)数据

随机与不确定多智能体系统 : 估计与学习 / 李韬著. -- 北京 : 科学出版社, 2025. 3. -- ISBN 978-7-03-081344-2

I. TP18

中国国家版本馆 CIP 数据核字第 2025PP4464 号

责任编辑: 李静科　范培培 / 责任校对: 樊雅琼
责任印制: 张　伟 / 封面设计: 无极书装

科学出版社 出版
北京东黄城根北街 16 号
邮政编码: 100717
http://www.sciencep.com
北京中石油彩色印刷有限责任公司印刷
科学出版社发行　各地新华书店经销
*
2025 年 3 月第　一　版　开本: 720×1000　1/16
2025 年 3 月第一次印刷　印张: 14 3/4
字数: 295 000
定价: 98.00 元
(如有印装质量问题, 我社负责调换)

前　　言

多智能体系统是分布式人工智能的主流方法之一. 智能制造系统、智慧能源系统、无人自主系统等多个战略新兴领域的发展对多智能体协同学习、控制与决策的研究共同提出了迫切需求. 多智能体系统中存在各种随机与不确定因素, 包括节点 (智能体) 动力学噪声、量测与通信噪声、编解码误差与丢包、不可量测状态和不确定时延等, 这些不确定性对网络的整体协同能力以及协同估计与控制算法的性能有着重要影响. 网络中各种时变随机因素构成的动力学过程和网络节点的动力学以及整个网络的分布式信息架构相互交织耦合, 不确定性伴随网络信息传播的弥散导致系统存在可拓展性问题, 这些都给随机与不确定多智能体系统的协同学习与控制带来了困难和挑战. 整合随机系统控制和网络通信理论, 发展新的数学方法, 建立多智能体系统协同学习与控制的系统化理论不但会助推人工智能与系统科学自身的发展, 也必将对随机分析、最优化、数理统计和动力系统等相关数学分支产生重要影响.

近些年来, 作者主要致力于随机与不确定多智能体系统协同学习与控制的研究, 围绕着在不确定多智能体系统的框架下整合控制理论、信息理论和网络理论这个长远目标, 对随机与不确定多智能体系统的学习、控制与博弈进行了系统性研究, 从基本概念的提出、新算法的设计到算法的收敛性和性能分析, 回答了该领域的几个基本理论问题, 发展了一系列有效的数学方法. 本书和其姊妹篇《随机与不确定多智能体系统——控制与优化》系统总结了作者近年来在随机与不确定多智能体系统学习、控制与决策领域取得的代表性成果.

本书第 1 章介绍了多智能体系统的产生背景、历史发展脉络以及随机与不确定多智能体系统估计与学习问题的研究现状. 第 2 章介绍了全书所用到的关于图论、概率论和实分析中的一些预备知识.

建立分布式随机共识算法的收敛性是分布式学习、控制与优化领域的关键共性问题. 本书第 3 章研究时变随机网络图上带有混合通信噪声的分布式平均共识问题. 智能体间信息流动的网络结构建模为随机有向图序列. 通信模型涵盖了加性和乘性通信噪声的情形. 每个智能体仅与邻居智能体通信来更新状态. 通过随机李雅普诺夫方法, 利用代数图论和鞅收敛理论等工具, 我们建立了随机逼近型分布式平均共识算法实现均方和几乎必然共识的充分条件. 证明了如果随机图序列条件平衡且一致条件联合强连通, 那么所有节点的状态均方且几乎必然收敛到一个均值为平均初始值的随机变量. 我们给出了该极限随机变量方差 (均方稳态误差) 的上界与随机权重、算法步长、网络节点数和初始值以及噪声二阶矩的定量关系.

本书第 4 章研究基于共识 + 新息算法的分布式参数估计问题, 每个节点的量测是待估计参数的线性函数, 并且观测 (回归) 矩阵随时间随机地变化. 通信网络建模为随机有向图序列, 通信信道带有非一致的时变随机延时. 通过时变随机系统理论、鞅收敛理论和随机概率矩阵连乘积的分段二项展开方法, 我们将算法的收敛性分析转化为随机概率矩阵连乘积的期望的收敛性分析. 对于不存在延时的情形, 证明了如果随机图和观测矩阵满足随机时空持续激励条件, 那么可以设计适当的算法增益使得所有节点的局部估计均方且几乎必然收敛到真实参数. 此外, 对于存在延时的情形, 引入了延时矩阵来描述整个网络的非一致时变随机通信延时; 表明了如果网络图条件平衡且随机时空持续激励条件成立, 那么对于任意给定的有界延时都可以设计适当的算法增益来保证算法均方收敛. 第 5 章在第 4 章的基础上进一步研究分布式在线正则化线性回归问题. 我们提出了带有正则化参数的分布式在线正则化共识 + 新息算法. 在不要求随机回归矩阵和随机时变图满足相互独立性、时空独立性或者平稳性等统计假设的情况下, 提出了估计误差的非负上鞅不等式, 建立了保证算法几乎必然收敛的关键性条件——轨道时空持续激励条件; 证明了当算法增益、随机时变图和随机回归矩阵联合满足轨道时空持续激励条件时, 所有节点的估计都几乎必然收敛到未知参数向量. 进一步, 如果随机时变图为一致条件联合连通的条件平衡图, 且所有节点的随机回归矩阵是一致条件联合能观的, 那么可以适当选取算法增益, 保证轨道时空持续激励条件成立. 此外, 我们证明了算法的遗憾值上界取决于图的连通度和随机回归矩阵的联合能观性强度.

本书第 6 章研究了面向不确定通信网络下大规模分布式机器学习的随机梯度下降算法, 网络建模为时变随机有向图序列, 每个网络节点表示局部优化器, 每条边代表通信链路, 节点协作最小化凸成本函数之和. 我们考虑分布式次梯度优化算法, 其中每个节点只能获得局部成本函数的带有随机噪声的次梯度量测信息, 且节点之间的信息交换包含加性和乘性噪声. 利用随机李雅普诺夫方法、凸分析、代数图论和鞅收敛理论, 我们证明了如果局部次梯度函数线性增长且有向图序列是条件平衡且一致条件联合连通的, 那么可以设计合适的算法步长使得所有节点的状态几乎必然收敛到全局最优解.

本书的研究工作得到国家自然科学基金委员会、上海市科学技术委员会、上海市教育委员会的资助, 书中的内容得益于作者与所指导的多位研究生的共同合作, 包括王杰祥、张西炜、陈彦、付克利、傅晓政等, 作者在此一并致谢! 作者还要特别感谢科学出版社李静科和范培培编辑为本书的出版所作出的努力!

由于随机多智能体系统覆盖的范围很广, 加之作者水平有限, 本书中的缺点和疏漏在所难免, 恳请读者批评指正.

李　韬

2024 年 12 月

目　　录

第 1 章　绪　　论

1.1　多智能体系统的产生背景

多智能体系统 (multi-agent systems) 已经成为当前信息与系统科学的一个热点领域. 多智能体系统的概念是在不同的领域, 沿着不同的研究思路产生和发展起来的, 是生物学、物理学、计算机科学和系统控制科学等众多学科交叉融合的结果.

在计算机科学与工程领域, 随着需要计算机处理的问题的规模越来越大, 复杂程度越来越高, 集中式计算系统已经无法满足实际问题求解的需要, 从 20 世纪 70 年代中期开始, 分布式计算和分布式人工智能 (distributed artificial intelligence) 迅速发展起来. 早期的分布式人工智能的研究领域主要集中于分布式问题求解 (distributed problem solving) 系统[36, 243, 244]. 在分布式问题求解系统中, 人们把待解决的问题分解为一些子任务, 并为每个子任务设计一个执行任务的子系统. 每个低层子系统的运行方式和不同子系统间的协调关系是被高层任务系统预先定义好的, 即低层子系统对高层系统而言是一个白箱, 因此分布式问题求解系统的组织模式是相当受限的, 缺乏灵活性和可扩展性, 很难用来为社会系统等复杂系统建模. 1986 年, MIT 的著名计算机科学家及人工智能学科的创始人之一 M. Minsky 在 *The Society of Mind* 中提出了智能体 (agent) 的概念[175], 试图将社会行为的概念引入到计算机系统中. 在这里, agent 是一个计算实体, 它可以是一段软件程序, 也可以有相对应的硬件实体, 如一个机器人. 每个 agent 能够独立自主地感知环境信息并根据自身的利益要求采取行动, 同时, 每个 agent 具有和其他 agent, 并最终和人 (终端操作者) 交互信息的能力. 不同的 agent 间会相互作用, 这种相互作用包含竞争和合作两个方面, 合作是指不同的 agent 联合行动, 努力去完成每个个体不可能单独完成的群体任务, 竞争是指不同 agent 在协调合作的过程中又需要争夺有限的计算和通信资源. 这样一群相互作用的理性个体就称为多智能体系统, 在多智能体系统中, 不同智能体间既合作又竞争, 构成了人类社会的一个缩影. 与分布式问题求解系统不同, 在多智能体系统中, 每个智能体相对于其他个体或整个系统 (社会) 而言是一个黑箱, 系统 (社会) 只关心它完成的特定任务, 而不关心它具体是如何工作的. 整个问题的求解或群体任务的完成被看作不同智能体基于各自的利益要求相互通信, 进行协作和竞争的结果. 多智能体系统与分布式问题求解系统相比, 具有更高的灵活性和适应性, 从 20 世纪 90 年代开始, 多智能体系统逐渐成为分布式人工智能领域的主流方向[98, 275].

不止如此, 在控制科学与工程领域, 对复杂控制系统的研究视角也经历了一个从大系统到多智能体系统的演变过程. 大系统理论是控制理论的一个分支, 特别在二十世纪七八十年代, 是控制理论研究的一个热门领域[173, 228, 239]. 近些年来, 伴随着微型传感器技术、微机电系统技术和现代通信技术的飞速发展, 控制系统的基本结构和运行模式发生了根本的改变. 首先, 与大系统的研究对象不同, 系统的各个组成单元不再只是具有单一功能的受控对象、传感器或控制器, 而成为具备一定的传感、计算、执行和通信能力的智能体. 各个单元通过各种类型的通信网络互相传递信息, 分层分布式地互相协作以完成给定的任务, 整个控制和决策过程变成了不同智能体间相互通信以实现协调合作的过程, 通信和协作已成为整个控制系统运行的至关重要的因素. 一方面, 物联网、信息物理融合系统、多无人航行器协作等多个战略新兴领域共同对多智能体系统协同控制的研究提出了迫切需求; 另一方面, 控制理论也逐步从基于单一被控对象、传感器和控制器的单个体控制理论向基于信息网络的多智能体控制理论转变.

自 1948 年维纳发表《控制论——关于在动物和机器中控制和通信的科学》以来, 以统一的定量体系整合信息理论和控制理论可以说是无数系统控制人的梦想. 如何对付系统的不确定性是信息理论和控制理论的一个共同关注点, 研究内容包含估计 (认识世界, 或称为学习, 在具有不确定性和随机干扰的环境下最大限度地传输和获取有用信息) 及控制 (改造世界, 或称为决策, 以最小的代价设计控制律或调控策略克服不确定性, 使系统按照预先期望的目标运行) 这两个方面. 多智能体系统为人们提供了一个认识各种信息处理和控制系统的全新视角. 在传统的控制理论中, 系统由具有单一的传感、计算和执行功能的单元以及被动接受控制信号控制的被控对象组成. 如果将传感、计算和执行单元统一为控制器的话, 那么整个控制系统实际上由两部分组成: 控制器和被控对象. 从控制器到被控对象的信息传递通路称为前向控制通路, 从被控对象到控制器的信息传递通路称为后向反馈通路, 控制器和被控对象的地位是不平等的. 而在多智能体系统理论中, 系统由处于不同层次的智能体构成. 在同一个层次中, 不同智能体间的地位是平等的, 一个智能体是作为控制器还是作为被控对象只是看待问题的角度不同而已. 智能体甲对智能体乙的信息传输, 在甲看来是对乙的某种控制信号, 而在乙看来则是甲的一种信息反馈, 任何一个智能体在控制其他智能体的同时, 实际上也接受了其他智能体的控制, 前向的控制过程和后向的反馈过程都只是不同智能体间通信过程的一个有机组成部分, 这里, 控制系统和通信系统完全融合为一体, 不同智能体间的控制和协作过程就是彼此的通信过程. 因此, 信息理论和控制理论的完美整合天然地适合在多智能体系统的框架下进行.

在生物物理领域, 生物群体的自组织集体行为一直是众多生物学家和物理学家关注的焦点, 如鸟群的列队飞行、鱼群的聚集游动、昆虫和微生物的集体觅食[60, 61, 95, 191] 等. 在这些自组织现象中, 不同的个体会自发地在空间上聚集成一个整体行动或形成有序的同步化运动. 这种宏观有序的集体行为表现出单个个体所不具备的群体智能 (swarm intelligence)[35], 可以保证每个个体在觅食、交配、逃避天敌等活动中获得单独行动所得不到的收益, 从而实现种群利益的最大化. 与人类社会相似, 在生物群体的自组织现象中, 利益关联的独立决策体通过相互的信息交换和协作完成整个群体的行动目标, 因此这种自组织现象又被称为社会性聚集 (social aggregation)[95], 社会性聚集中的每个生物体也是具有独立的感知、决策和通信能力的智能体. 对社会性聚集, 科学工作者关心的是: 什么机制使得整个群体通过个体的局部信息交换和相互作用呈现出宏观层面上的有序模式? 对生物群体自组织集体行为的研究成为推动多智能体系统发展的又一驱动力.

尽管不同领域的学者对多智能体系统的研究有着不同的出发点和动机、不同的建模方法和研究思路, 但从以上多个领域建立起来的多智能体系统的概念有一些共同特点[275]. 这些共同特点包括:

- 自主性 (autonomy), 是指系统中的每个个体本身是一个独立的计算或决策实体, 具有独立的感知、计算 (决策) 和通信能力, 能够不依赖于人和外部环境的力量相对独立的行动.
- 唯理性 (rationality), 是指每个个体有着自身的行动目标和利益准则, 每个智能体基于使自身利益最大化的理性决策采取行动.
- 分布性 (distributivity), 是指每个智能体的感知和计算能力有限, 其控制或决策只能依赖于自身的状态信息和感知 (通信) 范围内邻居个体的状态信息.

综合不同领域所研究的问题, 我们可以发现多智能体系统基本上由两大要素构成:

- 个体的行为模式和局部的相互作用 (通信) 方式;
- 群体的整体目标和行为.

多智能体系统中存在各种随机与不确定因素, 包括节点 (智能体) 动力学噪声、量测与通信噪声、编解码误差与丢包、不可量测状态和不确定时延等, 这些不确定性对网络的整体协同能力以及协同估计与控制算法的性能有着重要影响. 网络中各种时变随机因素构成的动力学过程和网络节点的动力学以及整个网络的分布式信息架构相互交织耦合, 不确定性随网络信息传播的弥散导致系统存在可拓展性问题, 这些都给随机与不确定多智能体系统的协同控制带来了困难和挑战. 总的来讲, 多智能体系统可以建模为不确定图上动态系统, 其核心科学问题是: 节点动力学、信道特性和图结构满足什么条件, 使得存在适当的协同学习或控制策略, 仅通过节点间局部信息交互就能实现系统全局目标.

1.2 随机多智能体分布式估计与学习的研究现状

1.2.1 分布式共识

分布式共识 (consensus) 算法是分布式计算、估计和学习算法的基础. 所谓共识指系统中不同个体的状态随时间推移趋于一致, 特别地, 共同趋于某个关于所有个体初始状态的给定函数, 从而实现对该函数的分布式计算, 即 χ-共识问题, 也即通过设计一个网络通信协议, 使得对任意的系统初始状态 $\{x_i(0), i=1,2,\cdots,N\}$, 闭环系统都有 $x_i(t)\to\chi(x_1(0),\cdots,x_N(0))$, $t\to\infty$, $i=1,2,\cdots,N$, 其中 N 是系统中的个体数, $\chi(\cdot)$ 是一个 N 元函数. 特别地, 当 χ 函数为 N 个变元的平均, 即 $\chi(x_1(0),\cdots,x_N(0))=\dfrac{1}{N}\sum_{j=1}^N x_i(0)$ 时, 称为平均共识问题.

共识问题的研究在统计科学和计算机科学界有着悠久的历史[64,165], 在 20 世纪 80 年代, Borkar 和 Tsitsiklis 等开始用系统控制的方法研究分布式计算和决策问题[37,257]. Tsitsiklis 等提出了分布式随机逼近型共识算法并介绍了其在分布式计算和决策系统中的应用[257]. 1995 年, Vicsek 等为研究非平衡系统中的聚类、相变以及群体动物的迁徙、聚集行为提出了 Vicsek 模型[260]. 在 Vicsek 模型中, 群体中的每个个体在一个方形区域内以相同的速率运动, 在每个时刻, 每个个体的速度方向 θ_i 依照上一时刻周围邻居的平均速度方向更新:

$$\theta_i(t+1)=\arctan\frac{\sum_{j\in N_i(t)}\sin[\theta_j(t)]}{\sum_{j\in N_i(t)}\cos[\theta_j(t)]}+\Delta\theta, \tag{1.1}$$

其中 $N_i(t)$ 是 t 时刻第 i 个个体的邻居集合, $\Delta\theta$ 是零均值均匀分布的白噪声序列. 仿真结果表明, 当个体密度足够大、噪声足够小时, 所有个体的速度方向最终趋于一致.

Vicsek 模型的提出引起了系统控制界的极大兴趣. 2003 年, Jadbabaie 等对 Vicsek 模型进行了线性近似:

$$\theta_i(t+1)=\frac{1}{|N_i(t)|}\sum_{j\in N_i(t)}\theta_j(t),$$

并给出了保证不同个体的速度方向趋于一致的关于网络拓扑的一个充分条件, 即著名的联合连通条件[121]. Li 与 Jiang 给出了保证原始非线性 Vicsek 模型实现共识的弱于联合连通的拓扑条件[153]. Ren 与 Beard 则将文献 [121] 的结果推广到了加权有向图的情形, 证明了在联合含生成树的网络拓扑条件下, 系统状态可实现共识[216]. Moreau[178] 研究了更一般的一维离散时间非线性多智能体网络的稳

定性和共识, 每个智能体的动力学演化方程为

$$x_i(t+1) = f_i(t, x_1(t), \cdots, x_N(t)), \quad i = 1, 2, \cdots, N.$$

在函数 f_i, $i = 1, 2, \cdots, N$ 满足某种凸性条件下, 利用集值李雅普诺夫函数方法给出了一致全局共识的充分必要条件: 存在 $T \geqslant 0$, 使得对任意的非负整数 t, 网络拓扑在 $[t, t+T]$ 上联合含生成树.

Olfati-Saber 和 Murray [197] 为共识控制问题引入了动态网络、分布式协议等重要概念, 给出了 χ-共识问题的研究框架. 针对一阶积分型连续时间模型

$$\dot{x}_i(t) = u_i(t), \quad i = 1, 2, \cdots, N \tag{1.2}$$

和一阶积分型离散时间模型

$$x_i(t+1) = x_i(t) + \epsilon u_i(t), \quad i = 1, 2, \cdots, N,$$

设计了基于邻居状态信息的加权平均型协议

$$u_i(t) = \sum_{j \in N_i(t)} a_{ij}(x_j(t) - x_i(t)), \quad i = 1, 2, \cdots, N, \tag{1.3}$$

并讨论了分别具有固定和切换网络拓扑的平均共识问题, 证明了在固定拓扑下, 如果网络是强连通的平衡图, 那么协议 (1.3) 可以保证实现平均共识. 在切换拓扑下, 如果网络每个时刻都是强连通的平衡图, 那么协议 (1.3) 可以保证实现平均共识. Kingston 与 Beard 将文献 [197] 的结果推广到了一阶离散时间模型, 并将切换拓扑的条件减弱为联合含生成树的平衡图[138]. 对于一般的 χ-共识问题, Cortés 利用非光滑稳定性分析给出了关于 χ 函数的充分必要条件[59].

针对平均共识收敛速度的研究, 文献 [197] 指出, 平衡图的对称化图的代数连通度可以作为刻画收敛速度的性能指标. Xiao 与 Boyd 讨论了具有无向图固定拓扑的一阶离散时间平均共识问题[281], 利用半正定规划设计加权邻接矩阵以优化收敛速度. Cao 和 Olshevsky 等则研究了收敛速度与系统中个体数的关系[42,199,200].

Lin 等[154] 研究了高维连续时间非线性多智能体网络的共识, 每个智能体的动力学演化方程为

$$\dot{x}_i(t) = f^i_{\sigma(t)}(x_1(t), \cdots, x_N(t)),$$

其中 $\sigma(t)$ 是在有限个拓扑图间切换信号, 在函数 $f^i_{\sigma(t)}$, $i = 1, 2, \cdots, N$ 满足局部 Lipschitz 和严格次切向条件 (strict sub-tangentiality condition) 下, 利用非光滑分析方法给出了一致全局共识的充分必要条件: 存在 $T \geqslant 0$, 使得对任意的 $t \geqslant 0$,

网络拓扑在 $[t, t+T]$ 上联合含生成树. 对于智能体的动力学模型为线性连续时间方程、网络拓扑随时间连续变化的情形, Moreau[179] 给出了保证系统实现共识的一个充分条件.

对于分布式共识算法, 量测或通信噪声不仅影响每个智能体的决策, 而且影响系统的整体性能. 通常, 量测或通信噪声分为加性噪声和乘性噪声两类. 加性噪声以叠加的形式对信号造成干扰, 与信号存在与否无关. 与加性噪声不同, 乘性噪声是一类与信号相耦合的通信噪声, 广泛存在于现实世界中, 比如在图像雷达系统中, 乘性噪声用来刻画相干衰减的影响[84]. 对于加性通信噪声的情形, Huang 和 Manton[118] 提出了离散时间随机逼近型平均共识算法, 引入了衰减增益来抑制加性通信噪声; 针对无向连通的通信图和循环不变图, 给出了多智能体系统均方共识的充分条件. Li 和 Zhang[150] 研究了带有加性通信噪声的连续时间平均共识问题, 给出了固定平衡图上保证系统均方平均共识的充要条件. 对于乘性通信噪声的情形, Li 等[149] 考虑了具有非线性噪声强度函数的平均共识问题; 针对无向固定通信图, 给出了均方平均共识的充要条件. 针对连续时间系统的分布式平均共识问题, Ni 和 Li[188] 研究了乘性噪声强度为智能体相对状态的绝对值的情形; 采用固定的算法增益, 得到了固定通信图上共识算法实现指数均方收敛的充分条件.

除通信噪声外, 多智能体网络的结构常常因链路失效、丢包、节点的消失或重建等不确定因素而随机改变, 这在无线网络中表现得尤为突出. 通信网络图的随机切换是影响分布式平均共识算法收敛和性能的另一种重要不确定因素. 这个话题受到研究分布式平均共识领域的学者广泛关注. 文献 [20, 39, 100, 129, 208, 248] 研究了独立同分布图序列下的分布式平均共识问题. 特别地, Bajović 等[20] 证明了独立同分布对称随机矩阵积依概率指数收敛. 文献 [249] 和文献 [169] 分别研究了平稳遍历和有限状态齐次马尔可夫切换图序列的情形, 得到了系统几乎必然共识的充要条件. 文献 [155, 256] 研究了一般随机图序列下的分布式共识问题, 其中 Liu 等[155] 得到了 p 阶矩共识的充分条件, Touri 和 Nedić[256] 给出了弱周期随机矩阵序列收敛的一般性条件.

上述文献大多单独考虑网络结构随机变化或量测噪声对分布式算法的影响. 在现实网络中, 各种不确定性可能同时存在. 例如, 在链路随机变化的情况下, 可能存在加性量测噪声和信道衰减. 许多学者长期致力于发展具有综合不确定性的分布式平均共识算法, 建立收敛性条件以及算法性能与网络参数之间的定量关系. 然而, 带有上述所有随机不确定性的分布平均共识算法的理论仍有待发展. Li 和 Zhang[151] 考虑了带有加性通信噪声和确定性时变图的分布式平均共识问题, 建立了固定通信图上保证均方共识的充要条件和时变通信图上保证均方且几乎必然共识的联合含生成树条件. Rajagopal 和 Wainwright[213] 研究了通信数据率限制下带加性存储噪声和加性通信噪声的平均共识问题. Kar 和 Moura[130] 考虑了具有加性通信噪声和平均图固定的马尔可夫切换图的情形, 给出了几乎必然共识的充分条件. Huang 等[113] 考虑了时空独立的加性通信噪声、随机链路增益和马尔可夫切换通信图同时存在的情形, 得到了均方共识与几乎必然共识的充分条件. Aysal 和 Barner[18] 提出了一般的共识动力学模型, 给出了加性通信噪声和随机通信图同时存在的情形下几乎必然共识的充分条件. Patterson 等[202] 考虑了带有时空独立的随机图和输入噪声的分布式共识问题, 在平均图无向且连通的条件下, 给出了均方平均共识的指数收敛速度. Wang 和 Elia[266] 聚焦于通信限制 (加性输入噪声、通信延时和衰减信道) 给系统带来的脆弱性, 在网络信道的不确定性和鲁棒均方稳定之间建立了紧密的联系, 得到了没有加性噪声时系统均方弱共识的条件. 进一步, Wang 和 Elia[267] 研究了模型参数对复杂行为的影响, 并且提出了一个验证系统均方稳定的表达式. Long 等[163] 考虑了带有随机图序列和乘性噪声的情形; 在平均图固定且连通的条件下, 证明了分布式共识算法均方且几乎必然收敛.

1.2.2 分布式估计与学习

估计算法在导航系统、太空探索、机器学习和电力系统等领域有着重要的应用[2, 16, 146, 235]. 状态估计对电力系统监测和控制起到至关重要的作用. 电网状态由电网中所有总线电压的相角和幅值组成. 在传统的电网状态估计中, 数据采集与监视控制系统根据远端装置和相量量测装置采集的有功潮流、无功潮流、总线注入功率及电压幅值信息来确定对整个电网状态的最优估计, 进而为电网监测和控制提供准确的信息, 保障电网的安全运行[79, 222]. 一般而言, 估计算法的信息结构主要有两类, 即集中式算法和分布式算法. 在集中式算法中, 信息融合中心收集所有节点的量测值并给出全局估计. Guo[96] 在分析集中式卡尔曼滤波算法中首次提出了随机持续激励条件, 文献 [294] 对此做了进一步深入研究. 在现实中, 许多学习任务需要处理非常大的数据集, 因此需要通过网络中的通信和计算单元对数据进行分布式并行处理[210, 231]. 此外, 如果数据中包含敏感的隐私信息 (例如医疗和社交网络数据等), 这些数据可能来自网络中不同的单元, 将这些数据子集传输到融合中心可能会导致潜在的隐私风险[160, 288]. 因此, 需要进行分布式学习, 这样既有助于提高通信的效率, 又能保护用户的隐私. 在分布式算法中, 利用多个节点构成的网络通过信息交换来协同估计未知参数, 其中每个节点都具有感知、计算和通信能力, 偶尔的节点/链路失效可能不会影响整个估计任务. 因此, 分布式协同估计算法比集中式协同估计算法具有更强的鲁棒性[62, 232].

分布式线性回归问题已经得到了广泛的研究[51, 131, 133–135, 225, 226, 269, 285, 286, 292, 297]. Xie 和 Guo[285, 286] 考虑了带有量测噪声的时变线性回归问题, 针对基于确定性强连通图的分布式自适应滤波算法, 提出了关于回归矩阵条件期望的协同信息条件.

他们考虑利用常值算法增益跟踪时变参数, 得到了跟踪误差的 L_p 有界性, 且估计误差方程的齐次部分是 L_p-指数稳定的. Chen 等[51] 针对传感器攻击下的分布式估计问题提出了饱和新息更新算法, 当通信图为不含随机噪声的无向固定图, 且节点局部能观时, 证明了若受到攻击的节点个数少于总体的一半, 那么所有节点估计均能以多项式速率收敛到未知参数. Yuan 等[292] 研究了分布式在线线性回归问题, 文献中假设通信图是强连通的且平衡的, 并给出了遗憾值上界.

现实网络中存在着各种各样的不确定性. 例如, 传感器通常由化学或太阳能电池供电, 而电池功率的不可预测性导致了随机的节点/链路失效, 这可以用随机通信图序列来建模. 此外, 节点感知失效或量测丢失[182] 可以通过随机观测矩阵序列来建模. 已有大量文献研究随机图上的分布式在线估计问题. 对于时变随机通信图的情形, Ugrinovskii[259] 研究了马尔可夫切换图序列下的分布式参数估计问题. 文献 [132, 225] 考虑了独立同分布图序列下的分布式估计问题, 其中 Kar 和 Moura[132] 证明了在分布式弱能检的条件下算法能实现弱共识, Sahu 等[225] 证明了在平均图平衡且强连通的条件下算法实现几乎必然收敛. Simões 和 Xavier[241] 提出了带有独立同分布无向图序列的分布式估计算法, 证明了该算法和集中式估计算法的均方估计误差的收敛速度渐近相等. 对于时变随机观测矩阵的情形, 文献 [1, 7, 47, 89, 164] 研究了带有时空独立观测矩阵的基于扩散策略的分布式估计问题. 这里, 时空独立的观测矩阵是指同一节点的观测矩阵在不同时刻相互独立, 不同节点的观测矩阵相互独立. Piggott 和 Solo[204, 205] 研究了带有时间上相关的观测矩阵的分布式参数估计问题. Ishihara 和 Alghunaim[119] 研究了带有空间独立的观测矩阵的分布式参数估计问题. 对于时变随机通信图和观测矩阵同时被考虑的情形, 文献 [133, 134] 提出了一种基于共识 + 新息的分布式估计算法, 要求通信图序列和观测矩阵序列都是独立同分布并且每个节点能够获得观测矩阵的期望. 他们证明了在平均图平衡且强连通的条件下算法实现几乎必然收敛. 此外, Kar 等[133] 和 Sahu 等[226] 研究了非线性观测模型下的分布式估计算法. Zhang 等[296] 考虑了带有有限状态的马尔可夫切换图和独立同分布观测矩阵的分布式估计问题, 证明了在拓扑图每个时刻平衡且联合含生成树的条件下算法实现均方和几乎必然收敛. Zhang 等[293] 提出了一种网络图和观测矩阵都是时间上不相关且相互独立的鲁棒的分布式估计算法. 总之, 已有的考虑分布式在线估计的大部分文献要求平均图平衡且拓扑图和观测矩阵具有特殊的统计性质, 例如独立同分布或马尔可夫切换图序列、时间或空间上独立的观测矩阵、观测矩阵的数学期望时不变以及观测矩阵独立于拓扑图.

除随机拓扑图和随机观测矩阵这两种不确定性之外, 随机通信延时普遍存在于实际系统中[168, 203, 255]. 由于有限的带宽及外部干扰, 延时的发生通常是时变且随机的, 只能通过统计方法近似地获得延时的概率分布. 对于通信延时的情形,

文献 [174, 298] 分别考虑了带有一致确定性的时不变通信延时和时变通信延时的分布式估计问题, 其中 Millán 等[174] 通过李雅普诺夫-克拉索夫斯基 (Lyapunov-Krasovskii) 泛函方法建立了线性矩阵不等式型收敛条件.

1.2.3 分布式随机凸优化

近年来, 各类网络上的分布式优化问题受到了广泛关注, 比如电力网络的经济调度问题[290]、智能交通网络的交通流量控制问题[176] 等. 由于分布式优化算法在实际应用中存在着各种不确定性, 分布式随机梯度下降算法受到学者们的广泛关注. 众所周知, 许多求解分布式优化问题的算法都需要使用局部成本函数的 (次) 梯度信息. 然而在许多实际应用中, 局部成本函数的 (次) 梯度信息很难精确得到. 例如在许多分布式统计机器学习[280] 问题中, 局部损失函数是一个凸的随机函数的期望, 局部优化器只能获得一个带随机噪声的局部成本函数 (次) 梯度的量测信息. 所以, 在设计分布式优化算法时, 需要考虑 (次) 梯度噪声的影响. 文献 [69, 211] 要求局部 (次) 梯度噪声相互独立, 期望为零且均方有界. 文献 [6, 122] 要求局部 (次) 梯度噪声是鞅差序列. 在实际网络系统中, 局部优化器之间的信息交流往往会受到通信噪声的影响, 并且通信图的结构往往由于丢包、链路或节点失效或重建而发生随机变化, 这些情形在无线网络中尤其严重[148]. 文献 [24] 研究了随机图是独立同分布的情形. 在文献 [5] 中, 图在每个时刻从一族联合强连通的有向图中随机选取. 文献 [264] 讨论了马尔可夫切换图的情形.

上述工作分别考虑随机 (次) 梯度噪声和随机通信图对分布式优化算法的影响. 然而在实际的分布式优化问题中, 多种随机因素可能共存. 例如在分布式统计机器学习算法中, 局部损失函数的 (次) 梯度信息无法准确得到, 且局部学习机之间的通信链路随机变化并伴随着加性和乘性的通信噪声. 已经有很多学者致力于研究带有多种不确定因素的分布式优化问题, 并有很出色的结果[104, 145, 224, 245, 291]. 文献 [104,224,291] 同时考虑了 (次) 梯度噪声和随机通信图序列. 其中, 文献 [104] 要求局部梯度噪声相互独立、期望为零且均方有界, 作者定义了一个随机激活图来描述通信图, 并要求不同时刻的图是独立同分布的. 文献 [145, 224, 291] 要求次梯度噪声是鞅差序列且条件二阶矩依赖于局部优化器的状态. 文献 [145, 224, 245, 291] 中的随机图序列独立同分布, 且均值图为无向连通图. 此外, 文献 [145, 245] 中考虑了加性通信噪声.

除了信息交换的不确定性之外, 已有文献还讨论了成本函数的不同假设. 在现有的大多数分布式凸优化问题的工作中, 如果局部成本函数不可微, 则假设次梯度是有界的[158, 186, 245], 并且仅在局部成本函数可微的情况下次梯度是 Lipschitz 连续的[123, 145, 177, 224, 237].

虽然已有的工作对分布式随机梯度下降算法进行了深入的研究, 然而实际问题可能更复杂. 如在 LASSO (least absolute shrinkage and selection operator) 回归问题中, 局部成本函数不像文献 [158,186] 中是可微的, 且次梯度也不是有界的. 此外, 通信图也可能随时间随机变化, 而且可能是时空依赖的 (即同一时刻网络图中不同边的权重和不同时刻网络图中不同边的权重都可能是相互依赖的), 而不是如文献 [145,224,245,291] 中的独立同分布图序列, 并且在通信链路中, 加性和乘性通信噪声可能共存[266]. 综上所述, 在相当多的重要问题上, 现有工作所要求的假设条件并不满足.

1.3 主要记号

- $|a|$ 表示实数 a 的绝对值.
- $\mathbb{R}$ 表示全体实数集, $\mathbb{R}^n$ 表示 n 维实向量空间, $\mathbb{R}^{m\times n}$ 表示 $m\times n$ 维实矩阵空间.
- $\mathbf{1}_n$, $\mathbf{0}_n$, I_n, J_n, $\mathbf{0}_{m\times n}$ 分别表示元素全为 1 的 n 维向量、元素全为零的 n 维向量、n 维单位矩阵、元素全为 $\dfrac{1}{n}$ 的 n 维方阵以及元素全为零的 $m\times n$ 矩阵. 记 $P_n = I_n - J_n$.
- $A \geqslant B$ 表示矩阵 $A-B$ 半正定, $A \succeq B$ 表示矩阵 $A-B$ 非负.
- $\|A\|$ 表示矩阵 A 的 2-范数, $\|A\|_F$ 表示矩阵 A 的 Frobenius 范数.
- A^{T} 表示矩阵 A 的转置, A^{-1} 表示矩阵 A 的逆.
- $\rho(A)$ 表示矩阵 A 的谱半径, $\det(A)$ 表示矩阵 A 的行列式, $\mathrm{Tr}(A)$ 表示矩阵 A 的迹.
- $\lambda_{\min}(A)$ 表示矩阵 A 的最小特征值, $\lambda_2(A)$ 表示矩阵 A 的第二小的特征值, $\lambda_{\max}(A)$ 表示矩阵 A 的最大特征值.
- $\mathrm{diag}(B_1,\cdots,B_n)$ 表示对角元分别为矩阵 $B_1,\cdots,B_n$ 的分块对角矩阵.
- $\mathbb{P}\{A\}$ 表示事件 A 的概率, $E[\xi]$ 表示随机变量 ξ 的数学期望, $\mathrm{Var}[\xi]$ 表示随机变量 ξ 的方差.
- $\lceil x\rceil$ 表示大于或等于实数 x 的最小整数, $\lfloor x\rfloor$ 表示小于或等于 x 的最大整数.
- 对于实数列 $\{b_n, n\geqslant 0\}$ 和正实数列 $\{r_n, n\geqslant 0\}$, $b_n = O(r_n)$ 表示 $\limsup_{n\to\infty}\dfrac{|b_n|}{r_n} < \infty$; $b_n = o(r_n)$ 表示 $\lim_{n\to\infty}\dfrac{b_n}{r_n} = 0$; $b_n = \Theta(r_n)$ 表示 $\limsup_{n\to\infty}\dfrac{|b_n|}{r_n} < \infty$ 且 $\liminf_{n\to\infty}\dfrac{|b_n|}{r_n} > 0$.
- $\mathcal{F}_\eta(k) = \sigma(\eta(j), 0\leqslant j\leqslant k), k\geqslant 0, \mathcal{F}_\eta(-1) = \{\Omega, \varnothing\}$, 其中 $\{\eta(k), k\geqslant 0\}$ 为随机向量或矩阵序列.
- $A\otimes B$ 表示矩阵 A 和 B 的克罗内克积, $A\circ B$ 表示同维数矩阵 A 和 B 的

矩阵 Hardmard 积;

- $\mathbb{C}_m^p$ 表示从 m 个元素中选取 p 个元素的组合数, $|S|$ 表示集合 S 中元素个数.
- 对于 n 维矩阵序列 $\{Z(k), k \geqslant 0\}$ 和标量序列 $\{c(k), k \geqslant 0\}$, 记

$$\Phi_Z(j,i) = \begin{cases} Z(j)\cdots Z(i), & j \geqslant i, \\ I_n, & j < i. \end{cases}$$

$$\prod_{k=i}^{j} c(k) = \begin{cases} c(j)\cdots c(i), & j \geqslant i, \\ 1, & j < i. \end{cases} \tag{1.4}$$

- 记克罗内克函数

$$\mathcal{I}_{i,j} = \begin{cases} 1, & i = j, \\ 0, & i \neq j. \end{cases} \tag{1.5}$$

- $d_f(\bar{x})$ 表示凸函数 f 在 $\bar{x}$ 处的次梯度, $\partial f(\bar{x})$ 表示凸函数 f 在 $\bar{x}$ 处的次微分集.

第 2 章 预备知识

2.1 图论的基本概念

三元组 $\mathcal{G}=\{\mathcal{V},\mathcal{E}_{\mathcal{G}},\mathcal{A}_{\mathcal{G}}\}$ 表示一个 (加权) 有向图, 其中 $\mathcal{V}=\{1,2,\cdots,N\}$ 是节点集, $\mathcal{E}_{\mathcal{G}}$ 是边集, $\mathcal{G}$ 中的边用有序数组 (j,i) 表示. $(j,i)\in\mathcal{E}_{\mathcal{G}}$ 当且仅当第 j 个节点可以向第 i 个节点直接发送信息. 记 $\mathcal{N}_i$ 为第 i 个节点的邻居节点集合, 即 $\mathcal{N}_i=\{j\in\mathcal{V}|(j,i)\in\mathcal{E}_{\mathcal{G}}\}$.

$\mathcal{A}_{\mathcal{G}}=[a_{ij}]\in\mathbb{R}^{N\times N}$ 称为有向图 $\mathcal{G}$ 的加权邻接矩阵, 对任意的 $i,\ j\in\mathcal{V}$, $a_{ij}\geqslant 0$, 且 $a_{ij}>0\Leftrightarrow j\in N_i$. $\deg_{\mathrm{in}}(i)=\sum_{j=1}^{N}a_{ij}$ 称为节点 i 的入度, $\deg_{\mathrm{out}}(i)=\sum_{j=1}^{N}a_{ji}$ 称为节点 i 的出度. 如果 $\deg_{\mathrm{in}}(i)=\deg_{\mathrm{out}}(i)$, $i=1,2,\cdots,N$, 则称 $\mathcal{G}$ 为平衡图. 对平衡图 $\mathcal{G}$, $d^*=\max_i\deg_{\mathrm{in}}(i)$ 称为 $\mathcal{G}$ 的度. 如果 $(i,j)\in\mathcal{E}_{\mathcal{G}}$ 当且仅当 $(j,i)\in\mathcal{E}_{\mathcal{G}}$, 那么称图 G 是双向图. 如果 $\mathcal{A}_{\mathcal{G}}$ 是对称阵, 那么 $\mathcal{G}$ 称为无向图. 可见无向图既是双向图也是平衡图. $\mathcal{L}_{\mathcal{G}}=\mathcal{D}_{\mathcal{G}}-\mathcal{A}_{\mathcal{G}}$ 称为 $\mathcal{G}$ 的拉普拉斯矩阵, 其中 $\mathcal{D}_{\mathcal{G}}=\mathrm{diag}(\deg_{\mathrm{in}}(1),\cdots,\deg_{\mathrm{in}}(N))$ 称为度矩阵. 矩阵 $\mathcal{L}_{\mathcal{G}}$ 的行和为零, 即 $\mathcal{L}_{\mathcal{G}}\mathbf{1}_N=\mathbf{0}_N$. 三元组 $\widetilde{\mathcal{G}}=\{\mathcal{V},\mathcal{E}_{\widetilde{\mathcal{G}}},\mathcal{A}_{\widetilde{\mathcal{G}}}\}$ 称为 $\mathcal{G}$ 的反向图, 其中 $(i,j)\in\mathcal{E}_{\widetilde{\mathcal{G}}}$ 当且仅当 $(j,i)\in\mathcal{E}_{\mathcal{G}}$ 且 $\mathcal{A}_{\widetilde{\mathcal{G}}}=\mathcal{A}_{\mathcal{G}}^{\mathrm{T}}$. 三元组 $\widehat{\mathcal{G}}=\left\{\mathcal{V},\mathcal{E}_{\mathcal{G}}\cup\mathcal{E}_{\widetilde{\mathcal{G}}},\dfrac{\mathcal{A}_{\mathcal{G}}+\mathcal{A}_{\mathcal{G}}^{\mathrm{T}}}{2}\right\}$ 称为有向图 $\mathcal{G}$ 的对称化图. 记 $\widehat{\mathcal{L}}_{\mathcal{G}}=\dfrac{\mathcal{L}_{\mathcal{G}}+\mathcal{L}_{\mathcal{G}}^{\mathrm{T}}}{2}$, 那么 $\widehat{\mathcal{L}}_{\mathcal{G}}$ 为图 $\widehat{\mathcal{G}}$ 的拉普拉斯矩阵的充要条件为 $\mathcal{G}$ 是平衡图[197].

具有相同节点集的有向图 $\mathcal{G}_1=\{\mathcal{V},\mathcal{E}_{\mathcal{G}_1},\mathcal{A}_{\mathcal{G}_1}\}$ 和 $\mathcal{G}_2=\{\mathcal{V},\mathcal{E}_{\mathcal{G}_2},\mathcal{A}_{\mathcal{G}_2}\}$ 的并图 $\mathcal{G}_1+\mathcal{G}_2=\{\mathcal{V},\mathcal{E}_{\mathcal{G}_1}\cup\mathcal{E}_{\mathcal{G}_2},\mathcal{A}_{\mathcal{G}_1}+\mathcal{A}_{\mathcal{G}_2}\}$. 由 $\mathcal{L}_{\mathcal{G}}$ 的定义可知 $\mathcal{L}_{\sum_{j=1}^{k}\mathcal{G}_j}=\sum_{j=1}^{k}\mathcal{L}_{\mathcal{G}_j}$. 一列边 $(i_1,i_2),(i_2,i_3),\cdots,(i_{k-1},i_k)$ 称为从节点 i_1 到节点 i_k 的一条有向路径. 如果对任意的 $i,j\in\mathcal{V}$, 存在从 i 到 j 路径, 那么 $\mathcal{G}$ 称为是强连通的. 如果具有相同节点集的时变图 $\mathcal{G}(k)$ 在时间区间 $[m,n]$ 上的并图 ($\mathcal{G}(m),\cdots,\mathcal{G}(n)$ 的并图) 强连通, 那么称图序列 $\{\mathcal{G}(k),k\geqslant 0\}$ 在区间 $[m,n]$ 上联合强连通.

定理 2.1[57] 若 $\mathcal{G}$ 是无向图, 则 $\mathcal{L}_{\mathcal{G}}$ 是半正定矩阵, 有 N 个实特征根, 按从小到大排列为 $0\leqslant\lambda_1(\mathcal{L}_{\mathcal{G}})\leqslant\lambda_2(\mathcal{L}_{\mathcal{G}})\leqslant\cdots\leqslant\lambda_N(\mathcal{L}_{\mathcal{G}})$, 且

$$\min_{x\neq\mathbf{0}_N,\mathbf{1}_N^{\mathrm{T}}x=0}\frac{x^{\mathrm{T}}\mathcal{L}_{\mathcal{G}}x}{\|x\|^2}=\lambda_2(\mathcal{L}_{\mathcal{G}}),$$

其中 $\lambda_2(\mathcal{L}_\mathcal{G})$ 称为 $\mathcal{L}_\mathcal{G}$ 的代数连通度. 若 $\mathcal{L}_\mathcal{G}$ 连通, 那么 $\lambda_2(\mathcal{L}_\mathcal{G})>0$.

引理 2.1 假设 $\mathcal{G}=\{\mathcal{V},\mathcal{E}_\mathcal{G},\mathcal{A}_\mathcal{G}\}$ 为无向图. 令 $x=[x_1^\mathrm{T},\cdots,x_N^\mathrm{T}]^\mathrm{T}\in\mathbb{R}^{Nn}$ 为任意非零的 Nn 维列向量, 其中 $x_i\in\mathbb{R}^n$, $i=1,2,\cdots,N$ 且存在 $i\neq j$ 使得 $x_i\neq x_j$. 如果 $\mathcal{G}$ 连通, 那么 $x^\mathrm{T}(\mathcal{L}_\mathcal{G}\otimes I_n)x>0$.

证明 由拉普拉斯矩阵定义可知 $x^\mathrm{T}(\mathcal{L}_\mathcal{G}\otimes I_n)x=\dfrac{1}{2}\sum_{i=1}^N\sum_{j=1}^N a_{ij}\|x_i-x_j\|^2$. 因为存在 $i\neq j$ 使得 $x_i\neq x_j$ 且 $\mathcal{G}$ 连通, 并注意到 $a_{ij}\geqslant 0$, $i,j=1,2,\cdots,N$, 则 $x^\mathrm{T}(\mathcal{L}_\mathcal{G}\otimes I_n)x>0$. ■

2.2 概率论和实变函数论中的一些引理

本书后面章节将用到以下基本不等式及引理.

引理 2.2 (条件李雅普诺夫不等式[126]) 定义概率空间为 $(\Omega,\mathcal{F},\mathbb{P})$. $\mathcal{F}_1$ 是 $\mathcal{F}$ 的子 σ-域, ξ 是 $(\Omega,\mathcal{F},\mathbb{P})$ 上的随机变量. 则 $(E[|\xi|^s|\mathcal{F}_1])^{\frac{1}{s}}\leqslant(E[|\xi|^t|\mathcal{F}_1])^{\frac{1}{t}}$ a.s., $0<s<t$.

引理 2.3 (条件 Hölder 不等式[126]) 定义概率空间为 $(\Omega,\mathcal{F},\mathbb{P})$. $\mathcal{F}_1$ 是 $\mathcal{F}$ 的子 σ-域. 常数 p,q 满足 $p\in(1,\infty)$, $q\in(1,\infty),1/p+1/q=1$. ξ 和 η 是 $(\Omega,\mathcal{F},\mathbb{P})$ 上的两个随机变量, 满足 $E[|\xi|^p]<\infty$ 且 $E[|\eta|^q]<\infty$. 那么 $E[|\xi\eta||\mathcal{F}_1]\leqslant(E[|\xi|^p|\mathcal{F}_1])^{\frac{1}{p}}(E[|\eta|^q|\mathcal{F}_1])^{\frac{1}{q}}$ a.s..

当 $\mathcal{F}_1$ 为平凡 σ 代数 $\{\Omega,\Phi\}$ 时, 条件李雅普诺夫不等式和条件 Hölder 不等式分别退化为通常的李雅普诺夫不等式和 Hölder 不等式.

引理2.4(Cr 不等式) 令 $a_i\geqslant 0,i=1,2,\cdots,n$, 则 $\left(\sum_{i=1}^n a_i\right)^r\leqslant n^{r-1}\sum_{i=1}^n a_i^r$, $r>1$.

引理 2.5 已知 $\{Z_k,k\geqslant 0\},\{W_k,k\geqslant 0\}$ 为两个相互独立的随机向量序列. 那么给定 $\sigma(Z_0,\cdots,Z_{j-1},W_0,\cdots,W_{j-1})$, $\sigma(Z_j,Z_{j+1},\cdots)$ 和 $\sigma(W_j,W_{j+1},\cdots)$ 条件独立, $\forall\, j\geqslant 1$.

证明 记 $Z_{m\sim n}=\{Z_m=z_m,\cdots,Z_n=z_n\}$ 和 $Z_{m\sim\infty}=\{Z_m=z_m,Z_{m+1}=z_{m+1},\cdots\}$, 其中 z_k 表示 Z_k 的可能取值. 根据条件概率的定义可知

$$
\begin{aligned}
&\mathbb{P}\{Z_{j\sim\infty},W_{j\sim\infty}|Z_{0\sim j-1},W_{0\sim j-1}\}\\
&=\mathbb{P}\{W_{j\sim\infty}|Z_{0\sim j-1},W_{0\sim j-1}\}\mathbb{P}\{Z_{j\sim\infty}|Z_{0\sim j-1},W_{0\sim\infty}\}.
\end{aligned}
\tag{2.1}
$$

注意到 $\sigma(Z_{0\sim\infty})=\sigma(\sigma(Z_{j\sim\infty})\cup\sigma(Z_{0\sim j-1}))$, 并且 $\sigma(Z_{0\sim\infty})$ 与 $\sigma(W_{0\sim\infty})$ 独立, 根据文献 [56] 第 7 章第 3 节中的推论 3 可得 $\mathbb{P}\{Z_{j\sim\infty}|Z_{0\sim j-1},W_{0\sim\infty}\}=\mathbb{P}\{Z_{j\sim\infty}|Z_{0\sim j-1}\}=\mathbb{P}\{Z_{j\sim\infty}|Z_{0\sim j-1},W_{0\sim j-1}\}$. 因此由 (2.1) 式可得

$$
\mathbb{P}\{Z_{j\sim\infty},W_{j\sim\infty}|Z_{0\sim j-1},W_{0\sim j-1}\}
$$

$$=\mathbb{P}\{W_{j\sim\infty}|Z_{0\sim j-1},W_{0\sim j-1}\}\mathbb{P}\{Z_{j\sim\infty}|Z_{0\sim j-1},W_{0\sim j-1}\}.$$

根据条件独立的定义可证得引理. ■

引理 2.6[223] 设 $\{x(k),\mathcal{F}(k)\},\{\alpha(k),\mathcal{F}(k)\},\{\beta(k),\mathcal{F}(k)\}$ $\{\gamma(k),\mathcal{F}(k)\}$ 是非负适应序列, 满足

$$E[x(k+1)|\mathcal{F}(k)]\leqslant(1+\alpha(k))x(k)-\beta(k)+\gamma(k),\quad k\geqslant 0,\quad \text{a.s..}$$

如果 $\sum_{k=0}^{\infty}(\alpha(k)+\gamma(k))<\infty$ a.s., 则 $x(k)$ 收敛到一个有限随机变量 a.s., 且 $\sum_{k=0}^{\infty}\beta(k)<\infty$ a.s..

引理 2.7[207] 设 $\{u(k),k\geqslant 0\},\{q(k),k\geqslant 0\}$ 和 $\{\alpha(k),k\geqslant 0\}$ 为实数列, 其中 $0<q(k)\leqslant 1,\alpha(k)\geqslant 0,k\geqslant 0$. 如果

$$\sum_{k=0}^{\infty}q(k)=\infty,\quad \frac{\alpha(k)}{q(k)}\to 0,\quad k\to\infty$$

且

$$u(k+1)\leqslant(1-q(k))u(k)+\alpha(k),$$

那么 $\limsup_{k\to\infty}u(k)\leqslant 0$. 特别地, 若 $u(k)\geqslant 0,k\geqslant 0$, 则 $u(k)\to 0,k\to\infty$.

引理 2.8[17] 假设适应序列 $\{X(k),\mathcal{F}(k)\}$ 是鞅, 满足 $\sup_{k\geqslant 0}E[\|X(k)\|^2]<\infty$, 则 $X(k)$ 均方且几乎必然收敛到同一个随机变量.

定义 2.1[172] 对于具有可数状态空间 $\mathcal{S}$、平稳分布 π 以及转移函数 $\mathbb{P}(x,\cdot)$ 的马尔可夫链, 如果存在常数 $r>1$ 和 $R>0$ 使得对于所有的 $x\in\mathcal{S}$, 有

$$\|\mathbb{P}^n(x,\cdot)-\pi\|_1\leqslant Rr^{-n},$$

其中 $\|\mathbb{P}^n(x,\cdot)-\pi\|_1=\sum_{y\in\mathcal{S}}|\mathbb{P}^n(x,y)-\pi_y|$, 则称该马尔可夫链一致遍历.

引理 2.9[97] 假设 $\{s_1(k),k\geqslant 0\}$ 和 $\{s_2(k),k\geqslant 0\}$ 是实序列, 满足 $0\leqslant s_2(k)<1$, $\sum_{k=0}^{\infty}s_2(k)=\infty$ 且 $\lim_{k\to\infty}\dfrac{s_1(k)}{s_2(k)}$ 存在. 那么

$$\lim_{k\to\infty}\sum_{i=1}^{k}s_1(i)\prod_{l=i+1}^{k}(1-s_2(l))=\lim_{k\to\infty}\frac{s_1(k)}{s_2(k)}.$$

引理 2.10 对于任意的随机矩阵 $A\in\mathbb{R}^{m\times n}$, $\|E[AA^{\mathrm{T}}]\|\leqslant m\|E[A^{\mathrm{T}}A]\|$.

证明 根据矩阵迹的性质可得 $\|E[AA^{\mathrm{T}}]\|=\lambda_{\max}(E[AA^{\mathrm{T}}])\leqslant\mathrm{Tr}(E[AA^{\mathrm{T}}])=\mathrm{Tr}(E[A^{\mathrm{T}}A])\leqslant m\lambda_{\max}(E[A^{\mathrm{T}}A])=m\|E[A^{\mathrm{T}}A]\|$. 引理得证. ■

第 3 章　随机分布式平均共识

3.1　引　　言

现实网络环境中往往同时存在多种随机因素, 例如加性通信噪声与信道衰减导致的乘性通信噪声, 并且伴随着网络链路的随机失效和重建. 发展综合各种不确定因素的分布式平均共识算法, 并建立其收敛性, 一直是该领域学者长期致力的目标. 本章研究时变随机网络图上带有混合通信噪声的分布式平均共识问题, 提出了一种时变随机网络图上带有混合通信噪声的离散时间多智能体分布式平均共识算法, 引入时变算法增益来抑制加性噪声; 通过随机李雅普诺夫方法, 并结合代数图论和鞅收敛理论, 得到了分布式逼近型算法实现均方和几乎必然平均共识的充分条件; 证明了如果随机图序列条件平衡且一致条件联合强连通, 那么所有智能体的状态均方和几乎必然收敛到一个均值为所有智能体初始值平均的随机变量. 我们给出了该极限随机变量方差的一个与随机权重、算法增益、智能体个数和初始值以及噪声二阶矩和强度系数相关的上界. 文献 [268] 中给出了固定图上带有加性和乘性噪声分布平均的一些初步结果. 与已有相关研究相比较, 本章贡献总结如下.

• 本章考虑了混合通信噪声. 通信模型涵盖了加性和乘性噪声的情形. 加性和乘性通信噪声的同时存在给分布式平均共识算法的收敛性分析带来了巨大挑战. 不同于仅仅考虑乘性噪声的情形, 由于加性噪声的存在, 我们不得不引入时变衰减的算法增益来抑制噪声, 这使得闭环系统变成一个时变随机系统. 这时, 李雅普诺夫能量函数的指数收敛性质 (这一性质对文献 [149,163,188] 中几乎必然收敛条件的获得至关重要) 不能被运用于本章的算法收敛性分析. 此外, 不同于仅考虑加性噪声的情形[118, 150, 151], 乘性噪声对智能体间相对状态的依赖使得智能体状态与噪声在分布式信息结构中相互交织耦合. 这导致系统重心方程中由噪声诱导的鞅项与状态和网络图相互耦合. 对该项的估计导致了更复杂的均方稳态误差分析. 为此, 我们进一步发展了随机李雅普诺夫方法. 首先, 由鞅收敛定理, 证明了均方共识误差的有界性. 其次, 将有界性代回到李雅普诺夫函数的差分不等式中, 得到均方平均共识. 然后, 利用鞅收敛理论的工具, 得到了几乎必然平均共识. 值得指出的是, 尽管文献 [266, 267] 同时考虑了加性输入噪声和伯努利衰减信道, 但它们使用了固定的算法增益以保证在没有加性输入噪声的情况下, 成对状态差均方衰减. 此外, 不同于大多数已有文献, 本章的噪声允许时空相依.

- 文献 [268] 假设网络图是固定、平衡且强连通的. 这样就可以直接利用连通图的拉普拉斯矩阵性质得到李雅普诺夫能量函数的压缩性质. 而本章研究的网络图随时间随机变化, 不要求瞬时强连通, 也不要求瞬时平衡. 因此, 固定网络图情形下的研究方法不再适用. 本章发展了针对时变随机图的随机李雅普诺夫方法. 在文献 [108] 中, 保证联合连通的时间区间长度可以是随机的, 但要求几乎必然有界. 文献 [108] 本质上采用的是关于网络图序列的确定性条件. 对随机切换图情形, 很难验证其样本轨道是否满足这样的条件. 特殊地, 常见的马尔可夫切换图的样本轨道就不满足该条件. 本章将智能体间信息流动的网络图建模为随机有向图序列, 其加权邻接矩阵不要求具有特殊的统计性质, 如独立同分布、马尔可夫切换以及平稳性等. 通过引入条件图的概念, 利用鞅收敛理论, 我们建立了保证算法实现均方和几乎必然平均共识的一致条件联合强连通条件. 已有研究中关于独立同分布切换图、确定性切换图和马尔可夫遍历切换图所建立的一系列联合连通条件都是该条件的特殊情形. 不同于文献 [151], 我们不再要求网络图的样本轨道每个时刻都是平衡图, 只要求每个时刻的条件图是平衡图; 不同于文献 [130, 163], 我们也不要求每个时刻的平均图固定不变. 此外, 与文献 [268] 相比, 我们不需要网络图瞬时平衡. 这使得系统重心方程中增加了一个鞅项, 加大了均方稳态误差分析的复杂性.

- 实际中, 智能体间不仅存在合作关系, 也存在对抗关系[8, 72, 273]. 这种合作与对抗的关系可以分别建模为正和负的链路权重. 已有研究分布式平均共识的文献大都要求非负的链路权重. 文献 [155, 256] 研究了随机切换图上不带噪声的共识算法, 要求权重非负. 文献 [208] 考虑采样数据下不带噪声的分布式共识问题, 允许任意的链路权重, 然而要求独立同分布的图序列并且平均图每时每刻都连通. 本章表明, 在一致条件联合强连通的条件下, 即使随机链路权重在某些时刻取负值, 算法仍能实现均方和几乎必然平均共识.

本章剩下部分安排如下: 3.2 节提出时变随机图上带有混合通信噪声的分布式平均共识算法. 3.3 节给出了主要结果和主要定理的证明. 在 3.4 节中, 针对状态可数的马尔可夫切换图序列和状态不可数的独立切换图序列两种特殊情况, 给出了均方和几乎必然平均共识的充分条件. 3.5 节给出一些数值例子来验证理论结果.

3.2　模型与算法

考虑一个具有 N 个智能体 (节点) 的系统. 网络的信息结构建模为一个具有相同节点集的随机有向图序列 $\{\mathcal{G}(k)=\{\mathcal{V},\mathcal{E}_{\mathcal{G}(k)},\mathcal{A}_{\mathcal{G}(k)}\},k\geqslant 0\}$. 这里 $\mathcal{E}_{\mathcal{G}(k)}$

为边或链路的随机集合, $\mathcal{A}_{\mathcal{G}(k)} = [a_{ij}(k)]_{1\leqslant i,j\leqslant N}$ 为随机图的加权邻接矩阵, 其中 $a_{ii}(k) = 0$ a.s., $i \in \mathcal{V}$ 并且 $a_{ij}(k) \neq 0, i \neq j$ a.s. 当且仅当在时刻 k, 节点 j 到节点 i 的链路存在. 定义节点 i 在时刻 k 的邻居节点集合为 $\mathcal{N}_i(k) = \{j \,|a_{ij}(k) \neq 0\}$. 随机图 $\mathcal{G}(k)$ 的度矩阵和拉普拉斯矩阵分别为 $\mathcal{D}_{\mathcal{G}(k)}$ 和 $\mathcal{L}_{\mathcal{G}(k)}$. 记 $\hat{\mathcal{L}}_{\mathcal{G}(k)} = \dfrac{\mathcal{L}_{\mathcal{G}(k)} + \mathcal{L}^{\mathrm{T}}_{\mathcal{G}(k)}}{2}$.

令 $x_i(k) \in \mathbb{R}$ 表示智能体 i 在时刻 k 的状态, $k \geqslant 0$. 记

$$x(k) = [x_1(k), \cdots, x_N(k)]^{\mathrm{T}}. \tag{3.1}$$

假定初始状态 $x(0)$ 是确定性变量. 每个智能体执行如下的分布式算法来更新状态.

$$x_i(k+1) = x_i(k) + c(k) \sum_{j\in\mathcal{N}_i(k)} a_{ij}(k)(y_{ji}(k) - x_i(k)), \quad i \in \mathcal{V}, \quad k \geqslant 0, \tag{3.2}$$

这里, $c(k)$ 为时变算法增益, $y_{ji}(k)$ 为智能体 i 对智能体 j 状态的量测, 表示为

$$y_{ji}(k) = x_j(k) + f_{ji}(x_j(k) - x_i(k))\xi_{ji}(k), \quad j \in \mathcal{N}_i(k), \tag{3.3}$$

其中, $\{\xi_{ji}(k), k \geqslant 0\}, (j,i) \in \mathcal{E}_{\mathcal{G}(k)}$ 表示通信信道 (j,i) 的噪声, $f_{ji}(x_j(k) - x_i(k))$ 为噪声强度函数. 算法 (3.2) 和 (3.3) 称为分布式随机逼近型算法[118, 130, 151]. 记 $\xi(k) = [\xi_{11}(k), \cdots, \xi_{N1}(k); \cdots; \xi_{1N}(k), \cdots, \xi_{NN}(k)]^{\mathrm{T}}$, 其中若对所有 $k \geqslant 0$, 都有 $j \notin \mathcal{N}_i(k)$, 则 $\xi_{ji}(k) \equiv 0$.

注释 3.1 网络的信息结构模拟为一个随机过程, 即一个随机有向图序列 $\{\mathcal{G}(k,\omega) = \{\{1, 2, \cdots, N\}, \mathcal{A}_{\mathcal{G}(k,\omega)}\}, k \geqslant 0\}$, 其中 ω 是某样本空间 Ω 的样本点. 对固定的 ω, $\{\mathcal{G}(k,\omega) = \{\{1, 2, \cdots, N\}, \mathcal{A}_{\mathcal{G}(k,\omega)}\}, k \geqslant 0\}$ 是一个确定有向图序列, 且对固定的 $k \geqslant 0$, $\mathcal{G}(k,\omega) = \{\{1, 2, \cdots, N\}, \mathcal{A}_{\mathcal{G}(k,\omega)}\}$ 为随机元, 其中 $\mathcal{A}(k,\omega) \triangleq \mathcal{A}_{\mathcal{G}(k,\omega)} = [a_{ij}(k,\omega)]_{N\times N}$ 为 N 维零对角随机矩阵. 特别地, 若 $a_{ij}(k,\omega) = a_{ji}(k,\omega)$, $i, j = 1, 2, \cdots, N$, 且 $a_{ij}(k,\omega)$, $i = 2, \cdots, N$, $j = 1, 2, \cdots, i-1$ 为独立同分布的 0-1 值依概率 $\mathbb{P}\{\omega : a_{12}(k,\omega) = 1\} = p_k$ 的随机变量, 则 $\mathcal{G}(k,\omega)$ 为 Erdös-Rényi 随机图模型 $\mathcal{G}(N, p_k)$[65]. 由于 $\mathcal{G}(k,\omega)$ 和 $\mathcal{A}(k,\omega)$ 之间存在一一对应关系, 随机图序列也可以看成是 N 维零对角随机矩阵序列. 在随机过程理论中, 样本点 ω 通常被省略. 除了 Erdös-Rényi 随机图模型外, 更多的随机图模型读者可以参考文献 [34].

我们引入条件有向图的概念. 称 $E[\mathcal{A}_{\mathcal{G}(k)}|\mathcal{F}_{\mathcal{A}}(m)], m \leqslant k-1$ 为 $\mathcal{A}_{\mathcal{G}(k)}$ 关于 $\mathcal{F}_{\mathcal{A}}(m)$ 的条件加权邻接矩阵, 其对应的随机图称为 $\mathcal{G}(k)$ 关于 $\mathcal{F}_{\mathcal{A}}(m)$ 的条件有向图, 记作 $\mathcal{G}(k|m)$, 即 $\mathcal{G}(k|m) = \{\mathcal{V}, E[\mathcal{A}_{\mathcal{G}(k)}|\mathcal{F}_{\mathcal{A}}(m)]\}$. 这一章, 我们考虑如下的条

件平衡有向图序列:

$$\Gamma_1 = \Big\{ \{\mathcal{G}(k), k \geqslant 0\} \;\Big|\; E[\mathcal{A}_{\mathcal{G}(k)}|\mathcal{F}_{\mathcal{A}}(k-1)] \succeq \mathbf{0}_{N\times N} \text{ a.s., } \mathcal{G}(k|k-1) \text{ 是平衡图 a.s., } k \geqslant 0 \Big\}.$$

对通信模型 (3.3) 和算法增益 $c(k)$ 作如下假设.

假设 3.1　对于噪声强度函数 $f_{ji}(\cdot): \mathbb{R} \to \mathbb{R}$, 存在非负常数 σ_{ji}, b_{ji} 使得 $|f_{ji}(x)| \leqslant \sigma_{ji}|x| + b_{ji},\ i, j \in \mathcal{V},\ \forall\, x \in \mathbb{R}$.

假设 3.2　噪声过程 $\{\xi(k), \mathcal{F}_{\xi}(k), k \geqslant 0\}$ 为向量值鞅差序列. 存在正常数 β 使得 $\sup_{k\geqslant 0} E\left[\|\xi(k)\|^2|\mathcal{F}_{\xi}(k-1)\right] \leqslant \beta$ a.s..

假设 3.3　$c(k) > 0, \forall\, k \geqslant 0, \sum_{k=0}^{\infty} c(k) = \infty, \sum_{k=0}^{\infty} c^2(k) < \infty$.

假设 3.4　算法增益 $c(k)$ 单调递减且 $c(k) = O(c(k+h)),\ k \to \infty,\ \forall\, h = 0, 1, 2, \cdots$.

注释 3.2　假设 3.1 表明通信模型 (3.3) 同时考虑了加性和乘性通信噪声. $b_{ji},\ i, j \in \mathcal{V}$ 和 $\sigma_{ji},\ i, j \in \mathcal{V}$ 分别为加性和乘性噪声强度函数. 文献 [118,150,151] 中的加性噪声模型和文献 [149,163,188] 中的乘性噪声模型都是模型 (3.3) 的特殊情形. 具体地, 文献 [151] 中的通信模型为 $y_{ji}(k) = x_j(k) + \xi_{ji}(k), j \in \mathcal{N}_i$. 文献 [149] 中的通信模型为 $y_{ji}(k) = x_j(k) + f_{ji}(x_j(k) - x_i(k))\xi_{ji}(k), j \in \mathcal{N}_i(k)$, 其中 $|f_{ji}(x_j(k) - x_i(k))| \leqslant \sigma_{ji}|x_j(k) - x_i(k)|$. 文献 [163,188] 中的通信模型为 $y_{ji}(k) = x_j(k) + \sigma_{ji}|x_j(k) - x_i(k)|\xi_{ji}(k), j \in \mathcal{N}_i(k)$. 显然, 上述三种模型中的噪声强度函数都满足假设 3.1.

注释 3.3　在假设 3.2 中, 噪声序列是鞅差序列, 不需要文献 [113,149,163, 188,266,267] 中噪声是时空独立的要求. 这一更弱的假设会给算法分析带来困难, 因为状态和噪声的耦合项不能像独立噪声那样简单地分开. 若 $\{\xi(k), k \geqslant 0\}$ 是一个具有有界二阶矩的独立零均值序列, 则假设 3.2 成立.

注释 3.4　文献 [149,163,188] 表明, 如果只考虑乘法测量噪声, 固定算法增益可以保证强共识. 本章我们采用衰减算法增益 $c(k)$ 来消除加性噪声的影响. 在分布式算法领域, 假设 3.3 保证了 $c(k)$ 以适当的速率衰减以消除噪声, 同时算法不会过早收敛. 若 $c(k)$ 单调递减, 且存在常数 $\gamma \in (0.5, 1]$, $\beta \geqslant -1$, $c_1 > 0$ 和 $c_2 > 0$, 使得对于充分大的 k, $\dfrac{c_1 \ln^{\beta}(k)}{k^{\gamma}} \leqslant c(k) \leqslant \dfrac{c_2 \ln^{\beta}(k)}{k^{\gamma}}$, 则假设 3.3 和假设 3.4 均成立.

对随机图序列和通信噪声作如下假设.

假设 3.5　随机图序列 $\{\mathcal{G}(k), k \geqslant 0\}$ 和噪声过程 $\{\xi(k), k \geqslant 0\}$ 相互独立.

注释 3.5　假设 3.5 仅仅要求随机图与通信噪声相互独立. 不同于大部分已有研

究带有随机图的分布式共识文献, 这里, 我们不要求随机图序列和噪声过程都是时间上或空间上独立的. 对于时不变随机图的情形, 文献 [100,208] 要求不同信道的权重相互独立. 对于时变随机图的情形, 文献 [39,129,163,248] 要求 $\{\mathcal{G}(k), k \geqslant 0\}$ 是一个独立随机图序列. 这种时间或空间独立性的假设在实际网络中并不总是成立. 以传感器网络为例. 在空间尺度上, 如果一个传感器因为电池耗尽而失效, 那么与该传感器相关联的所有信道将不存在, 这种事件的发生通常是随机的, 并且这些信道的统计特性具有空间依赖性. 在时间尺度上, 随着传感器使用年限的增加, 相应的信道会变得越来越不可靠. 因此, 信道的统计特性具有时间依赖性. 这里, 我们不要求网络图具有时间或空间独立性, 涵盖更多除 [39,100,129,163,208,248] 之外的实际情况. 研究带有相关的噪声过程和图序列的分布式平均共识是一个富有挑战性的任务.

记 $X(k)=[x_1(k),\cdots,x_N(k)]^{\mathrm{T}}$, $\mathcal{D}(k)=\mathrm{diag}(\alpha_1^{\mathrm{T}}(k),\cdots,\alpha_N^{\mathrm{T}}(k))$, 其中 $\alpha_i^{\mathrm{T}}(k)$ 是 $\mathcal{A}_{\mathcal{G}(k)}$ 的第 i 行, $Y(k)=\mathrm{diag}\,(f_1(k),\cdots,f_N(k))$, 其中 $f_i(k)=\mathrm{diag}(f_{1i}(x_1(k)-x_i(k)),\cdots,f_{Ni}(x_N(k)-x_i(k)))$. 将 (3.3) 式代入 (3.2) 式可得到算法 (3.2) 和 (3.3) 的紧凑形式:

$$X(k+1)=(I_N-c(k)\mathcal{L}_{\mathcal{G}(k)})X(k)+c(k)\mathcal{D}(k)Y(k)\xi(k). \tag{3.4}$$

注释 3.6 针对多智能体系统的共识问题, 文献 [18] 考虑了一般动态系统 $x(t+1)=A(t)x(t)+B(t)m(t)$, 并假设 $\{x(s): s\leqslant t\}$ 独立于 $A(t)$, $B(t)$ 和 $m(t)$, 扰动过程 $m(t)$ 独立于 $B(t)$. 我们考虑的动态系统 (3.4) 不要求这一假设, 因此不能被其覆盖.

定义 3.1[151] 随机平均共识: 对于系统 (3.2) 和 (3.3), 如果对于任意的初始值 $X(0)\in\mathbb{R}^N$, 存在随机变量 x^*, 使得 $E(x^*)=\dfrac{1}{N}\sum_{j=1}^N x_j(0)$, $\mathrm{Var}(x^*)<\infty$, $\lim_{k\to\infty}E[x_i(k)-x^*]^2=0$, $i\in\mathcal{V}$, 且 $\lim_{k\to\infty}x_i(k)=x^*$ a.s., $i\in\mathcal{V}$, 则称系统 (3.2) 和 (3.3) 实现均方和几乎必然平均共识.

对于带有随机噪声和随机切换图的共识算法, 一般情况下, 状态极限不是确定值, 而是某个随机变量[113,130,151,213]. 定义 3.1是文献 [197] 中确定性平均共识概念的推广. 由于网络中存在随机不确定性, 状态的极限值并不是精确的平均值 $\dfrac{1}{N}\sum_{j=1}^N x_j(0)$, 而是一个随机变量, 其数学期望为 $\dfrac{1}{N}\sum_{j=1}^N x_j(0)$, 其方差刻画均方稳态误差.

基于上述模型 (即随机有向图序列和具有加性和乘性噪声的通信模型), 本章旨在给出系统 (3.2) 和 (3.3) 达到均方和几乎必然平均共识的条件. 下一节给出了主要结果.

3.3 主要结果

我们首先针对一般的时变随机图给出相应的共识性结论. 记 $J_N = \frac{1}{N}\mathbf{1}\mathbf{1}^{\mathrm{T}}$ 及 $P_N = I_N - J_N$. 记共识误差向量 $\delta(k) = P_N X(k)$ 以及李雅普诺夫能量函数为 $V(k) = \|\delta(k)\|^2$. 对任意给定的 $k \geqslant 0$ 以及正整数 h, 记

$$\lambda_k^h = \lambda_2\left(\sum_{i=k}^{k+h-1} E[\hat{\mathcal{L}}_{\mathcal{G}(i)}|\mathcal{F}_{\mathcal{A}}(k-1)]\right), \tag{3.5}$$

其中 $\lambda_2(\cdot)$ 表示第二小特征值. 注意, 因为 $E[\hat{\mathcal{L}}_{\mathcal{G}(i)}|\mathcal{F}_{\mathcal{A}}(k-1)]$ 是实对称矩阵 a.s., 所以 λ_k^h 是实数.

我们有如下定理.

定理 3.1 对于算法 (3.2)、(3.3) 及其对应的网络图序列 $\{\mathcal{G}(k), k \geqslant 0\} \in \Gamma_1$, 若

(a) 假设 3.1—假设 3.5 成立;

(b) 存在确定性正整数 h 和正常数 θ 和 ρ_0 使得

(b.1) $\inf_{m\geqslant 0} \lambda_{mh}^h \geqslant \theta$ a.s.;

(b.2) $\sup_{k\geqslant 0}\left[E[\|\mathcal{L}_{\mathcal{G}(k)}\|^{2^{\max\{h,2\}}}|\mathcal{F}_{\mathcal{A}}(k-1)]\right]^{\frac{1}{2^{\max\{h,2\}}}} \leqslant \rho_0$ a.s.,

则如下结论成立:

(i) $\lim_{k\to\infty} \delta(k) = \mathbf{0}_{N\times 1}$ a.s., $\lim_{k\to\infty} E\|\delta(k)\|^2 = 0$;

(ii) 所有智能体状态 $x_i(k), i \in \mathcal{V}$ 均方且几乎必然共识到随机变量 x^*, 该随机变量满足 $E(x^*) = \frac{1}{N}\sum_{j=1}^N x_j(0)$ 且

$$\mathrm{Var}(x^*) \leqslant \frac{4c\beta b^2\rho_1}{N^2} + \frac{8\widetilde{c}\beta\sigma^2\rho_1}{N^2} + \frac{2c\rho_2 q_x}{N}, \tag{3.6}$$

其中

$$c = \sum_{k=0}^{\infty} c^2(k), \quad \widetilde{c} = \sum_{k=0}^{\infty} E[V(k)]c^2(k), \quad \sigma = \max_{1\leqslant i,j\leqslant N}\{\sigma_{ji}\},$$

$$b = \max_{1\leqslant i,j\leqslant N}\{b_{ji}\}, \quad \rho_N = (N+1)\rho_1,$$

$$q_x = \exp\left\{c\rho_0^2\right\}\left(\|X(0)\|^2 + 2c\beta\rho_1(2\sigma^2 q_v + b^2)\right),$$

$$q_v = \exp\left\{c(\rho_N + 4\rho_1\beta\sigma^2)\right\}\left(\|\delta(0)\|^2 + 2c\beta\rho_1 b^2\right),$$

ρ_1 和 ρ_2 为常数, 满足

$$\sup_{k\geqslant 0} E\Big[|\mathcal{E}_{\mathcal{G}(k)}| \max_{1\leqslant i,j\leqslant N} a_{ij}^2(k)|\mathcal{F}_{\mathcal{A}}(k-1)\Big] \leqslant \rho_1 \quad \text{a.s.},$$

$$\max_{1\leqslant i\leqslant N} \sup_{k\geqslant 0} E\left[\left(\sum_{j=1}^{N} a_{ij}(k) - \sum_{j=1}^{N} a_{ji}(k)\right)^2 \middle| \mathcal{F}_{\mathcal{A}}(k-1)\right] \leqslant \rho_2 \quad \text{a.s.},$$

即, 算法 (3.2)、(3.3) 是一个分布式随机平均共识算法.

定理 3.1 的证明分为如下步骤: 首先, 证明当 $k\to\infty$ 时, 每个智能体状态与系统重心的距离均方且几乎必然衰减到零; 其次, 证明系统重心均方且几乎必然收敛. 这意味着所有智能体的状态收敛到同一个随机变量; 最后, 证明所有智能体最终共识的极限随机变量的期望恰好为初始状态的平均并估计其方差.

在证明定理 3.1 之前, 我们给出如下两个引理. 它们建立了一些关于共识误差的重要性质.

引理 3.1 对于算法 (3.2)、(3.3) 及其对应的随机网络图序列 $\{\mathcal{G}(k), k\geqslant 0\}\in\Gamma_1$, 若假设 3.1—假设 3.3 和假设 3.5 成立, 且存在正常数 ρ_1 使得 $\sup_{k\geqslant 0} E\Big[|\mathcal{E}_{\mathcal{G}(k)}| \max_{1\leqslant i,j\leqslant N} a_{ij}^2(k)|\mathcal{F}_{\mathcal{A}}(k-1)\Big] \leqslant \rho_1$ a.s., 则 $\sup_{k\geqslant 0} E[V(k)]<\infty$.

证明 根据 P_N 的定义、$\delta(k)$ 的定义和 (3.4) 式可得

$$\begin{aligned}\delta(k+1) &= P_N(I_N - c(k)\mathcal{L}_{\mathcal{G}(k)})X(k) + c(k)P_N\mathcal{D}(k)Y(k)\xi(k)\\ &= \delta(k) - c(k)P_N\mathcal{L}_{\mathcal{G}(k)}X(k) + c(k)P_N\mathcal{D}(k)Y(k)\xi(k).\end{aligned}$$

由 $\mathcal{L}_{\mathcal{G}(k)}$ 的定义可知 $\mathcal{L}_{\mathcal{G}(k)}J_N = \mathbf{0}_{N\times N}$. 因此 $\mathcal{L}_{\mathcal{G}(k)}X(k) = \mathcal{L}_{\mathcal{G}(k)}\delta(k)$. 那么由上式可得

$$\delta(k+1) = (I_N - c(k)P_N\mathcal{L}_{\mathcal{G}(k)})\delta(k) + c(k)P_N\mathcal{D}(k)Y(k)\xi(k), \tag{3.7}$$

根据上式及 $V(k)$ 的定义可得

$$\begin{aligned}V(k+1) \leqslant{}& V(k) - 2c(k)\delta^{\mathrm{T}}(k)\frac{\mathcal{L}_{\mathcal{G}(k)}^{\mathrm{T}}P_N^{\mathrm{T}} + P_N\mathcal{L}_{\mathcal{G}(k)}}{2}\delta(k) + c^2(k)\|\mathcal{L}_{\mathcal{G}(k)}\|^2\|\delta(k)\|^2\\ &+c^2(k)\xi^{\mathrm{T}}(k)Y^{\mathrm{T}}(k)\mathcal{D}^{\mathrm{T}}(k)P_N\mathcal{D}(k)Y(k)\xi(k)\\ &+2c(k)\xi^{\mathrm{T}}(k)Y^{\mathrm{T}}(k)\mathcal{D}^{\mathrm{T}}(k)P_N\times(I_N - c(k)P_N\mathcal{L}_{\mathcal{G}(k)})\delta(k).\end{aligned} \tag{3.8}$$

考虑上式右边每一项的期望. 根据引理 2.5 和假设 3.2 可知

$$E[\xi^{\mathrm{T}}(k)Y^{\mathrm{T}}(k)\mathcal{D}^{\mathrm{T}}(k)P_N(I_N - c(k)P_N\mathcal{L}_{\mathcal{G}(k)})\delta(k)] = 0. \tag{3.9}$$

由于条件有向图 $\mathcal{G}(k|k-1)$ 平衡 a.s., 那么根据假设 3.5 可得

$$
\begin{aligned}
E\left[\frac{\mathcal{L}_{\mathcal{G}(k)}^{\mathrm{T}}P_N^{\mathrm{T}}+P_N\mathcal{L}_{\mathcal{G}(k)}}{2}\middle|\mathcal{F}_{\xi,\mathcal{A}}(k-1)\right]&=E\left[\frac{\mathcal{L}_{\mathcal{G}(k)}^{\mathrm{T}}P_N^{\mathrm{T}}+P_N\mathcal{L}_{\mathcal{G}(k)}}{2}\middle|\mathcal{F}_{\mathcal{A}}(k-1)\right]\\
&=E[\hat{\mathcal{L}}_{\mathcal{G}(k)}|\mathcal{F}_{\mathcal{A}}(k-1)]\geqslant \mathbf{0}_{N\times N}\quad \text{a.s.},
\end{aligned}
$$

因此, 根据 $\delta(k)\in\mathcal{F}_{\xi,\mathcal{A}}(k-1)$ 可得

$$
E\left[\delta^{\mathrm{T}}(k)\frac{\mathcal{L}_{\mathcal{G}(k)}^{\mathrm{T}}P_N^{\mathrm{T}}+P_N\mathcal{L}_{\mathcal{G}(k)}}{2}\delta(k)\right]\geqslant 0. \tag{3.10}
$$

根据假设 3.1 以及 $Y(k)$ 和 $V(k)$ 的定义可得

$$
\begin{aligned}
\|Y(k)\|^2&=\max_{1\leqslant i,j\leqslant N}(f_{ji}(x_j(k)-x_i(k)))^2\\
&\leqslant\max_{1\leqslant i,j\leqslant N}[2\sigma^2(x_j(k)-x_i(k))^2+2b^2]\\
&\leqslant 4\sigma^2\max_{1\leqslant j,i\leqslant N}\left[\left(x_j(k)-\frac{\sum_{i=1}^N x_i(k)}{N}\right)^2+\left(x_i(k)-\frac{\sum_{i=1}^N x_i(k)}{N}\right)^2\right]+2b^2\\
&\leqslant 4\sigma^2\sum_{j=1}^N\left(x_j(k)-\frac{\sum_{i=1}^N x_i(k)}{N}\right)^2+2b^2\\
&=4\sigma^2V(k)+2b^2,
\end{aligned} \tag{3.11}
$$

其中第一个不等号根据假设 3.1 和 $Y(k)$ 的定义可推出, 最后的等号根据 $V(k)$ 定义可推出. 由假设 3.2、$Y(k)$ 的定义以及 (3.2) 式可知 $Y(k)\in\mathcal{F}_{\xi,\mathcal{A}}(k-1)$. 那么根据假设 3.5 和引理 2.5 可得

$$
\begin{aligned}
&E[\xi^{\mathrm{T}}(k)Y^{\mathrm{T}}(k)\mathcal{D}^{\mathrm{T}}(k)P_N\mathcal{D}(k)Y(k)\xi(k)]\\
\leqslant& E[\|Y(k)\|^2\|\xi(k)\|^2\|\mathcal{D}^{\mathrm{T}}(k)\mathcal{D}(k)\|]\\
=&E[E[\|Y(k)\|^2\|\xi(k)\|^2\|\mathcal{D}^{\mathrm{T}}(k)\mathcal{D}(k)\||\mathcal{F}_{\xi,\mathcal{A}}(k-1)]]\\
=&E[\|Y(k)\|^2E[\|\xi(k)\|^2|\mathcal{F}_{\xi}(k-1)]\\
&\times E[\|\mathcal{D}^{\mathrm{T}}(k)\mathcal{D}(k)\||\mathcal{F}_{\mathcal{A}}(k-1)]].
\end{aligned}
$$

由上式、(3.11) 式和假设 3.2 可得

$$
\begin{aligned}
&E[\xi^{\mathrm{T}}(k)Y^{\mathrm{T}}(k)\mathcal{D}^{\mathrm{T}}(k)P_N\mathcal{D}(k)Y(k)\xi(k)]\\
\leqslant& E[\|Y(k)\|^2\|\xi(k)\|^2\|\mathcal{D}^{\mathrm{T}}(k)\mathcal{D}(k)\|]
\end{aligned}
$$

$$
\begin{aligned}
&\leqslant \beta E[(4\sigma^2 V(k)+2b^2)E[\|\mathcal{D}^{\mathrm{T}}(k)\mathcal{D}(k)\||\mathcal{F}_{\mathcal{A}}(k-1)]]\\
&=\beta E[(4\sigma^2 V(k)+2b^2)E[\lambda_{\max}(\mathcal{D}^{\mathrm{T}}(k)\mathcal{D}(k))|\mathcal{F}_{\mathcal{A}}(k-1)]]\\
&=\beta E\Big[(4\sigma^2 V(k)+2b^2)E\Big[\max_{1\leqslant i\leqslant N}\lambda_{\max}(\alpha_i(k)\alpha_i^{\mathrm{T}}(k))|\mathcal{F}_{\mathcal{A}}(k-1)\Big]\Big]\\
&=\beta E\Big[(4\sigma^2 V(k)+2b^2)E\Big[\max_{1\leqslant i\leqslant N}\mathrm{Tr}(\alpha_i^{\mathrm{T}}(k)\alpha_i(k))|\mathcal{F}_{\mathcal{A}}(k-1)\Big]\Big]\\
&\leqslant \beta E\Big[(4\sigma^2 V(k)+2b^2)E\Big[|\mathcal{E}_{\mathcal{G}(k)}|\max_{1\leqslant i,j\leqslant N}a_{ij}^2(k)|\mathcal{F}_{\mathcal{A}}(k-1)\Big]\Big]\\
&\leqslant 4\sigma^2\beta\rho_1 E[V(k)]+2b^2\beta\rho_1.
\end{aligned}
\tag{3.12}
$$

对 (3.8) 式两边取条件期望, 注意到 $\sup_{k\geqslant 0}E\left[|\mathcal{E}_{\mathcal{G}(k)}|\max_{1\leqslant i,j\leqslant N}a_{ij}^2(k)|\mathcal{F}_{\mathcal{A}}(k-1)\right]$ $\leqslant \rho_1$ a.s., 由 (3.9) 式和 (3.10) 式可得

$$
E[V(k+1)]\leqslant [1+c^2(k)(\rho_N+4\beta\sigma^2\rho_1)]E[V(k)]+2b^2\beta\rho_1 c^2(k),\quad k\geqslant 0. \tag{3.13}
$$

由上式、假设 3.3 及引理 2.6 可知 $E[V(k)]$ 有界 (把 $E[V(k)]$ 看作引理 2.6 中的 $x(k)$). ■

引理 3.2 对于算法 (3.2)、(3.3) 及其对应的网络图序列 $\{\mathcal{G}(k),k\geqslant 0\}\in\Gamma_1$, 若

(a) 假设 3.1—假设 3.5 成立;

(b) 存在确定性正整数 h 和正常数 θ 和 ρ_0 使得

(b.1) $\inf_{m\geqslant 0}\lambda_{mh}^h\geqslant\theta$ a.s.;

(b.2) $\sup_{k\geqslant 0}\left[E[\|\mathcal{L}_{\mathcal{G}(k)}\|^{2^{\max\{h,2\}}}|\mathcal{F}_{\mathcal{A}}(k-1)]\right]^{\frac{1}{2^{\max\{h,2\}}}}\leqslant\rho_0$ a.s.,

则 $\lim_{k\to\infty}E[V(k)]=0$ 且 $\lim_{k\to\infty}V(k)=0$.

证明 记 $\Phi(m,n)=(I_N-c(m-1)P_N\mathcal{L}_{\mathcal{G}(m-1)})\cdots(I_N-c(n)P_N\mathcal{L}_{\mathcal{G}(n)})$, $m>n\geqslant 0$, $\Phi(n,n)=I_N$, $n\geqslant 0$. 根据 (3.7) 式, 通过迭代计算可得

$$
\delta((m+1)h)=\Phi((m+1)h,mh)\delta(mh)+\tilde{\xi}_m^{mh},\quad m\geqslant 0,
$$

其中

$$
\tilde{\xi}_m^{mh}=\sum_{j=mh}^{(m+1)h-1}c(j)\Phi((m+1)h,j+1)P_N\mathcal{D}(j)Y(j)\xi(j). \tag{3.14}
$$

由 $V(k)$ 的定义可得

$$
V((m+1)h)
$$

$$
\begin{aligned}
&=\delta^{\mathrm{T}}(mh)\Phi^{\mathrm{T}}((m+1)h,mh)\Phi((m+1)h,mh)\delta(mh)+(\tilde{\xi}_m^{mh})^{\mathrm{T}}(\tilde{\xi}_m^{mh})\\
&\quad+2\delta^{\mathrm{T}}(mh)\Phi^{\mathrm{T}}((m+1)h,mh)\tilde{\xi}_m^{mh}\\
&=\delta^{\mathrm{T}}(mh)\Bigg[\Phi^{\mathrm{T}}((m+1)h,mh)\Phi((m+1)h,mh)-I_N\\
&\quad+\sum_{i=mh}^{(m+1)h-1}c(i)[P_N\mathcal{L}_{\mathcal{G}(i)}+\mathcal{L}_{\mathcal{G}(i)}^{\mathrm{T}}P_N^{\mathrm{T}}]\Bigg]\delta(mh)+V(mh)\\
&\quad-\delta^{\mathrm{T}}(mh)\sum_{i=mh}^{(m+1)h-1}c(i)[P_N\mathcal{L}_{\mathcal{G}(i)}+\mathcal{L}_{\mathcal{G}(i)}^{\mathrm{T}}P_N^{\mathrm{T}}]\delta(mh)+(\tilde{\xi}_m^{mh})^{\mathrm{T}}(\tilde{\xi}_m^{mh})\\
&\quad+2\delta^{\mathrm{T}}(mh)\Phi^{\mathrm{T}}((m+1)h,mh)\tilde{\xi}_m^{mh}.
\end{aligned}
\tag{3.15}
$$

我们现在考虑上式右边每一项的期望. 根据 $\delta(mh)\in\mathcal{F}_{\xi,\mathcal{A}}(mh-1)$ 以及条件期望性质可知

$$
\begin{aligned}
&E[\delta^{\mathrm{T}}(mh)\Phi^{\mathrm{T}}((m+1)h,mh)\Phi((m+1)h,j+1)P_N\mathcal{D}(j)Y(j)\xi(j)]\\
&=E[\delta^{\mathrm{T}}(mh)E[\Phi^{\mathrm{T}}((m+1)h,mh)\Phi((m+1)h,j+1)\\
&\quad\times P_N\mathcal{D}(j)Y(j)\xi(j)|\mathcal{F}_{\xi,\mathcal{A}}(j-1)]],\quad mh\leqslant j\leqslant(m+1)h-1,\quad m\geqslant 0.
\end{aligned}
\tag{3.16}
$$

由假设 3.2、假设 3.5 以及引理 2.5 可得

$$
\begin{aligned}
&E[\Phi^{\mathrm{T}}((m+1)h,mh)\Phi((m+1)h,j+1)P_N\mathcal{D}(j)Y(j)\xi(j)|\mathcal{F}_{\xi,\mathcal{A}}(j-1)]\\
&=E[\Phi^{\mathrm{T}}((m+1)h,mh)\Phi((m+1)h,j+1)P_N\mathcal{D}(j)|\mathcal{F}_{\xi,\mathcal{A}}(j-1)]\\
&\quad\times Y(j)E[\xi(j)|\mathcal{F}_{\xi,\mathcal{A}}(j-1)]\\
&=E[\Phi^{\mathrm{T}}((m+1)h,mh)\Phi((m+1)h,j+1)P_N\mathcal{D}(j)|\mathcal{F}_{\mathcal{A}}(j-1)]\\
&\quad\times Y(j)E[\xi(j)|\mathcal{F}_{\xi}(j-1)]\\
&=\mathbf{0}_{N\times N},\quad mh\leqslant j\leqslant(m+1)h-1,\quad m\geqslant 0,
\end{aligned}
$$

其中第二个等号根据假设 3.5 和引理 2.5 可推出. 根据上式、(3.14) 式和 (3.16) 式可得

$$
E\big[\delta^{\mathrm{T}}(mh)\Phi^{\mathrm{T}}((m+1)h,mh)\tilde{\xi}_m^{mh}\big]=0. \tag{3.17}
$$

由假设 3.3 和假设 3.4 可知存在正整数 m_0 和正常数 C_1 使得 $c^2(mh)\leqslant C_1c^2((m+1)h)$, $\forall\ m\geqslant m_0, c(k)\leqslant 1$, $\forall\ k\geqslant m_0h$. 根据条件 (b.2) 以及引理 2.2 可知

$$
\sup_{k\geqslant 0}E[\|\mathcal{L}_{\mathcal{G}(k)}\|^i|\mathcal{F}_{\mathcal{A}}(k-1)]
$$

$$\leqslant \sup_{k\geqslant 0}[E[\|\mathcal{L}_{\mathcal{G}(k)}\|^{2^h}|\mathcal{F}_{\mathcal{A}}(k-1)]]^{\frac{i}{2^h}} \leqslant \rho_0^i \quad \text{a.s.}, \quad \forall\, 2\leqslant i\leqslant 2^h. \tag{3.18}$$

通过逐项相乘并反复运用引理 2.3, 同时注意到 $c(mh)$ 随着 m 的增加而单调递减以及 $E[\|\mathcal{L}_{\mathcal{G}(k)}\|^l|\mathcal{F}_{\mathcal{A}}(mh-1)] = E[E[\|\mathcal{L}_{\mathcal{G}(k)}\|^l|\mathcal{F}_{\mathcal{A}}(k-1)]|\mathcal{F}_{\mathcal{A}}(mh-1)], 2\leqslant l\leqslant 2^h, k\geqslant mh$, 由 (3.18) 式可得

$$\begin{aligned}
&E\left[\left\|\Phi^{\mathrm{T}}((m+1)h,mh)\Phi((m+1)h,mh)-I_N\right.\right.\\
&\left.\left.+\sum_{i=mh}^{(m+1)h-1}c(i)(P_N\mathcal{L}_{\mathcal{G}(i)}+\mathcal{L}_{\mathcal{G}(i)}^{\mathrm{T}}P_N^{\mathrm{T}})\right\|\middle|\mathcal{F}_{\mathcal{A}}(mh-1)\right]\\
&\leqslant\left(C_1\sum_{i=2}^{2h}\mathbb{C}_{2h}^i\rho_0^i\right)c^2((m+1)h)\\
&=C_1[(1+\rho_0)^{2h}-1-2h\rho_0]c^2((m+1)h),\quad m\geqslant m_0.
\end{aligned} \tag{3.19}$$

记 $\mathcal{G}(i|mh-1)$ 的对称化图为 $\hat{\mathcal{G}}(i|mh-1)$, $mh\leqslant i\leqslant (m+1)h-1$. 注意到 $\mathcal{G}(i|i-1)$ 是平衡图 a.s., 因此 $\mathcal{G}(i|mh-1)$ 也是平衡图 a.s.. 从而 $E[\hat{\mathcal{L}}_{\mathcal{G}(i)}|\mathcal{F}_{\mathcal{A}}(mh-1)]$ 是 $\hat{\mathcal{G}}(i|mh-1)$ 的拉普拉斯矩阵 a.s., $mh\leqslant i\leqslant (m+1)h-1$. 由此可知 $\sum_{i=mh}^{(m+1)h-1}E[\hat{\mathcal{L}}_{\mathcal{G}(i)}|\mathcal{F}_{\mathcal{A}}(mh-1)]$ 是 $\sum_{i=mh}^{(m+1)h-1}\hat{\mathcal{G}}(i|mh-1)$ 的拉普拉斯矩阵 a.s.. 再由假设 3.5 及引理 2.5 可得

$$\begin{aligned}
&E\left[\delta^{\mathrm{T}}(mh)\left[\sum_{i=mh}^{(m+1)h-1}c(i)(P_N\mathcal{L}_{\mathcal{G}(i)}+\mathcal{L}_{\mathcal{G}(i)}^{\mathrm{T}}P_N^{\mathrm{T}})\right]\delta(mh)\right]\\
&=2E\left[\delta^{\mathrm{T}}(mh)\left[\sum_{i=mh}^{(m+1)h-1}c(i)E[\hat{\mathcal{L}}_{\mathcal{G}(i)}|\mathcal{F}_{\xi,\mathcal{A}}(mh-1)]\right]\delta(mh)\right]\\
&=2E\left[\delta^{\mathrm{T}}(mh)\left[\sum_{i=mh}^{(m+1)h-1}c(i)E[\hat{\mathcal{L}}_{\mathcal{G}(i)}|\mathcal{F}_{\mathcal{A}}(mh-1)]\right]\delta(mh)\right],
\end{aligned}$$

根据上式以及假设 3.4 和条件 (b.1) 可得

$$\begin{aligned}
&E\left[\delta^{\mathrm{T}}(mh)\left[\sum_{i=mh}^{(m+1)h-1}c(i)(P_N\mathcal{L}_{\mathcal{G}(i)}+\mathcal{L}_{\mathcal{G}(i)}^{\mathrm{T}}P_N^{\mathrm{T}})\right]\delta(mh)\right]\\
&\geqslant 2c((m+1)h)E\left[\delta^{\mathrm{T}}(mh)\left[\sum_{i=mh}^{(m+1)h-1}E[\hat{\mathcal{L}}_{\mathcal{G}(i)}|\mathcal{F}_{\mathcal{A}}(mh-1)]\right]\delta(mh)\right]
\end{aligned}$$

$$
\begin{aligned}
&\geqslant 2c((m+1)h)E\left[\lambda_{mh}^{h}V(mh)\right] \\
&\geqslant 2c((m+1)h)E\left[\inf_{m\geqslant 0}(\lambda_{mh}^{h})V(mh)\right] \\
&\geqslant 2\theta c((m+1)h)E[V(mh)] \quad \text{a.s..}
\end{aligned} \tag{3.20}
$$

根据假设 3.2、假设 3.5 以及引理 2.5 可得

$$
\begin{aligned}
&E[\xi^{\mathrm{T}}(i)Y^{\mathrm{T}}(i)\mathcal{D}^{\mathrm{T}}(i)P_N\Phi^{\mathrm{T}}((m+1)h,i+1)\Phi((m+1)h,j+1)P_N\mathcal{D}(j)Y(j)\xi(j)] \\
=&E[E[\xi^{\mathrm{T}}(i)Y^{\mathrm{T}}(i)\mathcal{D}^{\mathrm{T}}(i)P_N\Phi^{\mathrm{T}}((m+1)h,i+1) \\
&\times\Phi((m+1)h,j+1)\mid\mathcal{F}_{\xi,\mathcal{A}}(i-1)]P_N\mathcal{D}(j)Y(j)\xi(j)] \\
=&E[E[\xi^{\mathrm{T}}(i)Y^{\mathrm{T}}(i)\mid\mathcal{F}_{\xi,\mathcal{A}}(i-1)]E[\mathcal{D}^{\mathrm{T}}(i)P_N\Phi^{\mathrm{T}}((m+1)h,i+1) \\
&\times\Phi((m+1)h,j+1)\mid\mathcal{F}_{\mathcal{A}}(i-1)]P_N\mathcal{D}(j)Y(j)\xi(j)] \\
=&E[E[E[\xi^{\mathrm{T}}(i)\mid\mathcal{F}_{\xi}(i-1)]Y^{\mathrm{T}}(i)\mid\mathcal{F}_{\xi,\mathcal{A}}(i-1)]E[\mathcal{D}^{\mathrm{T}}(i)P_N\Phi^{\mathrm{T}}((m+1)h,i+1) \\
&\times\Phi((m+1)h,j+1)\mid\mathcal{F}_{\mathcal{A}}(i-1)]P_N\mathcal{D}(j)Y(j)\xi(j)] \\
=&0,\quad i>j,
\end{aligned}
$$

由上式及 $\tilde{\xi}_m^{mh}$ 的定义可得

$$
\begin{aligned}
&E[(\tilde{\xi}_m^{mh})^{\mathrm{T}}(\tilde{\xi}_m^{mh})] \\
=&\sum_{i=mh}^{(m+1)h-1}c^2(i)E[\xi^{\mathrm{T}}(i)Y^{\mathrm{T}}(i)\mathcal{D}^{\mathrm{T}}(i)P_N\Phi^{\mathrm{T}}((m+1)h,i+1)\Phi((m+1)h,i+1) \\
&\times P_N\mathcal{D}(i)Y(i)\xi(i)] \\
\leqslant&\sum_{i=mh}^{(m+1)h-1}c^2(i)E[\|\Phi^{\mathrm{T}}((m+1)h,i+1) \\
&\times\Phi((m+1)h,i+1)\|\|\mathcal{D}^{\mathrm{T}}(i)\mathcal{D}(i)\|\|Y(i)\|^2\|\xi(i)\|^2] \\
=&\sum_{i=mh}^{(m+1)h-1}c^2(i)E[\|Y(i)\|^2E[\|\Phi^{\mathrm{T}}((m+1)h,i+1)\Phi((m+1)h,i+1)\| \\
&\times\|\mathcal{D}^{\mathrm{T}}(i)\mathcal{D}(i)\|\mid\mathcal{F}_{\mathcal{A}}(i-1)]E[\|\xi(i)\|^2|\mathcal{F}_{\xi}(i-1)]].
\end{aligned} \tag{3.21}
$$

由条件 (b.2) 可知存在一个常数 ρ_1' 使得

$$
\sup_{k\geqslant 0}\left[E[\|\mathcal{D}^{\mathrm{T}}(k)\mathcal{D}(k)\|^2|\mathcal{F}_{\mathcal{A}}(k-1)]\right]^{1/2}\leqslant\rho_1' \quad \text{a.s.,}
$$

由上式、条件 Hölder 不等式以及 Cr 不等式可得

$$
E[\|\Phi^{\mathrm{T}}((m+1)h,i+1)\Phi((m+1)h,i+1)\|\|\mathcal{D}^{\mathrm{T}}(i)\mathcal{D}(i)\||\mathcal{F}_{\mathcal{A}}(i-1)]
$$

$$\leqslant \rho_1'\{E[\|\Phi^{\mathrm{T}}((m+1)h,i+1)\Phi((m+1)h,i+1)\|^2|\mathcal{F}_{\mathcal{A}}(i-1)]\}^{\frac{1}{2}}$$
$$\leqslant \rho', \quad mh \leqslant i \leqslant (m+1)h-1, \quad m \geqslant m_0,$$

其中 $\rho' = \rho_1'\left\{\left(\sum_{j=0}^{2(h-1)} M_{2(h-1)}^j\right)\sum_{l=0}^{2(h-1)} M_{2(h-1)}^l \rho_0^{2l}\right\}^{\frac{1}{2}}$. 从而由 (3.11) 式、(3.21) 式及上式可得

$$\begin{aligned}
&E[(\tilde{\xi}_m^{mh})^{\mathrm{T}}(\tilde{\xi}_m^{mh})] \\
\leqslant &\rho' \sum_{i=mh}^{(m+1)h-1} c^2(i)E[4\sigma^2 V(i)E[\|\xi(i)\|^2 \mid \mathcal{F}_\xi(i-1)] + 2b^2E[\|\xi(i)\|^2 \mid \mathcal{F}_\xi(i-1)]] \\
\leqslant &4\sigma^2\beta\rho' \sum_{i=mh}^{(m+1)h-1} c^2(i)E[V(i)] + 2b^2\beta\rho' \sum_{i=mh}^{(m+1)h-1} c^2(i), \quad m \geqslant m_0.
\end{aligned} \tag{3.22}$$

最后, 由 (3.15) 式、(3.17) 式、(3.19) 式、(3.20) 式和 (3.22) 式可得

$$\begin{aligned}
&E[V((m+1)h)] \\
\leqslant &(1-2\theta c((m+1)h) + c^2((m+1)h)C_1[(1+\rho_0)^{2h}-1-2h\rho_0])E[V(mh)] \\
&+4\sigma^2\beta\rho' \sum_{i=mh}^{(m+1)h-1} c^2(i)E[V(i)] + 2b^2\beta\rho' \sum_{i=mh}^{(m+1)h-1} c^2(i), \quad m \geqslant m_0.
\end{aligned} \tag{3.23}$$

上式称为随机李雅普诺夫函数的差分不等式.

接下来, 我们首先证明 $\lim_{m\to\infty} E[V(mh)] = 0$, 然后证明 $\lim_{k\to\infty} V(k) = 0$ a.s.. 由引理 3.1 和 (3.23) 式可知

$$\begin{aligned}
&E[V((m+1)h)] \\
\leqslant &(1-2\theta c((m+1)h) + c^2((m+1)h)C_1[(1+\rho_0)^{2h}-1-2h\rho_0])E[V(mh)] \\
&+C_2 \sum_{i=mh}^{(m+1)h-1} c^2(i), \quad m \geqslant m_0,
\end{aligned} \tag{3.24}$$

其中 $C_2 = (4\sigma^2 \sup_{k\geqslant 0} E[V(k)] + 2b^2)\beta\rho'$.

由假设 3.3 可知存在正整数 m_1 使得

$$0 < 2\theta c((m+1)h) - c^2((m+1)h)C_1[(1+\rho_0)^{2h}-1-2h\rho_0] \leqslant 1, \quad \forall\, m \geqslant m_1, \tag{3.25}$$

以及

$$\sum_{m=0}^{\infty}\{2\theta c((m+1)h) - c^2((m+1)h)C_1[(1+\rho_0)^{2h}-1-2h\rho_0]\} = \infty. \tag{3.26}$$

由假设 3.4 可得

$$\lim_{m\to\infty}\left\{\left[C_2\sum_{i=mh}^{(m+1)h-1}c^2(i)\right]\Big/[2\theta c((m+1)h)\right.$$
$$\left.-c^2((m+1)h)C_1[(1+\rho_0)^{2h}-1-2h\rho_0]]\right\}=0. \tag{3.27}$$

根据引理 2.7 及 (3.24)—(3.27) 式可得 $\lim_{m\to\infty}E[V(mh)]=0$. 因此对任意的 $\epsilon>0$, 存在正整数 m_2 使得 $E[V(mh)]<\epsilon$, $m\geqslant m_2$, 且 $\sum_{i=m_2h}^{\infty}c^2(i)<\epsilon$. 记 $m_k=\left\lfloor\dfrac{k}{h}\right\rfloor$. 则对任意的 $k\geqslant m_2h$, $m_k\geqslant m_2$ 且 $0\leqslant k-m_kh\leqslant h$. 那么根据 (3.13) 式可得

$$\begin{aligned}E[V(k+1)]\leqslant&\prod_{i=m_kh}^{k}[1+c^2(i)(\rho_N+4\rho_1\beta\sigma^2)]E[V(m_kh)]\\&+2\rho_1b^2\beta\sum_{i=m_kh}^{k}\prod_{j=i+1}^{k}[1+c^2(j)(\rho_N+4\rho_1\beta\sigma^2)]c^2(i)\\\leqslant&\exp\left((\rho_N+4\rho_1\beta\sigma^2)\sum_{i=0}^{\infty}c^2(i)\right)(1+2\rho_1b^2\beta)\epsilon,\quad k\geqslant m_2h,\end{aligned}\tag{3.28}$$

其中 $\prod_{j=k+1}^{k}[1+(\rho_N+4\rho_1\beta\sigma^2)c^2(j)]$ 定义为 1. 那么由 ϵ 的任意性可得

$$E[V(k)]\to 0,\quad k\to\infty. \tag{3.29}$$

对 (3.8) 式两边取条件期望可得

$$E[V(k+1)|\mathcal{F}_{\xi,\mathcal{A}}(k-1)]\leqslant[1+c^2(k)(\rho_N+4\sigma^2\rho_1\beta)]V(k)+2b^2\rho_1\beta c^2(k).$$

因此根据引理 2.6 及假设 3.3 可知 $V(k)$ 收敛到一个几乎处处有限的随机变量. 再由 (3.29) 式可知 $\lim_{k\to\infty}V(k)=0$ a.s.. ■

接下来, 我们证明定理 3.1.

定理 3.1 的证明 首先, 注意到

$$|\mathcal{E}_{\mathcal{G}(k)}|\max_{1\leqslant i,j\leqslant N}a_{ij}^2(k)\leqslant N(N-1)\max_{1\leqslant i,j\leqslant N}a_{ij}^2(k)\leqslant N(N-1)\|\|\mathcal{L}_{\mathcal{G}(k)}\|_F^2,$$

根据矩阵 2-范数和矩阵 Frobenius 范数的等价性以及条件李雅普诺夫不等式可知, 如果条件 (b.2) 成立, 那么确定性正常数 ρ_1 和 ρ_2 存在. 其次, 根据引理 3.2

可知, 当 $k \to \infty$, $\delta(k)$ 均方且几乎必然衰减. 接下来, 我们分三步来证明定理剩下部分.

第一步: 证明 $x_i(k), i \in \mathcal{V}$ 均方且几乎必然收敛到 x^*.

记 $\tilde{\mathcal{L}}_{\mathcal{G}(k)} = \mathcal{L}_{\mathcal{G}(k)} - E[\mathcal{L}_{\mathcal{G}(k)}|\mathcal{F}_{\mathcal{A}}(k-1)], k \geqslant 0$. 注意到, 拉普拉斯矩阵 $E[\mathcal{L}_{\mathcal{G}(k)}|\mathcal{F}_{\mathcal{A}}(k-1)]$ 对应的有向图是平衡图 a.s., 那么 $\mathbf{1}_N^{\mathrm{T}} E[\mathcal{L}_{\mathcal{G}(k)}|\mathcal{F}_{\mathcal{A}}(k-1)] = \mathbf{0}_N^{\mathrm{T}}$ a.s.. 对 (3.4) 式两边左乘 $\dfrac{1}{N}\mathbf{1}_N^{\mathrm{T}}$, 并且对 k 从 0 到 $n-1$ 求和可得

$$
\begin{aligned}
\frac{1}{N}\sum_{j=1}^{N} x_j(n) &= \frac{1}{N}\sum_{j=1}^{N} x_j(0) - \frac{1}{N}\mathbf{1}^{\mathrm{T}}\sum_{k=0}^{n-1} c(k)\mathcal{L}_{\mathcal{G}(k)}X(k) \\
&\quad + \frac{1}{N}\mathbf{1}^{\mathrm{T}}\sum_{k=0}^{n-1} c(k)\mathcal{D}(k)Y(k)\xi(k) \\
&= \frac{1}{N}\sum_{j=1}^{N} x_j(0) - \frac{1}{N}\mathbf{1}^{\mathrm{T}}\sum_{k=0}^{n-1} c(k)\tilde{\mathcal{L}}_{\mathcal{G}(k)}X(k) \\
&\quad + \frac{1}{N}\mathbf{1}^{\mathrm{T}}\sum_{k=0}^{n-1} c(k)\mathcal{D}(k)Y(k)\xi(k).
\end{aligned} \tag{3.30}
$$

注意到

$$
\begin{aligned}
& E[\tilde{\mathcal{L}}_{\mathcal{G}(m+i)}X(m+i)|\mathcal{F}_{\xi,\mathcal{A}}(m)] \\
=& E[E[\tilde{\mathcal{L}}_{\mathcal{G}(m+i)}X(m+i)|\mathcal{F}_{\xi,\mathcal{A}}(m)]|\mathcal{F}_{\xi,\mathcal{A}}(m+i-1)] \\
=& E[E[\tilde{\mathcal{L}}_{\mathcal{G}(m+i)}X(m+i)|\mathcal{F}_{\xi,\mathcal{A}}(m+i-1)]|\mathcal{F}_{\xi,\mathcal{A}}(m)] \\
=& E[E[\tilde{\mathcal{L}}_{\mathcal{G}(m+i)}|\mathcal{F}_{\xi,\mathcal{A}}(m+i-1)]X(m+i)|\mathcal{F}_{\xi,\mathcal{A}}(m)], \quad 1 \leqslant i \leqslant n-m-1,
\end{aligned}
$$

根据 $\tilde{\mathcal{L}}_{\mathcal{G}(k)}$ 的定义以及假设 3.5, 可知 $E[\tilde{\mathcal{L}}_{\mathcal{G}(k)}|\mathcal{F}_{\xi,\mathcal{A}}(k-1)] = E[\tilde{\mathcal{L}}_{\mathcal{G}(k)}|\mathcal{F}_{\mathcal{A}}(k-1)] = \mathbf{0}_{N\times N}, k \geqslant 0$. 那么由上式可得

$$
E[\tilde{\mathcal{L}}_{\mathcal{G}(m+i)}X(m+i)|\mathcal{F}_{\xi,\mathcal{A}}(m)] = \mathbf{0}_N, \quad 1 \leqslant i \leqslant n-m-1,
$$

从而

$$
\begin{aligned}
& E\left[\sum_{k=0}^{n-1} c(k)\tilde{L}_{\mathcal{G}(k)}X(k)\middle|\mathcal{F}_{\xi,\mathcal{A}}(m)\right] \\
=& E\left[\sum_{k=0}^{m} c(k)\tilde{L}_{\mathcal{G}(k)}X(k)\middle|\mathcal{F}_{\xi,\mathcal{A}}(m)\right]
\end{aligned}
$$

$$
\begin{aligned}
&+E\left[\sum_{k=m+1}^{n-1} c(k)\tilde{L}_{\mathcal{G}(k)}X(k)\middle|\mathcal{F}_{\xi,\mathcal{A}}(m)\right]\\
&=\sum_{k=0}^{m} c(k)\tilde{L}_{\mathcal{G}(k)}X(k), \quad \forall\, m<n-1.
\end{aligned}
$$

由上式及鞅的定义可知适应序列 $\left\{\frac{1}{N}\mathbf{1}_N^{\mathrm{T}}\sum_{k=0}^{n} c(k)\widetilde{\mathcal{L}}_{\mathcal{G}(k)}x(k),\mathcal{F}_{\xi,\mathcal{A}}(n),n\geqslant 0\right\}$ 是鞅. 另一方面, 根据条件 (b.2) 可知

$$
\begin{aligned}
\sup_{n\geqslant 0} E\left\|\sum_{k=0}^{n-1} c(k)\widetilde{\mathcal{L}}_{\mathcal{G}(k)}X(k)\right\|^2 &\leqslant \sup_{n\geqslant 0}\sum_{k=0}^{n-1} c^2(k)E[\|X(k)\|^2\|\widetilde{\mathcal{L}}_{\mathcal{G}(k)}\|^2]\\
&\leqslant \rho_0^2\sup_{k\geqslant 0} E\|X(k)\|^2\sum_{k=0}^{\infty} c^2(k).
\end{aligned} \tag{3.31}
$$

根据 (3.4) 式、(3.12) 式以及条件 (b.2) 可得

$$
\begin{aligned}
&E[\|X(k+1)\|^2]\\
=&E[X^{\mathrm{T}}(k)(I_N-c(k)\mathcal{L}_{\mathcal{G}(k)}^{\mathrm{T}})(I_N-c(k)\mathcal{L}_{\mathcal{G}(k)})X(k)]\\
&+c^2(k)E[\xi^{\mathrm{T}}(k)Y^{\mathrm{T}}(k)\mathcal{D}^{\mathrm{T}}(k)\mathcal{D}(k)Y(k)\xi(k)]\\
\leqslant& E[\|X(k)\|^2]+c^2(k)E[\|X(k)\|^2\|\mathcal{L}_{\mathcal{G}(k)}\|^2]\\
&+c^2(k)E[\|Y(k)\|^2\|\xi(k)\|^2\|\mathcal{D}^{\mathrm{T}}(k)\mathcal{D}(k)\|]\\
\leqslant& E[\|X(k)\|^2]+c^2(k)\rho_0^2E[\|X(k)\|^2]+c^2(k)\beta\rho_1E[4\sigma^2V(k)+2b^2]\\
\leqslant&(1+c^2(k)\rho_0^2)E[\|X(k)\|^2]+\beta\rho_1\Big(4\sigma^2\sup_{k\geqslant 0}E[V(k)]+2b^2\Big)c^2(k),
\end{aligned} \tag{3.32}
$$

其中第二个不等号右边第二项根据条件 (b.2) 推出, 第三项类似于 (3.12) 式的证明过程. 由上式、引理 3.1、引理 2.6 以及假设 3.3 可得 $\sup_{k\geqslant 0}E\|x(k)\|^2<\infty$. 那么由 (3.31) 式、(3.32) 式可知

$$
\sup_{n\geqslant 0} E\left\|\sum_{k=0}^{n-1} c(k)\widetilde{\mathcal{L}}_{\mathcal{G}(k)}X(k)\right\|^2<\infty.
$$

根据引理 2.8 及上式可得

$$
\frac{1}{N}\mathbf{1}_N^{\mathrm{T}}\sum_{k=0}^{n-1} c(k)\widetilde{\mathcal{L}}_{\mathcal{G}(k)}x(k)\text{均方且几乎必然收敛},\quad n\to\infty. \tag{3.33}
$$

另一方面, 根据假设 3.2 和假设 3.5 可得

$$E\left[\sum_{k=0}^{n-1} c(k)\mathcal{D}(k)Y(k)\xi(k)\middle|\mathcal{F}_{\xi,\mathcal{A}}(j)\right]$$

$$=\sum_{k=0}^{j} c(k)\mathcal{D}(k)Y(k)\xi(k)+\sum_{k=j+1}^{n-1} E[E(c(k)\mathcal{D}(k)Y(k)\xi(k)|\mathcal{F}_{\xi,\mathcal{A}}(k-1))|\mathcal{F}_{\xi,\mathcal{A}}(j)]$$

$$=\sum_{k=0}^{j} c(k)\mathcal{D}(k)Y(k)\xi(k), \quad \forall\, j<n-1.$$

由上式及鞅的定义可知适应序列 $\{\sum_{j=0}^{n} c(k)\mathcal{D}(k)Y(k)\xi(k), \mathcal{F}_{\xi,\mathcal{A}}(n), n\geqslant 0\}$ 是鞅. 由 (3.11) 式以及条件 (b.2) 可得

$$\sup_{n\geqslant 0} E\left\|\sum_{k=0}^{n-1} c(k)\mathcal{D}(k)Y(k)\xi(k)\right\|^2$$

$$=\sup_{n\geqslant 0}\sum_{k=0}^{n-1} E\left[c^2(k)\xi^{\mathrm{T}}(k)Y^{\mathrm{T}}(k)\mathcal{D}^{\mathrm{T}}(k)\mathcal{D}(k)Y(k)\xi(k)\right]$$

$$\leqslant \beta\rho_1 \sup_{n\geqslant 0}\sum_{k=0}^{n-1} c^2(k)E\|Y(k)\|^2$$

$$\leqslant \beta\rho_1 \sup_{n\geqslant 0}\sum_{k=0}^{n-1} c^2(k)(4\sigma^2 E[V(k)]+2b^2).$$

由上式、假设 3.3 以及 $E[V(k)]$ 有界性可得

$$\sup_{n\geqslant 0} E\left\|\sum_{k=0}^{n-1} c(k)\mathcal{D}(k)Y(k)\xi(k)\right\|^2<\infty,$$

根据引理 2.8 以及上式可知

$$\frac{1}{N}\mathbf{1}_N^{\mathrm{T}}\sum_{k=0}^{n-1} c(k)\mathcal{D}(k)Y(k)\xi(k)\ \text{均方且几乎必然收敛}, \quad n\to\infty. \tag{3.34}$$

最后, 由 (3.30) 式、(3.33) 式和 (3.34) 式可知

$$\frac{1}{N}\sum_{j=1}^{N} x_j(n)\text{均方且几乎必然收敛到 } x^*, \quad n\to\infty, \tag{3.35}$$

其中

$$x^* = \frac{1}{N}\sum_{j=1}^{N} x_j(0) - \frac{1}{N}\mathbf{1}_N^{\mathrm{T}}\sum_{k=0}^{\infty} c(k)\tilde{\mathcal{L}}_{\mathcal{G}(k)}X(k) + \frac{1}{N}\mathbf{1}_N^{\mathrm{T}}\sum_{k=0}^{\infty} c(k)\mathcal{D}(k)Y(k)\xi(k). \tag{3.36}$$

那么根据引理 3.2、(3.35) 式以及 $V(k)$ 的定义可知 $x_i(k)$ 均方且几乎必然收敛到 x^*, $k \to \infty$, $i \in \mathcal{V}$.

第二步: 计算 x^* 的期望.

由 (3.33) 式可得

$$E\left[\frac{1}{N}\mathbf{1}_N^{\mathrm{T}}\sum_{k=0}^{\infty} c(k)\tilde{\mathcal{L}}_{\mathcal{G}(k)}X(k)\right] = \lim_{n\to\infty} E\left[\frac{1}{N}\mathbf{1}_N^{\mathrm{T}}\sum_{k=0}^{n-1} c(k)\tilde{\mathcal{L}}_{\mathcal{G}(k)}X(k)\right] = 0.$$

由 (3.34) 式可得

$$E\left[\frac{1}{N}\mathbf{1}_N^{\mathrm{T}}\sum_{k=0}^{\infty} c(k)\mathcal{D}(k)Y(k)\xi(k)\right] = \lim_{n\to\infty} E\left[\frac{1}{N}\mathbf{1}_N^{\mathrm{T}}\sum_{k=0}^{n-1} c(k)\mathcal{D}(k)Y(k)\xi(k)\right] = 0.$$

因此, 由上式及 (3.36) 式可得

$$E[x^*] = \frac{1}{N}\sum_{j=1}^{N} x_j(0). \tag{3.37}$$

第三步: 估计 x^* 的方差.

根据 (3.13) 式, 通过迭代计算可得

$$\begin{aligned} E[V(k+1)] \leqslant & \prod_{i=0}^{k}[1+(\rho_N+4\beta\sigma^2\rho_1)c^2(i)]V(0) \\ & +2\rho_1 b^2\beta\sum_{i=0}^{k} c^2(i)\prod_{j=i+1}^{k}[1+(\rho_N+4\beta\sigma^2\rho_1)c^2(j)], \end{aligned} \tag{3.38}$$

其中 $\prod_{j=k+1}^{k}[1+(\rho_N+4\beta\sigma^2\rho_1)c^2(j)]=1$. 实际上, 对于任意的 $k \geqslant j$,

$$\begin{aligned} \prod_{i=j}^{k}(1+(\rho_N+4\beta\sigma^2\rho_1)c^2(i)) & \leqslant \exp\left((\rho_N+4\beta\sigma^2\rho_1)\sum_{i=j}^{k} c^2(i)\right) \\ & \leqslant \exp\left((\rho_N+4\beta\sigma^2\rho_1)\sum_{i=0}^{\infty} c^2(i)\right). \end{aligned}$$

由上式及 (3.38) 式可得

$$\sup_{k\geqslant 0} E[V(k)] \leqslant q_v. \tag{3.39}$$

类似于 (3.38) 式、(3.39) 式的过程, 根据 (3.32) 式及上式可得

$$E\|X(k+1)\|^2 \leqslant (1+c^2(k)\rho_0^2)E\|X(k)\|^2 + \beta\rho_1(4\sigma^2 q_v + 2b^2)c^2(k) \leqslant q_x. \tag{3.40}$$

那么由 (3.33) 式、(3.34) 式、(3.36) 式、(3.37) 式、控制收敛定理及 Cr 不等式可得

$$\begin{aligned}
\mathrm{Var}(x^*) &= E\left[\frac{1}{N}\mathbf{1}_N^{\mathrm{T}}\sum_{k=0}^{\infty} c(k)\mathcal{D}(k)Y(k)\xi(k) - \frac{1}{N}\mathbf{1}_N^{\mathrm{T}}\sum_{k=0}^{\infty} c(k)\tilde{\mathcal{L}}_{\mathcal{G}(k)}X(k)\right]^2 \\
&\leqslant 2E\left[\frac{1}{N}\mathbf{1}_N^{\mathrm{T}}\sum_{k=0}^{\infty} c(k)\mathcal{D}(k)Y(k)\xi(k)\right]^2 + 2E\left[\frac{1}{N}\mathbf{1}_N^{\mathrm{T}}\sum_{k=0}^{\infty} c(k)\tilde{\mathcal{L}}_{\mathcal{G}(k)}X(k)\right]^2 \\
&\leqslant 2\lim_{n\to\infty} E\left[\frac{1}{N}\mathbf{1}_N^{\mathrm{T}}\sum_{k=0}^{n-1} c(k)\tilde{\mathcal{L}}_{\mathcal{G}(k)}X(k)\right]^2 \\
&\quad +2\lim_{n\to\infty} E\left[\frac{1}{N}\mathbf{1}_N^{\mathrm{T}}\sum_{k=0}^{n-1} c(k)\mathcal{D}(k)Y(k)\xi(k)\right]^2.
\end{aligned} \tag{3.41}$$

对于上式右边第一项, 注意到 $\left\{\frac{1}{N}\mathbf{1}_N^{\mathrm{T}}\sum_{k=0}^{n} c(k)\widetilde{\mathcal{L}}_{\mathcal{G}(k)}x(k), \mathcal{F}_{\xi,\mathcal{A}}(n), n\geqslant 0\right\}$ 是鞅, 可得

$$\begin{aligned}
&\lim_{n\to\infty} E\left[\frac{1}{N}\mathbf{1}_N^{\mathrm{T}}\sum_{k=0}^{n-1} c(k)\tilde{\mathcal{L}}_{\mathcal{G}(k)}X(k)\right]^2 \\
&= \frac{1}{N^2}\lim_{n\to\infty}\sum_{k=0}^{n-1}\left\{c^2(k)E\left[\mathbf{1}_N^{\mathrm{T}}\tilde{\mathcal{L}}_{\mathcal{G}(k)}X(k)\right]^2\right\} \\
&= \frac{1}{N^2}\lim_{n\to\infty}\sum_{k=0}^{n-1}\left\{c^2(k)E\left[\mathbf{1}_N^{\mathrm{T}}\mathcal{L}_{\mathcal{G}(k)}X(k)\right]^2\right\} \\
&= \frac{1}{N^2}\lim_{n\to\infty}\sum_{k=0}^{n-1}\left\{c^2(k)E\left[\sum_{i=1}^{N} x_i(k)\left(\sum_{j=1}^{N} a_{ij}(k) - \sum_{j=1}^{N} a_{ji}(k)\right)\right]^2\right\} \\
&\leqslant \frac{1}{N}\lim_{n\to\infty}\sum_{k=0}^{n-1}\left\{c^2(k)\sum_{i=1}^{N} E\left[x_i^2(k)\left(\sum_{j=1}^{N} a_{ij}(k) - \sum_{j=1}^{N} a_{ji}(k)\right)^2\right]\right\}
\end{aligned}$$

$$\leqslant \frac{\rho_2}{N} \sum_{k=0}^{\infty} c^2(k) E\|X(k)\|^2 \leqslant \frac{\rho_2 q_x}{N} \sum_{k=0}^{\infty} c^2(k), \tag{3.42}$$

其中第二个等号根据 $\widetilde{\mathcal{L}}_{\mathcal{G}(k)}$ 的定义和 $\{\mathcal{G}(k), k \geqslant 0\} \in \Gamma_1$ 可推出, 第一个不等号根据 Cr 不等式可推出, 第二个不等号根据 (3.40) 式可推出.

对于 (3.41) 式中右边第二项, 注意到 $\left\{ \sum_{j=0}^{n} c(k)\mathcal{D}(k)Y(k)\xi(k), \mathcal{F}_{\xi,\mathcal{A}}(n), n \geqslant 0 \right\}$ 是鞅, 通过直接计算可得

$$\begin{aligned}
&\lim_{n\to\infty} E\left[\frac{1}{N}\mathbf{1}_N^{\mathrm{T}} \sum_{k=0}^{n-1} c(k)\mathcal{D}(k)Y(k)\xi(k)\right]^2 \\
&= \frac{1}{N^2} \lim_{n\to\infty} E\left[\sum_{k=0}^{n-1} (\mathbf{1}_N^{\mathrm{T}} c(k)\mathcal{D}(k)Y(k)\xi(k))^2\right] \\
&\leqslant \frac{1}{N^2} \lim_{n\to\infty} \sum_{k=0}^{n-1} c^2(k) E\left[\sum_{1\leqslant i,j\leqslant N} \xi_{ji}(k) a_{ij}(k)(\sigma_{ji}(x_j(k) - x_i(k)) + b_{ji})\right]^2.
\end{aligned} \tag{3.43}$$

那么根据假设 3.2、假设 3.5、Cr 不等式以及引理 2.5可得

$$\begin{aligned}
&\lim_{n\to\infty} E\left[\frac{1}{N}\mathbf{1}_N^{\mathrm{T}} \sum_{k=0}^{n-1} c(k)\mathcal{D}(k)Y(k)\xi(k)\right]^2 \\
&\leqslant \frac{1}{N^2} \sum_{k=0}^{\infty} \left\{ c^2(k) \sum_{(i,j)\in\mathcal{E}_{\mathcal{G}(k)}} E\Big[|\mathcal{E}_{\mathcal{G}(k)}| \xi_{ji}^2(k) a_{ij}^2(k)(\sigma_{ji}(x_j(k) - x_i(k)) + b_{ji})^2\Big] \right\} \\
&\leqslant \frac{2}{N^2} \sum_{k=0}^{\infty} \left\{ c^2(k) \sum_{(i,j)\in\mathcal{E}_{\mathcal{G}(k)}} E\Big[|\mathcal{E}_{\mathcal{G}(k)}| \xi_{ji}^2(k) a_{ij}^2(k)(\sigma_{ji}^2(x_j(k) - x_i(k))^2 + b_{ji}^2)\Big] \right\} \\
&\leqslant \frac{2\beta b^2 \rho_1}{N^2} \sum_{k=0}^{\infty} c^2(k) + \frac{4\beta\sigma^2\rho_1}{N^2} \sum_{k=0}^{\infty} E[V(k)] c^2(k),
\end{aligned} \tag{3.44}$$

其中第一个不等号根据 Cr 不等式可推出, 最后的不等号根据假设 3.2、假设 3.5 和引理 2.5 可推出. 由 (3.41) 式、(3.42) 式及上式可得 (3.6) 式. ■

关于定理 3.1, 我们作如下说明.

注释 3.7　已有研究分布式共识的文献大都要求边的权重非负, 即 $\mathcal{A}_{\mathcal{G}(k)}$ 是非负矩阵. 在定理 3.1 中, 假设 $\{\mathcal{G}(k), k \geqslant 0\} \in \Gamma_1$, 从而只需要 $E[\mathcal{A}_{\mathcal{G}(k)}|\mathcal{F}_{\mathcal{A}}(k-1)]$ 是非负矩阵 a.s.. 这一宽松的条件拓宽了算法的适用范围. 此时, $\mathcal{L}_{\mathcal{G}(k)}$ 不再是拉普拉斯矩阵, 拉普拉斯矩阵的一些性质不再适用, 这加大了算法分析难度.

注释 3.8 我们称定理 3.1 中的条件 (b.1) 为一致条件联合强连通, 即条件有向图 $\mathcal{G}(k|k-1)$ 在时间区间 $[mh,(m+1)h-1]$, $m\geqslant 0$ 上一致联合强连通, 且平均代数连通度一致有正下界.

注释 3.9 不等式 (3.6) 给出了均方稳态误差的一个上界. 在 (3.6) 式右边存在三项, 分别反映了加性噪声、乘性噪声和拓扑图的瞬时非平衡性对稳态误差的影响. 如果拓扑图每个时刻是平衡图, 即 $\sum_{j=1}^{N}a_{ij}(k)=\sum_{j=1}^{N}a_{ji}(k), i=1,2,\cdots,N, k\geqslant 0$ a.s., 那么第三项为零. 特别地, 如果通信噪声序列 $\{\xi_{ji}(k),k=0,1,\cdots;i,j=1,2,\cdots,N\}$ 时空独立, 那么根据 (3.43), 可得

$$\mathrm{Var}(x^*)\leqslant\frac{4c\beta b^2\overline{\rho}_1}{N^2}+\frac{8\widetilde{c}\beta\sigma^2\overline{\rho}_1}{N^2},\tag{3.45}$$

其中 $\overline{\rho}_1$ 为正常数, 满足 $\sup_{k\geqslant 0}\max_{1\leqslant i,j\leqslant N}E\left[a_{ij}^2(k)|\mathcal{F}_{\mathcal{A}}(k-1)\right]\leqslant\overline{\rho}_1$, a.s.. 进一步, 若当 $N\to\infty$ 时, $\beta=O(N)$ 且 $\overline{\rho}_1=O(1)$, 则当 $N\to\infty$ 时, $\mathrm{Var}(x^*)=O(1/N)$, 这意味着传感器的数量越多, 信息融合的精度就越高. 同时, 拥有大量节点的传感器网络肯定是不经济的, 因此在选择节点数量时, 需要在估算性能和系统成本之间进行权衡. 若网络图在每个时刻平衡, 即 $\rho_2=0$, 且通信噪声强度为零, 即 $b=\sigma=0$, 则由 (3.6) 式可知 $\mathrm{Var}(x^*)=0$. 这意味着 $x^*=\dfrac{1}{N}\sum_{i=0}^{N}x_i(0)$ a.s.. 此时, 定理 3.1 退化成文献 [197] 中平衡有向图上不带噪声的平均共识情形.

注释 3.10 利用 (3.39) 式的估计, (3.6) 式和 (3.45) 式中的 $\widetilde{c}$ 可以替换成 q_vc, 从而可以去掉 $\widetilde{c}$ 中的 $E[V(k)]$. 但是, 这使得均方稳态误差的上界更保守.

注释 3.11 引理 3.1 在定理 3.1 的证明中扮演了非常重要的角色.

- 在文献 [268] 中, 网络图假定为固定且平衡的强连通有向图. 因此, 连通图的拉普拉斯矩阵的性质可以直接用于李雅普诺夫能量函数的一阶差分不等式的分析. 对于这一章考虑的时变随机拓扑图的情形, 网络图不再是瞬时平衡且连通的, 因此文献 [268] 中的方法不再适用. 我们进一步发展了针对时变随机网络图和混合通信噪声的随机李雅普诺夫方法. 通过引理 3.1, 将涉及 $E[V(i)]$, $i=mh+1,\cdots,m(h+1)-1$ 的高阶差分不等式 (3.23) 转化成了前向 h 步的一阶差分不等式 (3.24).

- 系统重心方程 (3.30) 与文献 [151,268] 中的系统重心方程不同. 首先, 噪声诱导项 $\dfrac{1}{N}\mathbf{1}^{\mathrm{T}}\sum_{k=0}^{n-1}c(k)\mathcal{D}(k)Y(k)\xi(k)$ 中智能体状态和随机图权重交织耦合在一起. 其次, 由于网络图的瞬时非平衡性, 系统重心方程中多出了 $\dfrac{1}{N}\mathbf{1}^{\mathrm{T}}\sum_{k=0}^{n-1}c(k)\cdot\widetilde{\mathcal{L}}_{\mathcal{G}(k)}x(k)$ 这一项. 通过引理 3.1, 我们证明了 $\dfrac{1}{N}\mathbf{1}^{\mathrm{T}}\sum_{k=0}^{n-1}c(k)\mathcal{D}(k)Y(k)\xi(k)$ 和

$\frac{1}{N}\mathbf{1}^{\mathrm{T}}\sum_{k=0}^{n-1}c(k)\widetilde{\mathcal{L}}_{\mathcal{G}(k)}x(k)$ 这两项都是平方可积鞅.

注释 3.12 在随机逼近理论中, 假设 3.3 是一个经典的算法增益条件. 实际中, 不同于旨在估计初始值平均的分布式平均共识问题, 非衰减的增益经常被用于待估计的量随时间变化的情形. 如果算法增益 $c(k)$ 是一个充分小的常数, 那么从 (3.31) 式可看出, 由于加性噪声的存在, 系统重心发散, 此时均方和几乎必然收敛不再成立.

3.4 特殊的随机图情形

这里, 我们考虑两种特殊的随机网络图序列: ① $\{\mathcal{G}(k),k\geqslant 0\}$ 为具有可数状态空间的马尔可夫链; ② $\{\mathcal{G}(k),k\geqslant 0\}$ 为具有不可数状态空间的独立过程. 通过基于随机图序列的随机李雅普诺夫方法, 我们得到了均方与几乎必然平均共识的充分条件. 对于这两种特殊情形, 定理 3.1 中的条件 (b.1) 变得更加直观, 条件 (b.2) 退化为更弱的条件.

3.4.1 马尔可夫切换图情形

记 $S_1=\{\mathcal{A}_j,j=1,2,\cdots\}$ 为加权邻接矩阵的状态空间. 记 $\mathcal{L}_j$ 为与 $\mathcal{A}_j$ 对应的拉普拉斯矩阵. 记 $\hat{\mathcal{L}}_j=\dfrac{\mathcal{L}_j+\mathcal{L}_j^{\mathrm{T}}}{2}$. 这里, 我们考虑一类随机图序列 Γ_2, 其中每个元素是一致遍历、具有唯一平稳分布和可数状态空间的齐次马尔可夫链, 即

$$\begin{aligned}\Gamma_2=\Big\{&\{\mathcal{G}(k),k\geqslant 0\}\ \Big|\ \{\mathcal{A}_{\mathcal{G}(k)},k\geqslant 0\}\subseteq S_1\ \text{是一致遍历且具有唯一平稳分}\\&\text{布}\ \pi\ \text{的齐次马尔可夫链},\ E[\mathcal{A}_{\mathcal{G}(k)}|\mathcal{A}_{\mathcal{G}(k-1)}]\succeq \mathbf{0}_{N\times N}\ \text{a.s.},\\&E[\mathcal{A}_{\mathcal{G}(k)}|\mathcal{A}_{\mathcal{G}(k-1)}]\ \text{对应的图是平衡图 a.s.},k\geqslant 0\Big\},\end{aligned}$$

这里 $\pi=[\pi_1,\pi_2,\cdots]^{\mathrm{T}}$, $\pi_j\geqslant 0$, $\sum_{j=1}^{\infty}\pi_j=1$, $\pi_j\triangleq\pi(\mathcal{A}_j)$.

我们有如下定理.

定理 3.2 对算法 (3.2)、(3.3) 以及对应的图序列 $\{\mathcal{G}(k),k\geqslant 0\}\in\Gamma_2$, 假定

(i) 假设 3.1—假设 3.5 成立;

(ii) 拉普拉斯矩阵 $\sum_{j=1}^{\infty}\pi_j\mathcal{L}_j$ 对应的拓扑图含有一棵生成树;

(iii) $\sup_{j\geqslant 1}\|\hat{\mathcal{L}}_j\|<\infty$,

则算法 (3.2)、(3.3) 实现均方且几乎必然平均共识.

证明 因为 $\{\mathcal{A}_{\mathcal{G}(k)},k\geqslant 0\}$ 是马尔可夫链, 由马尔可夫性可知 $E[\mathcal{A}_{\mathcal{G}(k)}|\mathcal{F}_{\mathcal{A}}(k-1)]=E[\mathcal{A}_{\mathcal{G}(k)}|\mathcal{A}_{\mathcal{G}(k-1)}]$. 因此 $\{\mathcal{G}(k),k\geqslant 0\}\in\Gamma_1$.

根据 $\mathcal{A}_{\mathcal{G}(k)}$, $\mathcal{L}_{\mathcal{G}(k)}$ 和 $\hat{\mathcal{L}}_{\mathcal{G}(k)}$ 之间的一一对应关系, 可知 $\{\mathcal{L}_{\mathcal{G}(k)}, k \geqslant 0\}$ 和 $\{\hat{\mathcal{L}}_{\mathcal{G}(k)}, k \geqslant 0\}$ 是一致遍历且具有唯一平稳分布 π 的齐次马尔可夫链, 其状态空间分别为 $S_2 = \{\mathcal{L}_1, \mathcal{L}_2, \mathcal{L}_3, \cdots\}$ 和 $S_3 = \{\hat{\mathcal{L}}_1, \hat{\mathcal{L}}_2, \hat{\mathcal{L}}_3, \cdots\}$. 由 (3.5) 式可知

$$\begin{aligned}\lambda_{mh}^h &= \lambda_2 \left\{ \sum_{i=mh}^{mh+h-1} E[\hat{\mathcal{L}}_{\mathcal{G}(i)} | \hat{\mathcal{L}}_{\mathcal{G}(mh-1)} = \hat{\mathcal{L}}_0] \right\} \\ &= \lambda_2 \left\{ \sum_{i=1}^{h} \sum_{j=1}^{\infty} \hat{\mathcal{L}}_j \mathbb{P}^i(\hat{\mathcal{L}}_0, \hat{\mathcal{L}}_j) \right\}, \quad \forall\, \hat{\mathcal{L}}_0 \in S_3, \quad \forall\, m \geqslant 0,\ h \geqslant 1. \end{aligned} \tag{3.46}$$

根据马尔可夫链 $\{\hat{\mathcal{L}}_{\mathcal{G}(k)}, k \geqslant 0\}$ 的一致遍历性以及平稳分布 π 的唯一性, 由条件 (iii) 可得

$$\begin{aligned}\left\| \frac{\sum_{i=1}^h \sum_{j=1}^\infty \hat{\mathcal{L}}_j \mathbb{P}^i(\hat{\mathcal{L}}_0, \hat{\mathcal{L}}_j)}{h} - \sum_{j=1}^\infty \pi_j \hat{\mathcal{L}}_j \right\| &= \left\| \frac{\sum_{i=1}^h \sum_{j=1}^\infty (\hat{\mathcal{L}}_j \mathbb{P}^i(\hat{\mathcal{L}}_0, \hat{\mathcal{L}}_j) - \pi_j \hat{\mathcal{L}}_j)}{h} \right\| \\ &= \left\| \frac{\sum_{i=1}^h \sum_{j=1}^\infty \hat{\mathcal{L}}_j (\mathbb{P}^i(\hat{\mathcal{L}}_0, \hat{\mathcal{L}}_j) - \pi_j)}{h} \right\| \\ &\leqslant \sup_j \|\hat{\mathcal{L}}_j\| \frac{\sum_{i=1}^h R r^{-i}}{h} \to 0, \quad h \to \infty. \end{aligned}$$

根据一致收敛的定义可得

$$\text{当 } h \to \infty \text{ 时}, \ \frac{1}{h} \left[\sum_{i=mh}^{mh+h-1} E[\hat{\mathcal{L}}_{\mathcal{G}(i)} | \hat{\mathcal{L}}_{\mathcal{G}(mh-1)}] \right] \text{ 关于 } m \text{ 一致收敛到} \sum_{j=1}^\infty \pi_j \hat{\mathcal{L}}_j.$$

记 $\alpha = \lambda_2\Big(\sum_{j=1}^\infty \pi_j \hat{\mathcal{L}}_j \Big)$. 根据条件 (ii) 可知 $\alpha > 0$. 因为以矩阵为自变量的函数 $\lambda_2(\cdot)$ 是连续的, 因此对于给定的 $\frac{\alpha}{2}$, 存在常数 $\delta > 0$ 使得对于任意的拉普拉斯矩阵 $\mathcal{L}$, 只要 $\|\mathcal{L} - \sum_{j=1}^\infty \pi_j \hat{\mathcal{L}}_j\| \leqslant \delta$, 就有 $|\lambda_2(\mathcal{L}) - \lambda_2\Big(\sum_{j=1}^\infty \pi_j \hat{\mathcal{L}}_j \Big)| \leqslant \frac{\alpha}{2}$. 又因为收敛是一致的, 那么存在正整数 h_0 使得 $\left\| \frac{1}{h} \sum_{i=mh}^{(m+1)h-1} E[\hat{\mathcal{L}}_{\mathcal{G}(i)} | \hat{\mathcal{L}}_{\mathcal{G}(mh-1)}] - \sum_{j=1}^\infty \pi_j \hat{\mathcal{L}}_j \right\| \leqslant \delta,\ h \geqslant h_0$ a.s.. 进一步可得

$$\left| \lambda_2 \left(\frac{1}{h} \sum_{i=mh}^{(m+1)h-1} E[\hat{\mathcal{L}}_{\mathcal{G}(i)} | \hat{\mathcal{L}}_{\mathcal{G}(mh-1)}] \right) - \lambda_2 \left(\sum_{j=1}^\infty \pi_j \hat{\mathcal{L}}_j \right) \right| \leqslant \frac{\alpha}{2}, \quad h \geqslant h_0 \quad \text{a.s..}$$

从而有

$$\lambda_2\left(\frac{1}{h}\sum_{i=mh}^{(m+1)h-1}E[\hat{\mathcal{L}}_{\mathcal{G}(i)}|\hat{\mathcal{L}}_{\mathcal{G}(mh-1)}]\right)\geqslant\frac{\alpha}{2}>0\quad\text{a.s..}$$

由上式和 (3.46) 式可知 $\lambda_{mh}^h\geqslant\frac{h\alpha}{2}>0, h\geqslant h_0$ a.s.. 因此定理 3.1 的条件 (b.1) 成立. 由条件 (iii) 可知定理 3.1 的条件 (b.2) 成立. 因此, 由定理 3.1 可知结论成立. ■

3.4.2 独立图序列的情形

考虑独立图序列

$$\Gamma_3=\Big\{\{\mathcal{G}(k),k\geqslant 0\}\ \Big|\ \{\mathcal{G}(k),k\geqslant 0\}\text{是独立过程}, E[\mathcal{A}_{\mathcal{G}(k)}]\succeq 0,$$
$$\text{且 } E[\mathcal{A}_{\mathcal{G}(k)}]\text{对应的图是平衡图}, k\geqslant 0\Big\}.$$

我们有如下定理.

定理 3.3 对于算法 (3.2)、(3.3) 以及对应的图序列 $\{\mathcal{G}(k),k\geqslant 0\}\in\Gamma_3$, 假定

(i) 假设 3.1—假设 3.5 成立;

(ii) 存在正整数 h 使得

$$\inf_{m\geqslant 0}\left\{\lambda_2\left[\sum_{i=mh}^{(m+1)h-1}E[\hat{\mathcal{L}}_{\mathcal{G}(i)}]\right]\right\}>0;$$

(iii) $\sup_{k\geqslant 0}[E[||\mathcal{L}_{\mathcal{G}(k)}||^2]]<\infty$.

则算法 (3.2)、(3.3) 实现均方与几乎必然平均共识.

证明 因为 $\mathcal{G}(k)\in\Gamma_3$, 所以 $\mathcal{G}(k)\in\Gamma_1$ 且 $E[\hat{\mathcal{L}}_{\mathcal{G}(k)}]$ 半正定. 根据 $\{\mathcal{G}(k),k\geqslant 0\}$ 独立性可得

$$E[\mathcal{A}_{\mathcal{G}(k)}|\mathcal{F}_{\mathcal{A}}(k-1)]=E[\mathcal{A}_{\mathcal{G}(k)}],\quad E[\mathcal{L}_{\mathcal{G}(k)}|\mathcal{F}_{\mathcal{A}}(k-1)]=E[\mathcal{L}_{\mathcal{G}(k)}].$$

由上式以及假设 3.5 可得

$$\begin{aligned}&E\left[\delta^{\mathrm{T}}(k)\frac{\mathcal{L}_{\mathcal{G}(k)}^{\mathrm{T}}P_N^{\mathrm{T}}+P_N\mathcal{L}_{\mathcal{G}(k)}}{2}\delta(k)\right]\\=&E\left[\delta^{\mathrm{T}}(k)E\left[\frac{\mathcal{L}_{\mathcal{G}(k)}^{\mathrm{T}}P_N^{\mathrm{T}}+P_N\mathcal{L}_{\mathcal{G}(k)}}{2}\middle|\mathcal{F}_{\xi,\mathcal{A}}(k-1)\right]\delta(k)\right]\\=&E\left[\delta^{\mathrm{T}}(k)\frac{E[\mathcal{L}_{\mathcal{G}(k)}^{\mathrm{T}}]+E[\mathcal{L}_{\mathcal{G}(k)}]}{2}\delta(k)\right]\end{aligned}$$

$$=E\left[\delta^{\mathrm{T}}(k)E[\hat{\mathcal{L}}_{\mathcal{G}(k)}]\delta(k)\right]\geqslant 0.$$

类似于定理 3.1 证明中的第一步可得 $E[V(k)]$ 有界. 记 $\rho_4=\sup_{k\geqslant 0}[E[\|\mathcal{L}_{\mathcal{G}(k)}\|^2]]^{\frac{1}{2}}$. 因为 $\mathcal{L}_{\mathcal{G}(i)}$ 独立于 $\mathcal{L}_{\mathcal{G}(j)}$, $i\neq j$, 因此在处理 (3.19) 式时, 我们不需要用到条件 Hölder 不等式. 这里, 根据条件李雅普诺夫不等式和条件 (iii) 可知 $E[\|\mathcal{L}_{\mathcal{G}(k)}\|]\leqslant[E[\|\mathcal{L}_{\mathcal{G}(k)}\|^2]]^{\frac{1}{2}}\leqslant\rho_4$. 那么类似于 (3.19) 式可得

$$\begin{aligned}&E\left[\left\|\Phi^{\mathrm{T}}((m+1)h,mh)\Phi((m+1)h,mh)-I_N\right.\right.\\&\left.\left.+\sum_{i=mh}^{(m+1)h-1}c(i)(P_N\mathcal{L}_{\mathcal{G}(i)}+\mathcal{L}_{\mathcal{G}(i)}^{\mathrm{T}}P_N^{\mathrm{T}})\right\|\right]\\&\leqslant\left(C_1\sum_{i=2}^{2h}\mathbb{C}_{2h}^{i}\rho_4^{i}\right)c^2((m+1)h)\\&=C_1[(1+\rho_4)^{2h}-1-2h\rho_4]c^2((m+1)h).\end{aligned}$$

再根据图序列的独立性以及条件 (ii), 类似于 (3.20) 式可得

$$\begin{aligned}&E\left[\delta^{\mathrm{T}}(mh)\sum_{i=mh}^{(m+1)h-1}c(i)\left[P_N\mathcal{L}_{\mathcal{G}(i)}+\mathcal{L}_{\mathcal{G}(i)}^{\mathrm{T}}P_N^{\mathrm{T}}\right]\delta(mh)\right]\\&=2E\left[\delta^{\mathrm{T}}(mh)\left(\sum_{i=mh}^{(m+1)h-1}c(i)E[\hat{\mathcal{L}}_{\mathcal{G}(i)}]\right)\delta(mh)\right]\\&\geqslant 2c((m+1)h)\inf_{m\geqslant 0}\left\{\lambda_2\left[\sum_{i=mh}^{(m+1)h-1}E[\hat{\mathcal{L}}_{\mathcal{G}(i)}]\right]\right\}E[V(mh)].\end{aligned}$$

因此类似于定理 3.1 的证明中的第二步, 可得 $E[V(k)]\to 0,k\to\infty$.

由于图序列 $\{\mathcal{G}(k),k\geqslant 0\}$ 是独立序列, 那么根据假设 3.5 可知适应序列 $\left\{\mathbf{1}_N^{\mathrm{T}}\sum_{j=0}^{n}c(k)\mathcal{D}(k)Y(k)\xi(k),\mathcal{F}_{\xi,\mathcal{A}}(n),n\geqslant 0\right\}$ 和 $\left\{\mathbf{1}_N^{\mathrm{T}}\sum_{k=0}^{n}c(k)\widetilde{\mathcal{L}}_{\mathcal{G}(k)}x(k),\mathcal{F}_{\xi,\mathcal{A}}(n),n\geqslant 0\right\}$ 都是鞅序列. 类似于定理 3.1 的证明中的第一、二、三步可证得定理结论.

■

注释 3.13 在定理 3.3 中, 对应于 $E[\mathcal{A}_{\mathcal{G}(k)}]$ 的有向图 (每个时刻的平均图) 是平衡图. 因此, 平均图的对称化图是无向的. 定理 3.3 中的条件 (ii) 意思是平均图的对称化图在连续固定长度时间区间上联合连通, 且平均代数连通度有一个一致的正的下界.

文献 [39] 中的 gossip 算法是一种特殊的带有独立同分布图序列的分布式平均共识算法. 对于独立同分布图序列下的分布式平均共识算法, 利用充分小的初始算法增益, 我们可以更精确地估计均方稳态误差. 进一步, n-步平均共识的几乎必然收敛速率也能得到精确估计.

考虑独立同分布图序列

$$\Gamma_4 = \Big\{\{\mathcal{G}(k), k \geqslant 0\} \;\Big|\; \{\mathcal{G}(k), k \geqslant 0\}\text{是独立同分布过程}, E[\mathcal{A}_{\mathcal{G}(k)}] \succeq \mathbf{0}_{N\times N},$$

$$\text{且 } E[\mathcal{A}_{\mathcal{G}(k)}]\text{对应的图是平衡图}, k \geqslant 0\Big\}.$$

我们有如下定理.

定理 3.4 对于算法 (3.2)、(3.3) 以及对应的图序列 $\{\mathcal{G}(k), k \geqslant 0\} \in \Gamma_4$, 假定

(i) 假设 3.1—假设 3.5 成立;

(ii) 拉普拉斯矩阵 $E[\mathcal{L}_{\mathcal{G}(0)}]$ 对应的有向图含有一棵生成树;

(iii) $E[\|\mathcal{L}_{\mathcal{G}(0)}\|^2] < \infty$.

则算法 (3.2)、(3.3) 实现均方与几乎必然平均共识, 并且共识的极限随机变量 x^* 满足 $E[x^*] = \dfrac{1}{N}\sum_{i=0}^{N} x_i(0)$ 且

$$\mathrm{Var}(x^*) \leqslant \frac{4c\beta b^2\bar{\rho}_1}{N^2} + \frac{8\widetilde{c}\beta\sigma^2\bar{\rho}_1}{N^2} + \frac{2c\bar{\rho}_2 q_x}{N},$$

其中 $b, \sigma, c, \widetilde{c}$ 和 q_x 的定义同 (3.6) 式且

$$\bar{\rho}_1 = E\left[\left|\mathcal{E}_{\mathcal{G}(0)}\right| \max_{1\leqslant i,j\leqslant N} a_{ij}^2(0)\right], \quad \bar{\rho}_2 = \max_{1\leqslant i\leqslant N} E\left[\left(\sum_{j=1}^{N} a_{ij}(0) - \sum_{j=1}^{N} a_{ji}(0)\right)^2\right]. \tag{3.47}$$

对 n-步平均共识误差的收敛速率的估计为

$$\frac{1}{n}\sum_{k=0}^{n}\|\delta(k)\| = o\left(\frac{1}{\sqrt{c(n)n}}\right) \quad \text{a.s.}. \tag{3.48}$$

进一步, 如果初始算法增益满足

$$c(0) < \frac{2\lambda_2\left(E[\hat{\mathcal{L}}_{\mathcal{G}(0)}]\right)}{E\left[\|\mathcal{L}_{\mathcal{G}(0)}\|^2\right] + 4\sigma^2\beta\bar{\rho}_1}, \tag{3.49}$$

那么

$$\widetilde{c} \leqslant \frac{c(0)E[V(0)] + 2b^2\beta\bar{\rho}_1\sum_{k=0}^{\infty} c^3(k)}{2\lambda_2(E[\hat{\mathcal{L}}_{\mathcal{G}(0)}]) - \left(E\left[\|\mathcal{L}_{\mathcal{G}(0)}\|^2\right] + 4\sigma^2\beta\bar{\rho}_1\right)c(0)}. \tag{3.50}$$

证明 显然, $\Gamma_4 \subseteq \Gamma_3$, 因此 $\mathcal{G}(k) \in \Gamma_3$. 根据条件 (ii) 和 $\mathcal{G}(k) \in \Gamma_4$, 可知 $\lambda_2(E[\hat{\mathcal{L}}_{\mathcal{G}(0)}]) > 0$ 且定理 3.3 中条件 (ii) 在 $h = 1$ 时成立. 由条件 (iii) 以及 $\mathcal{G}(k) \in \Gamma_4$ 可推出定理 3.3 中条件 (iii). 那么由定理 3.3 可知算法 (3.2)、(3.3) 实现均方和几乎必然平均共识. 根据 (3.8) 式可知

$$\begin{aligned}E[V(k+1)|\mathcal{F}_{\xi,\mathcal{A}}(k)] \leqslant & V(k) - 2c(k)\lambda_2(E[\hat{\mathcal{L}}_{\mathcal{G}(0)}])V(k) + E[\|\mathcal{L}_{\mathcal{G}(0)}\|^2]c^2(k)V(k) \\ & +4\sigma^2\beta\bar{\rho}_1 c^2(k)V(k) + 2b^2\beta\bar{\rho}_1 c^2(k) \quad \text{a.s.,}\end{aligned} \tag{3.51}$$

由上式、$\lambda_2(E[\hat{\mathcal{L}}_{\mathcal{G}(0)}]) > 0$ 以及引理 2.6 可得

$$\sum_{k=0}^{\infty} c(k)V(k) < \infty \quad \text{a.s..} \tag{3.52}$$

那么由假设 3.4 和克罗内克引理[56] 可得

$$\lim_{n\to\infty} c(n)\sum_{k=0}^{n} V(k) = 0 \quad \text{a.s.,}$$

由上式以及柯西不等式 $\sum_{k=0}^{n}\|\delta(k)\| \leqslant \sqrt{n}\sqrt{\sum_{k=0}^{\infty}V(k)}$ 可知 (3.48) 式成立.

由 (3.51) 式可得

$$\begin{aligned}E[V(k+1)] \leqslant & E[V(k)] - 2c(k)\lambda_2(E[\hat{\mathcal{L}}_{\mathcal{G}(0)}])E[V(k)] + E[\|\mathcal{L}_{\mathcal{G}(0)}\|^2]c^2(k)E[V(k)] \\ & +4\sigma^2\beta\bar{\rho}_1 c^2(k)E[V(k)] + 2b^2\beta\bar{\rho}_1 c^2(k).\end{aligned}$$

那么由假设 3.4 可得

$$\begin{aligned}&(2\lambda_2(E[\hat{\mathcal{L}}_{\mathcal{G}(0)}]) - E[\|\mathcal{L}_{\mathcal{G}(0)}\|^2]c(0) - 4\sigma^2\beta\bar{\rho}_1 c(0))c^2(k)E[V(k)] \\ \leqslant & c(k)E[V(k)] - c(k+1)E[V(k+1)] + 2b^2\beta\bar{\rho}_1 c^3(k).\end{aligned}$$

对上式两边关于 k 从 0 到 n 求和可得

$$\begin{aligned}&(2\lambda_2(E[\hat{\mathcal{L}}_{\mathcal{G}(0)}]) - E[\|\mathcal{L}_{\mathcal{G}(0)}\|^2]c(0) - 4\sigma^2\beta\bar{\rho}_1 c(0))\sum_{k=0}^{n} c^2(k)E[V(k)] \\ \leqslant & c(0)E[V(0)] - c(n+1)E[V(n+1)] + 2b^2\beta\bar{\rho}_1\sum_{k=0}^{n} c^3(k).\end{aligned}$$

根据 (3.49) 式, 令 $n \to \infty$ 可得 (3.50) 式. ■

注释 3.14 定理 3.4 表明, 如果 $c(k)=\Theta\left(\frac{\ln^{t_1}(k)}{k^{t_2}}\right), t_2\in(0.5,1], t_1\geqslant -1$, 那么在独立同分布图序列下, n-步平均共识误差为 $o\left(\frac{1}{\sqrt{n^{1-t_2}\ln^{t_1}(n)}}\right)$ a.s.. 这里, 定理 3.4 仅仅给出了 n-步平均共识误差收敛速率的粗略估计, 以至于当 $c(k)=\Theta\left(\frac{1}{k}\right)$ 时, 该估计的速率为 $o(1)$. 精确地估计共识误差的收敛速率是一项极为困难的任务. 文献 [251] 针对加性通信噪声和固定图的情形给出了共识误差的收敛速率的一个估计, 并且表明如果 $c(k)=\Theta\left(\frac{1}{k}\right)$ 且在拓扑图的代数连通度充分大, 那么 $\|\delta(k)\|=O\left(\frac{\sqrt{\ln\ln(k)}}{k}\right)$.

3.5 仿真算例

假设三个节点情形, 其状态分别为 $x_1(k),x_2(k),x_3(k),k\geqslant 0$, 初值分别为 $x_1(0)=9,x_2(0)=7,x_3(0)=6$. 在每个时刻, 由这三个节点组成的随机网络有六条随机链路. 噪声强度函数为 $f_{ji}(x_j(k)-x_i(k))=\sigma|x_i(k)-x_j(k)|+b, i,j=1,2,3$. 取 $c(k)=\frac{1}{k}$. 那么根据算法 (3.2)、(3.3), 每个节点状态更新为

$$x_1(k+1)=x_1(k)+\frac{1}{k}\sum_{i=2,3}a_{1i}(k)(x_i(k)-x_1(k)+\sigma|x_i(k)-x_1(k)|\xi_{i1}(k)+b\xi_{i1}(k)),$$

$$x_2(k+1)=x_2(k)+\frac{1}{k}\sum_{i=1,3}a_{2i}(k)(x_i(k)-x_2(k)+\sigma|x_i(k)-x_2(k)|\xi_{i2}(k)+b\xi_{i2}(k)),$$

$$x_3(k+1)=x_3(k)+\frac{1}{k}\sum_{i=1,2}a_{3i}(k)(x_i(k)-x_3(k)+\sigma|x_i(k)-x_3(k)|\xi_{i3}(k)+b\xi_{i3}(k)).$$

随机权重 $\{a_{ij}(k),i,j=1,2,3,k\geqslant 0\}$ 根据如下规则生成. 对于某个整数 h,

- 当 $k=mh,m\geqslant 0$ 时, 随机权重 $a_{ij}(k),i,j=1,2,3$ 服从 $[0,1]$ 上的均匀分布;
- 当 $k\neq mh,m\geqslant 0$ 时, $a_{ij}(k),i,j=1,2,3$ 服从 $[-0.5,0.5]$ 上的均匀分布.

因此, 权重在某些时刻为负值. 假设 $\{a_{ij}(k),i,j=1,2,3,k\geqslant 0\}$ 是时空独立的. 此时条件图退化为平均图. 可以验证, 当 $k=mh,m\geqslant 0$ 时, 平均图平衡且连通; 其他时刻平均图是空图. 因此, 随机图的平均图在区间 $[mh,(m+1)h]$ 上联合连通. 假设通信噪声 $\{\xi_{ji}(k),i,j=1,2,3,k\geqslant 0\}$ 是独立的标准正态分布随机变量, 并且独立于网络图. 令 $\sigma=0.1$, $b=0.1$. 根据定理 3.3, 所有节点的状态渐近收敛

到一个随机变量, 该随机变量的期望为所有节点初值的平均.

我们分别取 $h=1,2,3$, 即平均图每隔一个、两个、三个时刻联合连通, 分别得到仿真图 3.1—图 3.3, 验证了定理 3.3 的结论, 并且表明了平均图联合连通的区间间隔越小, 三个节点状态达成一致的时间就越短. 取 $h=1$, $\|\delta(k)\|\sqrt{\dfrac{k+1}{\ln(1+\ln(k+2))}}$ 的轨迹如图 3.4, 从中可看出收敛速度比 $O\left(\dfrac{\ln\ln k}{k}\right)$ 快.

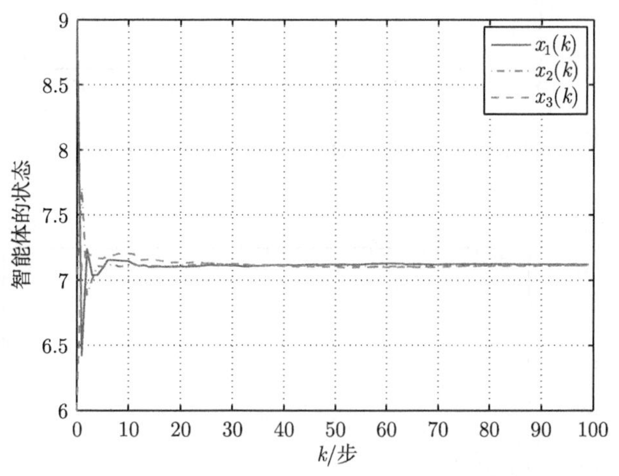

图 3.1 当 $h=1$ 时, 所有节点的状态轨迹图

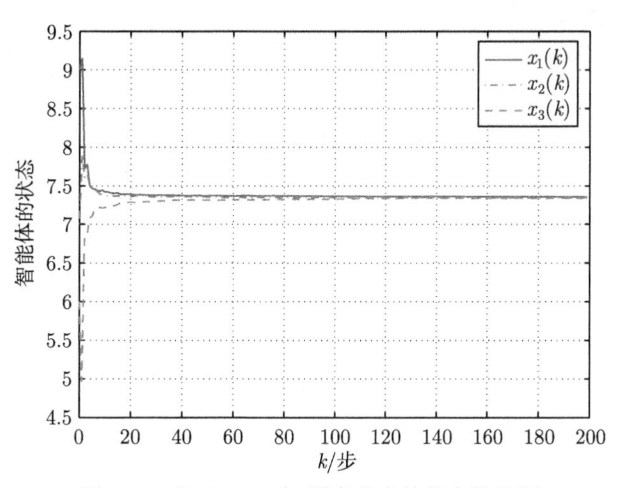

图 3.2 当 $h=2$ 时, 所有节点的状态轨迹图

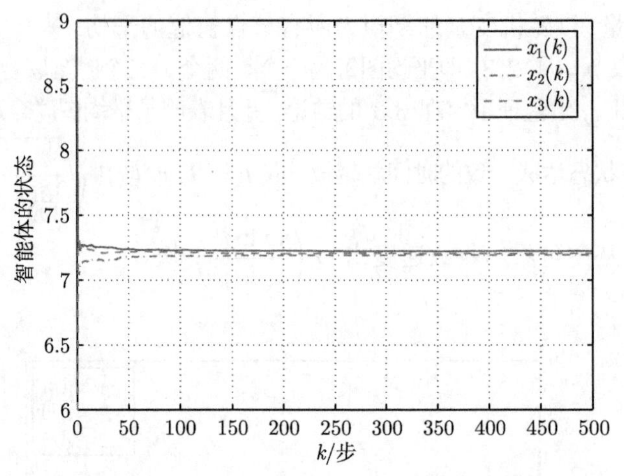

图 3.3　当 $h=3$ 时, 所有节点的状态轨迹图

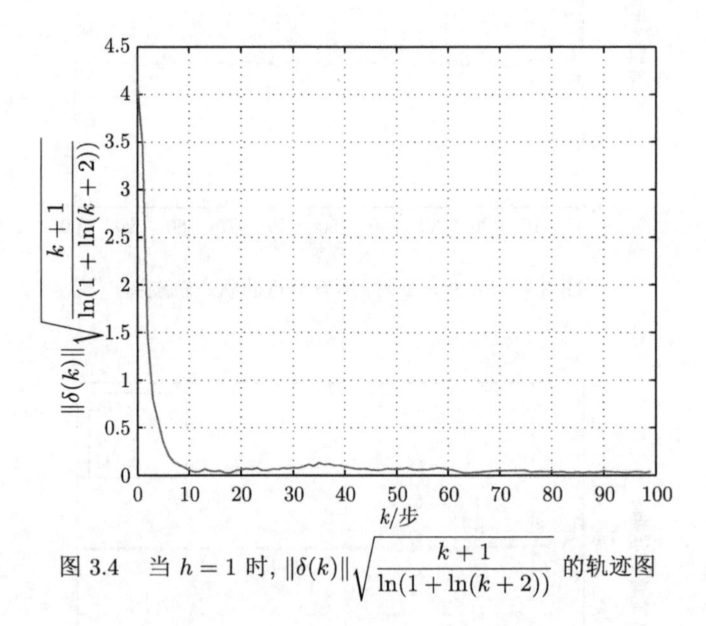

图 3.4　当 $h=1$ 时, $\|\delta(k)\|\sqrt{\dfrac{k+1}{\ln(1+\ln(k+2))}}$ 的轨迹图

第 4 章　随机分布式参数估计

4.1　引　　言

在分布式估计系统中, 通信网络结构常常因丢包、链路失效而随机变化; 智能体间的通信信道在传输信息时不可避免地存在延时, 并且受到加性和乘性噪声干扰; 节点因有限的功率而发生感知失效或量测丢失. 这些不确定性因素会严重影响节点间信息的交互融合, 给分布式估计算法的设计与分析带来了巨大挑战. 如绪论所述, 很少文献考虑了当随机时变网络图、通信延时和观测矩阵同时存在时的分布式估计问题. 虽然有些文献考虑了时变随机的网络图和观测矩阵的情形, 但是要求平均图平衡且网络图和观测矩阵满足一些特殊统计性质[133, 134, 296]. 此外, 目前还没有文献研究具有时变随机通信延时的分布式估计问题.

本章研究不确定环境下的分布式在线参数估计问题. 每个节点的量测是待估计参数的线性函数, 并且观测矩阵随时间随机地变化. 通信网络建模为随机有向图序列, 通信信道服从非一致的时变随机延时. 每个节点的算法由共识项和新息项组成, 其中共识项将自身的局部估计以及来自邻居节点的延时的局部估计进行加权求和, 新息项处理算法每步迭代时的新的量测信息. 网络图、观测矩阵和通信延时不要求具有任何特殊统计性质, 例如相互之间独立以及各自时空独立; 也不要求任何关于网络图平衡的条件, 例如平均图平衡或有向图条件平衡. 时变随机网络图和观测矩阵的一般性以及时变随机通信延时的存在给分布式估计算法的收敛性分析带来本质困难. 已有的大部分方法不再适用. 例如, 频域方法[52, 298] 仅仅适用于确定性的一致时不变延时的情形, Lyapunov-Krasovskii 方法一般只能得到非显式的线性矩阵不等式型收敛条件[174]. 文献 [157, 159] 考虑了带有确定性时变通信延时和独立同分布图序列的分布式共识问题. 它们要求平均图时不变且每个时刻都连通, 其分析方法不适用平均图时变的情形.

为了便于定量地分析延时的影响, 我们引入延时矩阵来描述每对节点之间的时变随机通信延时. 通过随机时变系统和鞅收敛理论以及随机概率矩阵连乘积的分段二项展开方法, 将算法的收敛性分析转化成随机概率矩阵连乘积的期望的收敛性分析. 首先, 针对不存在延时的情形, 表明若观测矩阵和网络图序列满足随机时空持续激励条件, 则可以设计合适的算法增益来保证所有节点的估计均方且几乎必然收敛到参数真值. 其次, 对于存在延时的情形, 建立几个均方收敛条件, 表明如果随机时空持续激励条件成立且网络图条件平衡, 那么对于任意给定的有界延时都可以设计适当的算法增益使得算法均方收敛. 本章研究的主要贡献可以总结为:

- 不存在延时的情形.

– 表明了观测矩阵和网络图不要求具有相互独立性或各自具有时空独立性, 并且平均图不要求是时不变且平衡的. 我们建立了随机图序列下带有时变随机观测矩阵的分布式在线参数估计算法实现均方和几乎必然收敛的随机时空持续激励条件. 对于由完全孤立节点组成的网络, 该随机时空持续激励条件退化为几个集中式估计算法下的随机持续激励条件[96].

– 特别地, 对于马尔可夫切换的网络图和观测矩阵, 证明了如果平稳图平衡且含有一棵生成树以及量测模型时空联合能观, 那么随机时空持续激励条件成立. 其中, 量测模型时空联合能观既不要求每个节点局部能观也不要求量测模型每个时刻全局能观.

- 存在延时的情形.

– 引入延时矩阵来描述每对节点之间的时变随机通信延时. 通过随机概率矩阵连乘积的分段二项展开方法, 得到了几个均方收敛条件. 它们依赖于固定长度时间区间序列上的加权邻接矩阵、延时矩阵和观测矩阵的条件期望. 表明了如果随机时空持续激励条件成立且网络图条件平衡, 那么对于任意给定的有界延时都可以设计适当的算法增益使得算法均方收敛.

– 考虑的时变随机通信延时具有一般性. 不要求延时具有单调性; 不同信道的延时可以不相同; 通信延时、网络图和观测矩阵三者之间可以相互依赖.

本章剩下部分安排如下: 4.2 节提出待研究的问题. 4.3 节描述随机图序列下带有时变随机通信延时和观测矩阵的分布式在线参数估计算法. 4.4 节给出不存在延时情形的算法收敛性结论. 4.5 节给出存在时变随机通信延时情形的算法收敛性结论. 4.6 节通过一个仿真算例阐明本章结论.

4.2 问题的提出

4.2.1 量测模型

在一个具有 N 个节点的分布式估计系统中, 每个节点是一个集成了一定的通信、感知、计算和存储能力的估计器. 估计器或节点之间通过合作来估计未知参数向量 $x_0 \in \mathbb{R}^n$. 在时刻 k, 第 i 个节点的量测向量 $z_i(k) \in \mathbb{R}^{n_i}$ 与未知参数 x_0 之间的关系表示为

$$z_i(k) = H_i(k)x_0 + v_i(k), \quad i = 1, \cdots, N, \quad k \geqslant 0. \tag{4.1}$$

这里 $H_i(k) \in \mathbb{R}^{n_i \times n}$ 为节点 i 在时刻 k 的时变随机观测矩阵 (在回归分析中称为回归量), 其中 $n_i \leqslant n$, $v_i(k) \in \mathbb{R}^{n_i}$ 为节点 i 在时刻 k 的量测噪声. 记 $z(k) = [z_1^{\mathrm{T}}(k), \cdots, z_N^{\mathrm{T}}(k)]^{\mathrm{T}}$, $H(k) = [H_1^{\mathrm{T}}(k), \cdots, H_N^{\mathrm{T}}(k)]^{\mathrm{T}}$ 以及 $v(k) = [v_1^{\mathrm{T}}(k), \cdots, v_N^{\mathrm{T}}(k)]^{\mathrm{T}}$. 把 (4.1) 式写成

$$z(k) = H(k)x_0 + v(k), \quad k \geqslant 0. \tag{4.2}$$

注释 4.1 在很多实际应用中, 未知参数与量测之间的关系可以用 (4.1) 式来表示. 例如在电网多区域在线状态估计中, 电网被划分成多个地理上不重叠的区域, 每个区域看作一个节点. 待估计的电网状态 x_0 由所有总线电压的幅值和相角组成. 每个区域或节点在时刻 k 的量测 $z_i(k)$ 由该区域的远端装置和相量量测装置采集到的有功潮流、无功潮流、总线注入功率及电压幅值等信息组成. 通过直流潮流近似[276], 待估计的电网状态退化为所有总线电压的相角, 并且每个区域的量测与电网状态的关系可以由 (4.1) 式表示. 在分布式参数估计中, 每个节点的量测方程为

$$z_i(k) = \sum_{j=1}^{n} c_j z_i(k-j) + v_i(k) = [z_i(k-1), \cdots, z_i(k-n)][c_1, \cdots, c_n]^{\mathrm{T}} + v_i(k).$$

此时, 待估计的参数为 $x_0 = [c_1, \cdots, c_n]^{\mathrm{T}}$, 观测矩阵 $H_i(k) = [z_i(k-1), \cdots, z_i(k-n)]$ 为 n 维行向量 (回归向量). 此外, 实际网络中经常出现的传感器感知失效可以建模为马尔可夫链或独立的伯努利随机变量序列 $\{\delta_i(k), k \geqslant 0\}$. 那么 $H_i(k) = \delta_i(k)H_i'(k)$, 其中 $\{H_i'(k), k \geqslant 0\}$ 为不存在感知失效时的确定性观测矩阵序列.

4.2.2 通信模型

假设网络中每对节点间的通信链路存在非一致的时变随机通信延时. 用随机标量序列 $\{\lambda_{ji}(k) \in \{0, \cdots, d\}, k \geqslant 0\}$ 来表示节点 j 到节点 i 这条链路的延时情况, 其中正整数 d 表示最大延时. 该序列服从离散概率分布

$$\mathbb{P}\{\lambda_{ji}(k) = q\} = p_{ji,q}(k), \quad \sum_{q=0}^{d} p_{ji,q}(k) = 1. \tag{4.3}$$

规定 $\mathbb{P}\{\lambda_{ii}(k) = 0\} = 1$, $i = 1, \cdots, N$, $k \geqslant 0$. 定义 N 维矩阵 $\mathcal{I}(k,q) = [\mathcal{I}_{\lambda_{ji}(k),q}]_{1 \leqslant j,i \leqslant N}$, $0 \leqslant q \leqslant d, k \geqslant 0$. 称上述定义的矩阵为延时矩阵. 根据克罗内克函数的定义可知对于每个 $q = 0, 1, \cdots, d$, $\{\mathcal{I}(k,q), k \geqslant 0\}$ 为随机矩阵序列, 其样本轨道为 0-1 矩阵序列. 根据 (4.3) 式可知 $E[\mathcal{I}_{\lambda_{ji}(k),q}] = p_{ji,q}(k)$ 且

$$\sum_{q=0}^{d} \mathcal{I}(k,q) = \mathbf{1}_N \mathbf{1}_N^{\mathrm{T}} \quad \text{a.s.}. \tag{4.4}$$

同上一章, 我们用随机有向图序列 $\{\mathcal{G}(k)=\{\mathcal{V},\mathcal{E}_{\mathcal{G}(k)},\mathcal{A}_{\mathcal{G}(k)}\},k\geqslant 0\}$ 来建模网络的信息结构. 记

$$\overline{A}(k,q)=(\mathcal{A}_{\mathcal{G}(k)}\circ\mathcal{I}(k,q))\otimes I_n. \tag{4.5}$$

根据 (4.4) 式和上式可知

$$\sum_{q=0}^{d}\overline{A}(k,q)=\mathcal{A}_{\mathcal{G}(k)}\otimes I_n. \tag{4.6}$$

4.3 分布式在线参数估计算法

令 $x_i(k)\in\mathbb{R}^n$ 表示节点 i 在时刻 k 对未知参数 x_0 的估计, $k\geqslant -d$, 其中初始估计 $x_i(k),-d\leqslant k\leqslant 0$ 为任意的实向量. 起始于初始估计 $x_i(0)$, 在时刻 $k\geqslant 0$, 节点 i 将来自邻居节点的带有延时的估计状态和自身的估计状态进行加权求和, 然后加上基于局部量测信息的矫正项 (新息), 从而更新到下一时刻的估计 $x_i(k+1)$. 具体地, 本章考虑的带有时变随机的网络图、通信延时和观测矩阵的分布式合作在线参数估计算法为

$$\begin{aligned}x_i(k+1)=&\,x_i(k)+a(k)H_i^{\mathrm{T}}(k)(z_i(k)-H_i(k)x_i(k))\\&+b(k)\sum_{j\in\mathcal{N}_i(k)}a_{ij}(k)(x_j(k-\lambda_{ji}(k))-x_i(k)),\quad i\in\mathcal{V},\quad k\geqslant 0,\end{aligned} \tag{4.7}$$

其中 $a(k)$ 和 $b(k)$ 分别为算法新息增益和共识增益.

定义 σ-域

$$\begin{aligned}&\mathcal{F}(k)=\sigma(\mathcal{A}_{\mathcal{G}(s)},v(s),H_i(s),\lambda_{ji}(s),\ j,i\in\mathcal{V},\ 0\leqslant s\leqslant k),\quad k\geqslant 0,\\&\mathcal{F}(-1)=\{\Omega,\varnothing\}.\end{aligned} \tag{4.8}$$

对于算法 (4.7), 我们作如下假设.

假设 4.1 噪声过程 $\{v(k),k\geqslant 0\}$ 独立于随机序列 $\{H(k),k\geqslant 0\}$, $\{\mathcal{A}_{\mathcal{G}(k)},k\geqslant 0\}$, $\{\lambda_{ji}(k),j,i\in\mathcal{V},\ k\geqslant 0\}$.

假设 4.2 适应序列 $\{v(k),\mathcal{F}(k),k\geqslant 0\}$ 是鞅差序列, 且存在常数 $\beta_v>0$ 使得 $\sup_{k\geqslant 0}E(\|v(k)\|^2|\mathcal{F}(k-1))\leqslant\beta_v$ a.s..

假设 4.3 观测矩阵和加权邻接矩阵满足

$$\sup_{k\geqslant 0}\|H(k)\|<\infty\quad\text{a.s.},\quad\sup_{k\geqslant 0}\|\mathcal{A}_{\mathcal{G}(k)}\|<\infty\ \text{a.s.}.$$

假设 4.4 存在正常数 β_a 和 β_H 使得网络图的随机权重和观测矩阵满足 $\max_{i,j\in\mathcal{V}}\sup_{k\geqslant 0}|a_{ij}(k)|\leqslant\beta_a$ a.s., $\max_{i\in\mathcal{V}}\sup_{k\geqslant 0}\|H_i(k)\|\leqslant\beta_H$ a.s..

对于算法增益, 我们作如下假设.

假设 4.5 算法增益 $\{a(k),k\geqslant 0\}$ 和 $\{b(k),k\geqslant 0\}$ 为单调递减到零的正实序列, 满足 $a(k)=O(b(k))$.

假设 4.6 算法增益满足 $b^2(k)=o(a(k)), a(k)=O(a(k+1)), \sum_{k=0}^{\infty}a(k)=\infty$.

假设 4.7 共识增益满足 $\sum_{k=0}^{\infty}b^2(k)<\infty$.

注释 4.2 在假设 4.1 中, 我们不要求通信延时、观测矩阵和网络图序列各自时空独立, 也不要求它们之间相互独立.

注释 4.3 可以很容易找到满足假设 4.5—假设 4.7 的算法增益. 如果 $a(k)=\dfrac{1}{(k+1)^{\tau_1}}, b(k)=\dfrac{1}{(k+1)^{\tau_2}}$, $k\geqslant 0$, $0.5<\tau_2\leqslant\tau_1\leqslant 1$, 那么假设 4.5—假设 4.7 成立.

根据 $\mathcal{I}_{\lambda_{ji}(k),q}$ 的定义可知 $x_j(k-\lambda_{ji}(k))=\sum_{q=0}^{d}x_j(k-q)\mathcal{I}_{\lambda_{ji}(k),q}$. 由上式和 (4.7) 式可得

$$
\begin{aligned}
x_i(k+1)=&x_i(k)+a(k)H_i^{\mathrm{T}}(k)[z_i(k)-H_i(k)x_i(k)]+b(k)\\
&\times\sum_{j\in\mathcal{N}_i(k)}a_{ij}(k)\left[\sum_{q=0}^{d}x_j(k-q)\mathcal{I}_{\lambda_{ji}(k),q}-x_i(k)\right],\quad i\in\mathcal{V}.
\end{aligned}\tag{4.9}
$$

记 $\mathcal{H}(k)=\operatorname{diag}\{H_1(k),\cdots,H_N(k)\}$ 以及 $x(k)=[x_1^{\mathrm{T}}(k),\cdots,x_N^{\mathrm{T}}(k)]^{\mathrm{T}}$. 根据 (4.5) 式, 可将 (4.9) 式写成如下形式

$$
\begin{aligned}
x(k+1)=&[I_{Nn}-b(k)\mathcal{D}_{\mathcal{G}(k)}\otimes I_n-a(k)\mathcal{H}^{\mathrm{T}}(k)\mathcal{H}(k)]x(k)\\
&+b(k)\sum_{q=0}^{d}\overline{A}(k,q)x(k-q)+a(k)\mathcal{H}^{\mathrm{T}}(k)z(k).
\end{aligned}\tag{4.10}
$$

定义全局估计误差向量 $e(k)=x(k)-\mathbf{1}_N\otimes x_0$. 注意到 $(\mathcal{L}_{\mathcal{G}(k)}\otimes I_n)(\mathbf{1}_N\otimes x_0)=0$. 由 (4.2) 和 (4.6) 式, 在 (4.10) 式两边同时减去 $\mathbf{1}_N\otimes x_0$ 可得

$$
\begin{aligned}
e(k+1)=&[I_{Nn}-b(k)\mathcal{D}_{\mathcal{G}(k)}\otimes I_n-a(k)\mathcal{H}^{\mathrm{T}}(k)\mathcal{H}(k)]x(k)\\
&+b(k)\sum_{q=0}^{d}\overline{A}(k,q)x(k-q)+a(k)\mathcal{H}^{\mathrm{T}}(k)z(k)-\mathbf{1}_N\otimes x_0\\
=&[I_{Nn}-b(k)\mathcal{D}_{\mathcal{G}(k)}\otimes I_n-a(k)\mathcal{H}^{\mathrm{T}}(k)\mathcal{H}(k)](x(k)-\mathbf{1}_N\otimes x_0+\mathbf{1}_N\otimes x_0)\\
&+b(k)\sum_{q=0}^{d}\overline{A}(k,q)(x(k-q)-\mathbf{1}_N\otimes x_0+\mathbf{1}_N\otimes x_0)
\end{aligned}
$$

$$
\begin{aligned}
&+a(k)\mathcal{H}^{\mathrm{T}}(k)z(k)-\mathbf{1}_N\otimes x_0\\
=&[I_{Nn}-b(k)\mathcal{D}_{\mathcal{G}(k)}\otimes I_n-a(k)\mathcal{H}^{\mathrm{T}}(k)\mathcal{H}(k)](e(k)+\mathbf{1}_N\otimes x_0)\\
&+a(k)\mathcal{H}^{\mathrm{T}}(k)z(k)-\mathbf{1}_N\otimes x_0+b(k)\sum_{q=0}^{d}\overline{A}(k,q)(e(k-q)+\mathbf{1}_N\otimes x_0)\\
=&[I_{Nn}-b(k)\mathcal{D}_{\mathcal{G}(k)}\otimes I_n-a(k)\mathcal{H}^{\mathrm{T}}(k)\mathcal{H}(k)]e(k)-(b(k)\mathcal{D}_{\mathcal{G}(k)}\otimes I_n\\
&+a(k)\mathcal{H}^{\mathrm{T}}(k)\mathcal{H}(k))(\mathbf{1}_N\otimes x_0)+b(k)\sum_{q=0}^{d}\overline{A}(k,q)e(k-q)\\
&+a(k)\mathcal{H}^{\mathrm{T}}(k)z(k)+b(k)(\mathcal{A}_{\mathcal{G}(k)}\otimes I_n)(\mathbf{1}_N\otimes x_0)\\
=&[I_{Nn}-b(k)\mathcal{D}_{\mathcal{G}(k)}\otimes I_n-a(k)\mathcal{H}^{\mathrm{T}}(k)\mathcal{H}(k)]e(k)\\
&-a(k)\mathcal{H}^{\mathrm{T}}(k)\mathcal{H}(k)(\mathbf{1}_N\otimes x_0)\\
&+b(k)\sum_{q=0}^{d}\overline{A}(k,q)e(k-q)+a(k)\mathcal{H}^{\mathrm{T}}(k)z(k)\\
&-b(k)(\mathcal{L}_{\mathcal{G}(k)}\otimes I_n)(\mathbf{1}_N\otimes x_0)\\
=&[I_{Nn}-b(k)\mathcal{D}_{\mathcal{G}(k)}\otimes I_n-a(k)\mathcal{H}^{\mathrm{T}}(k)\mathcal{H}(k)]e(k)\\
&-a(k)\mathcal{H}^{\mathrm{T}}(k)\mathcal{H}(k)(\mathbf{1}_N\otimes x_0)\\
&+a(k)\mathcal{H}^{\mathrm{T}}(k)v(k)+a(k)\mathcal{H}^{\mathrm{T}}(k)H(k)x_0+b(k)\sum_{q=0}^{d}\overline{A}(k,q)e(k-q),
\end{aligned}
$$

由上式, 并注意到 $\mathcal{H}(k)(\mathbf{1}_N\otimes x_0)=H(k)x_0$, 可得全局估计误差方程为

$$
\begin{aligned}
e(k+1)=&[I_{Nn}-b(k)\mathcal{D}_{\mathcal{G}(k)}\otimes I_n-a(k)\mathcal{H}^{\mathrm{T}}(k)\mathcal{H}(k)]e(k)\\
&+b(k)\sum_{q=0}^{d}\overline{A}(k,q)e(k-q)+a(k)\mathcal{H}^{\mathrm{T}}(k)v(k).
\end{aligned}\tag{4.11}
$$

对于不存在延时的情形, $d=0$. 则算法 (4.10) 变成

$$
x(k+1)=[I_{Nn}-b(k)\mathcal{L}_{\mathcal{G}(k)}\otimes I_n-a(k)\mathcal{H}^{\mathrm{T}}(k)\mathcal{H}(k)]x(k)+a(k)\mathcal{H}^{\mathrm{T}}(k)z(k),\tag{4.12}
$$

且估计误差方程 (4.11) 变成

$$
e(k+1)=[I_{Nn}-b(k)\mathcal{L}_{\mathcal{G}(k)}\otimes I_n-a(k)\mathcal{H}^{\mathrm{T}}(k)\mathcal{H}(k)]e(k)+a(k)\mathcal{H}^{\mathrm{T}}(k)v(k).\tag{4.13}
$$

4.4 不存在延时情形

这一节针对不存在延时的情形, 即 $\lambda_{ji}(k)=0$, a.s., $\forall\, j,i\in\mathcal{V}$, $\forall\, k\geqslant 0$, 给出算法 (4.7) 均方且几乎必然收敛的充分条件.

对于任意正整数 h 和 m, 记

$$\Lambda_m^h=\lambda_{\min}\left[\sum_{k=mh}^{(m+1)h-1}\left(E[\widehat{\mathcal{L}}_{\mathcal{G}(k)}|\mathcal{F}(mh-1)]\otimes I_n+E[\mathcal{H}^{\mathrm{T}}(k)\mathcal{H}(k)|\mathcal{F}(mh-1)]\right)\right],$$

$$\overline{\Lambda}_m^h=\lambda_{\min}\left[\sum_{k=mh}^{(m+1)h-1}\left(b(k)E[\widehat{\mathcal{L}}_{\mathcal{G}(k)}|\mathcal{F}(mh-1)]\otimes I_n\right.\right.$$
$$\left.\left.+a(k)E[\mathcal{H}^{\mathrm{T}}(k)\mathcal{H}(k)|\mathcal{F}(mh-1)]\right)\right].$$

4.4.1 一般的时变随机网络图情形

首先, 这一节针对一般的随机图和观测矩阵过程给出算法的收敛性结论. 以下定理给出了算法 (4.7) 实现均方和几乎必然收敛的条件.

定理 4.1 若假设 4.1、假设 4.2 和假设 4.5 成立, 且存在正整数 h、正常数 ρ_0 和正实序列 $\{c(m),m\geqslant 0\}$ 使得

(b.1) $\overline{\Lambda}_m^h\geqslant c(m)$ a.s., 其中 $c(m)$ 满足

$$b^2(mh)=o(c(m)),\quad \sum_{m=0}^{\infty}c(m)=\infty;\tag{4.14}$$

(b.2) $\sup_{k\geqslant 0}[E[(\|\mathcal{L}_{\mathcal{G}(k)}\|+\|\mathcal{H}^{\mathrm{T}}(k)\mathcal{H}(k)\|)^{2^{\max\{h,2\}}}|\mathcal{F}(k-1)]]^{\frac{1}{2^{\max\{h,2\}}}}\leqslant\rho_0$ a.s., 则算法 (4.7) 实现均方收敛, 即 $\lim_{k\to\infty}E\|x_i(k)-x_0\|^2=0$, $i\in\mathcal{V}$. 此外, 若假设 4.3 和假设 4.7 成立, 那么算法 (4.7) 几乎必然收敛, 即 $\lim_{k\to\infty}x_i(k)=x_0$, $i\in\mathcal{V}$ a.s..

记

$$P(k)=I_{Nn}-D(k),\tag{4.15}$$

其中

$$D(k)=b(k)\mathcal{L}_{\mathcal{G}(k)}\otimes I_n+a(k)\mathcal{H}^{\mathrm{T}}(k)\mathcal{H}(k).\tag{4.16}$$

定理 4.1 的证明需要如下引理 4.1.

引理 4.1 对于算法 (4.7), 若假设 4.5 以及定理 4.1 中条件 (b.1) 和条件 (b.2) 成立, 则

$$\lim_{k\to\infty}\|E[\Phi_P(k,0)\Phi_P^{\mathrm{T}}(k,0)]\|=0.\tag{4.17}$$

证明 根据 (4.15) 式, 可得

$$\begin{aligned}
&\Phi_P^{\mathrm{T}}((m+1)h-1,mh)\Phi_P((m+1)h-1,mh)\\
=&(I_{Nn}-D^{\mathrm{T}}(mh))\cdots(I_{Nn}-D^{\mathrm{T}}((m+1)h-1))\\
&\times(I_{Nn}-D((m+1)h-1))\cdots(I_{Nn}-D(mh)).
\end{aligned}\tag{4.18}$$

对上式两边关于 $\mathcal{F}(mh-1)$ 取条件期望, 通过二项展开可得

$$\begin{aligned}
&\|E[\Phi_P^{\mathrm{T}}((m+1)h-1,mh)\Phi_P((m+1)h-1,mh)|\mathcal{F}(mh-1)]\|\\
=&\|E[(I_{Nn}-D^{\mathrm{T}}(mh))\cdots(I_{Nn}-D^{\mathrm{T}}((m+1)h-1))\\
&\times(I_{Nn}-D((m+1)h-1))\cdots(I_{Nn}-D(mh))|\mathcal{F}(mh-1)]\|\\
=&\left\|I_{Nn}-\sum_{k=mh}^{(m+1)h-1}E[D^{\mathrm{T}}(k)+D(k)|\mathcal{F}(mh-1)]\right.\\
&\left.+E[M_2(m)+\cdots+M_{2h}(m)|\mathcal{F}(mh-1)]\right\|\\
\leqslant&\left\|I_{Nn}-\sum_{k=mh}^{(m+1)h-1}E[D^{\mathrm{T}}(k)+D(k)|\mathcal{F}(mh-1)]\right\|\\
&+\|E[M_2(m)+\cdots+M_{2h}(m)|\mathcal{F}(mh-1)]\|.
\end{aligned}\tag{4.19}$$

这里 $M_i(m), i=2,\cdots,2h$ 表示 $\Phi_P((m+1)h-1,mh)\Phi_P^{\mathrm{T}}((m+1)h-1,mh)$ 二项展开式中的第 i 次项.

因为对称矩阵的 2-范数等于该矩阵的谱半径, 根据矩阵谱半径的定义可得

$$\begin{aligned}
&\left\|I_{Nn}-\sum_{k=mh}^{(m+1)h-1}E[D(k)+D^{\mathrm{T}}(k)|\mathcal{F}(mh-1)]\right\|\\
=&\rho\left(I_{Nn}-\sum_{k=mh}^{(m+1)h-1}E[D(k)+D^{\mathrm{T}}(k)|\mathcal{F}(mh-1)]\right)\\
=&\max_{1\leqslant i\leqslant Nn}\left|\lambda_i\left(I_{Nn}-\sum_{k=mh}^{(m+1)h-1}E[D(k)+D^{\mathrm{T}}(k)|\mathcal{F}(mh-1)]\right)\right|\\
=&\max_{1\leqslant i\leqslant Nn}\left|1-\lambda_i\left(\sum_{k=mh}^{(m+1)h-1}E[D(k)+D^{\mathrm{T}}(k)|\mathcal{F}(mh-1)]\right)\right|.
\end{aligned}\tag{4.20}$$

由条件 (b.2) 和假设 4.5 可知存在不依赖于样本轨道的正整数 m_1 使得

$$\lambda_i\left(\sum_{k=mh}^{(m+1)h-1} E[D(k)+D^{\mathrm{T}}(k)|\mathcal{F}(mh-1)]\right)\leqslant 1,$$
$$i=1,\cdots,Nn \quad \text{a.s.}, \quad \forall\, m\geqslant m_1.$$

由上式及 (4.19) 式、(4.20) 式可得

$$\begin{aligned}&\|E[\Phi_P^{\mathrm{T}}((m+1)h-1,mh)\Phi_P((m+1)h-1,mh)|\mathcal{F}(mh-1)]\|\\ \leqslant&\, 1-\lambda_{\min}\left(\sum_{k=mh}^{(m+1)h-1} E[D(k)+D^{\mathrm{T}}(k)|\mathcal{F}(mh-1)]\right)\\ &+\|E[M_2(m)+\cdots+M_{2h}(m)|\mathcal{F}(mh-1)]\| \quad \text{a.s.}, \quad \forall\, m\geqslant m_1.\end{aligned} \tag{4.21}$$

接下来, 我们给出上式右端两项的上界. 对于上式右边第一项, 由 $D(k)$ 和 $\overline{\lambda}_m^h$ 的定义、假设 4.5 和条件 (b.1) 可得

$$\begin{aligned}&1-\lambda_{\min}\left(\sum_{k=mh}^{(m+1)h-1} E[D(k)+D^{\mathrm{T}}(k)|\mathcal{F}(mh-1)]\right)\\ =&\,1-\lambda_{\min}\left(\sum_{k=mh}^{(m+1)h-1} E[2b(k)\widehat{\mathcal{L}}_{\mathcal{G}(k)}\otimes I_n+2a(k)\mathcal{H}^{\mathrm{T}}(k)\mathcal{H}(k)|\mathcal{F}(mh-1)]\right)\\ =&\,1-2\overline{\Lambda}_m^h\leqslant 1-c(m) \quad \text{a.s.}, \quad \forall\, m\geqslant m_1.\end{aligned} \tag{4.22}$$

根据引理 2.2 以及条件 (b.2) 可得

$$\begin{aligned}\sup_{k\geqslant 0} E[\|\widetilde{D}(k)\|^i|\mathcal{F}(k-1)]&\leqslant \sup_{k\geqslant 0}[E[\|\widetilde{D}(k)\|^{2^h}|\mathcal{F}(k-1)]]^{\frac{i}{2^h}}\\ &\leqslant \rho_0^i \quad \text{a.s.}, \quad 2\leqslant i\leqslant 2^h,\end{aligned}$$

其中 $\widetilde{D}(k)=\mathcal{L}_{\mathcal{G}(k)}\otimes I_n+\mathcal{H}^{\mathrm{T}}(k)\mathcal{H}(k)$. 注意到对任意给定的随机变量 ξ 和 σ 代数 $\mathcal{F}_1\subseteq\mathcal{F}_2$, 有

$$E[\xi|\mathcal{F}_1]=E[E[\xi|\mathcal{F}_2]|\mathcal{F}_1], \tag{4.23}$$

则

$$E[\|\widetilde{D}(k)\|^l|\mathcal{F}(mh-1)]$$

$$= E[E[\|\widetilde{D}(k)\|^l|\mathcal{F}(k-1)]|\mathcal{F}(mh-1)], \quad 2 \leqslant l \leqslant 2^h, \quad k \geqslant mh.$$

对于 (4.21) 式右边第二项, 根据上式、$M_i(m)(i = 2, \cdots, 2h)$ 的定义和假设 4.5, 通过逐项相乘并反复运用引理 2.3, 我们有

$$\begin{aligned}
\|E[M_2(m) + \cdots + M_{2h}(m)|\mathcal{F}(mh-1)]\| &\leqslant b^2(mh)\left(\sum_{i=2}^{2h} \mathbb{C}_{2h}^i(\max\{1,\phi\}\rho_0)^i\right) \\
&= b^2(mh)\alpha,
\end{aligned} \tag{4.24}$$

其中 $\mathbb{C}_m^p$ 的定义见 1.3 节, ϕ 满足 $a(k) \leqslant \phi b(k), k \geqslant 0$, $\alpha = (1+\max\{1,\phi\}\rho_0)^{2h} - 1 - 2h\max\{1,\phi\}\rho_0$. 根据 (4.21)—(4.24) 式可得

$$\begin{aligned}
&\|E[\Phi_P^{\mathrm{T}}((m+1)h-1, mh)\Phi_P((m+1)h-1, mh)|\mathcal{F}(mh-1)]\| \\
\leqslant\ & 1 - c(m) + b^2(mh)\alpha \quad \text{a.s.}, \quad m \geqslant m_1.
\end{aligned} \tag{4.25}$$

记 $m_k = \left\lfloor \dfrac{k}{h} \right\rfloor$. 根据条件期望性质、(4.25) 式和引理 2.10 可得

$$\begin{aligned}
&\|E[\Phi_P(k,0)\Phi_P^{\mathrm{T}}(k,0)]\| \\
\leqslant\ & Nn\|E[\Phi_P^{\mathrm{T}}(k,0)\Phi_P(k,0)]\| \\
=\ & Nn\|E[\Phi_P^{\mathrm{T}}(m_kh-1,0)\Phi_P^{\mathrm{T}}(k,m_kh)\Phi_P(k,m_kh)\Phi_P(m_kh-1,0)]\| \\
\leqslant\ & Nn\|E[\Phi_P^{\mathrm{T}}(m_kh-1,0)\|\Phi_P^{\mathrm{T}}(k,m_kh)\Phi_P(k,m_kh)\|\Phi_P(m_kh-1,0)]\| \\
=\ & Nn\|E[E[\Phi_P^{\mathrm{T}}(m_kh-1,0)\|\Phi_P^{\mathrm{T}}(k,m_kh)\Phi_P(k,m_kh)\| \\
& \times \Phi_P(m_kh-1,0)|\mathcal{F}(m_kh-1)]]\| \\
=\ & Nn\|E[\Phi_P^{\mathrm{T}}(m_kh-1,0)E[\|\Phi_P^{\mathrm{T}}(k,m_kh)\Phi_P(k,m_kh)\||\mathcal{F}(m_kh-1)] \\
& \times \Phi_P(m_kh-1,0)]\|.
\end{aligned} \tag{4.26}$$

对任意正整数 m, n 满足 $0 \leqslant m-n \leqslant h-1$, 由条件 (b.2) 可知存在正常数 $\rho_h^* > 0$ 使得

$$\|E[\Phi_P^{\mathrm{T}}(m,n)\Phi_P(m,n)|\mathcal{F}(n-1)]\| < \rho_h^* \quad \text{a.s.}. \tag{4.27}$$

注意到 $k - m_kh \leqslant h-1$, 由上式和 (4.26) 式, 可得

$$\begin{aligned}
&\|E[\Phi_P(k,0)\Phi_P^{\mathrm{T}}(k,0)]\| \\
\leqslant\ & \rho_h^* Nn\|E[\Phi_P^{\mathrm{T}}(m_kh-1,0)\Phi_P(m_kh-1,0)]\| \\
=\ & \rho_h^* Nn\|E[\Phi_P^{\mathrm{T}}(m_1h-1,0)\Phi_P^{\mathrm{T}}(m_kh-1,m_1h)\Phi_P(m_kh-1,m_1h)
\end{aligned}$$

$$\begin{aligned}
&\times \Phi_P(m_1h-1,0)]\|\\
&=\rho_h^* Nn\|E[E(\Phi_P^{\mathrm{T}}(m_1h-1,0)\Phi_P^{\mathrm{T}}(m_kh-1,m_1h)\Phi_P(m_kh-1,m_1h)\\
&\quad\times \Phi_P(m_1h-1,0)|\mathcal{F}(m_1h-1))]\|\\
&\leqslant \rho_h^* Nn\|E[\Phi_P^{\mathrm{T}}(m_1h-1,0)\|E[\Phi_P^{\mathrm{T}}(m_kh-1,m_1h)\\
&\quad\times \Phi_P(m_kh-1,m_1h)|\mathcal{F}(m_1h-1)]\|\Phi_P(m_1h-1,0)]\|.
\end{aligned}\tag{4.28}$$

因此由 (4.23) 和 (4.25) 式可得

$$\begin{aligned}
&\|E[\Phi_P^{\mathrm{T}}(m_kh-1,m_1h)\Phi_P(m_kh-1,m_1h)|\mathcal{F}(m_1h-1)]\|\\
&=\|E[\Phi_P^{\mathrm{T}}((m_k-1)h-1,m_1h)\Phi_P^{\mathrm{T}}(m_kh-1,(m_k-1)h)\\
&\quad\times \Phi_P(m_kh-1,(m_k-1)h)\Phi_P((m_k-1)h-1,m_1h)|\mathcal{F}(m_1h-1)]\|\\
&=\|E[E[\Phi_P^{\mathrm{T}}((m_k-1)h-1,m_1h)\Phi_P^{\mathrm{T}}(m_kh-1,(m_k-1)h)\\
&\quad\times \Phi_P(m_kh-1,(m_k-1)h)\\
&\quad\times \Phi_P((m_k-1)h-1,m_1h)|\mathcal{F}((m_k-1)h-1)]|\mathcal{F}(m_1h-1)]\|\\
&=\|E[\Phi_P^{\mathrm{T}}((m_k-1)h-1,m_1h)E[\Phi_P^{\mathrm{T}}(m_kh-1,(m_k-1)h)\\
&\quad\times \Phi_P(m_kh-1,(m_k-1)h)|\mathcal{F}((m_k-1)h-1)]\\
&\quad\times \Phi_P((m_k-1)h-1,m_1h)|\mathcal{F}(m_1h-1)]\|\\
&\leqslant \|E[\Phi_P^{\mathrm{T}}((m_k-1)h-1,m_1h)\|E[\Phi_P^{\mathrm{T}}(m_kh-1,(m_k-1)h)\\
&\quad\times \Phi_P(m_kh-1,(m_k-1)h)|\mathcal{F}((m_k-1)h-1)]\|\\
&\quad\times \Phi_P((m_k-1)h-1,m_1h)|\mathcal{F}(m_1h-1)]\|\\
&\leqslant [1-c(m_k-1)+b^2((m_k-1)h)\alpha]\|E[\Phi_P^{\mathrm{T}}((m_k-1)h-1,m_1h)\\
&\quad\times \Phi_P((m_k-1)h-1,m_1h)|\mathcal{F}(m_1h-1)]\|\\
&\leqslant \prod_{s=m_1}^{m_k-1}[1-c(s)+b^2(sh)\alpha] \quad \text{a.s.},
\end{aligned}\tag{4.29}$$

由上式以及 (4.28) 式, 我们有

$$\begin{aligned}
\|E[\Phi_P(k,0)\Phi_P^{\mathrm{T}}(k,0)]\| \leqslant{}& \rho_h^* Nn\|E[\Phi_P^{\mathrm{T}}(m_1h-1,0)\Phi_P(m_1h-1,0)]\|\\
&\times \prod_{s=m_1}^{m_k-1}[1-c(s)+b^2(sh)\alpha].
\end{aligned}\tag{4.30}$$

由 (4.14) 式可知存在正整数 m_2 使得

$$b^2(mh)\alpha \leqslant \frac{1}{2}c(m), \quad \forall\, m \geqslant m_2, \tag{4.31}$$

记 $m_3=\max\{m_2,m_1\}$ 以及 $r_1=\prod_{s=m_1}^{m_3-1}[1-c(s)+b^2(sh)\alpha]$. 由 (4.14) 和 (4.31) 式可得

$$\begin{aligned}\lim_{k\to\infty}\prod_{s=m_1}^{m_k-1}[1-c(s)+b^2(sh)\alpha]&\leqslant\lim_{k\to\infty}r_1\prod_{s=m_3}^{m_k-1}\left[1-\frac{1}{2}c(s)\right]\\&\leqslant\lim_{k\to\infty}r_1\exp\left(-\frac{1}{2}\sum_{s=m_3}^{m_k-1}c(s)\right)\\&=r_1\exp\left(-\frac{1}{2}\sum_{s=m_3}^{\infty}c(s)\right)=0.\end{aligned}\tag{4.32}$$

根据条件 (b.2) 可知 $\|E[\Phi_P^{\mathrm{T}}(m_1h-1,0)\Phi_P(m_1h-1,0)]\|<\infty$. 因此由 (4.30) 和 (4.32) 式, 可知 (4.17) 式成立. 引理证毕. ■

定理 4.1 的证明 如果 $\lambda_{ji}(k)=0$ a.s., $\forall\ j,i\in\mathcal{V}$, $\forall\ k\geqslant0$, 则误差方程 (4.11) 退化为

$$\begin{aligned}e(k+1)&=P(k)e(k)+a(k)\mathcal{H}^{\mathrm{T}}(k)v(k)\\&=\Phi_P(k,0)e(0)+\sum_{i=0}^{k}a(i)\Phi_P(k,i+1)\mathcal{H}^{\mathrm{T}}(i)v(i),\quad k\geqslant0.\end{aligned}\tag{4.33}$$

由上式可得

$$\begin{aligned}&E[e(k+1)e^{\mathrm{T}}(k+1)]\\=&E[\Phi_P(k,0)e(0)e^{\mathrm{T}}(0)\Phi_P^{\mathrm{T}}(k,0)]\\&+E\left[\Phi_P(k,0)e(0)\sum_{i=0}^{k}a(i)[\Phi_P(k,i+1)\mathcal{H}^{\mathrm{T}}(i)v(i)]^{\mathrm{T}}\right]\\&+E\left[\sum_{i=0}^{k}a(i)\Phi_P(k,i+1)\mathcal{H}^{\mathrm{T}}(i)v(i)[\Phi_P(k,0)e(0)]^{\mathrm{T}}\right]\\&+E\left[\left(\sum_{i=0}^{k}a(i)\Phi_P(k,i+1)\mathcal{H}^{\mathrm{T}}(i)v(i)\right)\right.\\&\left.\times\left(\sum_{i=0}^{k}a(i)\Phi_P(k,i+1)\mathcal{H}^{\mathrm{T}}(i)v(i)\right)^{\mathrm{T}}\right].\end{aligned}\tag{4.34}$$

根据假设 4.1、假设 4.2 可知上式等号右边第二、三项为零. 进一步, 由

$$E[v(i)v^{\mathrm{T}}(j)]=E[E[v(i)v^{\mathrm{T}}(j)|\mathcal{F}(i-1)]]$$

$$= E[E[v(i)|\mathcal{F}(i-1)]v^{\mathrm{T}}(j)] = 0, \quad \forall\, i > j, \tag{4.35}$$

可知

$$\begin{aligned}
&E\left[\left(\sum_{i=0}^{k} a(i)\Phi_P(k,i+1)\mathcal{H}^{\mathrm{T}}(i)v(i)\right)\left(\sum_{i=0}^{k} a(i)\Phi_P(k,i+1)\mathcal{H}^{\mathrm{T}}(i)v(i)\right)^{\mathrm{T}}\right]\\
&= E\left[\sum_{i=0}^{k} a^2(i)\Phi_P(k,i+1)\mathcal{H}^{\mathrm{T}}(i)v(i)v^{\mathrm{T}}(i)\mathcal{H}(i)\Phi_P^{\mathrm{T}}(k,i+1)\right].
\end{aligned}$$

将上式代入 (4.34) 式, 并取 2-范数可得

$$\begin{aligned}
&\|E[e(k+1)e^{\mathrm{T}}(k+1)]\|\\
&\leqslant \|E[\Phi_P(k,0)\Phi_P^{\mathrm{T}}(k,0)]\|\|e(0)\|^2\\
&\quad + \sum_{i=0}^{k} a^2(i)\|E[\Phi_P(k,i+1)\mathcal{H}^{\mathrm{T}}(i)v(i)v^{\mathrm{T}}(i)\mathcal{H}(i)\Phi_P^{\mathrm{T}}(k,i+1)]\|\\
&= \|E[\Phi_P(k,0)\Phi_P^{\mathrm{T}}(k,0)]\|\|e(0)\|^2\\
&\quad + \sum_{i=k-3h}^{k} a^2(i)\|E[\Phi_P(k,i+1)\mathcal{H}^{\mathrm{T}}(i)v(i)v^{\mathrm{T}}(i)\mathcal{H}(i)\Phi_P^{\mathrm{T}}(k,i+1)]\|\\
&\quad + \sum_{i=0}^{k-3h-1} a^2(i)\|E[\Phi_P(k,i+1)\mathcal{H}^{\mathrm{T}}(i)v(i)v^{\mathrm{T}}(i)\mathcal{H}(i)\Phi_P^{\mathrm{T}}(k,i+1)]\|.
\end{aligned} \tag{4.36}$$

根据引理 4.1 可知上式右边第一项趋于零. 对于上式右边第二项, 当 $k-h \leqslant i < k$, 由 (4.27) 式有 $\|E[\Phi_P^{\mathrm{T}}(k,i+1)\Phi_P(k,i+1)|\mathcal{F}(i)]\| \leqslant \rho_h^*$ a.s.; 当 $k-2h \leqslant i < k-h$ 时, 根据引理 2.10 和 (4.27) 式可得

$$\begin{aligned}
&\|E[\Phi_P(k,i+1)\Phi_P^{\mathrm{T}}(k,i+1)|\mathcal{F}(i)]\|\\
&\leqslant Nn\|E[\Phi_P^{\mathrm{T}}(k,i+1)\Phi_P(k,i+1)|\mathcal{F}(i)]\|\\
&= Nn\|E[\Phi_P^{\mathrm{T}}(k-h,i+1)\Phi_P^{\mathrm{T}}(k,k-h+1)\\
&\quad \times \Phi_P(k,k-h+1)\Phi_P(k-h,i+1)|\mathcal{F}(i)]\|\\
&= Nn\|E[E[\Phi_P^{\mathrm{T}}(k-h,i+1)\Phi_P^{\mathrm{T}}(k,k-h+1)\Phi_P(k,k-h+1)\\
&\quad \times \Phi_P(k-h,i+1)|\mathcal{F}(k-h)]|\mathcal{F}(i)]\|\\
&= Nn\|E[\Phi_P^{\mathrm{T}}(k-h,i+1)E[\Phi_P^{\mathrm{T}}(k,k-h+1)\Phi_P(k,k-h+1)|\mathcal{F}(k-h)]\\
&\quad \times \Phi_P(k-h,i+1)|\mathcal{F}(i)]\|
\end{aligned}$$

$$
\begin{aligned}
&\leqslant Nn\|E[\Phi_P^{\mathrm{T}}(k-h,i+1)\|E[\Phi_P^{\mathrm{T}}(k,k-h+1)\Phi_P(k,k-h+1)|\mathcal{F}(k-h)]\| \\
&\quad \times \Phi_P(k-h,i+1)|\mathcal{F}(i)]\| \\
&\leqslant Nn\rho_h^*\|E[\Phi_P^{\mathrm{T}}(k-h,i+1)\Phi_P(k-h,i+1)|\mathcal{F}(i)]\| \\
&\leqslant Nn(\rho_h^*)^2 \quad \text{a.s.};
\end{aligned}
$$

当 $k-3h\leqslant i<k-2h$ 时, 类似于上式可得 $\|E[\Phi_P(k,i+1)\Phi_P^{\mathrm{T}}(k,i+1)|\mathcal{F}(i)]\|\leqslant Nn(\rho_h^*)^3$ a.s.. 因此, 根据假设 4.1、假设 4.2 可得

$$
\begin{aligned}
&\sup_{k\geqslant 0}\|E[\Phi_P(k,i+1)\mathcal{H}^{\mathrm{T}}(i)v(i)v^{\mathrm{T}}(i)\mathcal{H}(i)\Phi_P^{\mathrm{T}}(k,i+1)]\| \\
&<\infty \quad \text{a.s.}, \quad k-3h\leqslant i\leqslant k.
\end{aligned}
$$

那么, 由 $a(k)$ 递减到零可知 (4.36) 式右边第二项趋于零.

下面证明 (4.36) 式右边第三项趋于零. 记 $\widetilde{m}_i=\left\lceil\frac{i}{h}\right\rceil$. 由引理 2.10 、(4.23) 式和 (4.27) 式可得

$$
\begin{aligned}
&\|E[\Phi_P(k,i+1)\Phi_P^{\mathrm{T}}(k,i+1)|\mathcal{F}(i)]\| \\
&\leqslant Nn\|E[\Phi_P^{\mathrm{T}}(k,i+1)\Phi_P(k,i+1)|\mathcal{F}(i)]\| \\
&= Nn\|E[\Phi_P^{\mathrm{T}}(\widetilde{m}_{i+1}h-1,i+1)\Phi_P^{\mathrm{T}}(m_kh-1,\widetilde{m}_{i+1}h)\Phi_P^{\mathrm{T}}(k,m_kh)\Phi_P(k,m_kh) \\
&\quad \times \Phi_P(m_kh-1,\widetilde{m}_{i+1}h)\Phi_P(\widetilde{m}_{i+1}h-1,i+1)|\mathcal{F}(i)]\| \\
&= Nn\|E[E[\Phi_P^{\mathrm{T}}(\widetilde{m}_{i+1}h-1,i+1) \\
&\quad \times \Phi_P^{\mathrm{T}}(m_kh-1,\widetilde{m}_{i+1}h)\Phi_P^{\mathrm{T}}(k,m_kh)\Phi_P(k,m_kh) \\
&\quad \times \Phi_P(m_kh-1,\widetilde{m}_{i+1}h)\Phi_P(\widetilde{m}_{i+1}h-1,i+1)|\mathcal{F}(m_kh-1)]|\mathcal{F}(i)]\| \\
&= Nn\|E[\Phi_P^{\mathrm{T}}(\widetilde{m}_{i+1}h-1,i+1)\Phi_P^{\mathrm{T}}(m_kh-1,\widetilde{m}_{i+1}h) \\
&\quad \times E[\Phi_P^{\mathrm{T}}(k,m_kh)\Phi_P(k,m_kh)|\mathcal{F}(m_kh-1)] \\
&\quad \times \Phi_P(m_kh-1,\widetilde{m}_{i+1}h)\Phi_P(\widetilde{m}_{i+1}h-1,i+1)|\mathcal{F}(i)]\| \\
&\leqslant Nn\rho_h^*\|E[\Phi_P^{\mathrm{T}}(\widetilde{m}_{i+1}h-1,i+1)\Phi_P^{\mathrm{T}}(m_kh-1,\widetilde{m}_{i+1}h)\Phi_P(m_kh-1,\widetilde{m}_{i+1}h) \\
&\quad \times \Phi_P(\widetilde{m}_{i+1}h-1,i+1)|\mathcal{F}(i)]\| \quad \text{a.s.},
\end{aligned}
\tag{4.37}
$$

类似于引理 4.1 证明中的 (4.29) 式, 我们有

$$
\begin{aligned}
&\|E[\Phi_P^{\mathrm{T}}(m_kh-1,\widetilde{m}_{i+1}h)\Phi_P(m_kh-1,\widetilde{m}_{i+1}h)|\mathcal{F}(\widetilde{m}_{i+1}h-1)]\| \\
&\leqslant \prod_{s=\widetilde{m}_{i+1}}^{m_k-1}[1-c(s)+b^2(sh)\alpha],
\end{aligned}
$$

因此由上式、(4.27) 式和 (4.37) 式可得

$$\begin{aligned}
&\|E[\Phi_P(k,i+1)\Phi_P^{\mathrm{T}}(k,i+1)|\mathcal{F}(i)]\|\\
\leqslant\ & Nn\rho_h^*\|E[\Phi_P^{\mathrm{T}}(\widetilde{m}_{i+1}h-1,i+1)\Phi_P^{\mathrm{T}}(m_kh-1,\widetilde{m}_{i+1}h)\Phi_P(m_kh-1,\widetilde{m}_{i+1}h)\\
&\times\Phi_P(\widetilde{m}_{i+1}h-1,i+1)|\mathcal{F}(i)]\|\\
=\ & Nn\rho_h^*\|E[E[\Phi_P^{\mathrm{T}}(\widetilde{m}_{i+1}h-1,i+1)\Phi_P^{\mathrm{T}}(m_kh-1,\widetilde{m}_{i+1}h)\Phi_P(m_kh-1,\widetilde{m}_{i+1}h)\\
&\times\Phi_P(\widetilde{m}_{i+1}h-1,i+1)|\mathcal{F}(\widetilde{m}_{i+1}h-1)]|\mathcal{F}(i)]\|\\
=\ & Nn\rho_h^*\|E[\Phi_P^{\mathrm{T}}(\widetilde{m}_{i+1}h-1,i+1)E[\Phi_P^{\mathrm{T}}(m_kh-1,\widetilde{m}_{i+1}h)\\
&\times\Phi_P(m_kh-1,\widetilde{m}_{i+1}h)|\mathcal{F}(\widetilde{m}_{i+1}h-1)]\Phi_P(\widetilde{m}_{i+1}h-1,i+1)|\mathcal{F}(i)]\|\\
\leqslant\ & Nn\rho_h^*\|E[\Phi_P^{\mathrm{T}}(\widetilde{m}_{i+1}h-1,i+1)\|E[\Phi_P^{\mathrm{T}}(m_kh-1,\widetilde{m}_{i+1}h)\\
&\times\Phi_P(m_kh-1,\widetilde{m}_{i+1}h)|\mathcal{F}(\widetilde{m}_{i+1}h-1)]\|\Phi_P(\widetilde{m}_{i+1}h-1,i+1)|\mathcal{F}(i)]\|\\
\leqslant\ & Nn\rho_h^*\prod_{s=\widetilde{m}_{i+1}}^{m_k-1}[1-c(s)+b^2(sh)\alpha]\|E[\Phi_P^{\mathrm{T}}(\widetilde{m}_{i+1}h-1,i+1)\\
&\times\Phi_P(\widetilde{m}_{i+1}h-1,i+1)|\mathcal{F}(i)]\|\\
\leqslant\ & Nn(\rho_h^*)^2\prod_{s=\widetilde{m}_{i+1}}^{m_k-1}[1-c(s)+b^2(sh)\alpha]\quad\text{a.s.},\quad 0\leqslant i\leqslant k-3h-1,
\end{aligned}\tag{4.38}$$

根据 (4.38) 式、条件 (b.2) 和假设 4.1、假设 4.2 可得

$$\begin{aligned}
&\|E[\Phi_P(k,i+1)\mathcal{H}^{\mathrm{T}}(i)v(i)v^{\mathrm{T}}(i)\mathcal{H}(i)\Phi_P^{\mathrm{T}}(k,i+1)]\|\\
=\ & \|E[E[\Phi_P(k,i+1)\mathcal{H}^{\mathrm{T}}(i)v(i)v^{\mathrm{T}}(i)\mathcal{H}(i)\Phi_P^{\mathrm{T}}(k,i+1)|\mathcal{F}(i)]]\|\\
\leqslant\ & \|E[\|\mathcal{H}^{\mathrm{T}}(i)v(i)v^{\mathrm{T}}(i)\mathcal{H}(i)\|E[\Phi_P(k,i+1)\Phi_P^{\mathrm{T}}(k,i+1)|\mathcal{F}(i)]]\|\\
\leqslant\ & E[\|\mathcal{H}^{\mathrm{T}}(i)v(i)v^{\mathrm{T}}(i)\mathcal{H}(i)\|\|E[\Phi_P(k,i+1)\Phi_P^{\mathrm{T}}(k,i+1)|\mathcal{F}(i)]\|]\\
\leqslant\ & Nn(\rho_h^*)^2E[\|\mathcal{H}^{\mathrm{T}}(i)v(i)v^{\mathrm{T}}(i)\mathcal{H}(i)\|]\prod_{s=\widetilde{m}_{i+1}}^{m_k-1}[1-c(s)+b^2(sh)\alpha]\\
\leqslant\ & Nn\beta_v\rho_0(\rho_h^*)^2\prod_{s=\widetilde{m}_{i+1}}^{m_k-1}[1-c(s)+b^2(sh)\alpha]\\
\leqslant\ & Nn\beta_v\rho_0(\rho_h^*)^2\prod_{s=\widetilde{m}_{i+1}}^{m_k-1}\left[1-\frac{1}{2}c(s)\right],\quad m_3h-1\leqslant i\leqslant k-3h-1.
\end{aligned}$$

由上式可得

$$
\begin{aligned}
&\sum_{i=0}^{k-3h-1} a^2(i)\|E[\Phi_P(k,i+1)\mathcal{H}^{\mathrm{T}}(i)v(i)v^{\mathrm{T}}(i)\mathcal{H}(i)\Phi_P^{\mathrm{T}}(k,i+1)]\| \\
=&\sum_{i=0}^{m_3h-2} a^2(i)\|E[\Phi_P(k,i+1)\mathcal{H}^{\mathrm{T}}(i)v(i)v^{\mathrm{T}}(i)\mathcal{H}(i)\Phi_P^{\mathrm{T}}(k,i+1)]\| \\
&+\sum_{i=m_3h-1}^{k-3h-1} a^2(i)\|E[\Phi_P(k,i+1)\mathcal{H}^{\mathrm{T}}(i)v(i)v^{\mathrm{T}}(i)\mathcal{H}(i)\Phi_P^{\mathrm{T}}(k,i+1)]\| \\
\leqslant&\sum_{i=0}^{m_3h-2} a^2(i)\|E[\Phi_P(k,i+1)\Phi_P^{\mathrm{T}}(k,i+1)E[\|\mathcal{H}(i)\|^2\|v(i)\|^2\||\mathcal{F}(i)]]\| \\
&+Nn\beta_v\rho_0(\rho_h^*)^2\sum_{i=m_3h-1}^{k-3h-1} a^2(i)\prod_{s=\widetilde{m}_{i+1}}^{m_k-1}\left[1-\frac{1}{2}c(s)\right] \\
\leqslant&\,\beta_v\rho_0\sum_{i=0}^{m_3h-2} a^2(i)\|E[\Phi_P(k,i+1)\Phi_P^{\mathrm{T}}(k,i+1)]\| \\
&+Nn\beta_v\rho_0(\rho_h^*)^2\sum_{i=m_3h-1}^{k-3h-1} a^2(i)\prod_{s=\widetilde{m}_{i+1}}^{m_k-1}\left[1-\frac{1}{2}c(s)\right].
\end{aligned}
\tag{4.39}
$$

根据引理 4.1 可知 $\lim_{k\to\infty}\|E[\Phi_P(k,i+1)\Phi_P^{\mathrm{T}}(k,i+1)]\|=0, 0\leqslant i\leqslant m_3h-2$. 那么,

$$
\lim_{k\to\infty}\beta_v\rho_0\sum_{i=0}^{m_3h-2} a^2(i)\|E[\Phi_P(k,i+1)\Phi_P^{\mathrm{T}}(k,i+1)]\|=0. \tag{4.40}
$$

通过直接计算, 我们有

$$
\begin{aligned}
\sum_{i=m_3h-1}^{k-3h-1} a^2(i)\prod_{s=\widetilde{m}_{i+1}}^{m_k-1}\left[1-\frac{1}{2}c(s)\right]\leqslant&\sum_{i=0}^{k} a^2(i)\prod_{s=\widetilde{m}_{i+1}}^{m_k-1}\left[1-\frac{1}{2}c(s)\right] \\
=&\sum_{i=0}^{m_kh-1} a^2(i)\prod_{s=\widetilde{m}_{i+1}}^{m_k-1}\left[1-\frac{1}{2}c(s)\right] \\
&+\sum_{i=m_kh}^{k} a^2(i)\prod_{s=\widetilde{m}_{i+1}}^{m_k-1}\left[1-\frac{1}{2}c(s)\right]
\end{aligned}
$$

$$= \sum_{i=0}^{m_k-1}\left[\sum_{j=ih}^{(i+1)h-1} a^2(j)\right]\prod_{s=\widetilde{m}_{i+1}}^{m_k-1}\left[1-\frac{1}{2}c(s)\right]$$
$$+ \sum_{i=m_kh}^{k} a^2(i)\prod_{s=\widetilde{m}_{i+1}}^{m_k-1}\left[1-\frac{1}{2}c(s)\right]. \tag{4.41}$$

因为 $a(k)$ 趋于零, 所以

$$\lim_{k\to\infty}\sum_{i=m_kh}^{k} a^2(i)\prod_{s=\widetilde{m}_{i+1}}^{m_k-1}\left[1-\frac{1}{2}c(s)\right]=0. \tag{4.42}$$

根据假设 4.5和 (4.14) 式可得

$$\frac{\sum_{j=(m_k-1)h}^{m_kh-1} a^2(j)}{c(m_k-1)} \leqslant \frac{ha^2((m_k-1)h)}{c(m_k-1)}$$

以及

$$\lim_{k\to\infty}\frac{ha^2((m_k-1)h)}{c(m_k-1)}=\lim_{k\to\infty}\frac{ha^2((m_k-1)h)}{b^2((m_k-1)h)}\frac{b^2((m_k-1)h)}{c(m_k-1)}=0.$$

那么由 (4.14) 式和引理 2.9 可得

$$\lim_{k\to\infty}\sum_{i=0}^{m_k-1}\left[\sum_{j=ih}^{(i+1)h-1} a^2(j)\right]\prod_{s=\widetilde{m}_{i+1}}^{m_k-1}\left[1-\frac{1}{2}c(s+1)\right]=\lim_{k\to\infty}\frac{2\sum_{j=(m_k-1)h}^{m_kh-1} a^2(j)}{c(m_k-1)}=0.$$

由上式、(4.41) 式和 (4.42) 式可得

$$\lim_{k\to\infty}\sum_{i=m_3h-1}^{k-3h-1} a^2(i)\prod_{s=\widetilde{m}_{i+1}}^{m_k-1}\left[1-\frac{1}{2}c(s)\right]=0. \tag{4.43}$$

根据 (4.39) 式、(4.40) 式和上式, 我们有

$$\lim_{k\to\infty}\sum_{i=0}^{k-3h-1} a^2(i)\|E[\Phi_P(k,i+1)\mathcal{H}^{\mathrm{T}}(i)v(i)v^{\mathrm{T}}(i)\mathcal{H}(i)\Phi_P^{\mathrm{T}}(k,i+1)]\|=0.$$

因此, (4.36) 式中右边第三项趋于 0. 由上式和 (4.36) 可知 $\lim_{k\to\infty}\|E[e(k)e^{\mathrm{T}}(k)]\|=0$. 又因为 $E\|e(k)\|^2\leqslant Nn\|E[e(k)e^{\mathrm{T}}(k)]\|$, 那么 $\lim_{k\to\infty}E\|e(k)\|^2=0$. 算法 (4.7) 均方收敛.

下面证明算法 (4.7) 几乎必然收敛. 由 (4.33) 式可得

$$
\begin{aligned}
e((m+1)h) = & \Phi_P((m+1)h-1, mh)e(mh) \\
& + \sum_{k=mh}^{(m+1)h-1} a(k)\Phi_P((m+1)h-1, k+1)\mathcal{H}^{\mathrm{T}}(k)v(k), \quad m \geqslant 0.
\end{aligned}
$$

对上式等号两边取 2-范数并关于 $\mathcal{F}(mh-1)$ 取条件期望, 可得

$$
\begin{aligned}
& E[\|e((m+1)h)\|^2|\mathcal{F}(mh-1)] \\
= & e^{\mathrm{T}}(mh)E[\Phi_P^{\mathrm{T}}((m+1)h-1, mh)\Phi_P((m+1)h-1, mh)|\mathcal{F}(mh-1)]e(mh) \\
& + E\left[\left(\sum_{k=mh}^{(m+1)h-1} a(k)\Phi_P((m+1)h-1, k+1)\mathcal{H}^{\mathrm{T}}(k)v(k)\right)^{\mathrm{T}}\right. \\
& \times \left.\left(\sum_{k=mh}^{(m+1)h-1} a(k)\Phi_P((m+1)h-1, k+1)\mathcal{H}^{\mathrm{T}}(k)v(k)\right)\right|\mathcal{F}(mh-1)\Bigg] \\
& + 2e^{\mathrm{T}}(mh)E\Bigg[\Phi_P^{\mathrm{T}}((m+1)h-1, mh) \\
& \times \left.\left(\sum_{k=mh}^{(m+1)h-1} a(k)\Phi_P((m+1)h-1, k+1)\mathcal{H}^{\mathrm{T}}(k)v(k)\right)\right|\mathcal{F}(mh-1)\Bigg].
\end{aligned}
$$

根据引理 2.5 以及假设 4.1、假设 4.2 可得

$$
\begin{aligned}
& E[\|e((m+1)h)\|^2|\mathcal{F}(mh-1)] \\
= & e^{\mathrm{T}}(mh)E[\Phi_P^{\mathrm{T}}((m+1)h-1, mh)\Phi_P((m+1)h-1, mh)|\mathcal{F}(mh-1)]e(mh) \\
& + \sum_{k=mh}^{(m+1)h-1} a^2(k)E[\|\Phi_P((m+1)h-1, k+1)\mathcal{H}^{\mathrm{T}}(k)v(k)\|^2|\mathcal{F}(mh-1)]. \quad (4.44)
\end{aligned}
$$

由条件 (b.2) 和假设 4.1、假设 4.2 可知存在正常数 ρ_4 使得

$$
\begin{aligned}
& \sum_{k=mh}^{(m+1)h-1} E[\|\Phi_P((m+1)h-1, k+1)\mathcal{H}^{\mathrm{T}}(k)v(k)\|^2|\mathcal{F}(mh-1)] \\
& \leqslant \rho_4 \quad \text{a.s.}, \quad \forall\, m \geqslant 0,
\end{aligned}
$$

由上式、(4.25) 式和 (4.44) 式可得

$$
E[\|e((m+1)h)\|^2|\mathcal{F}(mh-1)]
$$

$$\leqslant \|E[\Phi_P^{\mathrm{T}}((m+1)h-1,mh)\Phi_P((m+1)h-1,mh)|\mathcal{F}(mh-1)]\|\|e(mh)\|^2$$
$$+ a^2(mh)\sum_{k=mh}^{(m+1)h-1} E[\|\Phi_P((m+1)h-1,k+1)\mathcal{H}^{\mathrm{T}}(k)v(k)\|^2|\mathcal{F}(mh-1)]$$
$$\leqslant (1+b^2(mh)\alpha)\|e(mh)\|^2 + a^2(mh)\rho_4 \quad \text{a.s..}$$

根据引理 2.6 和假设 4.7 可知 $\{e(mh), m \geqslant 0\}$ 几乎必然收敛. 由定理 4.1 可知 $\lim_{m\to 0} E\|e(mh)\|^2 = 0$. 那么

$$\lim_{m\to 0} e(mh) = \mathbf{0}_{Nn\times 1} \quad \text{a.s..} \tag{4.45}$$

对于任意小的 $\epsilon > 0$, 根据马尔可夫不等式可得

$$\mathbb{P}\{a(k)\|v(k)\| \geqslant \epsilon\} \leqslant \frac{a^2(k)E\|v(k)\|^2}{\epsilon^2}, \quad k \geqslant 0,$$

根据上式、假设 4.2、假设 4.5 和假设 4.7 可得

$$\sum_{k=0}^{\infty}\mathbb{P}\{a(k)\|v(k)\| \geqslant \epsilon\} \leqslant \frac{\sum_{k=0}^{\infty} a^2(k)E\|v(k)\|^2}{\epsilon^2} \leqslant \frac{\beta_v \sum_{k=0}^{\infty} a^2(k)}{\epsilon^2} < \infty.$$

那么根据 Borel-Cantelli 引理可得 $\mathbb{P}\{a(k)\|v(k)\| \geqslant \epsilon \text{ i.o.}\} = 0$, 这意味着

$$a(k)\|v(k)\| \to 0 \quad \text{a.s.}, \quad k \to \infty. \tag{4.46}$$

由 (4.33) 式可得

$$\|e(k)\| \leqslant \|\Phi_P(k-1,m_kh)\|\|e(m_kh)\| + \sum_{i=m_kh}^{k-1} a(i)\|v(i)\|\|\Phi_P(k-1,i+1)\|\|\mathcal{H}^{\mathrm{T}}(i)\|. \tag{4.47}$$

根据假设 4.3, 并注意到 $0 \leqslant k - m_kh < h$, 可得 $\sup_{k\geqslant 0}\|\Phi_P(k-1,m_kh)\| < \infty$ a.s. 以及 $\sup_{k\geqslant 0}\|\Phi_P(k-1,i+1)\|\|\mathcal{H}^{\mathrm{T}}(i)\| < \infty$ a.s., $m_kh \leqslant i \leqslant k-1$. 那么根据 (4.45)—(4.47) 式可得 $\lim_{k\to\infty} e(k) = \mathbf{0}_{Nn\times 1}$ a.s.. 定理证毕. ■

注释 4.4 已有研究分布式估计的文献大都要求平均图平衡[133, 296]. 这里, 即使平均图不平衡, 定理 4.1 中的条件 (b.1) 也可能成立. 例如, 考虑一个简单的固定图 $\mathcal{G} = \{\mathcal{V} = \{1,2\}, \mathcal{A}_{\mathcal{G}} = [a_{ij}]_{2\times 2}\}$, 其中 $a_{12} = 1, a_{21} = 0.3$. 显然, 该图是非平衡的. 假设 $H_1 = 0, H_2 = 1$. 选取 $a(k) = b(k) = \dfrac{1}{k+1}$. 通过直接计算可得 $\lambda_{\min}(b(k)\widehat{\mathcal{L}}_{\mathcal{G}} + a(k)\mathcal{H}^{\mathrm{T}}\mathcal{H}) = \dfrac{1}{k+1}\lambda_{\min}(\widehat{\mathcal{L}}_{\mathcal{G}} + \mathcal{H}^{\mathrm{T}}\mathcal{H}) = \dfrac{0.5821}{k+1}$. 令 $c(m) = \dfrac{0.5821}{m+1}$. 因此存在 $h = 1$ 以及满足 (4.14) 的 $c(m)$ 使得定理 4.2 中的条件 (b.1) 成立. 4.6 节给出了一个关于不平衡均值图的更复杂的例子.

4.4.2 特殊的时变随机图情形

这里, 针对特殊的随机图过程, 我们给出更加直观的收敛条件. 记

$$\Gamma_1 = \Big\{\{\mathcal{G}(k), k \geqslant 0\} \;\Big|\; \text{随机矩阵 } E[\mathcal{A}_{\mathcal{G}(k)}|\mathcal{F}(k-1)] \succeq \mathbf{0}_{N\times N} \\ \text{并且其相应的随机图平衡 a.s.}\Big\}.$$

针对条件平衡的随机有向图序列, 以下定理给出了保证定理 4.1 中条件 (b.1) 成立的直观条件.

定理 4.2 若 $\{\mathcal{G}(k), k \geqslant 0\} \in \Gamma_1$, 假设 4.1、假设 4.2 和假设 4.5、假设 4.6 成立, 且存在正整数 h、常数 θ 和 ρ_0 使得

(c.1) $\inf_{m\geqslant 0} \Lambda_m^h \geqslant \theta > 0$ a.s.;

(c.2) $\sup_{k\geqslant 0}[E[(\|\mathcal{L}_{\mathcal{G}(k)}\| + \|\mathcal{H}^{\mathrm{T}}(k)\mathcal{H}(k)\|)^{2^{\max\{h,2\}}}|\mathcal{F}(k-1)]]^{\frac{1}{2^{\max\{h,2\}}}} \leqslant \rho_0$ a.s.,

则算法 (4.7) 均方收敛. 进一步, 若假设 4.3 和假设 4.7 成立, 则算法 (4.7) 几乎必然收敛.

证明 由 $\{\mathcal{G}(k), k \geqslant 0\} \in \Gamma_1$ 可知随机矩阵 $E[\widehat{\mathcal{L}}_{\mathcal{G}(k)}|\mathcal{F}(k-1)]$ 总是半正定的. 再根据 $E[\widehat{\mathcal{L}}_{\mathcal{G}(k)}|\mathcal{F}(mh-1)] = E[E[\widehat{\mathcal{L}}_{\mathcal{G}(k)}|\mathcal{F}(k-1)]|\mathcal{F}(mh-1)]$ 可知随机矩阵 $E[\widehat{\mathcal{L}}_{\mathcal{G}(k)}|\mathcal{F}(mh-1)]$ 是半正定的, $k \geqslant mh$. 根据假设 4.5 以及定理条件 (c.1) 可得

$$\begin{aligned}
\overline{\Lambda}_m^h &= \lambda_{\min}\Bigg[\sum_{k=mh}^{(m+1)h-1}\Big(b(k)E[\widehat{\mathcal{L}}_{\mathcal{G}(k)}|\mathcal{F}(mh-1)] \otimes I_n \\
&\quad + a(k)E[\mathcal{H}^{\mathrm{T}}(k)\mathcal{H}(k)|\mathcal{F}(mh-1)]\Big)\Bigg] \\
&\geqslant \lambda_{\min}\Bigg[\sum_{k=mh}^{(m+1)h-1}\Big(b((m+1)h)E[\widehat{\mathcal{L}}_{\mathcal{G}(k)}|\mathcal{F}(mh-1)] \otimes I_n \\
&\quad + a((m+1)h)E[\mathcal{H}^{\mathrm{T}}(k)\mathcal{H}(k)|\mathcal{F}(mh-1)]\Big)\Bigg] \\
&\geqslant c(m)\Lambda_m^h \geqslant c(m)\theta.
\end{aligned}$$

令 $c(m) = \min\{a((m+1)h), b((m+1)h)\}$. 由上式以及假设 4.5、假设 4.6, 并注意到

$$\sum_{m=0}^{\infty} a((m+1)h) \geqslant \frac{1}{h}\sum_{s=0}^{\infty}\sum_{i=(m+1)h}^{(m+2)h-1} a(i) = \frac{1}{h}\sum_{k=h}^{\infty} a(k),$$

其中 $C_1 \triangleq \sup_{k\geqslant 0}\dfrac{a(k)}{b(k)}$, 从而

$$\sum_{m=0}^{\infty} c(m)\geqslant \min\{1,1/C_1\}\sum_{m=0}^{\infty} a((m+1)h)\geqslant \frac{\min\{1,1/C_1\}}{h}\sum_{k=h}^{\infty} a(k)=\infty. \tag{4.48}$$

根据假设 4.5、假设 4.6 可得

$$\begin{aligned}\sup_{m\geqslant 0}\frac{a(mh)}{c(m)}&=\sup_{m\geqslant 0}\frac{a(mh)}{a(mh+h)}\frac{a(mh+h)}{c(m)}\\&\leqslant \sup_{m\geqslant 0}\frac{a(mh)}{a(mh+h)}\frac{a(mh+h)}{\min\left\{a(mh+h),\dfrac{1}{C_1}a(mh+h)\right\}}<\infty,\end{aligned}$$

由上式和假设 4.6 可得

$$\lim_{m\to\infty}\frac{b^2(mh)}{c(m)}=\lim_{m\to\infty}\frac{b^2(mh)}{a(mh)}\frac{a(mh)}{c(m)}=0. \tag{4.49}$$

那么, $c(m)$ 满足 $b^2(mh)=o(c(m)), \sum_{m=0}^{\infty} c(m)=\infty$. 根据定理 4.1 可知结论成立. ■

注释 4.5 定理 4.1 中的条件 (b.1) 和定理 4.2 中的条件 (c.1) 是保证收敛的关键条件. 我们称之为“随机时空持续激励”条件, 其中“空”强调该条件对所有节点 (而不是单个节点) 的观测矩阵和通信图的依赖, “时”是指拉普拉斯矩阵和观测矩阵在固定长度区间序列上 (不是一个时刻) 的求和, “持续激励”是指由空间和时间维度上的观测矩阵和拉普拉斯矩阵组成的矩阵的最小特征值在某种意义下具有一致的正下界. 文献 [96] 考虑了带有随机观测矩阵的集中式参数估计算法, 提出了算法收敛的“随机持续激励”条件. 条件 (c.1) 可以看作文献 [96] 中“随机持续激励”条件在分布式估计算法上的推广. 对于一个具有 N 个孤立节点的网络, $\mathcal{L}_{\mathcal{G}(k)}\equiv \mathbf{0}_{N\times N}$ a.s.. 此时, 条件 (c.1) 退化为 N 个独立的“随机持续激励”条件.

在大多数现有文献中, 还要求观测矩阵序列独立同分布且独立于通信图序列, 这在定理 4.1 和定理 4.2 中都是不需要的. 接下来, 针对马尔可夫切换的网络图和观测矩阵, 我们给出更加直观的收敛条件. 记节点 i 的观测矩阵的状态空间为 $\{H_{i,l}\in\mathbb{R}^{n_i\times n}, l=1,2,\cdots\}$ 且 $\mathcal{H}_l=\mathrm{diag}(H_{1,l},\cdots,H_{N,l})$. 记 $\overline{\mathcal{S}}=\{\langle\mathcal{H}_l,\mathcal{A}_l\rangle, l=1,2,\cdots\}$, 其中 $\mathcal{A}_l$ 的定义与 3.4 节的定义相同. 我们作如下假设.

假设 4.8 $\{\langle\mathcal{H}(k),\mathcal{A}_{\mathcal{G}(k)}\rangle, k\geqslant 0\}\subseteq\overline{\mathcal{S}}$ 是一致遍历且具有唯一平稳分布 π 的齐次马尔可夫链.

这里, $\pi=[\pi_1,\pi_2,\cdots]^{\mathrm{T}}$, $\pi_l\geqslant 0$, $l=1,2,\cdots$, $\sum_{l=1}^{\infty}\pi_l=1$, 其中 π_l 表示 $\pi(\langle\mathcal{H}_l,\mathcal{A}_l\rangle)$, 一致遍历马尔可夫链的定义见定义 2.1.

推论 4.1 如果假设 4.1、假设 4.2、假设 4.5—假设 4.7 和假设 4.8 成立, $\sup_{l\geqslant 1}\|\mathcal{A}_l\|<\infty$, $\sup_{l\geqslant 1}\|\mathcal{H}_l\|<\infty$, 且

(d.1) 平稳加权邻接矩阵 $\sum_{l=1}^{\infty}\pi_l\mathcal{A}_l$ 非负, 对应的有向图平衡且含有一棵生成树;

(d.2) 量测模型 (4.1) 时空联合能观, 即

$$\lambda_{\min}\left(\sum_{i=1}^{N}\left(\sum_{l=1}^{\infty}\pi_l H_{i,l}^{\mathrm{T}}H_{i,l}\right)\right)>0, \tag{4.50}$$

则算法 (4.7) 均方且几乎必然收敛.

证明 根据假设 4.8、一致遍历马尔可夫链的定义以及 $\mathcal{A}_{\mathcal{G}(k)}$ 和 $\mathcal{L}_{\mathcal{G}(k)}$ 的一一对应关系, 可知 $\mathcal{L}_{\mathcal{G}(k)}$ 是一致遍历且具有唯一平稳分布 π 的齐次马尔可夫链. 根据 Λ_m^h 的定义以及 $\mathcal{L}_l$ 和 $\widehat{\mathcal{L}}_l$ 的定义可得

$$\begin{aligned}\Lambda_m^h&=\lambda_{\min}\left[\sum_{k=mh}^{(m+1)h-1}E[\widehat{\mathcal{L}}_{\mathcal{G}(k)}\otimes I_n+\mathcal{H}^{\mathrm{T}}(k)\mathcal{H}(k)|\mathcal{F}(mh-1)]\right]\\&=\lambda_{\min}\left[\sum_{k=mh}^{(m+1)h-1}E[\widehat{\mathcal{L}}_{\mathcal{G}(k)}\otimes I_n+\mathcal{H}^{\mathrm{T}}(k)\mathcal{H}(k)|\langle\widehat{\mathcal{L}}_{\mathcal{G}(mh-1)},\mathcal{H}(mh-1)\rangle=S_0]\right]\\&=\lambda_{\min}\left[\sum_{k=1}^{h}\sum_{l=1}^{\infty}(\widehat{\mathcal{L}}_l\otimes I_n+\mathcal{H}_l^{\mathrm{T}}\mathcal{H}_l)\mathbb{P}^k(S_0,\langle\widehat{\mathcal{L}}_l,\mathcal{H}_l\rangle)\right],\\&\quad\forall\ S_0\in\mathcal{S},\quad\forall\ m\geqslant 0,\quad h\geqslant 1.\end{aligned}\tag{4.51}$$

注意到 $\{\widehat{\mathcal{L}}_{\mathcal{G}(k)},k\geqslant 0\}$ 和 $\{\mathcal{H}(k),k\geqslant 0\}$ 的一致遍历性以及平稳分布 π 的唯一性, 根据 $\sup_{l\geqslant 1}\|\mathcal{L}_l\|<\infty$, $\sup_{l\geqslant 1}\|\mathcal{H}_l\|<\infty$, 我们有

$$\begin{aligned}&\left\|\frac{\sum_{k=1}^{h}\sum_{l=1}^{\infty}(\widehat{\mathcal{L}}_l\otimes I_n+\mathcal{H}_l^{\mathrm{T}}\mathcal{H}_l)\mathbb{P}^k(S_0,\langle\widehat{\mathcal{L}}_l,\mathcal{H}_l\rangle)}{h}-\sum_{l=1}^{\infty}\pi_l(\widehat{\mathcal{L}}_l\otimes I_n+\mathcal{H}_l^{\mathrm{T}}\mathcal{H}_l)\right\|\\=&\left\|\frac{\sum_{k=1}^{h}\sum_{l=1}^{\infty}[(\widehat{\mathcal{L}}_l\otimes I_n+\mathcal{H}_l^{\mathrm{T}}\mathcal{H}_l)\mathbb{P}^k(S_0,\langle\widehat{\mathcal{L}}_l,\mathcal{H}_l\rangle)]}{h}\right.\\&\left.-\frac{\sum_{k=1}^{h}\sum_{l=1}^{\infty}[\pi_l(\widehat{\mathcal{L}}_l\otimes I_n+\mathcal{H}_l^{\mathrm{T}}\mathcal{H}_l)]}{h}\right\|\\=&\left\|\frac{1}{h}\sum_{k=1}^{h}\sum_{l=1}^{\infty}[(\widehat{\mathcal{L}}_l\otimes I_n+\mathcal{H}_l^{\mathrm{T}}\mathcal{H}_l)(\mathbb{P}^k(S_0,\langle\widehat{\mathcal{L}}_l,\mathcal{H}_l\rangle)-\pi_l)]\right\|\end{aligned}$$

$$\leqslant \sup_{l\geqslant 1}\|\widehat{\mathcal{L}}_l\otimes I_n+\mathcal{H}_l^{\mathrm{T}}\mathcal{H}_l\|\frac{\sum_{k=1}^{h}Rr^{-k}}{h}\to 0,\quad h\to\infty,$$

其中 R 和 r 为正常数且 $r>1$. 根据一致收敛的定义可知, 当 $h\to\infty$ 时,

$$\frac{1}{h}\left[\sum_{k=mh}^{(m+1)h-1}E[\widehat{\mathcal{L}}_{\mathcal{G}(k)}\otimes I_n+\mathcal{H}^{\mathrm{T}}(k)\mathcal{H}(k)|\mathcal{F}(mh-1)]\right]$$

关于 m 和样本路径一致地收敛到 $\sum_{l=1}^{\infty}\pi_l(\widehat{\mathcal{L}}_l\otimes I_n+\mathcal{H}_l^{\mathrm{T}}\mathcal{H}_l)$ a.s..

根据条件 (d.1) 和条件 (d.2), 我们有 $\lambda_{\min}\left(\sum_{l=1}^{\infty}\pi_l(\widehat{\mathcal{L}}_l\otimes I_n+\mathcal{H}_l^{\mathrm{T}}\mathcal{H}_l)\right)>0$. 首先验证这一点. 对于任意给定的 $x\in\mathbb{R}^{Nn}$, $x\neq\mathbf{0}_{Nn}$, 令 $x=[x_1^{\mathrm{T}},\cdots,x_N^{\mathrm{T}}]^{\mathrm{T}}$, $x_i\in\mathbb{R}^n$.

(i) 如果 $x=\mathbf{1}_N\otimes a$, $\exists\, a\in\mathbb{R}^n$ 且 $a\neq\mathbf{0}_n$, 即 $x_1=x_2=\cdots=x_N=a$, 那么根据条件 (d.2), 有 $x^{\mathrm{T}}\left(\sum_{l=1}^{\infty}\pi_l(\widehat{\mathcal{L}}_l\otimes I_n+\mathcal{H}_l^{\mathrm{T}}\mathcal{H}_l)\right)x=a^{\mathrm{T}}\left[\sum_{i=1}^{N}\sum_{l=1}^{\infty}(\pi_l H_{i,l}^{\mathrm{T}}H_{i,l})\right]a>0$.

(ii) 否则, 一定存在 $i\neq j$ 使得 $x_i\neq x_j$. 根据条件 (d.1), 可知 $\sum_{l=1}^{\infty}\pi_l\widehat{\mathcal{L}}_l$ 是一个连通图的拉普拉斯矩阵. 那么根据引理 2.1 可得 $x^{\mathrm{T}}\left(\sum_{l=1}^{\infty}\pi_l(\widehat{\mathcal{L}}_l\otimes I_n+\mathcal{H}_l^{\mathrm{T}}\mathcal{H}_l)\right)\cdot x\geqslant x^{\mathrm{T}}\left(\sum_{l=1}^{\infty}\pi_l\widehat{\mathcal{L}}_l\otimes I_n\right)x>0$. 结合 (i) 和 (ii), 我们有 $\lambda_{\min}\left(\sum_{l=1}^{\infty}\pi_l(\widehat{\mathcal{L}}_l\otimes I_n+\mathcal{H}_l^{\mathrm{T}}\mathcal{H}_l)\right)>0$. 因为以矩阵为自变量的函数 $\lambda_{\min}(\cdot)$ 是连续函数, 因此对于任意给定的常数 $\mu\in\left(0,2\lambda_{\min}\left(\sum_{l=1}^{\infty}\pi_l(\widehat{\mathcal{L}}_l\otimes I_n+\mathcal{H}_l^{\mathrm{T}}\mathcal{H}_l)\right)\right)$, 存在常数 $\delta>0$ 使得对于任意给定的矩阵 $\mathcal{L}$, 我们有: 若 $\left\|L-\sum_{l=1}^{\infty}\pi_l(\widehat{\mathcal{L}}_l\otimes I_n+\mathcal{H}_l^{\mathrm{T}}\mathcal{H}_l)\right\|\leqslant\delta$, 则 $|\lambda_{\min}(L)-\lambda_{\min}(\sum_{l=1}^{\infty}\pi_l(\widehat{\mathcal{L}}_l\otimes I_n+\mathcal{H}_l^{\mathrm{T}}\mathcal{H}_l))|\leqslant\frac{\mu}{2}$. 因为收敛是一致的, 所以存在整数 $h_0>0$ 使得

$$\sup_{m\geqslant 0}\left\|\frac{1}{h}\sum_{k=mh}^{(m+1)h-1}E[\widehat{\mathcal{L}}_{\mathcal{G}(k)}\otimes I_n+\mathcal{H}^{\mathrm{T}}(k)\mathcal{H}(k)|\mathcal{F}(mh-1)]\right.$$
$$\left.-\sum_{l=1}^{\infty}\pi_l(\widehat{\mathcal{L}}_l\otimes I_n+\mathcal{H}_l^{\mathrm{T}}\mathcal{H}_l)\right\|\leqslant\delta,\quad h\geqslant h_0\quad\text{a.s.},$$

从而

$$\sup_{m\geqslant 0}\left|\frac{1}{h}\Lambda_m^h-\lambda_{\min}\left(\sum_{l=1}^{\infty}\pi_l(\widehat{\mathcal{L}}_l\otimes I_n+\mathcal{H}_l^{\mathrm{T}}\mathcal{H}_l)\right)\right|\leqslant\frac{\mu}{2},\quad h\geqslant h_0\quad\text{a.s..}$$

因此可得

$$\begin{aligned}\inf_{m\geqslant 0}\Lambda_m^h &\geqslant \left[\lambda_{\min}\left(\sum_{l=1}^{\infty}\pi_l(\widehat{\mathcal{L}}_l\otimes I_n+\mathcal{H}_l^{\mathrm{T}}\mathcal{H}_l)\right)-\frac{\mu}{2}\right]h \\ &\geqslant \left[\lambda_{\min}\left(\sum_{l=1}^{\infty}\pi_l(\widehat{\mathcal{L}}_l\otimes I_n+\mathcal{H}_l^{\mathrm{T}}\mathcal{H}_l)\right)-\frac{\mu}{2}\right]h_0 \\ &> 0 \quad \text{a.s..}\end{aligned}$$

那么根据定理 4.2 可知结论成立. ■

注释 4.6 已有的分布式估计算法大都用到观测矩阵的数学期望, 并且要求该观测矩阵的期望恒定[133,296]. 而在实际中, 该期望值往往很难得到. 同时, 它们也要求量测模型在统计意义下瞬时全局能观, 即矩阵 $\sum_{i=1}^{N}\overline{H}_i^{\mathrm{T}}\overline{H}_i$ 是正定的, 其中 $\overline{H}_i$ 是时不变的矩阵, 定义为 $E[H_i(k)]\equiv\overline{H}_i$, $k\geqslant 0$, $i=1,2,\cdots,N$. 与之相反, 我们在算法 (4.7) 中仅仅运用观测矩阵的样本路径, 允许观测矩阵的数学期望随时间变化. 对于一致遍历的齐次马尔可夫切换的观测矩阵和网络图, 我们证明了如果平稳图平衡且含有一棵生成树, 以及量测模型时空联合能观, 即 (4.50) 式成立, 那么 "随机时空持续激励" 条件成立. 这里, 量测模型时空联合能观不要求每个节点局部能观, 即 $\lambda_{\min}\left(\sum_{l=1}^{\infty}\pi_l H_{i,l}^{\mathrm{T}}H_{i,l}\right)>0$, $i\in\mathcal{V}$, 也不要求整个量测模型瞬时全局能观, 即 $\lambda_{\min}\left(\sum_{i=1}^{N}H_{i,l}^{\mathrm{T}}H_{i,l}\right)>0, l=1,2,\cdots$.

4.5 存在时变随机通信延时的情形

在这一节, 我们分析带有时变随机的观测矩阵、网络图和通信延时的分布式参数估计算法 (4.7) 的收敛性.

4.5.1 等价系统和基本引理

在给出收敛性分析之前, 首先给出系统 (4.11) 的一个等价的无延时系统以及建立收敛性结论所需要的一个基本引理.

时变随机通信延时的存在使得算法的均方收敛性分析变得非常困难. 将 (4.11) 式转化为如下的等价系统[157,159].

$$\begin{aligned} r(k+1) &= F(k)r(k)+g(k), \\ g(k) &= \sum_{q=1}^{d}C_q(k)g(k-q)+a(k)\mathcal{H}^{\mathrm{T}}(k)v(k), \quad k\geqslant 0, \end{aligned} \tag{4.52}$$

这里, $F(k)$ 和 $C_q(k), 1 \leqslant q \leqslant d, k \geqslant 0$, 分别满足

$$
\begin{aligned}
&F(k)+C_1(k)=I_{Nn}-b(k)\mathcal{D}_{\mathcal{G}(k)}\otimes I_n-a(k)\mathcal{H}^{\mathrm{T}}(k)\mathcal{H}(k)+b(k)\overline{A}(k,0),\\
&C_1(k)F(k-1)-C_2(k)=-b(k)\overline{A}(k,1),\\
&C_2(k)F(k-2)-C_3(k)=-b(k)\overline{A}(k,2),\\
&\qquad\qquad\cdots\\
&C_{d-1}(k)F(k-d+1)-C_d(k)=-b(k)\overline{A}(k,d-1),\\
&C_d(k)F(k-d)=-b(k)\overline{A}(k,d),
\end{aligned}\tag{4.53}
$$

其中 $F(k)=I_{Nn}$, $-d \leqslant k \leqslant -1$. 可以验证, 若 $r(k)=e(k)$, $-d \leqslant k \leqslant -1$, 则 $r(k)=e(k)$, $\forall\, k \geqslant 0$, 即系统 (4.11) 和系统 (4.52)、(4.53) 等价.

记

$$
f_{C_1,\beta_a,\beta_H,N,d}(\psi)=\frac{\psi}{N\beta_a+C_1\beta_H^2+N\beta_a[(1-\psi)^{-(d+1)}-1]/[(1-\psi)^{-1}-1]},
$$
$$
d\geqslant 1,\quad \psi\in(0,1),
$$

其中 $C_1 \triangleq \sup_{k\geqslant 0}\dfrac{a(k)}{b(k)}$. 对共识增益作如下假设.

假设 4.9　初始共识增益满足 $b(0) \leqslant \max_{0<\psi<1} f_{C_1,\beta_a,\beta_H,N,d}(\psi)$.

可以验证, 若假设 4.4 和假设 4.5 成立, 则 $\max_{0<\psi<1} f_{C_1,\beta_a,\beta_H,N,d}(\psi)$ 存在. 图 4.1 刻画了函数 $f_{1,1,1,N,d}(\cdot)$ 在 d 和 N 取不同值时的曲线.

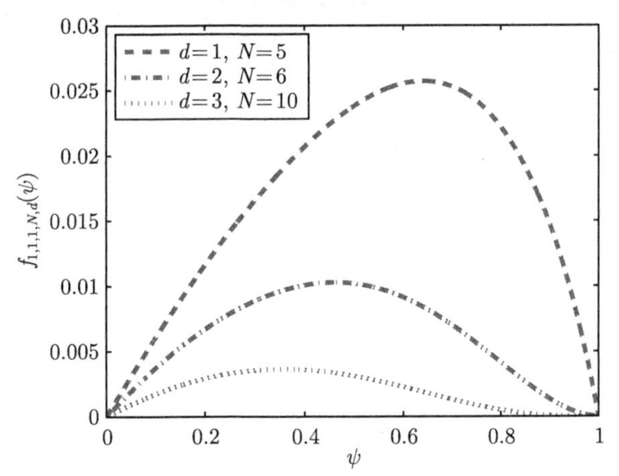

图 4.1　不同 N, d 值下函数 $f_{1,1,1,N,d}(\psi)$ 随 ψ 变化的曲线

以下引理 4.2 是时变随机延时情形下算法收敛性分析的基础.

引理 4.2 若假设 4.4、假设 4.5 和假设 4.9 成立, 则 $F(k)$ 可逆 a.s. 且 $\|F^{-1}(k)\| \leqslant (1-\psi_1)^{-1}$ a.s., $k \geqslant 0$, 其中 $\psi_1 = \min\{\psi \in (0,1) | b(0) \leqslant f_{C_1,\beta_a,\beta_H,N,d}(\psi)\}$.

注意, 对于满足假设 4.9 的任意 $b(0)$, 集合 $\{\psi \in (0,1) | b(0) \leqslant f_{C_1,\beta_a,\beta_H,N,d}(\psi)\}$ 是非空的, 并且根据函数 $f_{C_1,\beta_a,\beta_H,N,d}(\psi)$ 的连续性, 可知该集合是有界闭集. 因此, 上述引理中的 ψ_1 存在.

引理 4.2 的证明需要如下引理.

引理 4.3[301] 对于任意矩阵 $P \in \mathbb{R}^{n\times n}$, 记 $W = I_n - P$. 若存在 $\psi \in (0,1)$ 使得 $\|P\| \leqslant \psi$, 则 W 可逆且 $\|W^{-1}\| \leqslant (1-\|P\|)^{-1} \leqslant (1-\psi)^{-1}$.

引理 4.2 的证明 我们采用数学归纳法证明. 根据 (4.55) 式和 (4.6) 式, 注意到 $F(k) = I_{Nn}, -d \leqslant k \leqslant -1$, 我们有

$$
\begin{aligned}
F(0) &= I_{Nn} - [b(0)\mathcal{D}_{\mathcal{G}(0)} \otimes I_n + a(0)\mathcal{H}^{\mathrm{T}}(0)\mathcal{H}(0) - b(0)\sum_{q=0}^{d}\overline{A}(0,q)] \\
&= I_{Nn} - [b(0)\mathcal{D}_{\mathcal{G}(0)} \otimes I_n + a(0)\mathcal{H}^{\mathrm{T}}(0)\mathcal{H}(0) - b(0)\mathcal{A}_{\mathcal{G}(0)} \otimes I_n].
\end{aligned}
$$

注意到, 在假设 4.9 下, 由 $f_{C_1,\beta_a,\beta_H,N,d}(\psi)$ 的连续性可知集合 $\{\psi \in (0,1) | b(0) \leqslant f_{C_1,\beta_a,\beta_H,N,d}(\psi)\}$ 为非空有界闭集. 因此 ψ_1 存在. 那么根据 ψ_1 的定义可得

$$
b(0)\left[N\beta_a + C_1\beta_H^2 + N\beta_a\frac{(1-\psi_1)^{-(d+1)}-1}{(1-\psi_1)^{-1}-1}\right] \leqslant \psi_1. \tag{4.54}
$$

根据上式、假设 4.4 和假设 4.5 可得

$$
\begin{aligned}
\|G(0)\| &= \|b(0)\mathcal{D}_{\mathcal{G}(0)} \otimes I_n + a(0)\mathcal{H}^{\mathrm{T}}(0)\mathcal{H}(0) - b(0)\mathcal{A}_{\mathcal{G}(0)} \otimes I_n\| \\
&\leqslant b(0)\sup_{k\geqslant 0}\|\mathcal{D}_{\mathcal{G}(k)}\| + a(0)\sup_{k\geqslant 0}\|\mathcal{H}^{\mathrm{T}}(k)\mathcal{H}(k)\| + b(0)\sup_{k\geqslant 0}\|\mathcal{A}_{\mathcal{G}(k)}\| \\
&\leqslant b(0)[2N\beta_a + C_1\beta_H^2] \\
&\leqslant b(0)\left[N\beta_a + C_1\beta_H^2 + N\beta_a\frac{(1-\psi_1)^{-(d+1)}-1}{(1-\psi_1)^{-1}-1}\right] \\
&\leqslant \psi_1 \quad \text{a.s.}.
\end{aligned}
$$

结合上式以及引理 4.3, 注意到 $\psi_1 \in (0,1)$, 可知 $F(0)$ 可逆 a.s. 且 $\|F^{-1}(0)\| \leqslant (1-\psi_1)^{-1}$ a.s..

假定 $F(k)$ 可逆 a.s. 且 $\|F^{-1}(k)\| < (1-\psi_1)^{-1}$ a.s., $k = 0,1,2,\cdots$. 结合 (4.54) 式、假设 4.4 和假设 4.5 可得

$$
\|G(k+1)\| = \Big\|b(k+1)\mathcal{D}_{\mathcal{G}(k+1)} \otimes I_n + a(k+1)\mathcal{H}^{\mathrm{T}}(k+1)\mathcal{H}(k+1)
$$

$$
\begin{aligned}
&-b(k+1)\sum_{q=0}^{d}\overline{A}(k+1,q)[\Phi_F(k,k-q+1)]^{-1}\Bigg\| \\
&\leqslant b(k+1)[N\beta_a+C_1\beta_H^2]+b(k+1)N\beta_a\sum_{q=0}^{d}(1-\psi_1)^{-q} \text{ a.s.} \\
&\leqslant b(0)[N\beta_a+C_1\beta_H^2+N\beta_a[(1-\psi_1)^{-(d+1)}-1]/[(1-\psi_1)^{-1}-1]] \\
&\leqslant \psi_1.
\end{aligned}
$$

根据引理 4.3, 可知 $F(k+1)$ 可逆 a.s. 且 $\|F^{-1}(k+1)\|\leqslant(1-\psi_1)^{-1}$ a.s.. 根据数学归纳法可知结论成立. 引理证毕. ■

如果假设 4.4、假设 4.5 和假设 4.9 成立, 那么由引理 4.2 可知 $F(k)$ 可逆 a.s., $k\geqslant 0$. 则根据 (4.53) 式可得

$$
\begin{aligned}
F(k)&=I_{Nn}-b(k)\mathcal{D}_{\mathcal{G}(k)}\otimes I_n-a(k)\mathcal{H}^{\mathrm{T}}(k)\mathcal{H}(k)+b(k)\overline{A}(k,0)-C_1(k) \\
&=I_{Nn}-b(k)\mathcal{D}_{\mathcal{G}(k)}\otimes I_n-a(k)\mathcal{H}^{\mathrm{T}}(k)\mathcal{H}(k) \\
&\quad+b(k)\overline{A}(k,0)-(C_2(k)-b(k)\overline{A}(k,1))F^{-1}(k-1) \\
&=\cdots \\
&=I_{Nn}-G(k),\quad k\geqslant 0,
\end{aligned}
\tag{4.55}
$$

其中

$$
\begin{aligned}
G(k)\triangleq{}& b(k)\mathcal{D}_{\mathcal{G}(k)}\otimes I_n+a(k)\mathcal{H}^{\mathrm{T}}(k)\mathcal{H}(k) \\
&-b(k)\sum_{q=0}^{d}\overline{A}(k,q)\big[\Phi_F(k-1,k-q)\big]^{-1}.
\end{aligned}
\tag{4.56}
$$

4.5.2 主要结果

现在, 我们给出带延时情形的收敛性结论. 对于任给的正整数 h,m, 记

$$
\begin{aligned}
\widetilde{\Lambda}_m^h=\lambda_{\min}\Bigg[&\sum_{k=mh}^{(m+1)h-1}\Big(b(k)E[\widehat{\mathcal{L}}_{\mathcal{G}(k)}|\mathcal{F}(mh-1)]\otimes I_n \\
&+a(k)E[\mathcal{H}^{\mathrm{T}}(k)\mathcal{H}(k)|\mathcal{F}(mh-1)]-\frac{b(k)}{2}\sum_{q=0}^{d}E\Big[\overline{A}(k,q)[[\Phi_F(k-1,k-q)]^{-1} \\
&-I_{Nn}]+[[\Phi_F(k-1,k-q)]^{-1}-I_{Nn}]^{\mathrm{T}}\overline{A}^{\mathrm{T}}(k,q)\Big|\mathcal{F}(mh-1)\Big]\Big)\Bigg].
\end{aligned}
\tag{4.57}
$$

我们有如下定理.

定理 4.3　若假设 4.1、假设 4.2、假设 4.4、假设 4.5 和假设 4.9 成立且存在正整数 h 和正实序列 $\{c(m), m \geqslant 0\}$ 使得

$$\widetilde{\Lambda}_m^h \geqslant c(m) \quad \text{a.s.}, \quad m \geqslant 0, \tag{4.58}$$

其中 $c(m)$ 满足

$$b^2(mh) = o(c(m)), \quad \sum_{m=0}^{\infty} c(m) = \infty,$$

则算法 (4.7) 均方收敛.

定理 4.3 的证明需要如下引理.

引理 4.4　若假设 4.4、假设 4.5 和假设 4.9 成立, 且存在正整数 h 以及正实序列 $\{c(m), m \geqslant 0\}$ 使得 $\widetilde{\Lambda}_m^h \geqslant c(m)$ a.s., 其中 $c(m)$ 满足

$$b^2(mh) = o(c(m)) \text{ 且 } \sum_{m=0}^{\infty} c(m) = \infty, \tag{4.59}$$

则

$$\lim_{k\to\infty} \left\| E(\Phi_F(k,0)\Phi_F^{\mathrm{T}}(k,0)) \right\| = 0.$$

证明　根据假设 4.4、假设 4.5 和假设 4.9 可知引理 4.2 成立. 因此, $F(k)$ 可逆 a.s., 而且 (4.55) 式成立. 类似于引理 4.1 证明中的 (4.18)—(4.21) 式, 可知存在正整数 m_1' 使得

$$\begin{aligned}
&\|E[\Phi_F((m+1)h-1,mh)\Phi_F^{\mathrm{T}}((m+1)h-1,mh)|\mathcal{F}(mh-1)]\| \\
&= 1 - \lambda_{\min}\left(\sum_{k=mh}^{(m+1)h-1} E[G(k)+G^{\mathrm{T}}(k)|\mathcal{F}(mh-1)]\right) \\
&\quad + \left\|E[\overline{M}_2(m)+\cdots+\overline{M}_{2h}(m)|\mathcal{F}(mh-1)]\right\|, \quad \forall\, m \geqslant m_1' \quad \text{a.s.},
\end{aligned} \tag{4.60}$$

其中, $\overline{M}_i(m), i=2,\cdots,2h$ 的定义类似于 (4.19).

根据 (4.56) 式、(4.57) 式以及 $\widetilde{\Lambda}_m^h \geqslant c(m)$ a.s., 我们有

$$\begin{aligned}
&1 - \lambda_{\min}\left(\sum_{k=mh}^{(m+1)h-1} E[G(k)+G^{\mathrm{T}}(k)|\mathcal{F}(mh-1)]\right) \\
&= 1 - \lambda_{\min}\left(\sum_{k=mh}^{(m+1)h-1} E\Big[2b(k)\mathcal{D}_{\mathcal{G}(k)}\otimes I_n + 2a(k)\mathcal{H}^{\mathrm{T}}(k)\mathcal{H}(k)\right.
\end{aligned}$$

$$- b(k)\sum_{q=0}^{d}[\overline{A}(k,q)[\Phi_F(k-1,k-q)]^{-1}$$

$$+ (\overline{A}(k,q)[\Phi_F(k-1,k-q)]^{-1})^{\mathrm{T}}]\Big|\mathcal{F}(mh-1)\Big]\Bigg)$$

$$= 1 - \lambda_{\min}\Bigg(\sum_{k=mh}^{(m+1)h-1} E\Big[2b(k)\widehat{\mathcal{L}}_{\mathcal{G}(k)} \otimes I_n + 2a(k)\mathcal{H}^{\mathrm{T}}(k)\mathcal{H}(k)$$

$$- b(k)\sum_{q=0}^{d}[\overline{A}(k,q)[[\Phi_F(k-1,k-q)]^{-1} - I_{Nn}]$$

$$+ (\overline{A}(k,q)[[\Phi_F(k-1,k-q)]^{-1} - I_{Nn}])^{\mathrm{T}}]\Big|\mathcal{F}(mh-1)\Big]\Bigg)$$

$$= 1 - 2\widetilde{\Lambda}_m^h \leqslant 1 - c(m) \quad \text{a.s..} \tag{4.61}$$

由 (4.56) 式、假设 4.4、假设 4.5 和引理 4.2 可得

$$\|G(k)\| \leqslant b(k)\|\mathcal{D}_{\mathcal{G}(k)} \otimes I_n\| + a(k)\|\mathcal{H}^{\mathrm{T}}(k)\mathcal{H}(k)\|$$

$$+b(k)\left\|\sum_{q=0}^{d}\overline{A}(k,q)[\Phi_F(k-1,k-q)]^{-1}\right\|$$

$$\leqslant b(k)\left(N\beta_a + C_1\beta_H^2 + N\beta_a\frac{1-(1-\psi_1)^{-(d+1)}}{1-(1-\psi_1)^{-1}}\right) \quad \text{a.s.,} \quad k \geqslant 0.$$

结合上式及 $\overline{M}_i(m), i = 2, \cdots, 2h$ 的定义可得

$$\|\overline{M}_i(m)\| \leqslant b^2(mh)\mathbb{C}_{2h}^i\left(N\beta_a + C_1\beta_H^2 + N\beta_a\frac{1-(1-\psi_1)^{-(d+1)}}{1-(1-\psi_1)^{-1}}\right)^i \quad \text{a.s.,}$$

因此

$$\|E[\overline{M}_2(m) + \cdots + \overline{M}_{2h}(m)|\mathcal{F}(mh-1)]\|$$

$$\leqslant b^2(mh)\sum_{i=2}^{2h}\mathbb{C}_{2h}^i\left(N\beta_a + C_1\beta_H^2 + N\beta_a\frac{1-(1-\psi_1)^{-(d+1)}}{1-(1-\psi_1)^{-1}}\right)^i$$

$$= b^2(mh)\gamma \quad \text{a.s.,} \tag{4.62}$$

其中 $\gamma = \left(\left(N\beta_a + C_1\beta_H^2 + N\beta_a\frac{1-(1-\psi_1)^{-(d+1)}}{1-(1-\psi_1)^{-1}}\right) + 1\right)^{2h} - 1 - 2h\Big(N\beta_a +$

$C_1\beta_H^2+N\beta_a\dfrac{1-(1-\psi_1)^{-(d+1)}}{1-(1-\psi_1)^{-1}}\Bigg)$. 根据 (4.60)—(4.62) 式可得

$$
\begin{aligned}
&\|E[\Phi_F((m+1)h-1,mh)\Phi_F^{\mathrm{T}}((m+1)h-1,mh)|\mathcal{F}(mh-1)]\| \\
&\leqslant 1-c(m)+b^2(mh)\gamma \quad \text{a.s.}, \quad m\geqslant m_1'.
\end{aligned}
\tag{4.63}
$$

由 (4.55) 式和假设 4.4 可知存在正常数 $\overline{\eta}$ 使得

$$
\|F(k)\|\leqslant\overline{\eta} \quad \text{a.s.}, \quad k\geqslant 0. \tag{4.64}
$$

记 $m_k=\left\lfloor\dfrac{k}{h}\right\rfloor$. 由 (4.64) 式和引理 2.10, 我们有

$$
\begin{aligned}
&\|E[\Phi_F(k,0)\Phi_F^{\mathrm{T}}(k,0)]\| \\
\leqslant\ & Nn\|E[\Phi_F^{\mathrm{T}}(k,0)\Phi_F(k,0)]\| \\
=\ & Nn\|E[\Phi_F^{\mathrm{T}}(m_kh-1,0)\Phi_F^{\mathrm{T}}(k,m_kh)\Phi_F(k,m_kh)\Phi_F(m_kh-1,0)]\| \\
\leqslant\ & Nn\|E[\Phi_F^{\mathrm{T}}(m_kh-1,0)\|\Phi_F(k,m_kh)\|^2\Phi_F(m_kh-1,0)]\| \\
\leqslant\ & \overline{\eta}^{2h}Nn\|E[\Phi_F^{\mathrm{T}}(m_kh-1,0)\Phi_F(m_kh-1,0)]\| \\
=\ & \overline{\eta}^{2h}Nn\|E[\Phi_F^{\mathrm{T}}(m_1'h-1,0)\Phi_F^{\mathrm{T}}(m_kh-1,m_1'h) \\
& \times\Phi_F(m_kh-1,m_1'h)\Phi_F(m_1'h-1,0)]\| \\
\leqslant\ & \overline{\eta}^{2h}Nn\|E[\|\Phi_F(m_1'h-1,0)\|^2\Phi_F^{\mathrm{T}}(m_kh-1,m_1'h)\Phi_F(m_kh-1,m_1'h)]\| \\
\leqslant\ & \overline{\eta}^{2(h+m_1'h)}Nn\|E[\Phi_F^{\mathrm{T}}(m_kh-1,m_1'h)\Phi_F(m_kh-1,m_1'h)]\| \quad \text{a.s..}
\end{aligned}
\tag{4.65}
$$

根据条件期望的性质以及 (4.63) 式可得

$$
\begin{aligned}
&\|E[\Phi_F^{\mathrm{T}}(m_kh-1,m_1'h)\Phi_F(m_kh-1,m_1'h)]\| \\
=\ & \|E[\Phi_F^{\mathrm{T}}((m_k-1)h-1,m_1'h)\Phi_F^{\mathrm{T}}(m_kh-1,(m_k-1)h) \\
& \times\Phi_F(m_kh-1,(m_k-1)h)\Phi_F((m_k-1)h-1,m_1'h)]\| \\
=\ & \|E[E[\Phi_F^{\mathrm{T}}((m_k-1)h-1,m_1'h)\Phi_F^{\mathrm{T}}(m_kh-1,(m_k-1)h) \\
& \times\Phi_F(m_kh-1,(m_k-1)h)\Phi_F((m_k-1)h-1,m_1'h)|\mathcal{F}((m_k-1)h-1)]]\| \\
\leqslant\ & \|E[\Phi_F^{\mathrm{T}}((m_k-1)h-1,m_1'h)\|E[\Phi_F^{\mathrm{T}}(m_kh-1,(m_k-1)h) \\
& \times\Phi_F(m_kh-1,(m_k-1)h)|\mathcal{F}((m_k-1)h-1)]\|\Phi_F((m_k-1)h-1,m_1'h)]\| \\
\leqslant\ & [1-c(m_k-1)+b^2((m_k-1)h)\gamma]\|E[\Phi_F^{\mathrm{T}}((m_k-1)h-1,m_1'h) \\
& \times\Phi_F((m_k-1)h-1,m_1'h)]\|
\end{aligned}
$$

$$\leqslant \prod_{s=m_1'}^{m_k-1}[1-c(s)+b^2(sh)\gamma] \quad \text{a.s..} \tag{4.66}$$

结合 (4.65) 式和 (4.66) 式可得

$$\|E[\Phi_F(k,0)\Phi_F^{\mathrm{T}}(k,0)]\| \leqslant Nn\overline{\eta}^{2(h+m_1'h)} \prod_{s=m_1'}^{m_k-1}[1-c(s)+b^2(sh)\gamma] \quad \text{a.s..}$$

类似于引理 4.1 证明过程中的 (4.30)—(4.32) 式, 由假设 4.5、(4.59) 式以及上式可得 $\lim_{k\to\infty}\|E[\Phi_F(k,0)\Phi_F^{\mathrm{T}}(k,0)]\|=0$. 引理证毕. ■

定理 4.3 的证明 根据定理的条件, 可知引理 4.2 和引理 4.4 成立. 记 $\overline{r}(k)=[r^{\mathrm{T}}(k),g^{\mathrm{T}}(k),\cdots,g^{\mathrm{T}}(k-d+1)]^{\mathrm{T}}, \widehat{I}=[\mathbf{0}_{Nn\times Nn},\widetilde{I}]^{\mathrm{T}}, \widetilde{I}=[I_{Nn},\mathbf{0}_{Nn\times Nn},\cdots,\mathbf{0}_{Nn\times Nn}]$, 其中 $\widehat{I}$ 和 $\widetilde{I}$ 分别是 $Nn(d+1)$ 维列分块矩阵和 Nnd 维行分块矩阵并且每个子块为 Nn 维矩阵. 记

$$T(k)=\begin{pmatrix} F(k) & \widetilde{I} \\ \mathbf{0}_{Nnd\times Nn} & C(k) \end{pmatrix},$$

那么

$$\Phi_T(k,0)=\begin{pmatrix} \Phi_F(k,0) & \sum_{i=0}^{k}\Phi_F(k,i+1)\widetilde{I}\Phi_C(i-1,0) \\ \mathbf{0}_{Nnd\times Nn} & \Phi_C(k,0) \end{pmatrix}.$$

记

$$C(k)=\begin{pmatrix} C_1(k+1) & C_2(k+1) & \cdots & C_d(k+1) \\ I_{Nn} & \mathbf{0}_{Nn\times Nn} & & \\ & \ddots & \ddots & \\ & & I_{Nn} & \mathbf{0}_{Nnd\times Nn} \end{pmatrix}. \tag{4.67}$$

通过状态扩维方法以及 (4.52) 式可得

$$\begin{aligned} \overline{r}(k+1) &= T(k)\overline{r}(k)+a(k+1)\widehat{I}\mathcal{H}^{\mathrm{T}}(k+1)v(k+1) \\ &= \Phi_T(k,0)\overline{r}(0)+\sum_{i=1}^{k+1}a(i)\Phi_T(k,i)\widehat{I}\mathcal{H}^{\mathrm{T}}(i)v(i), \quad k\geqslant 0. \end{aligned}$$

在上式等号两边同时左乘 $Nn(d+1)$ 维行分块矩阵 $\overline{I} \triangleq [I_{Nn}, \mathbf{0}_{Nn\times Nn}, \cdots, \mathbf{0}_{Nn\times Nn}]$ 可得

$$r(k+1) = \overline{I}\Phi_T(k,0)\overline{r}(0) + \sum_{i=1}^{k+1} a(i)\overline{I}\Phi_T(k,i)\widehat{I}\mathcal{H}^{\mathrm{T}}(i)v(i),$$

根据上式进一步可得

$$\begin{aligned}
&E[r(k+1)r^{\mathrm{T}}(k+1)]\\
=&E[\overline{I}\Phi_T(k,0)\overline{r}(0)\overline{r}^{\mathrm{T}}(0)\Phi_T^{\mathrm{T}}(k,0)\overline{I}^{\mathrm{T}}]\\
&+E\left[\overline{I}\Phi_T(k,0)\overline{r}(0)\left(\sum_{i=1}^{k+1} a(i)v^{\mathrm{T}}(i)\mathcal{H}(i)\widehat{I}^{\mathrm{T}}\Phi_T^{\mathrm{T}}(k,i)\overline{I}^{\mathrm{T}}\right)\right]\\
&+E\left[\left(\sum_{i=1}^{k+1} a(i)\overline{I}\Phi_T(k,i)\widehat{I}\mathcal{H}^{\mathrm{T}}(i)v(i)\right)\overline{r}^{\mathrm{T}}(0)\Phi_T^{\mathrm{T}}(k,0)\overline{I}^{\mathrm{T}}\right]\\
&+E\left[\left[\sum_{i=1}^{k+1} a(i)\overline{I}\Phi_T(k,i)\widehat{I}\mathcal{H}^{\mathrm{T}}(i)v(i)\right]\right.\\
&\left.\times\left[\sum_{i=1}^{k+1} a(i)[\overline{I}\Phi_T(k,i)\widehat{I}\mathcal{H}^{\mathrm{T}}(i)v(i)]^{\mathrm{T}}\right]\right].
\end{aligned} \tag{4.68}$$

由假设 4.1 和假设 4.2 可知上式等号右边第二、三项为零.

由 (4.35) 式可得

$$\begin{aligned}
&E\left[\left[\sum_{i=1}^{k+1} a(i)\overline{I}\Phi_T(k,i)\widehat{I}\mathcal{H}^{\mathrm{T}}(i)v(i)\right]\left[\sum_{i=1}^{k+1} a(i)[\overline{I}\Phi_T(k,i)\widehat{I}\mathcal{H}^{\mathrm{T}}(i)v(i)]^{\mathrm{T}}\right]\right]\\
=&\sum_{i=1}^{k+1} a^2(i)E[\overline{I}\Phi_T(k,i)\widehat{I}\mathcal{H}^{\mathrm{T}}(i)v(i)v^{\mathrm{T}}(i)\mathcal{H}(i)\widehat{I}^{\mathrm{T}}\Phi_T^{\mathrm{T}}(k,i)\overline{I}^{\mathrm{T}}].
\end{aligned}$$

将上式代入 (4.68) 式, 然后对 (4.68) 式两边取 2-范数, 根据假设 4.1、假设 4.2 和假设 4.4 可得

$$\begin{aligned}
&\|E[r(k+1)r^{\mathrm{T}}(k+1)]\|\\
\leqslant& r_0\|E[\overline{I}\Phi_T(k,0)\Phi_T^{\mathrm{T}}(k,0)\overline{I}^{\mathrm{T}}]\| + \left\|\sum_{i=1}^{k+1} a^2(i)E[\overline{I}\Phi_T(k,i)\widehat{I}\mathcal{H}^{\mathrm{T}}(i)v(i)\right.\\
&\left.\times v^{\mathrm{T}}(i)\mathcal{H}(i)\widehat{I}^{\mathrm{T}}\Phi_T^{\mathrm{T}}(k,i)\overline{I}^{\mathrm{T}}]\right\|
\end{aligned}$$

$$
\begin{aligned}
&= r_0\|E[\overline{I}\Phi_T(k,0)\Phi_T^{\mathrm{T}}(k,0)\overline{I}^{\mathrm{T}}]\| + \left\|\sum_{i=1}^{k+1} a^2(i)E[\overline{I}\Phi_T(k,i)\widehat{I}\mathcal{H}^{\mathrm{T}}(i)\right. \\
&\quad \left. \times E(v(i)v^{\mathrm{T}}(i))\mathcal{H}(i)\widehat{I}^{\mathrm{T}}\Phi_T^{\mathrm{T}}(k,i)\overline{I}^{\mathrm{T}}]\right\| \\
&\leqslant r_0\|E[\overline{I}\Phi_T(k,0)\Phi_T^{\mathrm{T}}(k,0)\overline{I}^{\mathrm{T}}]\| + \sup_{k\geqslant 0}\|E[v(k)v^{\mathrm{T}}(k)]\| \\
&\quad \times \left\|\sum_{i=1}^{k+1} a^2(i)E[\overline{I}\Phi_T(k,i)\widehat{I}\mathcal{H}^{\mathrm{T}}(i)\mathcal{H}(i)\widehat{I}^{\mathrm{T}}\Phi_T^{\mathrm{T}}(k,i)\overline{I}^{\mathrm{T}}]\right\| \\
&\leqslant r_0\|E[\overline{I}\Phi_T(k,0)\Phi_T^{\mathrm{T}}(k,0)\overline{I}^{\mathrm{T}}]\| + \beta_H^2\beta_v\left\|\sum_{i=1}^{k+1} a^2(i)E[\overline{I}\Phi_T(k,i)\widehat{I}\widehat{I}^{\mathrm{T}}\Phi_T^{\mathrm{T}}(k,i)\overline{I}^{\mathrm{T}}]\right\| \\
&\leqslant r_0\|E[\overline{I}\Phi_T(k,0)\Phi_T^{\mathrm{T}}(k,0)\overline{I}^{\mathrm{T}}]\| \\
&\quad + \beta_H^2\beta_v\sum_{i=1}^{k+1} a^2(i)\|E[\overline{I}\Phi_T(k,i)\Phi_T^{\mathrm{T}}(k,i)\overline{I}^{\mathrm{T}}]\|,
\end{aligned}
\tag{4.69}
$$

其中 $r_0 = \|\overline{r}(0)\overline{r}^{\mathrm{T}}(0)\|$. 根据 $\Phi_T(k,0)$ 和 $\overline{I}$ 的定义可得

$$
\overline{I}\Phi_T(k,0) = \left(\Phi_F(k,0)\sum_{i=0}^{k}\Phi_F(k,i+1)\widetilde{I}\Phi_C(i-1,0)\right).
$$

将上式代入 (4.69) 式可得

$$
\begin{aligned}
&\|E[r(k+1)r^{\mathrm{T}}(k+1)]\| \\
&\leqslant r_0\|E[\Phi_F(k,0)\Phi_F^{\mathrm{T}}(k,0)]\| + \beta_H^2\beta_v\sum_{i=1}^{k+1} a^2(i)\|E[\Phi_F(k,i)\Phi_F^{\mathrm{T}}(k,i)]\| \\
&\quad + r_0\left\|E\left[\left\{\sum_{i=0}^{k}\Phi_F(k,i+1)\widetilde{I}\Phi_C(i-1,0)\right\}\right.\right. \\
&\quad \left.\left.\times\left\{\sum_{i=0}^{k}\Phi_C^{\mathrm{T}}(i-1,0)\widetilde{I}^{\mathrm{T}}\Phi_F^{\mathrm{T}}(k,i+1)\right\}\right]\right\| + \beta_H^2\beta_v \\
&\quad \times\sum_{i=1}^{k+1} a^2(i)\left\|E\left[\left\{\sum_{j=i}^{k}\Phi_F(k,j+1)\widetilde{I}\Phi_C(j-1,i)\right\}\right.\right. \\
&\quad \left.\left.\times\left\{\sum_{j=i}^{k}\Phi_F(k,j+1)\widetilde{I}\Phi_C(j-1,i)\right\}^{\mathrm{T}}\right]\right\|.
\end{aligned}
\tag{4.70}
$$

根据引理 4.4 可知上式不等号右边第一项趋于零.

根据 (4.64) 式以及引理 4.4 中 m_k 的定义可得

$$
\begin{aligned}
&\sum_{i=1}^{k-3h} a^2(i)\|E[\Phi_F(k,i)\Phi_F^{\mathrm{T}}(k,i)]\| \\
=&\sum_{i=0}^{k-3h-1} a^2(i+1)\|E[\Phi_F(k,i+1)\Phi_F^{\mathrm{T}}(k,i+1)]\| \\
=&\sum_{i=0}^{k-3h-1} a^2(i+1)\|E[\Phi_F(k,m_kh)\Phi_F(m_kh-1,\widetilde{m}_{i+1}h)\Phi_F(\widetilde{m}_{i+1}h-1,i+1) \\
&\times \Phi_F^{\mathrm{T}}(\widetilde{m}_{i+1}h-1,i+1)\Phi_F^{\mathrm{T}}(m_kh-1,\widetilde{m}_{i+1}h)\Phi_F^{\mathrm{T}}(k,m_kh)]\| \\
\leqslant&\,\overline{\eta}^{2h}\sum_{i=0}^{k-3h-1} a^2(i+1)\|E[\Phi_F(k,m_kh)\Phi_F(m_kh-1,\widetilde{m}_{i+1}h) \\
&\times \Phi_F^{\mathrm{T}}(m_kh-1,\widetilde{m}_{i+1}h)\Phi_F^{\mathrm{T}}(k,m_kh)]\| \\
\leqslant&\,\overline{\eta}^{4h}\sum_{i=0}^{k-3h-1} a^2(i+1)\|E[\Phi_F(m_kh-1,\widetilde{m}_{i+1}h)\Phi_F^{\mathrm{T}}(m_kh-1,\widetilde{m}_{i+1}h)]\|,
\end{aligned}
$$

其中 $\widetilde{m}_i$ 的定义见 (4.37) 式. 由上式、(4.66) 式及引理 2.10 可得

$$
\begin{aligned}
&\sum_{i=1}^{k+1} a^2(i)\|E[\Phi_F(k,i)\Phi_F^{\mathrm{T}}(k,i)]\| \\
\leqslant&\,\overline{\eta}^{4h}\sum_{i=0}^{k-3h-1} a^2(i+1)\|E[\Phi_F(m_kh-1,\widetilde{m}_{i+1}h)\Phi_F^{\mathrm{T}}(m_kh-1,\widetilde{m}_{i+1}h)]\| \\
&+\sum_{i=k-3h}^{k} a^2(i+1)\|E[\Phi_F(k,i+1)\Phi_F^{\mathrm{T}}(k,i+1)]\| \\
\leqslant&\, Nn\overline{\eta}^{4h}\sum_{i=0}^{k-3h-1} a^2(i+1)\|E[\Phi_F^{\mathrm{T}}(m_kh-1,\widetilde{m}_{i+1}h)\Phi_F(m_kh-1,\widetilde{m}_{i+1}h)]\| \\
&+\sum_{i=k-3h}^{k} a^2(i+1)\|E[\Phi_F(k,i+1)\Phi_F^{\mathrm{T}}(k,i+1)]\| \\
\leqslant&\, Nn\overline{\eta}^{4h}\sum_{i=0}^{k-3h-1} a^2(i+1)\prod_{s=\widetilde{m}_{i+1}}^{m_k-1}[1-c(s)+b^2(sh)\gamma]
\end{aligned}
$$

$$+\sum_{i=k-3h}^{k}a^2(i+1)\|E[\Phi_F(k,i+1)\Phi_F^{\mathrm{T}}(k,i+1)]\|.$$

类似于定理 4.1 证明中的 (4.39)—(4.41) 式, 我们有

$$\lim_{k\to\infty}\sum_{i=1}^{k+1}a^2(i)\|E[\Phi_F(k,i)\Phi_F^{\mathrm{T}}(k,i)]\|=0. \tag{4.71}$$

因此, (4.70) 式中右边第二项趋于零.

由 (4.53) 式和 (4.55) 式可得

$$C_i(k)=-b(k)\sum_{q=i}^{d}\overline{A}(k,q)[\Phi_F(k-1,k-q)]^{-1},\quad 1\leqslant i\leqslant d.$$

由假设 4.4 和假设 4.5, 可知存在常数 $\epsilon\in\left(0,\dfrac{1-\psi_1}{\sqrt{Nnd}}\right)$ 及正整数 $k(\epsilon)$, 其中 ψ_1 如引理 4.2 中定义, 使得对于 $\forall\, k\geqslant k(\epsilon)$, $\|C_i(k)\|_\infty\leqslant\dfrac{\epsilon(\epsilon-1)}{\epsilon-\epsilon^{1-d}}$ a.s., $1\leqslant i\leqslant d$, 其中 $\|\cdot\|_\infty$ 代表矩阵无穷范数. 记

$$Y=\begin{cases}\mathrm{diag}\{I_{Nn},\epsilon I_{Nn},\epsilon^2 I_{Nn},\cdots,\epsilon^{d-1}I_{Nn}\}, & d>1,\\ I_{Nn}, & d=1.\end{cases}$$

那么由 (4.67) 式可得

$$YC(k)Y^{-1}=\begin{pmatrix}C_1(k+1) & \epsilon^{-1}C_2(k+1) & \cdots & \epsilon^{1-d}C_d(k+1)\\ \epsilon I_{Nn} & \mathbf{0}_{Nn\times Nn} & & \\ & \ddots & \ddots & \\ & & \epsilon I_{Nn} & \mathbf{0}_{Nn\times Nn}\end{pmatrix}.$$

从而我们有

$$\begin{aligned}\|YC(k)Y^{-1}\|_\infty&\leqslant\max\left\{\sum_{i=1}^{d}\epsilon^{1-i}\|C_i(k+1)\|_\infty,\epsilon\right\}\\&\leqslant\max\left\{\frac{\epsilon(\epsilon-1)}{\epsilon-\epsilon^{1-d}}\frac{\epsilon-\epsilon^{1-d}}{\epsilon-1},\epsilon\right\}=\epsilon\quad\text{a.s.}.\end{aligned}$$

由矩阵无穷范数与 2-范数间的关系可知

$$\|YC(k)Y^{-1}\| \leqslant \sqrt{Nnd}\|YC(k)Y^{-1}\|_\infty \leqslant \epsilon\sqrt{Nnd} < 1-\psi_1 \quad \text{a.s.}. \tag{4.72}$$

由于 $F(k)$ 可逆 a.s., 因此

$$\begin{aligned}
&\left\|E\left[\left\{\sum_{i=0}^{k}\Phi_F(k,i+1)\widetilde{I}\Phi_C(i-1,0)\right\}\left\{\sum_{i=0}^{k}\Phi_F(k,i+1)\widetilde{I}\Phi_C(i-1,0)\right\}^{\mathrm{T}}\right]\right\|\\
\leqslant&\sum_{0\leqslant i,j\leqslant k}\|E[\Phi_F(k,i+1)\widetilde{I}\Phi_C(i-1,0)\Phi_C^{\mathrm{T}}(j-1,0)\widetilde{I}^{\mathrm{T}}\Phi_F^{\mathrm{T}}(k,j+1)]\|\\
\leqslant&\sum_{0\leqslant i,j\leqslant k}\|E[\Phi_F(k,0)[\Phi_F(i,0)]^{-1}\widetilde{I}\Phi_C(i-1,0)\Phi_C^{\mathrm{T}}(j-1,0)\widetilde{I}^{\mathrm{T}}\\
&\times[\Phi_F(j,0)]^{-\mathrm{T}}\Phi_F^{\mathrm{T}}(k,0)]\|\\
\leqslant&\sum_{0\leqslant i,j\leqslant k}\Big\|E[\Phi_F(k,0)\|[\Phi_F(i,0)]^{-1}\|\|\widetilde{I}\Phi_C(i-1,0)\Phi_C^{\mathrm{T}}(j-1,0)\widetilde{I}^{\mathrm{T}}\|\\
&\times\|[\Phi_F(j,0)]^{-\mathrm{T}}\|\Phi_F^{\mathrm{T}}(k,0)]\Big\|.
\end{aligned} \tag{4.73}$$

根据引理 4.2 可得

$$\|[\Phi_F(i,0)]^{-1}\| \leqslant (1-\psi_1)^{-(i+1)}, \quad \|[\Phi_F(j,0)]^{-\mathrm{T}}\| \leqslant (1-\psi_1)^{-(j+1)} \quad \text{a.s.}. \tag{4.74}$$

由 (4.72) 式我们有

$$\begin{aligned}
&\|\widetilde{I}\Phi_C(i-1,0)\Phi_C^{\mathrm{T}}(j-1,0)\widetilde{I}^{\mathrm{T}}\|\\
\leqslant&\|\Phi_C(i-1,0)\|\|\Phi_C(j-1,0)\|\\
=&\|Y^{-1}\Phi_{YCY^{-1}}(i-1,0)Y\|\|Y^{-1}\Phi_{YCY^{-1}}(j-1,0)Y\|\\
\leqslant&(\epsilon\sqrt{Nnd})^{i+j-2} \quad \text{a.s.},
\end{aligned} \tag{4.75}$$

根据上式、(4.73) 式和 (4.74) 式可得

$$\begin{aligned}
&\left\|E\left[\left\{\sum_{i=0}^{k}\Phi_F(k,i+1)\widetilde{I}\Phi_C(i-1,0)\right\}\left\{\sum_{i=0}^{k}\Phi_F(k,i+1)\widetilde{I}\Phi_C(i-1,0)\right\}^{\mathrm{T}}\right]\right\|\\
\leqslant&(1-\psi_1)^{-2}\|E[\Phi_F(k,0)\Phi_F^{\mathrm{T}}(k,0)]\|\sum_{0\leqslant i,j\leqslant k}((1-\psi_1)^{-1}\epsilon\sqrt{Nnd})^{i+j} \quad \text{a.s.}.
\end{aligned}$$

注意到 $(1-\psi_1)^{-1}\epsilon\sqrt{Nnd}<1$, 我们有 $\sum_{0\leqslant i,j<\infty}((1-\psi_1)^{-1}\epsilon\sqrt{Nnd})^{i+j}<\infty$. 因此, 根据引理 4.4 可得

$$\lim_{k\to\infty}\left\|E\left[\left\{\sum_{i=0}^{k}\Phi_F(k,i+1)\widetilde{I}\Phi_C(i-1,0)\right\}\right.\right.$$
$$\left.\left.\times\left\{\sum_{i=0}^{k}\Phi_F(k,i+1)\widetilde{I}\Phi_C(i-1,0)\right\}^{\mathrm{T}}\right]\right\|=0.$$

因此, (4.70) 式中右边第三项趋于零.

根据 (4.74) 式、(4.75) 式, 类似于 (4.73) 式我们有

$$\sum_{i=1}^{k+1}a^2(i)\left\|E\left[\left\{\sum_{j=i}^{k}\Phi_F(k,j+1)\widetilde{I}\Phi_C(j-1,i)\right\}\right.\right.$$
$$\left.\left.\times\left\{\sum_{j=i}^{k}\Phi_F(k,j+1)\widetilde{I}\Phi_C(j-1,i)\right\}^{\mathrm{T}}\right]\right\|$$
$$=\sum_{i=1}^{k+1}a^2(i)\left\|\sum_{i\leqslant j_1,j_2\leqslant k}E[\Phi_F(k,j_1+1)\widetilde{I}\Phi_C(j_1-1,i)\Phi_C^{\mathrm{T}}(j_2-1,i)\widetilde{I}^{\mathrm{T}}\right.$$
$$\left.\times\Phi_F^{\mathrm{T}}(k,j_2+1)]\right\|$$
$$=\sum_{i=1}^{k+1}a^2(i)\left\|\sum_{i\leqslant j_1,j_2\leqslant k}E[\Phi_F(k,i)(\Phi_F(j_1,i))^{-1}\widetilde{I}\Phi_C(j_1-1,i)\right.$$
$$\left.\times\Phi_C^{\mathrm{T}}(j_2-1,i)\widetilde{I}^{\mathrm{T}}(\Phi_F^{\mathrm{T}}(j_2,i))^{-1}\Phi_F^{\mathrm{T}}(k,i)]\right\|$$
$$\leqslant\sum_{i=1}^{k+1}a^2(i)\left\|\sum_{i\leqslant j_1,j_2\leqslant k}E[\Phi_F(k,i)\|(\Phi_F(j_1,i))^{-1}\widetilde{I}\Phi_C(j_1-1,i)\right.$$
$$\left.\times\Phi_C^{\mathrm{T}}(j_2-1,i)\widetilde{I}^{\mathrm{T}}(\Phi_F^{\mathrm{T}}(j_2,i))^{-1}\|\Phi_F^{\mathrm{T}}(k,i)]\right\|$$
$$\leqslant\sum_{i=1}^{k+1}a^2(i)\|E[\Phi_F(k,i)\Phi_F^{\mathrm{T}}(k,i)]\|$$
$$\times\sum_{i\leqslant j_1,j_2\leqslant k}(1-\psi_1)^{-(j_1+j_2-2i+6)}(\epsilon\sqrt{Nnd})^{j_1+j_2-2i}$$

$$
\begin{aligned}
&\leqslant (1-\psi_1)^{-6}\sum_{i=1}^{k+1} a^2(i)\|E[\Phi_F(k,i)\Phi_F^{\mathrm{T}}(k,i)]\| \\
&\quad \times \sum_{i\leqslant j_1,j_2\leqslant k}((1-\psi_1)^{-1}\epsilon\sqrt{Nnd})^{(j_1+j_2-2i)} \\
&= (1-\psi_1)^{-6}\sum_{i=1}^{k+1} a^2(i)\|E[\Phi_F(k,i)\Phi_F^{\mathrm{T}}(k,i)]\|\left[\frac{1-((1-\psi_1)^{-1}\epsilon\sqrt{Nnd})^{k-i+1}}{1-(1-\psi_1)^{-1}\epsilon\sqrt{Nnd}}\right]^2 \\
&\leqslant \frac{(1-\psi_1)^{-6}}{[1-(1-\psi_1)^{-1}\epsilon\sqrt{Nnd}]^2}\sum_{i=1}^{k+1} a^2(i)\|E[\Phi_F(k,i)\Phi_F^{\mathrm{T}}(k,i)]\| \quad \text{a.s..}
\end{aligned}
$$

根据 (4.71) 式可知上式趋于零.

至此, 我们已经证明了 (4.70) 式中右边四项都趋于零. 所以 $\lim_{k\to\infty}\|E(r(k+1)r^{\mathrm{T}}(k+1))\|=0$, 又因为 $E\|r(k)\|^2=E[\mathrm{Tr}(r(k)r^{\mathrm{T}}(k))]=\mathrm{Tr}[E(r(k)r^{\mathrm{T}}(k))]$ 以及 $r(k)$ 等价于 $e(k)$, 那么 $\lim_{k\to\infty}E\|e(k)\|^2=0$. 定理证毕. ■

如果 $\{\langle\mathcal{H}(k),\mathcal{A}_{\mathcal{G}(k)},\lambda_{ji}(k),j,i\in\mathcal{V}\rangle,k\geqslant 0\}$ 是一个独立随机过程, 那么以下推论 4.2 给出了定理 4.3 中条件 $\widetilde{\Lambda}_m^h\geqslant c(m)$ a.s. 的一个更加直观且更容易计算的充分条件.

推论 4.2 若假设 4.1、假设 4.2、假设 4.4 和假设 4.5 成立, $\{\langle\mathcal{H}(k),\mathcal{A}_{\mathcal{G}(k)},\lambda_{ji}(k),j,i\in\mathcal{V}\rangle,k\geqslant 0\}$ 是一个独立随机过程, 且 $b(0)\leqslant f_{C_1,\beta_a,\beta_H,N,d}(\psi_2)$, 其中 $\psi_2\in(0,2^{\frac{1}{d}}-1)$, 且存在正整数 h 和正实序列 $\{c(m),m\geqslant 0\}$ 使得

$$
\overline{\Lambda}_m^h-\sum_{k=mh}^{(m+1)h-1}\left[b(k)\sum_{q=0}^{d}\frac{\|E[\overline{A}(k,q)]\|[(1+\psi_2)^q-1]}{2-(1+\psi_2)^q}\right]\geqslant c(m),\quad m\geqslant 0, \tag{4.76}
$$

其中 $c(m)$ 满足 $b^2(mh)=o(c(m)),\sum_{m=0}^{\infty}c(m)=\infty$, 则算法 (4.7) 均方收敛.

证明 沿着引理 4.2 的证明路线, 可以验证当 $b(0)\leqslant f_{C_1,\beta_a,\beta_H,N,d}(\psi_2)$ 且假设 4.4 和假设 4.5 成立时, $F(k)$ 可逆 a.s. 且 $\|G(k)\|\leqslant\psi_2$ a.s., $\forall\ k\geqslant 0$.

注意到 $\mathcal{F}(mh-1)\subseteq\mathcal{F}(k-1),k\geqslant mh$, 根据条件期望的性质可得

$$
\begin{aligned}
&E[\overline{A}(k,q)[[\Phi_F(k-1,k-q)]^{-1}-I_{Nn}]|\mathcal{F}(mh-1)] \\
&=E[E[\overline{A}(k,q)[[\Phi_F(k-1,k-q)]^{-1}-I_{Nn}]|\mathcal{F}(k-1)]|\mathcal{F}(mh-1)] \\
&=E[E[\overline{A}(k,q)|\mathcal{F}(k-1)][[\Phi_F(k-1,k-q)]^{-1}-I_{Nn}]|\mathcal{F}(mh-1)].
\end{aligned} \tag{4.77}
$$

因为 $\{\langle\mathcal{H}(k),\mathcal{A}_{\mathcal{G}(k)},\lambda_{ji}(k),j,i\in\mathcal{V}\rangle,k\geqslant 0\}$ 是独立过程, 由假设 4.1 可知 $\overline{A}(k,q)$ 独立于 $\mathcal{F}(k-1),q=0,\cdots,d$. 那么根据 (4.77) 式可得

$$
E[\overline{A}(k,q)[[\Phi_F(k-1,k-q)]^{-1}-I_{Nn}]|\mathcal{F}(mh-1)]
$$

$$
\begin{aligned}
&= E[E[\overline{A}(k,q)][[\Phi_F(k-1,k-q)]^{-1} - I_{Nn}]|\mathcal{F}(mh-1)] \\
&= E[\overline{A}(k,q)]E[[[\Phi_F(k-1,k-q)]^{-1} - I_{Nn}]|\mathcal{F}(mh-1)], \\
&\quad k = mh, \cdots, (m+1)h-1, \quad q = 0, \cdots, d.
\end{aligned} \tag{4.78}
$$

令 $\overline{G}_q(k) = I_{Nn} - \Phi_F(k-1,k-q), q = 0, \cdots, d$. 那么 $\Phi_F(k-1,k-q) = I - \overline{G}_q(k)$. 注意到 $\|G(k)\| \leqslant \psi_2 < 2^{\frac{1}{d}} - 1$, 通过二项展开可得

$$
\|\overline{G}_q(k)\| = \|I_{Nn} - (I_{Nn} - G(k-1)) \cdots (I_{Nn} - G(k-q))\| \leqslant [(1+\psi_2)^q - 1] < 1.
$$

因此 $[\Phi_F(k-1,k-q)]^{-1} = (I_{Nn} - \overline{G}_q(k))^{-1} = \sum_{i=0}^{\infty} \overline{G}_q^i(k)$. 从而我们有 $[\Phi_F(k-1,k-q)]^{-1} - I_{Nn} = \sum_{i=1}^{\infty} \overline{G}_q^i(k)$. 那么

$$
\begin{aligned}
\|[\Phi_F(k-1,k-q)]^{-1} - I_{Nn}\| &\leqslant \left\| \sum_{i=1}^{\infty} \overline{G}_q^i(k) \right\| \leqslant \sum_{i=1}^{\infty} [(1+\psi_2)^q - 1]^i \\
&= \frac{(1+\psi_2)^q - 1}{2 - (1+\psi_2)^q}, \quad q = 0, \cdots, d \quad \text{a.s..}
\end{aligned} \tag{4.79}
$$

注意到, 对于任意对称矩阵 $B \in \mathbb{R}^{n \times n}$, $B \geqslant \lambda_{\min}(B) I_n$, $B \leqslant \|B\| I_n$, 以及对于任意矩阵 $B \in \mathbb{R}^{n \times n}$, $\|B\| = \|B^{\mathrm{T}}\|$, 由 $\overline{\Lambda}_m^h$ 的定义可得

$$
\begin{aligned}
&\sum_{k=mh}^{(m+1)h-1} \Bigg(b(k) E[\widehat{\mathcal{L}}_{\mathcal{G}(k)}] \otimes I_n + a(k) E[\mathcal{H}^{\mathrm{T}}(k)\mathcal{H}(k)] \\
&- \frac{b(k)}{2} \Bigg[\sum_{q=0}^{d} E[\overline{A}(k,q)] E[[[\Phi_F(k-1,k-q)]^{-1} - I_{Nn}]|\mathcal{F}(mh-1)] \\
&+ \sum_{q=0}^{d} E[[[\Phi_F(k-1,k-q)]^{-1} - I_{Nn}]|\mathcal{F}(mh-1)]^{\mathrm{T}} E[\overline{A}^{\mathrm{T}}(k,q)] \Bigg] \Bigg) \\
&\geqslant \overline{\Lambda}_m^h I_{Nn} - \Bigg\| \sum_{k=mh}^{(m+1)h-1} b(k) \sum_{q=0}^{d} E[\overline{A}(k,q)] E[[\Phi_F(k-1,k-q)]^{-1} \\
&- I_{Nn}|\mathcal{F}(mh-1)] \Bigg\| I_{Nn}.
\end{aligned} \tag{4.80}
$$

由上式、(4.78) 式、(4.79) 式以及 $\widetilde{\Lambda}_m^h$ 的定义可得

$$
\widetilde{\Lambda}_m^h \geqslant \overline{\Lambda}_m^h - \Bigg\| \sum_{k=mh}^{(m+1)h-1} b(k) \sum_{q=0}^{d} E[\overline{A}(k,q)] E[[\Phi_F(k-1,k-q)]^{-1}
$$

$$-I_{Nn}|\mathcal{F}(mh-1)]\Bigg\|$$

$$\geqslant \overline{\Lambda}_m^h - \sum_{k=mh}^{(m+1)h-1} b(k)\sum_{q=0}^{d}\|E[\overline{A}(k,q)]\|\frac{(1+\psi_2)^q-1}{2-(1+\psi_2)^q}\geqslant c(m),$$

其中最后不等式由条件 (4.76) 可推出. 因此, $\widetilde{\Lambda}_m^h \geqslant c(m)$. 根据定理 4.3 和推论条件可知结论成立. 推论证毕. ■

接下来, 针对条件平衡的有向图, 以下推论给出了更加直观的收敛条件.

推论 4.3 若假设 4.1、假设 4.2、假设 4.4、假设 4.5、假设 4.6 和假设 4.9 成立, 且 $\{\mathcal{G}(k), k\geqslant 0\}\in\Gamma_1$, 且 $b(k)=O(a(k))$, 并且存在正整数 h 和常数 $\theta>0$ 使得

$$\inf_{m\geqslant 0}(\Lambda_m^h-\Sigma_m^h)\geqslant\theta \quad \text{a.s.}, \tag{4.81}$$

其中

$$\Sigma_m^h = C_2(C_3)^h\max\{1,C_1\}\sum_{k=mh}^{(m+1)h-1}\sum_{q=0}^{d}\|E[\overline{A}(k,q)([\Phi_F(k-1,k-q)]^{-1}$$

$$-I_{Nn})|\mathcal{F}(mh-1)]\|,$$

$C_2\triangleq\sup_{k\geqslant 0}\dfrac{b(k)}{a(k)}$, $C_3\triangleq\sup_{k\geqslant 0}\dfrac{a(k)}{a(k+1)}$, 则算法 (4.7) 均方收敛. 进一步, 若 $\{\langle\mathcal{H}(k),\mathcal{A}_{\mathcal{G}(k)},\lambda_{ji}(k),j,i\in\mathcal{V}\rangle,k\geqslant 0\}$ 是独立过程, 并且存在正整数 h 使得

$$\inf_{m\geqslant 0}\Lambda_m^h > C_2(C_3)^h\max\{1,C_1\}$$

$$\times\sup_{m\geqslant 0}\left[\sum_{k=mh}^{(m+1)h-1}\sum_{q=0}^{d}\left(\|E[\overline{A}(k,q)]\|\frac{[(1+\psi_2)^q-1]}{2-(1+\psi_2)^q}\right)\right], \tag{4.82}$$

$b(0)\leqslant f_{C_1,\beta_a,\beta_H,N,d}(\psi_2)$, 其中 $\psi_2\in(0,2^{\frac{1}{d}}-1)$, C_1 如假设 4.9 中定义, 则 (4.81) 式成立.

证明 我们首先证明推论第一部分. 令 $c(m)=\min\{a((m+1)h),b((m+1)h)\}$. 由 $\{\mathcal{G}(k),k\geqslant 0\}\in\Gamma_1$ 可知 $E[\widehat{\mathcal{L}}_{\mathcal{G}(k)}|\mathcal{F}(mh-1)]$ 是半正定矩阵, $k\geqslant mh$. 那么根据 $\overline{\Lambda}_m^h$ 和 Λ_m^h 的定义可知

$$\overline{\Lambda}_m^h\geqslant c(m)\Lambda_m^h. \tag{4.83}$$

因此, 根据 C_2 和 C_3 的定义, 并注意到 $c(m) \geqslant \min\{1, 1/C_1\}a((m+1)h)$, 可得

$$b(mh) \leqslant C_2 a(mh) \leqslant C_2(C_3)^h a((m+1)h) \leqslant C_2(C_3)^h \max\{1, C_1\}c(m). \quad (4.84)$$

根据 $\widetilde{\Lambda}_m^h$ 和 Σ_m^h 的定义、(4.83) 式和 (4.84) 式, 类似于 (4.81) 式, 可得

$$\begin{aligned}
\widetilde{\Lambda}_m^h \geqslant & \overline{\Lambda}_m^h - \sum_{k=mh}^{(m+1)h-1} b(k) \left(\sum_{q=0}^{d} \| E[\overline{A}(k,q)([\Phi_F(k-1,k-q)]^{-1} \right. \\
& \left. - I_{Nn}) | \mathcal{F}(mh-1)] \| \right) \\
\geqslant & \overline{\Lambda}_m^h - b(mh) \sum_{k=mh}^{(m+1)h-1} \left(\sum_{q=0}^{d} \| E[\overline{A}(k,q)([\Phi_F(k-1,k-q)]^{-1} \right. \\
& \left. - I_{Nn}) | \mathcal{F}(mh-1)] \| \right) \\
\geqslant & c(m)\Lambda_m^h - c(m)\Sigma_m^h \geqslant c(m)\theta \quad \text{a.s.},
\end{aligned}$$

其中, 根据条件 (4.81) 可知 $\theta > 0$. 根据假设 4.5 和假设 4.6, 类似于 (4.48) 式和 (4.49) 式, 可得 $\sum_{m=0}^{\infty} c(m) = \infty, b^2(mh) = o(c(m))$. 那么根据定理 4.3, 可知算法 (4.7) 均方收敛.

接下来, 我们证明推论第二部分. 因为 $\{\langle \mathcal{H}(k), \mathcal{A}_{\mathcal{G}(k)}, \lambda_{ji}(k), j, i \in \mathcal{V} \rangle, k \geqslant 0\}$ 是独立过程, 根据 (4.78) 式和 (4.79) 式可得

$$\begin{aligned}
& \| E[\overline{A}(k,q)[[\Phi_F(k-1,k-q)]^{-1} - I_{Nn}] | \mathcal{F}(mh-1)] \| \\
= & \| E[\overline{A}(k,q)] E[[[\Phi_F(k-1,k-q)]^{-1} - I_{Nn}] | \mathcal{F}(mh-1)] \| \\
\leqslant & \| E[\overline{A}(k,q)] \| \frac{(1+\psi_2)^q - 1}{2 - (1+\psi_2)^q}, \quad q = 0, \cdots, d.
\end{aligned}$$

根据 Σ_m^h 的定义可得

$$\Sigma_m^h \leqslant C_2(C_3)^h \max\{1, C_1\} \sup_{m \geqslant 0} \sum_{k=mh}^{(m+1)h-1} \left(\sum_{q=0}^{d} \| E[\overline{A}(k,q)] \| \frac{(1+\psi_2)^q - 1}{2 - (1+\psi_2)^q} \right).$$

根据上式和推论条件 (4.82) 可知 $\inf_{m \geqslant 0}(\Lambda_m^h - \Sigma_m^h) \geqslant \theta$, 其中

$$\theta \triangleq \inf_{m \geqslant 0} \Lambda_m^h - C_2(C_3)^h \max\{1, C_1\}$$

$$\times \sup_{m\geqslant 0}\sum_{k=mh}^{(m+1)h-1}\left(\sum_{q=0}^{d}\|E[\overline{A}(k,q)]\|\frac{(1+\psi_2)^q-1}{2-(1+\psi_2)^q}\right)>0.$$

推论证毕. ■

注释 4.7　定理 4.3 和推论 4.2、推论 4.3 给出了使得所有节点的局部估计均方收敛到真实参数的显式收敛条件. 已有文献运用 Lyapunov-Krasovskii 泛函方法来处理通信延时, 得到了非显式的矩阵不等式 (LMI) 型收敛条件[174]. 不同地, 这里借助于辅助系统把带有时变随机通信延时的系统转化为等价的无延时系统, 然后采用随机概率矩阵连乘积的分段二项展开方法将无延时系统的均方收敛性分析转化为对随机概率矩阵连乘积的期望的收敛性分析, 获得了关键的收敛条件 (4.58)—(4.81). 这些条件显式地依赖于固定长度时间区间序列上的延时矩阵、观测矩阵和通信图的加权邻接矩阵的条件期望. 如果不存在延时, 条件 (4.58) 退化为定理 4.1 中的条件 (b.1).

注释 4.8　针对更加特殊的延时过程, 条件 (4.76) 和 (4.82) 可以进一步得到简化. 如果延时和网络图相互独立, 那么 $E[\overline{A}(k,q)]=E[\mathcal{A}_{\mathcal{G}(k)}]\circ E[\mathcal{I}(k,q)]$. 这里, 矩阵 $E[\mathcal{I}(k,q)]$ 的第 i 行、第 j 列的元素 $E[\mathcal{I}(k,q)]_{ij}$ 等于 $E[\mathcal{I}(k,q)]_{ij}=\mathbb{P}\{\lambda_{ji}(k)=q\}=p_{ji,q}(k)$. 此外,

- 如果延时 $\lambda_{ji}(k)$ 关于 k 是同分布的, 那么 $E[\mathcal{I}(k,q)]_{ij}=p_{ji,q}(0),\forall\ k\geqslant 0$;
- 如果延时 $\lambda_{ji}(k)$ 关于 k 和 (j,i) 同分布, 则 $E[\mathcal{I}(k,q)]_{ij}=p_q, i\neq j$, 其中 p_q 表示每个被发送的数据包被延时了 q 步的概率, $k\geqslant 0, j,i\in\mathcal{V}$. 因此 $\|E[\overline{A}(k,q)]\|=p_q\|E[\mathcal{A}_{\mathcal{G}(k)}]\|$. 进一步, 若网络图过程是独立同分布的, 则条件 (4.82) 退化为

$$\inf_{m\geqslant 0}\Lambda_m^h>C_2(C_3)^h\max\{1,C_1\}h\|E[\mathcal{A}_{\mathcal{G}(0)}]\|\sum_{q=0}^{d}\frac{p_q[(1+\psi_2)^q-1]}{2-(1+\psi_2)^q}.$$

推论 4.2、推论 4.3 表明, 对于给定的算法增益 $\{a(k),k\geqslant 0\}$ 和 $\{b(k),k\geqslant 0\}$, 如果通信图和观测矩阵以足够的强度被持续地激励, 那么随机通信延时带来的影响就可以得到抑制. 允许的最大延时上界 d 与平均图的加权邻接矩阵 $E[\mathcal{A}_{\mathcal{G}(k)}]$、延时概率分布 $[\mathcal{I}(k,q)]$ 和算法增益有关. 如果不存在延时, 条件 (4.81) 退化为定理 4.2 中的条件 (c.1). 以下推论表明针对条件平衡有向图, 如果随机时空持续激励条件 $\inf_{m\geqslant 0}\Lambda_m^h\geqslant\theta$ a.s. 成立, 那么对于任意给定的有界随机延时都可以设计足够小的算法增益使得算法均方收敛.

推论 4.4　若假设 4.1—假设 4.6 成立, $\{\mathcal{G}(k),k\geqslant 0\}\in\Gamma_1$ 且存在正整数 h 和常数 $\theta>0$ 使得 $\inf_{m\geqslant 0}\Lambda_m^h\geqslant\theta$, a.s., $b(k)=O(a(k))$ 且 $b(0)\leqslant f_{C_1,\beta_a,\beta_H,N,d}(\psi_3)$, 其中 $\psi_3\in(0,(1+\theta/[\theta+NC_2(C_3)^h\max\{1,C_1\}\beta_a dh])^{\frac{1}{d}}-1)$, 则算法 (4.7) 均方收敛.

证明 根据引理 4.2 的证明路线, 可以验证当 $b(0) \leqslant f_{C_1,\beta_a,\beta_H,N,d}(\psi_3)$ 且假设 4.4 和假设 4.5 成立时, $F(k)$ 可逆 a.s. 且 $\|G(k)\| \leqslant \psi_3$ a.s., $\forall\, k \geqslant 0$.

令 $c(m)=\min\{a((m+1)h), b((m+1)h)\}$. 根据推论 4.3 中 Σ_m^h 的定义、(4.83) 式和 (4.84) 式可得

$$\begin{aligned}\widetilde{\Lambda}_m^h \geqslant& \overline{\Lambda}_m^h - \sum_{k=mh}^{(m+1)h-1} b(k)\Bigg(\sum_{q=0}^{d}\|E[\overline{A}(k,q)([\Phi_F(k-1,k-q)]^{-1}\\ &-I_{Nn})|\mathcal{F}(mh-1)]\|\Bigg)\\ \geqslant& c(m)(\Lambda_m^h-\Sigma_m^h) \geqslant c(m)(\theta-\Sigma_m^h),\end{aligned} \tag{4.85}$$

其中最后的不等式根据 $\inf_{m\geqslant 0}\Lambda_m^h \geqslant \theta$ a.s. 可推出.

接下来证明 $\theta-\Sigma_m^h$ 有一个正的下界. 根据 ψ_3 的定义, 类似于 (4.79) 式, 可得

$$\|[\Phi_F(k-1,k-q)]^{-1}-I_{Nn}\| \leqslant \frac{(1+\psi_3)^q-1}{2-(1+\psi_3)^q}, \quad q=0,\cdots,d \quad \text{a.s..}$$

由上式可得

$$\begin{aligned}&\frac{\Sigma_m^h}{C_2(C_3)^h\max\{1,C_1\}}\\ =&\sum_{k=mh}^{(m+1)h-1}\sum_{q=0}^{d}\|E[\overline{A}(k,q)([\Phi_F(k-1,k-q)]^{-1}-I_{Nn})|\mathcal{F}(mh-1)]\|\\ \leqslant&\sum_{k=mh}^{(m+1)h-1}\sum_{q=0}^{d}E[\|\overline{A}(k,q)\|\|[\Phi_F(k-1,k-q)]^{-1}-I_{Nn}\||\mathcal{F}(mh-1)]\\ \leqslant&\sum_{k=mh}^{(m+1)h-1}\sum_{q=0}^{d}E[\|\overline{A}(k,q)\||\mathcal{F}(mh-1)]\frac{(1+\psi_3)^q-1}{2-(1+\psi_3)^q}\\ \leqslant&\frac{(1+\psi_3)^d-1}{2-(1+\psi_3)^d}\sum_{k=mh}^{(m+1)h-1}\left(\sum_{q=0}^{d}E[\|\overline{A}(k,q)\||\mathcal{F}(mh-1)]\right)\\ \leqslant& N\beta_a dh\frac{(1+\psi_3)^d-1}{2-(1+\psi_3)^d}.\end{aligned}$$

上式结合

$$\psi_3 < \left(1+\frac{\theta}{\theta+NC_2(C_3)^h\max\{1,C_1\}\beta_a dh}\right)^{\frac{1}{d}}-1$$

可得

$$\theta - \Sigma_m^h \geqslant \theta - NC_2(C_3)^h \max\{1, C_1\}\beta_a dh \frac{(1+\psi_3)^d - 1}{2-(1+\psi_3)^d} > 0.$$

则由 (4.85) 式可知 $\widetilde{\Lambda}_m^h \geqslant c'(m)$, $m \geqslant 0$, 其中

$$c'(m) = c(m)\left[\theta - NC_2(C_3)^h \max\{1, C_1\}\beta_a dh \frac{(1+\psi_3)^d - 1}{2-(1+\psi_3)^d}\right].$$

类似于 (4.48) 式和 (4.49) 式, 由假设 4.5 和假设 4.6 可知 $\sum_{m=0}^{\infty} c'(m) = \infty$ 且 $b^2(mh) = o(c'(m))$. 因此, 根据定理 4.3 可知结论成立. ■

4.6 仿真算例

在这一节, 我们将本章提出的算法运用到电网分布式多区域状态估计中来阐明本章结论的正确性. 仿真测试基于 IEEE-14 总线系统进行. 该系统有 14 个总线, 划分为 4 个区域 A_1, A_2, A_3, A_4, 如图 4.2 所示. 通过直流潮流近似后[276], 待估计的电网状态退化为所有总线电压相角组成的一个向量, 记作 x_0. 令总线 1 为参考总线, 其电压相角为 0°. 此时, 待估计电网状态为

$$x_0 = [-4.98, -12.72, -11.33, -8.78, -14.22, -13.37, -13.36, \\ -14.94, -15.10, -14.79, -15.05, -15.12, -16.03]^{\mathrm{T}}.$$

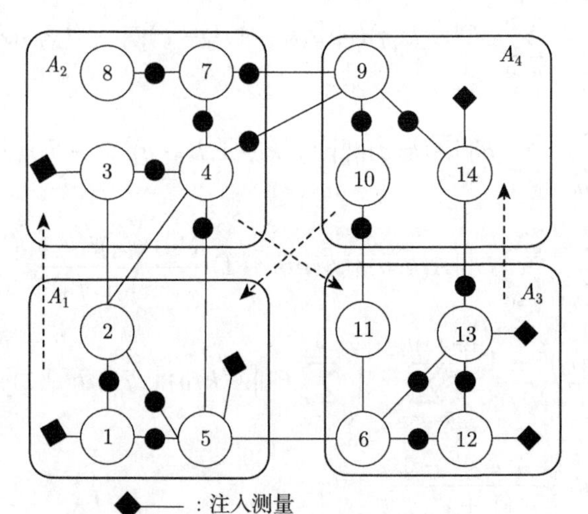

图 4.2 IEEE-14 多区域总线系统和通信图

量测 $z_i(k)$ 与 x_0 呈线性关系, 表示为 $z_i(k) = s_i(k)H_i'x_0 + v_i(k)$, $i = 1,2,3,4$, 其中量测噪声 $\{v_i(k), k \geqslant 0\}$ 假设为独立同分布的随机过程, 具有标准正态分布, 随机变量 $\{s_i(k), k \geqslant 0\}$ 为独立同分布的序列, 建模每个区域对 x_0 的感知失效, 其概率分布为 $\mathbb{P}\{s_i(k)=1\} = \mathbb{P}\{s_i(k)=0\} = 0.5, k \geqslant 0$, H_i' 是由电力线参数决定的确定性观测矩阵, 具体为 $H_1' = [\widetilde{H}_1, \mathbf{0}_{5\times 9}], H_2' = [\widetilde{H}_2, \mathbf{0}_{7\times 5}], H_3' = [\mathbf{0}_{6\times 4}, \widetilde{H}_3], H_4' = [\mathbf{0}_{4\times 7}, \widetilde{H}_4]$, 其中

$$
\widetilde{H}_1 = \begin{pmatrix} -1 & 0 & 0 & 0 \\ 0 & 0 & 0 & -1 \\ 1 & 0 & 0 & -1 \\ -1 & 0 & 0 & -1 \\ -1 & 0 & -1 & 3 \end{pmatrix}, \quad \widetilde{H}_2 = \begin{pmatrix} 0 & 0 & 0 & 0 & 0 & -1 & 1 & 0 \\ 0 & 0 & -1 & 0 & 0 & 1 & 0 & 0 \\ 0 & 1 & -1 & 0 & 0 & 0 & 0 & 0 \\ 0 & 1 & -1 & 0 & 0 & 0 & 0 & 0 \\ 0 & 0 & 1 & 0 & 0 & 0 & 0 & -1 \\ 0 & 0 & 1 & 0 & 0 & 1 & 0 & -1 \\ 0 & 0 & 1 & -1 & 0 & 0 & 0 & 0 \end{pmatrix},
$$

$$
\widetilde{H}_3 = \begin{pmatrix} 1 & 0 & 0 & 0 & 0 & 0 & -1 & 0 & 0 \\ 1 & 0 & 0 & 0 & 0 & 0 & 0 & -1 & 0 \\ 0 & 0 & 0 & 0 & 0 & 0 & 1 & -1 & 0 \\ -1 & 0 & 0 & 0 & 0 & 0 & 2 & 1 & 0 \\ -1 & 0 & 0 & 0 & 0 & 0 & -1 & 3 & -1 \\ 0 & 0 & 0 & 0 & 0 & 0 & 0 & 1 & -1 \end{pmatrix},
$$

$$
\widetilde{H}_4 = \begin{pmatrix} 1 & -1 & 0 & 0 & 0 & 0 \\ 1 & 0 & 0 & 0 & 0 & -1 \\ -1 & 0 & 0 & 0 & -1 & 2 \\ 0 & 1 & -1 & 0 & 0 & 0 \end{pmatrix}.
$$

区域间的通信网络存在四条具有 0-1 权重的随机链路. 图 4.2 的虚线代表随机链路. 具体通信方案如下. 在奇数时刻, 链路 $A_2 \to A_3$ 以 0.5 的概率处于连接状态, 其他链路则处于断开状态; 在偶数时刻, 链路 $A_2 \to A_3$ 处于断开状态, 其他链路以 0.5 的概率处于连接状态. 网络图序列和观测矩阵序列都是独立序列. 我们采用平均相对误差 $\dfrac{\sum_{i=1}^4 \|x_i(k) - x_0\|}{4\|x_0\|}$ 来衡量算法性能.

对于不存在延时的情形, 选择 $a(k) = b(k) = \dfrac{0.5}{(k+1)^{0.52}}$. 令 $c(m) = \dfrac{0.0112}{(2m+2)^{0.52}}$. 当 $h = 2$ 时, 图 4.3 绘制了 $\overline{\Lambda}_m^2$ 和 $c(m)$ 随 m 变化的曲线, 表明了 $\overline{\Lambda}_m^2 \geqslant c(m), m \geqslant 0$. 因此定理 4.1 的条件成立. 图 4.4 绘制了平均相对误差的轨迹, 其中实线代表

不存在随机链路失效和感知失效的情形. 该图表明, 尽管平均图非平衡且存在感知失效, 电网所有区域的局部估计仍能收敛到 x_0.

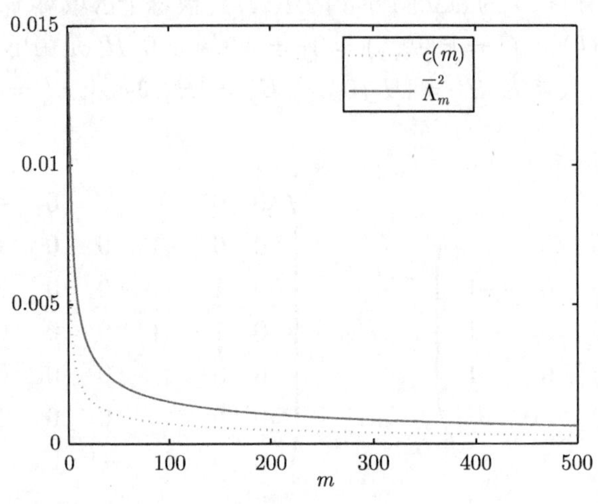

图 4.3 $\overline{\Lambda}_m^2$ 和 $c(m)=\dfrac{0.0112}{(2m+2)^{0.52}}$ 随 m 变化的曲线

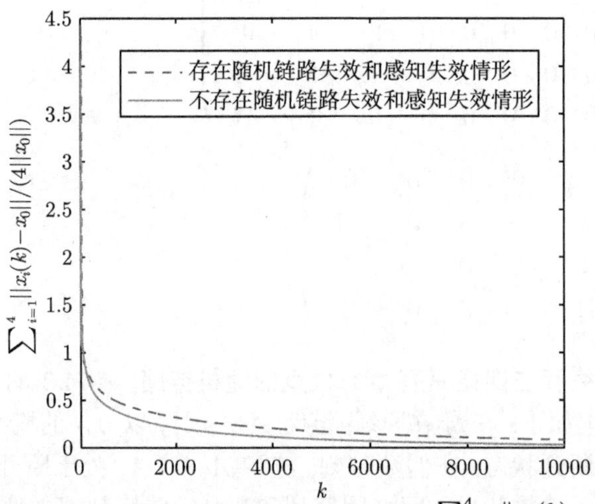

图 4.4 当存在随机链路失效和感知失效时, 平均相对误差 $\dfrac{\sum_{i=1}^4\|x_i(k)-x_0\|}{4\|x_0\|}$ 的轨迹图. 图中实线代表不存在随机链路失效和感知失效时分布式参数估计算法的误差轨迹

对于存在延时的情形, 若延时过程和通信图、观测矩阵和观测噪声独立, 且服从伯努利分布, 即对于所有的 k 和 (j,i), 都有 $\lambda_{ji}(k)\sim B(d,p)$, 则

$$\mathbb{P}\{\lambda_{ji}(k)=q\}=\mathbb{C}_d^q p^q(1-p)^{d-q},\quad q=0,\cdots,d. \tag{4.86}$$

设 $d=4$, $p=0.4$. 现在验证推论 4.2 的收敛条件. 令 $a(k)=b(k)$. 那么 $C_1=1$. 根据上述实验设定, 选择 $\beta_a=1$, $\beta_H=4.07$. 令 $\psi_2=0.01$. 从而通过直接计算可得 $f_{C_1,\beta_a,\beta_H,N,d}(\psi_2)=0.0005$. 令 $b(k)=\dfrac{0.0005}{(k+1)^{0.1}}$. 根据注释 4.8 中 p_q 的定义, 由 (4.86) 式可知 $p_q=\mathbb{C}_4^q 0.4^q 0.6^{4-q}, q=0,\cdots,4$. 注意到 $\|E[\mathcal{A}_{\mathcal{G}(k)}]\|\equiv 0.5$. 根据注释 4.8, 可知 $\|E[\overline{A}(k,q)]\|=p_q\|[\mathcal{A}_{\mathcal{G}(k)}]\|$. 因此, 通过直接计算可得

$$
\begin{aligned}
&\sum_{k=mh}^{(m+1)h-1} b(k)\sum_{q=0}^{d}\|E[\overline{A}(k,q)]\|\frac{[(1+\psi_2)^q-1]}{2-(1+\psi_2)^q}\\
=&\sum_{k=2m}^{2m+1} b(k)\sum_{q=0}^{4}\frac{0.5p_q[(1+\psi_2)^q-1]}{2-(1+\psi_2)^q}=0.01\sum_{k=2m}^{2m+1} b(k).
\end{aligned}
$$

注意到 $\overline{\Lambda}_m^2=\lambda_{\min}\Big[\sum_{k=2m}^{2m+1} b(k)(E[\widehat{\mathcal{L}}_{\mathcal{G}(k)}]\otimes I_{13}+E[\mathcal{H}^{\mathrm{T}}(k)\mathcal{H}(k)])\Big]$. 令 $c(m)=\dfrac{0.00001}{(4m+4)^{0.1}}$. 图 4.5 绘制了 $\overline{\Lambda}_m^2-0.01\sum_{k=2m}^{2m+1} b(k)$ 和 $c(m)$ 随 m 变化的曲线, 表明了推论 4.2 中的条件 (4.76) 成立. 图 4.6 绘制了这种情形下平均相对误差的轨迹, 表明所有区域的局部估计渐近收敛到真实参数, 验证了推论 4.2 的结论.

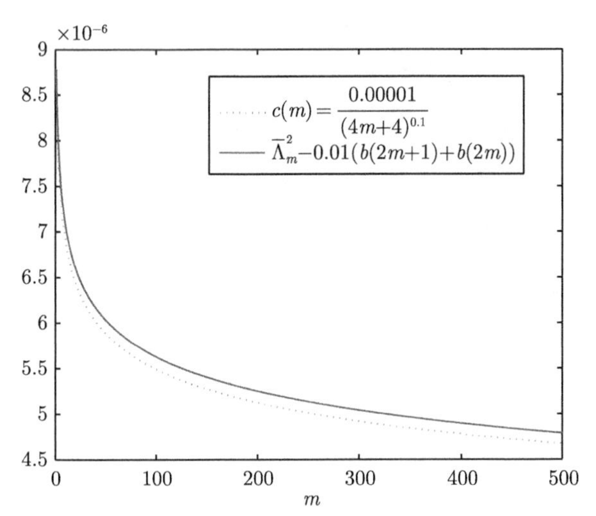

图 4.5 $\overline{\Lambda}_m^2-0.01\sum_{k=2m}^{2m+1} b(k)$ 和 $c(m)$ 随 m 变化的曲线

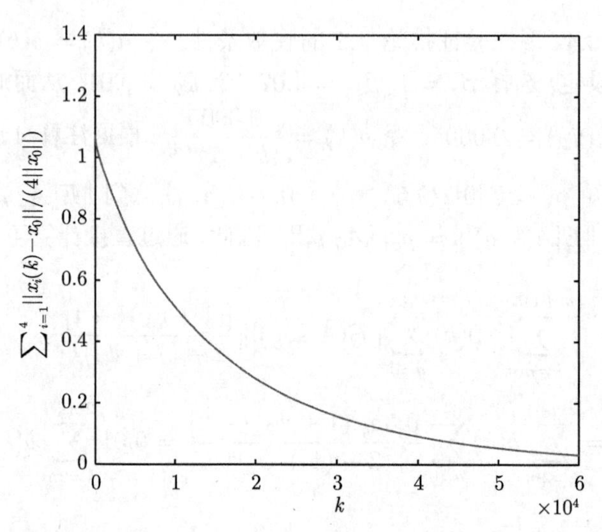

图 4.6　当网络同时存在随机延时、链路失效和感知失效时的平均相对误差轨迹图

第 5 章 随机分布式在线正则化学习

5.1 引 言

经验风险最小化是统计学习中判断模型预测能力的重要准则, 但是机器学习中的大多数问题通常是不适定的, 利用经验风险最小原则得到的解是不稳定的, 极易出现过度拟合现象, 且得到的解通常有较大的范数. 为了解决这一问题, Poggio 和 Girosi 等引入了反问题中的正则化方法[78, 90, 206]. 正则化是处理模型复杂性的一种有效的工具, 其作用是选择经验风险和模型复杂度同时较小的模型. 此外, 这种方法可以将原有的病态问题转化为一个适定问题, 减少未知参数向量的估计的范数, 并且保持平方误差的总和较小[253]. 正则化方法广泛应用于各个研究领域中, 如机器学习中的分类问题、电力系统的在线状态估计问题和图像重构问题等[170, 189, 247, 287, 302]. 常用的正则化方法有两种: 一是对假设空间进行限制的 Ivanov 正则化[120]; 二是对损失函数中的某些参数进行限制, 即在算法中加入正则项 (也称为惩罚项) 的 Tikhonov 正则化. 在学习理论中, 岭回归采用的是 Tikhonov 正则化[261].

离线算法通常需要提前获取由未知且平稳的概率分布生成的有限数据, 其严重依赖系统的储存能力, 然而在线算法每次只需处理单个数据, 并且未知数据的生成过程可能是非平稳的. 对于非平稳的数据集, Kuznetsov 和 Mohri[143] 得到了有限维时间序列预测的泛化界. 针对有限维随机优化问题, Godichon-Baggioni 等[91] 分析了基于弱时间相关数据集的随机流梯度算法. 至今为止, 集中式在线正则化算法被广泛研究[48, 80, 86, 88, 101, 124, 140, 234, 254, 262, 303]. 集中式算法中存在信息融合中心, 其目标是收集网络中所有节点的量测值并给出全局估计.

本章综合去中心化信息结构、在线算法和正则化方法的优点, 针对随机时变图上的线性回归问题, 提出了分布式去中心化在线正则化算法. 图上每个节点的算法都包含新息项、共识项和正则项. 在每次迭代过程中, 新息项用于更新节点自身的估计, 共识项则是将节点自身的估计与邻居节点带有加性和乘性量测噪声的估计的差值进行加权求和, 而正则项在算法中起到约束节点估计量的范数的作用, 防止对未知参数向量的估计出现过拟合的现象. 尽管正则化方法是处理线性回归的有效手段, 但是也给算法收敛性分析带来了本质性困难. 相比于非正则化去中心化线性回归算法, 算法的估计误差方程包含带有正则化参数的非鞅差项, 使得

我们无法如文献 [148] 那样直接借助鞅收敛理论等概率论工具进行分析. 我们不再要求回归矩阵序列和图满足特殊的统计性质, 例如相互独立、时空独立和平稳性. 相比于 i.i.d. 数据的情形, 具有相关性的观测数据包含更少的信息, 从而导致更不稳定的学习误差以及性能退化[300]. 此外, 我们同时考虑了节点之间的信息交流过程中存在的加性和乘性通信噪声. 所有这些挑战给算法收敛性和性能分析造成了很大困难, 现有文献中的方法不再适用. 例如, 文献 [131, 133-135, 225] 中的方法适用于图、回归矩阵和噪声分别为 i.i.d. 且相互独立的情形, 文献 [133,134] 还需回归矩阵的期望已知. Liu 等[160] 研究了线性回归模型的分布式正则化 gossip 梯度下降算法, 该文的方法适用于每个时刻图上只有两个节点可以交换信息的情形. 此外, 他们还要求图是无向连通的, 且观测向量和噪声是独立同分布且有界的. Wang 等[269] 研究了非正则化去中心化在线算法, 其中没有考虑节点信息交换过程中的通信噪声, 该文的方法只适用于估计误差方程的非齐次项为鞅差序列的情况.

为了克服上述难点, 我们发展了估计误差的非负上鞅型不等式, 且结合回归矩阵、图和算法增益的信息建立了样本轨道时空持续激励条件. 在此基础上, 得到了算法收敛的充分条件. 我们证明了如果算法增益、回归矩阵序列和图的拉普拉斯矩阵联合满足样本轨道时空持续激励条件, 那么图上所有节点的估计都能几乎必然收敛到未知真实参数向量. 随后, 我们给出了样本轨道时空持续激励条件直观的充分条件, 即图是条件平衡且一致条件联合连通的, 同时所有节点的回归矩阵是一致条件时空联合能观的. 在此条件下, 可以通过选取合适的算法增益使得算法均方收敛和几乎必然收敛. 特别地, 对于马尔可夫切换的随机图和回归矩阵, 我们证明了如果平稳图是平衡图且含有一棵生成树, 回归模型又是时空联合能观的, 那么样本轨道时空持续激励条件成立, 此时既不要求每个节点是局部能观的, 又不要求全体回归模型是瞬时全局能观的.

在本章中, 第 4 章的激励条件被进一步弱化为样本轨道时空持续激励条件, 即由信息矩阵最小特征值构成的无穷级数在几乎所有样本轨道上发散. 同时, 我们将第 3 章中的分布式平均拓展到去中心化在线学习. 不同于文献 [285, 286], 我们研究了时不变参数的估计问题. 为了保证算法的强相容性, 我们选取了衰减算法增益, 导致估计误差方程的齐次部分不是 L_p-指数稳定的. 为了同时保证算法的有界性和强相容性, 我们需要精确地设计算法增益和正则化参数的衰减速率.

遗憾值常用来评估去中心化优化算法的性能[26, 67, 292]. Yuan 等[292] 研究了固定图上非正则去中心化在线线性回归问题. Bedi 等[26] 考虑了异质网络中多智能体带约束的随机优化问题. Dixit 等[67] 研究了确定性时变图上的去中心化在线动态优化问题. 相比于文献 [26, 67, 292] 中要求图是确定、强连通且平衡的, 本章考虑了随机时变图上的去中心化在线正则化线性回归算法, 并且我们的方法有助于研究随机时变图上的优化问题. 本章证明了算法的遗憾值上界为 $O(T^{1-\tau}\ln T)$, 其中 $\tau\in(0.5,1)$ 是依赖于衰减算法增益的常数.

本章剩下部分安排如下: 5.2 节提出了分布式正则化线性回归算法. 5.3 节给出了本章的主要结论, 包括算法的收敛性分析和遗憾值上界分析. 5.4 节给出了一个仿真例子.

5.2 分布式正则化线性回归

假设 $x_0\in\mathbb{R}^n$ 是未知真实参数向量. 我们考虑带有 N 个节点的随机有向图序列 $\{\mathcal{G}(k)=\{\mathcal{V},\mathcal{E}_{\mathcal{G}(k)},\mathcal{A}_{\mathcal{G}(k)}\},k\geqslant 0\}$, 其中 $\mathcal{V}$ 为顶点集, $\mathcal{E}_{\mathcal{G}(k)}$ 为 k 时刻的边集, $\mathcal{A}_{\mathcal{G}(k)}$ 为加权邻接矩阵. 节点 i 在时刻 k 的回归模型为

$$y_i(k)=H_i(k)x_0+v_i(k),\quad k\geqslant 0,\quad i\in\mathcal{V},\tag{5.1}$$

其中 $H_i(k)\in\mathbb{R}^{n_i\times n}$ 为节点 i 在时刻 k 的回归矩阵, $v_i(k)\in\mathbb{R}^{n_i}$ 为加性量测噪声, $y_i(k)\in\mathbb{R}^{n_i}$ 为观测数据.

注释 5.1 随机图上带有随机回归矩阵的回归模型 (5.1) 得到了广泛的研究[131, 133–135, 160, 225, 226, 269, 293, 296, 297]. 现实网络中存在诸多不确定性, 间歇性传感故障和数据丢包都可能随机发生[134]. ① 节点 (或链路) 故障可以建模为随机通信图序列[296]. ② 节点传感失败或量测丢失可以建模为随机观测矩阵 (回归矩阵) 序列, 例如, $H_i(k)=\dfrac{1}{p}\mu_i(k)C_i$, 其中 $\{\mu_i(k),k\geqslant 0\}$ 为表示传感失败的取值为 0 或 1 的 i.i.d. 伯努利随机变量序列, $p>0$ 为传感概率, C_i 模拟传感器的正常运行, 例如测量当地温度或当地温度的平均值[133, 134]. 此外, 在第 4 章研究的去中心化参数估计中, 图上所有节点从带有噪声的数据中协同辨识自回归 (AR) 模型的参数, 且每个节点的量测方程为

$$y_i(k)=\sum_{j=1}^{d}c_jy_i(k-j)+v_i(k),\quad k\geqslant 0,\quad i\in\mathcal{V},\tag{5.2}$$

其中 $\{c_j\in\mathbb{R},1\leqslant j\leqslant d\}$ 为待识别的模型参数, $v_i(k)\in\mathbb{R}$ 是均值为零的加性白噪声. 此处, $x_0=[c_1,\cdots,c_d]^{\mathrm{T}}\in\mathbb{R}^d$ 为未知参数向量, $H_i(k)=[y_i(k-1),\cdots,y_i(k-d)]\in\mathbb{R}^{1\times d}$ 为随机回归矩阵.

接下来给出随机图上带有随机回归矩阵的去中心化线性回归的现实例子.

例 1 在电力系统去中心化多区域状态估计中[269], 电网被划分成若干个互不重叠的区域, 通信拓扑建模为随机图. 电网待估计状态由所有总线的电压幅值和相角构成. 每个区域的量测 $y_i(k)$ 包含有功和无功潮流. 通过 DC 潮流逼近[276],

电网待估计状态退化为由所有总线的相角构成的向量. 区域 i 的量测和电网状态之间的关系可以表示为

$$y_i(k) = s_i(k)\overline{H}_i(k)x_0 + v_i(k), \quad k \geqslant 0,$$

其中 $\{v_i(k), k \geqslant 0\}$ 为传感噪声序列, $\{s_i(k) \in \mathbb{R}, k \geqslant 0\}$ 为表示间接性传感失败的 i.i.d. 伯努利随机变量序列, $\{\overline{H}_i(k), k \geqslant 0\}$ 为不存在传感失败的观测矩阵序列.

分别记 $y(k) = [y_1^{\mathrm{T}}(k), \cdots, y_N^{\mathrm{T}}(k)]^{\mathrm{T}}$, $H(k) = [H_1^{\mathrm{T}}(k), \cdots, H_N^{\mathrm{T}}(k)]^{\mathrm{T}}$, $\mathcal{H}(k) = \mathrm{diag}(H_1(k), \cdots, H_N(k))$ 以及 $v(k) = [v_1^{\mathrm{T}}(k), \cdots, v_N^{\mathrm{T}}(k)]^{\mathrm{T}}$. (5.1) 式可以写成如下紧凑形式

$$y(k) = H(k)x_0 + v(k), \quad k \geqslant 0. \tag{5.3}$$

如果图、回归矩阵和噪声序列各种同分布, 均值图是无向的且回归矩阵和噪声序列相互独立, 那么对 $\mathbf{1}_N \otimes x_0$ 的估计可以通过最小化损失泛函 $\Psi(\cdot)$ 获得, 即

$$\begin{aligned}\hat{x}_0 &= \arg\min_{x\in\mathbb{R}^{Nn}} \Psi(x) \\ &\triangleq \frac{1}{2}(E[\|y(k) - \mathcal{H}(k)x\|^2] \\ &\quad + E[\langle(\mathcal{L}_{\mathcal{G}(k)} \otimes I_n)x, x\rangle] + \lambda\|x\|^2), \quad \lambda > 0.\end{aligned}$$

损失泛函 $\Psi(\cdot)$ 由三部分构成: 估计的均方误差 $E[\|y(k) - \mathcal{H}(k)x\|^2]$、共识误差 $E[\langle(\mathcal{L}_{\mathcal{G}(k)} \otimes I_n)x, x\rangle]$ 和正则项 $\lambda\|x\|^2$. 为了求解上述优化问题, 我们考虑随机梯度下降算法 (SGD):

$$\begin{aligned}x(k+1) &= x(k) + a(k)\mathcal{H}^{\mathrm{T}}(k)\left(y(k) - \mathcal{H}(k)x(k)\right) \\ &\quad - b(k)\left(\mathcal{L}_{\mathcal{G}(k)} \otimes I_n\right)x(k) - \lambda(k)x(k),\end{aligned} \tag{5.4}$$

其中 $\lambda(k) \triangleq \lambda c(k)$. 令 $x(k) = [x_1^{\mathrm{T}}(k), \cdots, x_N^{\mathrm{T}}(k)]^{\mathrm{T}}$, 那么 $x_i(k) \in \mathbb{R}^n$ 为节点 i 在时刻 k 的估计. 由 (5.4) 式可得

$$\begin{aligned}x_i(k+1) &= x_i(k) + a(k)H_i^{\mathrm{T}}(k)\left(y_i(k) - H_i(k)x_i(k)\right) \\ &\quad + b(k)\sum_{j\in\mathcal{N}_i(k)} w_{ij}(k)(x_j(k) - x_i(k)) - \lambda(k)x_i(k), \quad k \geqslant 0, \quad i \in \mathcal{V},\end{aligned}$$

其中 $a(k)H_i^{\mathrm{T}}(k)(y_i(k) - H_i(k)x_i(k))$ 为更新估计 $x_i(k)$ 的新息项, $a(k)$ 为新息增益, $b(k)\sum_{j\in\mathcal{N}_i(k)} w_{ij}(k)(x_j(k) - x_i(k))$ 是通过对节点和其邻居的估计进行加权求和的共识项, $b(k)$ 为共识增益, $\lambda(k)x_i(k)$ 为约束估计 $x_i(k)$ 的正则项, 防止对未知

真实参数向量 x_0 过拟合, $\lambda(k)$ 为正则化增益. 在实际算法的应用中, 节点之间存在通信噪声. 具体来说, 节点 j 获取到邻居节点的估计量为

$$\mu_{ji}(k) = x_j(k) + f_{ji}(x_j(k) - x_i(k))\xi_{ji}(k), \quad j \in \mathcal{N}_i(k), \tag{5.5}$$

其中 $\xi_{ji}(k)$ 为通信噪声, $f_{ji}(x_j(k) - x_i(k))$ 为噪声强度函数.

因此, 去中心化在线正则化算法为

$$\begin{aligned} x_i(k+1) = {} & x_i(k) + a(k)H_i^{\mathrm{T}}(k)(y_i(k) - H_i(k)x_i(k)) \\ & + b(k) \sum_{j \in \mathcal{N}_i(k)} w_{ij}(k)(\mu_{ji}(k) - x_i(k)) \\ & - \lambda(k)x_i(k), \quad k \geqslant 0, \quad i \in \mathcal{V}. \end{aligned} \tag{5.6}$$

这里, 通过假设: ① 图、回归矩阵和噪声序列各自同分布; ② 均值图是无向的; ③ 回归矩阵和噪声序列相互独立, 我们得到了上述算法. 实际上, 即使均值是有向的, 图和回归矩阵不满足独立性和平稳性等特殊统计性质, 我们将证明算法 (5.6) 收敛.

注释 5.2 带有相对状态依赖的通信噪声 $f_{ji}(x_j(k) - x_i(k))\xi_{ji}(k)$ 的通信模型 (5.5) 客观地存在于许多现实应用中. ① 在一些多机器人或无人机 (UAV) 系统中, 由于通信的不稳定性, 传输状态更容易受到噪声的影响, 而噪声的密度函数取决于发射器和接收器之间的距离, 即智能体之间的相对距离[68]. ② 在具有相对状态量化测量的共识问题中[66], 智能体 i 对 $x_j(k) - x_i(k)$ 的对数量化量测由 $x_j(k) - x_i(k) + (x_j(k) - x_i(k))\Delta_{ji}(k)$ 给出, 它是 (5.5) 式的特例, 其中 $\Delta_{ji}(k)$ 表示量化不确定性. ③ 在带有高斯衰减信道的分布式平均中[267], $x_j(k) - x_i(k)$ 的量测值由 $z_{ji}(k) = \xi_{ij}(k)(x_j(k) - x_i(k))$ 给出, 其中 $\{\xi_{ij}(k), k \geqslant 0\}$ 是均值为 γ_{ij} 的独立高斯噪声. 在文献 [267] 中, 上述方程被转化为 $z_{ji}(k) = \gamma_{ij}(x_j(k) - x_i(k)) + \Delta_{ij}(k)(x_j(k) - x_i(k))$, 其中 $\Delta_{ij}(k) = \xi(k) - \gamma_{ij}$ 为独立零均值的高斯噪声, 由此可知, 其为 (5.5) 式的特例.

记 $\mathcal{F}(k) = \sigma(\mathcal{A}_{\mathcal{G}(s)}, H_i(s), v_i(s), \xi_{ji}(s), j, i \in \mathcal{V}, 0 \leqslant s \leqslant k)$, $\mathcal{F}(-1) = \{\Omega, \varnothing\}$, $\xi(k) = [\xi_{11}(k), \cdots, \xi_{N1}(k), \cdots, \xi_{1N}(k), \cdots, \xi_{NN}(k)]^{\mathrm{T}}$. 对于算法 (5.6), 我们有如下假设.

(A1) 对于噪声强度函数 $f_{ji}(\cdot) : \mathbb{R}^n \to \mathbb{R}$, 存在常数 σ 和 b, 使得 $|f_{ji}(x)| \leqslant \sigma\|x\| + b, \forall\, x \in \mathbb{R}^n$.

注释 5.3 假设 (A1) 表明 (5.5) 式中的通信噪声同时覆盖了加性和乘性噪声, 其中 σ 和 b 分别表示乘性和加性噪声强度系数.

(A2) 噪声序列 $\{v(k), \mathcal{F}(k), k \geqslant 0\}$ 和 $\{\xi(k), \mathcal{F}(k), k \geqslant 0\}$ 都是鞅差序列且均与 $\{\mathcal{H}(k), \mathcal{A}_{\mathcal{G}(k)}, k \geqslant 0\}$ 独立. 存在常数 β_v, 使得 $\sup_{k\geqslant 0} E[\|v(k)\|^2 +$

$\|\xi(k)\|^2|\mathcal{F}(k-1)] \leqslant \beta_v$ a.s..

注释 5.4　不同于文献 [131, 133–135], 假设 (A2) 只要求量测噪声为鞅差序列且与图和回归矩阵独立. 在本章中, 我们不要求回归矩阵和图满足相互独立性或时空独立性, 故算法可以应用到回归矩阵和图时空依赖的复杂情形.

图上去中心化在线回归问题得到了广泛的研究, 包括带有时变未知参数的回归(R.T.V.P.)[285, 286] 以及带有时不变未知参数的回归 (R.T.I.P.)[47, 131, 133–135, 205, 225, 269, 296], 为此它们提出了不同的模型假设和激励条件. 表 5.1 对上述文献中的假设、激励条件和主要结果进行了总结.

表 5.1　相关工作中的假设、激励条件和主要结果总结

		回归矩阵	图	激励条件	结果
R.T.V.P.	[285, 286]	随机、时变	确定、无向、固定	连通图、 协同信息条件	跟踪误差 L_p-稳定
R.T.I.P.	[47]	时空独立	确定、固定	信息矩阵的稳定性	均值、均方收敛
	[296]	关于时间独立同分布	平衡有向图、 齐次遍历马氏链	全局能观、 并图含有生成树	几乎必然、 均方稳定性
	[134]	关于时间独立同分布	无向、独立同分布	全局能观、 均值图连通	几乎必然收敛
	[205]	关于时间严格平稳	确定、固定	关于空间联合能观	均方收敛
	[225]	固定、确定	无向、独立同分布	全局能观、 均值图连通	几乎必然收敛
	第 4 章	随机、时变	随机、时变有向图	随机时空持续 激励条件	几乎必然、 均方收敛
	本章	随机、时变	随机、时变有向图	样本轨道时空 持续激励条件	几乎必然、 均方收敛

5.3　主要结果

本节将对算法 (5.6) 进行收敛性分析和性能分析. 首先, 引理 5.1 得到了估计误差的非负上鞅不等式, 在此基础上, 定理 5.1 证明了算法几乎必然收敛. 其次, 对于条件平衡图的情形, 定理 5.2 通过引理 5.5 给出了直观的收敛条件. 然后, 对于马尔可夫切换的图和回归矩阵, 推论 5.2 给出了更直观的收敛条件. 最后, 定理 5.3 通过引理 5.8 给出了算法的遗憾值上界.

记 $f_i(k)=\mathrm{diag}(f_{1i}(x_1(k)-x_i(k)),\cdots,f_{Ni}(x_N(k)-x_i(k)))$; $Y(k)=\mathrm{diag}(f_1(k),\cdots,f_N(k))$; $M(k)=Y(k)\otimes I_n$; $W(k)=\mathrm{diag}(\alpha_1^{\mathrm{T}}(k)\otimes I_n,\cdots,\alpha_N^{\mathrm{T}}(k)\otimes I_n)$, 其中 $\alpha_i^{\mathrm{T}}(k)$ 表示矩阵 $\mathcal{A}_{\mathcal{G}(k)}$ 的第 i 行. 算法 (5.6) 可以写成如下紧凑形式:

$$\begin{aligned}x(k+1)=&\left[(1-\lambda(k))I_{Nn}-b(k)\mathcal{L}_{\mathcal{G}(k)}\otimes I_n-a(k)\mathcal{H}^{\mathrm{T}}(k)\mathcal{H}(k)\right]x(k)\\&+a(k)\mathcal{H}^{\mathrm{T}}(k)y(k)+b(k)W(k)M(k)\xi(k).\end{aligned}\tag{5.7}$$

记全局估计误差为 $\delta(k)=x(k)-\mathbf{1}_N\otimes x_0$. 注意到 $(\mathcal{L}_{\mathcal{G}(k)}\otimes I_n)(\mathbf{1}_N\otimes x_0)=(\mathcal{L}_{\mathcal{G}(k)}\mathbf{1}_N)\otimes x_0=0$ 以及 $\mathcal{H}(k)(\mathbf{1}_N\otimes x_0)=H(k)x_0$, 在 (5.7) 式两边同时减去 $\mathbf{1}_N\otimes x_0$ 可得

$$
\begin{aligned}
&\delta(k+1)\\
=&\left((1-\lambda(k))I_{Nn}-b(k)\mathcal{L}_{\mathcal{G}(k)}\otimes I_n-a(k)\mathcal{H}^{\mathrm{T}}(k)\mathcal{H}(k)\right)x(k)+a(k)\mathcal{H}^{\mathrm{T}}(k)y(k)\\
&+b(k)W(k)M(k)\xi(k)-\mathbf{1}_N\otimes x_0\\
=&\left((1-\lambda(k))I_{Nn}-b(k)\mathcal{L}_{\mathcal{G}(k)}\otimes I_n-a(k)\mathcal{H}^{\mathrm{T}}(k)\mathcal{H}(k)\right)(x(k)-\mathbf{1}_N\otimes x_0\\
&+\mathbf{1}_N\otimes x_0)+a(k)\mathcal{H}^{\mathrm{T}}(k)y(k)+b(k)W(k)M(k)\xi(k)-\mathbf{1}_N\otimes x_0\\
=&\left((1-\lambda(k))I_{Nn}-b(k)\mathcal{L}_{\mathcal{G}(k)}\otimes I_n-a(k)\mathcal{H}^{\mathrm{T}}(k)\mathcal{H}(k)\right)(\delta(k)+\mathbf{1}_N\otimes x_0)\\
&+a(k)\mathcal{H}^{\mathrm{T}}(k)y(k)+b(k)W(k)M(k)\xi(k)-\mathbf{1}_N\otimes x_0\\
=&\left((1-\lambda(k))I_{Nn}-b(k)\mathcal{L}_{\mathcal{G}(k)}\otimes I_n-a(k)\mathcal{H}^{\mathrm{T}}(k)\mathcal{H}(k)\right)\delta(k)+a(k)\mathcal{H}^{\mathrm{T}}(k)(y(k)\\
&-H(k)x_0)+b(k)W(k)M(k)\xi(k)-\lambda(k)(\mathbf{1}_N\otimes x_0)\\
=&\left((1-\lambda(k))I_{Nn}-b(k)\mathcal{L}_{\mathcal{G}(k)}\otimes I_n-a(k)\mathcal{H}^{\mathrm{T}}(k)\mathcal{H}(k)\right)\delta(k)+a(k)\mathcal{H}^{\mathrm{T}}(k)v(k)\\
&+b(k)W(k)M(k)\xi(k)-\lambda(k)(\mathbf{1}_N\otimes x_0)\\
=&\Phi_P(k,0)\delta(0)+\sum_{i=0}^{k}a(i)\Phi_P(k,i+1)\mathcal{H}^{\mathrm{T}}(i)v(i)\\
&+\sum_{i=0}^{k}b(i)\Phi_P(k,i+1)W(i)M(i)\xi(i)-\sum_{i=0}^{k}\lambda(i)\Phi_P(k,i+1)(\mathbf{1}_N\otimes x_0),
\end{aligned}
\tag{5.8}
$$

其中 $P(k)=(1-\lambda(k))I_{Nn}-b(k)\mathcal{L}_{\mathcal{G}(k)}\otimes I_n-a(k)\mathcal{H}^{\mathrm{T}}(k)\mathcal{H}(k)$.

记 $\widehat{\mathcal{L}}_{\mathcal{G}(k)}=\dfrac{\mathcal{L}_{\mathcal{G}(k)}+\mathcal{L}_{\mathcal{G}(k)}^{\mathrm{T}}}{2}$. 对于任意给定的正整数 h 和 k, 记

$$
\begin{aligned}
\Lambda_k^h=\lambda_{\min}\Bigg[\sum_{i=kh}^{(k+1)h-1}\Big(&b(i)E\left[\widehat{\mathcal{L}}_{\mathcal{G}(i)}|\mathcal{F}(kh-1)\right]\otimes I_n\\
&+a(i)E\left[\mathcal{H}^{\mathrm{T}}(i)\mathcal{H}(i)|\mathcal{F}(kh-1)\right]\Big)\Bigg].
\end{aligned}
$$

记 $V(k)=\|\delta(k)\|^2$. 下面引理给出了关于估计误差平方 $V(k)$ 的非负上鞅不等式, 这个不等式在算法的收敛性和性能分析中扮演了关键角色.

引理 5.1　对于算法 (5.6), 如果假设 (A1) 和 (A2) 成立, 算法增益 $a(k)$, $b(k)$ 和 $\lambda(k)$ 单调递减趋于零, 且存在正整数 h 和常数 ρ_0, 使得

$$\sup_{k\geqslant 0}\left(\left\|\mathcal{L}_{\mathcal{G}(k)}\right\|+\left(E\left[\left\|\mathcal{H}^{\mathrm{T}}(k)\mathcal{H}(k)\right\|^{2^{\max\{h,2\}}}|\mathcal{F}(k-1)\right]\right)^{\frac{1}{2^{\max\{h,2\}}}}\right)\leqslant \rho_0\quad \text{a.s.},$$

那么存在正整数 k_0, 使得

$$E[V((k+1)h)|\mathcal{F}(kh-1)]\leqslant(1+\Omega(k))V(kh)-2\left(\Lambda_k^h+\sum_{i=kh}^{(k+1)h-1}\lambda(i)\right)V(kh)$$
$$+\Gamma(k)\quad \text{a.s.},\quad k\geqslant k_0,$$

其中 $\{\Omega(k),k\geqslant 0\}$ 和 $\{\Gamma(k),k\geqslant 0\}$ 为满足 $\Omega(k)+\Gamma(k)=O(a^2(kh)+b^2(kh)+\lambda(kh))$ 的非负确定性实数序列.

引理 5.1 的证明需要如下引理 5.2—引理 5.4.

引理 5.2　对于算法 (5.6), 如果假设 (A1) 成立, 且存在正常数 ρ_0, 使得

$$\sup_{k\geqslant 0}\left\|\mathcal{L}_{\mathcal{G}(k)}\right\|\leqslant \rho_0\quad \text{a.s.},$$

那么有 $\sup_{k\geqslant 0}E[\|\mathcal{A}_{\mathcal{G}(k)}\|^2|\mathcal{F}(k-1)]\leqslant N\rho_0^2$ a.s., $\|W(k)\|\leqslant\sqrt{N}\|\mathcal{A}_{\mathcal{G}(k)}\|$,

$$\sup_{k\geqslant 0}E[\|W(k)\|^2|\mathcal{F}(k-1)]\leqslant N^2\rho_0^2 \text{ a.s. 以及} \|M(k)\|^2\leqslant 4\sigma^2V(k)+2b^2.$$

证明　由矩阵 $W(k)$ 的定义知

$$\|W(k)\|^2=\lambda_{\max}\left(W^{\mathrm{T}}(k)W(k)\right)=\max_{i\in\mathcal{V}}\alpha_i^{\mathrm{T}}(k)\alpha_i(k).$$

注意到 $\alpha_i^{\mathrm{T}}(k)$ 为加权邻接矩阵 $\mathcal{A}_{\mathcal{G}(k)}$ 的第 i 行, 故 $\alpha_i^{\mathrm{T}}(k)\alpha_i(k)=\sum_{j=1}^N w_{ij}^2(k)$, 由此可得

$$\|W(k)\|^2=\max_{i\in\mathcal{V}}\sum_{j=1}^N w_{ij}^2(k)\leqslant\left\|\mathcal{A}_{\mathcal{G}(k)}\right\|_F^2. \tag{5.9}$$

同时, 注意到 $\|\cdot\|\leqslant\|\cdot\|_F\leqslant\sqrt{N}\|\cdot\|$, 由 (5.9) 式, 我们有 $\|W(k)\|\leqslant\sqrt{N}\|\mathcal{A}_{\mathcal{G}(k)}\|$, 那么可知

$$E[\|W(k)\|^2|\mathcal{F}(k-1)]\leqslant NE\left[\left\|\mathcal{A}_{\mathcal{G}(k)}\right\|^2|\mathcal{F}(k-1)\right]. \tag{5.10}$$

进一步, 由拉普拉斯矩阵的定义 $\mathcal{L}_{\mathcal{G}(k)} = \mathcal{D}_{\mathcal{G}(k)} - \mathcal{A}_{\mathcal{G}(k)}$ 可知

$$\begin{aligned}
E\left[\left\|\mathcal{A}_{\mathcal{G}(k)}\right\|_F^2 \middle| \mathcal{F}(k-1)\right] &= E\left[\sum_{i=1}^{N}\sum_{j=1}^{N} w_{ij}^2(k) \middle| \mathcal{F}(k-1)\right] \\
&\leqslant E\left[\sum_{1\leqslant i\neq j\leqslant N} w_{ij}^2(k) + \sum_{i=1}^{N}\left(\sum_{j\neq i} w_{ij}(k)\right)^2 \middle| \mathcal{F}(k-1)\right] \\
&= E\left[\left\|\mathcal{L}_{\mathcal{G}(k)}\right\|_F^2 \middle| \mathcal{F}(k-1)\right] \\
&\leqslant NE\left[\left\|\mathcal{L}_{\mathcal{G}(k)}\right\|^2 \middle| \mathcal{F}(k-1)\right] \\
&\leqslant N\rho_0^2 \quad \text{a.s.},
\end{aligned}$$

由此可得

$$E\left[\left\|\mathcal{A}_{\mathcal{G}(k)}\right\|^2 \middle| \mathcal{F}(k-1)\right] \leqslant N\rho_0^2 \quad \text{a.s.}. \tag{5.11}$$

将 (5.11) 式代入 (5.10) 式得 $E[\|W(k)\|^2|\mathcal{F}(k-1)] \leqslant N^2\rho_0^2$ a.s.. 由假设 (A1) 可知

$$\begin{aligned}
\|M(k)\|^2 &= \max_{1\leqslant i,j\leqslant N} \left(f_{ji}\left(x_j(k) - x_i(k)\right)\right)^2 \\
&\leqslant \max_{1\leqslant i,j\leqslant N} 2\sigma^2(x_j(k) - x_i(k))^2 + 2b^2 \\
&\leqslant 4\sigma^2 \max_{1\leqslant i,j\leqslant N} \left\{(x_j(k) - x_0)^2 + (x_i(k) - x_0)^2\right\} + 2b^2 \\
&\leqslant 4\sigma^2 \sum_{i=1}^{N} (x_i(k) - x_0)^2 + 2b^2 \\
&= 4\sigma^2 V(k) + 2b^2.
\end{aligned}$$

■

引理 5.3 对于算法 (5.6), 如果假设 (A1)、(A2) 成立, 算法增益 $a(k)$, $b(k)$ 和正则化参数 $\lambda(k)$ 单调递减趋于零, 且存在正常数 ρ_0, 使得

$$\sup_{k\geqslant 0}\left(\left\|\mathcal{L}_{\mathcal{G}(k)}\right\| + \left(E\left[\left\|\mathcal{H}^{\mathrm{T}}(k)\mathcal{H}(k)\right\|^2 \middle| \mathcal{F}(k-1)\right]\right)^{\frac{1}{2}}\right) \leqslant \rho_0 \quad \text{a.s.},$$

那么存在满足 $\alpha(k) = o(1)$ 和 $\gamma(k) = O(a^2(k) + b^2(k) + \lambda(k))$ 的非负确定性序列 $\{\alpha(k), k \geqslant 0\}$ 和 $\{\gamma(k), k \geqslant 0\}$, 使得

$$E[V(k)|\mathcal{F}(m_k h - 1)] \leqslant \prod_{i=m_k h}^{k-1}\Big(1 + \alpha(i)\Big)V(m_k h)$$

$$+\sum_{i=m_k h}^{k-1}\gamma(i)\prod_{j=i+1}^{k-1}\Big(1+\alpha(j)\Big)\quad \text{a.s.},\quad h\geqslant 1,$$

其中 $m_k=\left\lfloor\frac{k}{h}\right\rfloor$. 特别地, 存在正整数 k_1, 使得

$$E[V(k)|\mathcal{F}(m_kh-1)]\leqslant 2^hV(m_kh)+h2^h\gamma(m_kh)\quad \text{a.s.},\quad k\geqslant k_1.$$

证明　由估计误差方程 (5.8) 得

$$\begin{aligned}
&V(k+1)\\
&=(1-\lambda(k))^2V(k)-(1-\lambda(k))\delta^{\mathrm{T}}(k)\left(D(k)+D^{\mathrm{T}}(k)\right)\delta(k)\\
&\quad+\delta^{\mathrm{T}}(k)D^{\mathrm{T}}(k)D(k)\delta(k)+S^{\mathrm{T}}(k)S(k)+2S^{\mathrm{T}}(k)\left((1-\lambda(k))I_{Nn}-D(k)\right)\delta(k)\\
&\quad+\lambda^2(k)\left\|\mathbf{1}_N\otimes x_0\right\|^2-2\lambda(k)\delta^{\mathrm{T}}(k)\big((1-\lambda(k))I_{Nn}-D^{\mathrm{T}}(k)\big)(\mathbf{1}_N\otimes x_0)\\
&\quad-2\lambda(k)S^{\mathrm{T}}(k)(\mathbf{1}_N\otimes x_0)\\
&\leqslant(1-\lambda(k))^2V(k)+|1-\lambda(k)|\left|\delta^{\mathrm{T}}(k)\left(D(k)+D^{\mathrm{T}}(k)\right)\delta(k)\right|+\|D(k)\|^2\|\delta(k)\|^2\\
&\quad+\|S(k)\|^2-2\lambda(k)S^{\mathrm{T}}(k)(\mathbf{1}_N\otimes x_0)+2S^{\mathrm{T}}(k)((1-\lambda(k))I_{Nn}-D(k))\delta(k)\\
&\quad+N\lambda^2(k)\|x_0\|^2+2\lambda(k)\left|\delta^{\mathrm{T}}(k)\left((1-\lambda(k))I_{Nn}-D^{\mathrm{T}}(k)\right)(\mathbf{1}_N\otimes x_0)\right|,
\end{aligned}\tag{5.12}$$

其中 $S(k)=a(k)\mathcal{H}^{\mathrm{T}}(k)v(k)+b(k)W(k)M(k)\xi(k)$, $D(k)=b(k)\mathcal{L}_{\mathcal{G}}(k)\otimes I_n+a(k)\mathcal{H}^{\mathrm{T}}(k)\mathcal{H}(k)$. 接下来考虑 (5.12) 式右边逐项关于 $\mathcal{F}(m_kh-1)$ 的条件期望. 注意到 $k-1\geqslant m_kh-1$, 由假设 (A2) 得

$$\begin{aligned}
&E\left[S^{\mathrm{T}}(k)((1-\lambda(k))I_{Nn}-D(k))\delta(k)|\mathcal{F}(m_kh-1)\right]\\
&=E\left[a(k)v^{\mathrm{T}}(k)\mathcal{H}(k)((1-\lambda(k))I_{Nn}-D(k))\delta(k)|\mathcal{F}(m_kh-1)\right]\\
&\quad+E\left[b(k)\xi^{\mathrm{T}}(k)M^{\mathrm{T}}(k)W^{\mathrm{T}}(k)((1-\lambda(k))I_{Nn}-D(k))\delta(k)|\mathcal{F}(m_kh-1)\right]\\
&=E\left[E\left[a(k)v^{\mathrm{T}}(k)\mathcal{H}(k)((1-\lambda(k))I_{Nn}-D(k))\delta(k)|\mathcal{F}(k-1)\right]|\mathcal{F}(m_kh-1)\right]\\
&\quad+E[E[b(k)\xi^{\mathrm{T}}(k)M^{\mathrm{T}}(k)W^{\mathrm{T}}(k)((1-\lambda(k))I_{Nn}\\
&\quad-D(k))\delta(k)|\mathcal{F}(k-1)]|\mathcal{F}(m_kh-1)]\\
&=a(k)E[E\left[v^{\mathrm{T}}(k)|\mathcal{F}(k-1)\right]E[\mathcal{H}(k)((1-\lambda(k))I_{Nn}\\
&\quad-D(k))|\mathcal{F}(k-1)]\delta(k)|\mathcal{F}(m_kh-1)]+b(k)E\left[E\left[\xi^{\mathrm{T}}(k)|\mathcal{F}(k-1)\right]M^{\mathrm{T}}(k)\right.\\
&\quad\left.\times E\left[W^{\mathrm{T}}(k)((1-\lambda(k))I_{Nn}-D(k))|\mathcal{F}(k-1)\right]\delta(k)|\mathcal{F}(m_kh-1)\right]\\
&=0,
\end{aligned}\tag{5.13}$$

其中倒数第二个 “=” 是由 $\delta(k)\in\mathcal{F}(k-1)$, $M(k)\in\mathcal{F}(k-1)$ 和引理 2.5 得到的. 同理可得

$$
\begin{aligned}
&E\left[S^{\mathrm{T}}(k)(\mathbf{1}_N\otimes x_0)|\mathcal{F}(m_kh-1)\right]\\
=&E\left[a(k)v^{\mathrm{T}}(k)\mathcal{H}(k)+b(k)\xi^{\mathrm{T}}(k)M^{\mathrm{T}}(k)W^{\mathrm{T}}(k)|\mathcal{F}(m_kh-1)\right](\mathbf{1}_N\otimes x_0)\\
=&a(k)E\left[E\left[v^{\mathrm{T}}(k)|\mathcal{F}(k-1)\right]E[\mathcal{H}(k)|\mathcal{F}(k-1)]|\mathcal{F}(m_kh-1)\right](\mathbf{1}_N\otimes x_0)\\
&+b(k)E\left[E\left[\xi^{\mathrm{T}}(k)|\mathcal{F}(k-1)\right]M^{\mathrm{T}}(k)E\left[W^{\mathrm{T}}(k)|\mathcal{F}(k-1)\right]|\mathcal{F}(m_kh-1)\right](\mathbf{1}_N\otimes x_0)\\
=&0.
\end{aligned}
\tag{5.14}
$$

记 $q(k)=\max\{a(k),b(k)\}$. 注意到 $V(k)\in\mathcal{F}(k-1)$, 我们有

$$
\begin{aligned}
&E\left[\|D(k)\|^2\|\delta(k)\|^2|\mathcal{F}(m_kh-1)\right]\\
\leqslant&E\left[\left(b(k)\left\|\mathcal{L}_{\mathcal{G}(k)}\right\|+a(k)\left\|\mathcal{H}^{\mathrm{T}}(k)\mathcal{H}(k)\right\|\right)^2\|\delta(k)\|^2|\mathcal{F}(m_kh-1)\right]\\
\leqslant&q^2(k)E[E[(\left\|\mathcal{L}_{\mathcal{G}(k)}\right\|+\left\|\mathcal{H}^{\mathrm{T}}(k)\mathcal{H}(k)\right\|)^2V(k)|\mathcal{F}(k-1)]|\mathcal{F}(m_kh-1)]\\
=&q^2(k)E[E[(\left\|\mathcal{L}_{\mathcal{G}(k)}\right\|+\left\|\mathcal{H}^{\mathrm{T}}(k)\mathcal{H}(k)\right\|)^2|\mathcal{F}(k-1)]V(k)|\mathcal{F}(m_kh-1)]\\
\leqslant&2q^2(k)\rho_0^2E[V(k)|\mathcal{F}(m_kh-1)]\quad\text{a.s..}
\end{aligned}
\tag{5.15}
$$

由引理 5.2 得

$$
E[\|M(k)\|^2|\mathcal{F}(m_kh-1)]\leqslant4\sigma^2E[V(k)|\mathcal{F}(m_kh-1)]+2b^2,
$$

联立假设 (A2)、引理 5.2 和引理 2.5 得

$$
\begin{aligned}
&E\left[\|S(k)\|^2|\mathcal{F}(m_kh-1)\right]\\
\leqslant&2q^2(k)E[\left\|\mathcal{H}^{\mathrm{T}}(k)\right\|^2\|v(k)\|^2+\|W(k)\|^2\|M(k)\|^2\|\xi(k)\|^2|\mathcal{F}(m_kh-1)]\\
\leqslant&2q^2(k)E\left[\rho_0\beta_v+E\left[\|W(k)\|^2\|M(k)\|^2\|\xi(k)\|^2|\mathcal{F}(k-1)\right]|\mathcal{F}(m_kh-1)\right]\\
=&2q^2(k)E\left[\rho_0\beta_v+E\left[\|W(k)\|^2\|\xi(k)\|^2|\mathcal{F}(k-1)\right]\|M(k)\|^2|\mathcal{F}(m_kh-1)\right]\\
=&2q^2(k)E[\rho_0\beta_v+E\left[\|W(k)\|^2|\mathcal{F}(k-1)\right]\\
&E\left[\|\xi(k)\|^2|\mathcal{F}(k-1)\right]\|M(k)\|^2|\mathcal{F}(m_kh-1)]\\
\leqslant&2q^2(k)\rho_0\beta_v+2q^2(k)N^2\rho_0^2\beta_v(4\sigma^2E[V(k)|\mathcal{F}(m_kh-1)]+2b^2)\quad\text{a.s..}
\end{aligned}
\tag{5.16}
$$

注意到

$$
\begin{aligned}
&E\left[\left|\delta^{\mathrm{T}}(k)(D(k)+D^{\mathrm{T}}(k))\delta(k)\right||\mathcal{F}(m_kh-1)\right]\\
\leqslant&2E\left[V(k)\left(b(k)\left\|\mathcal{L}_{\mathcal{G}(k)}\right\|+a(k)\left\|\mathcal{H}^{\mathrm{T}}(k)\mathcal{H}(k)\right\|\right)|\mathcal{F}(m_kh-1)\right]
\end{aligned}
$$

$$
\begin{aligned}
&= 2E\left[E\left[V(k)(b(k)\left\|\mathcal{L}_{\mathcal{G}(k)}\right\| + a(k)\left\|\mathcal{H}^{\mathrm{T}}(k)\mathcal{H}(k)\right\|)|\mathcal{F}(k-1)\right]|\mathcal{F}(m_k h-1)\right] \\
&\leqslant 2q(k)E\left[E\left[\left\|\mathcal{L}_{\mathcal{G}(k)}\right\| + \left\|\mathcal{H}^{\mathrm{T}}(k)\mathcal{H}(k)\right\||\mathcal{F}(k-1)\right]V(k)|\mathcal{F}(m_k h-1)\right] \\
&\leqslant 2q(k)\rho_0 E[V(k)|\mathcal{F}(m_k h-1)] \quad \text{a.s.},
\end{aligned} \tag{5.17}
$$

由均值不等式可得

$$
\begin{aligned}
&E\left[\delta^{\mathrm{T}}(k)\left((1-\lambda(k))I_{Nn} - D^{\mathrm{T}}(k)\right)(\mathbf{1}_N \otimes x_0)|\mathcal{F}(m_k h-1)\right] \\
\leqslant\ & E\left[\|\delta(k)\|\left\|(1-\lambda(k))I_{Nn} - D^{\mathrm{T}}(k)\right\|\|\mathbf{1}_N \otimes x_0\||\mathcal{F}(m_k h-1)\right] \\
\leqslant\ & E[\|\delta(k)\|(|1-\lambda(k)| + \|D(k)\|)\|\mathbf{1}_N \otimes x_0\||\mathcal{F}(m_k h-1)] \\
\leqslant\ & E[\|\delta(k)\|(|1-\lambda(k)| + b(k)\left\|\mathcal{L}_{\mathcal{G}(k)}\right\| \\
& + a(k)\left\|\mathcal{H}^{\mathrm{T}}(k)\mathcal{H}(k)\right\|)\|\mathbf{1}_N \otimes x_0\||\mathcal{F}(m_k h-1)] \\
\leqslant\ & E[\|\delta(k)\|\|\mathbf{1}_N \otimes x_0\| + \|\delta(k)\|\|\mathbf{1}_N \otimes x_0\|q(k)(\left\|\mathcal{L}_{\mathcal{G}(k)}\right\| \\
& + \left\|\mathcal{H}^{\mathrm{T}}(k)\mathcal{H}(k)\right\|)|\mathcal{F}(m_k h-1)] \\
\leqslant\ & \frac{1}{2}\left(E[V(k)|\mathcal{F}(m_k h-1)] + N\|x_0\|^2\right) \\
& + \frac{1}{2}\left(N\|x_0\|^2 E[V(k)|\mathcal{F}(m_k h-1)] + q^2(k)\rho_0^2\right) \quad \text{a.s.},
\end{aligned} \tag{5.18}
$$

联立 (5.12)—(5.18) 式可知

$$
E[V(k+1)|\mathcal{F}(m_k h-1)] \leqslant (1+\alpha(k))E[V(k)|\mathcal{F}(m_k h-1)] + \gamma(k) \quad \text{a.s.}, \tag{5.19}
$$

其中 $\alpha(k) = \lambda^2(k) + \lambda(k)(1+N\|x_0\|^2) + 2q^2(k)\rho_0^2 + 8q^2(k)N^2\rho_0^2\beta_v\sigma^2 + 2\rho_0|1-\lambda(k)|q(k)$, $\gamma(k) = 4b^2q^2(k)N^2\rho_0^2\beta_v + 2q^2(k)\rho_0\beta_v + (N\|x_0\|^2 + q^2(k)\rho_0^2)\lambda(k) + N\|x_0\|^2\lambda^2(k)$. 因此, 由 (5.19) 式可得

$$
E[V(k)|\mathcal{F}(m_k h-1)] \leqslant \prod_{i=m_k h}^{k-1}(1+\alpha(i))V(m_k h) + \sum_{i=m_k h}^{k-1}\gamma(i)\prod_{j=i+1}^{k-1}(1+\alpha(j)) \quad \text{a.s.}. \tag{5.20}
$$

由于 $a(k)$, $b(k)$ 和 $\lambda(k)$ 收敛到 0, 那么当 $k\to\infty$ 时, $\alpha(k)\to 0$ 且 $\gamma(k)\to 0$, 由此可知, 存在正整数 k_1, 使得 $\alpha(i)\leqslant 1$ 且 $i\geqslant k_1$. 注意到 $0\leqslant k-m_k h<h$, 结合 (5.20) 式便证得引理. ■

下面一个引理通过对误差方程 (5.8) 的齐次部分 $\Phi_P((k+1)h-1, kh)$ 进行二项式展开和不等式估计, 证明了存在时间长度 $h>0$, 使得在任意时间区间 $[kh, (k+1)h-1]$ 内, $\Phi_P^{\mathrm{T}}((k+1)h-1, kh)\Phi_P((k+1)h-1, kh)$ 关于 $\mathcal{F}(kh-1)$ 的条件期望的范数有严格小于 1 的上界, 这一结果在算法收敛性分析中扮演了重要的角色.

引理 5.4 对于算法 (5.6), 如果算法增益 $a(k)$, $b(k)$ 和正则化参数 $\lambda(k)$ 单调递减且满足 $\sum_{k=0}^{\infty}(a^2(k)+b^2(k)+\lambda^2(k))<\infty$, 并且存在正整数 h 和正常数 ρ_0, 使得

$$\sup_{k\geqslant 0}\left(\left\|\mathcal{L}_{\mathcal{G}(k)}\right\|+\left(E\left[\left\|\mathcal{H}^{\mathrm{T}}(k)\mathcal{H}(k)\right\|^{2^{\max\{h,2\}}}|\mathcal{F}(k-1)\right]\right)^{\frac{1}{2^{\max\{h,2\}}}}\right)\leqslant\rho_0 \quad \text{a.s.},$$

那么存在正整数 k_2, 使得

$$\begin{aligned}&\left\|E\left[\Phi_P^{\mathrm{T}}((k+1)h-1,kh)\Phi_P((k+1)h-1,kh)|\mathcal{F}(kh-1)\right]\right\|\\ \leqslant\, & 1-2\Lambda_k^h-2\sum_{i=kh}^{(k+1)h-1}\lambda(i)+p(k) \quad \text{a.s.}, \quad k\geqslant k_2,\end{aligned}$$

其中 $p(k)=(9^h-1-4h)(\rho_0\max\{a(kh),b(kh)\}+\lambda(kh))^2$. 特别地, 存在正整数 k_3, 使得

$$\begin{aligned}&\left\|E\left[\Phi_P^{\mathrm{T}}((k+1)h-1,i+1)\Phi_P((k+1)h-1,i+1)|\mathcal{F}(kh-1)\right]\right\|\leqslant 2 \quad \text{a.s.},\\ & k\geqslant k_3, \quad \forall i\in[kh,(k+1)h-1].\end{aligned}$$

证明 由 $D(k)$ 和 $P(k)$ 的定义可知

$$\begin{aligned}&\left\|E\left[\Phi_P^{\mathrm{T}}((k+1)h-1,kh)\Phi_P((k+1)h-1,kh)|\mathcal{F}(kh-1)\right]\right\|\\ =&\left\|E\left[\left((1-\lambda(kh))I_{Nn}-D^{\mathrm{T}}(kh)\right)\times\cdots\right.\right.\\ &\times\left((1-\lambda((k+1)h-1))I_{Nn}-D^{\mathrm{T}}((k+1)h-1)\right)\\ &\times((1-\lambda((k+1)h-1))I_{Nn}-D((k+1)h-1))\times\cdots\\ &\left.\left.\times((1-\lambda(kh))I_{Nn}-D(kh))|\mathcal{F}(kh-1)\right]\right\|\\ =&\left\|I_{Nn}-\sum_{i=kh}^{(k+1)h-1}E\left[D^{\mathrm{T}}(i)+D(i)+2\lambda(i)I_{Nn}|\mathcal{F}(kh-1)\right]\right.\\ &\left.+E\left[\sum_{i=2}^{2h}M_i(k)\middle|\mathcal{F}(kh-1)\right]\right\|\\ \leqslant&\left\|I_{Nn}-\sum_{i=kh}^{(k+1)h-1}E\left[D^{\mathrm{T}}(i)+D(i)+2\lambda(i)I_{Nn}|\mathcal{F}(kh-1)\right]\right\|\\ &+\left\|E\left[\sum_{i=2}^{2h}M_i(k)\middle|\mathcal{F}(kh-1)\right]\right\|,\end{aligned} \tag{5.21}$$

其中 $M_i(k), i=2,\cdots,2h$ 表示 $\Phi_P^{\mathrm{T}}((k+1)h-1,kh)\Phi_P((k+1)h-1,kh)$ 的二项展开式中的 i 阶项. 由谱半径定义得

$$
\begin{aligned}
&\max_{1\leqslant i\leqslant Nn}\lambda_i\left(\sum_{j=kh}^{(k+1)h-1}E\left[D^{\mathrm{T}}(j)+D(j)+2\lambda(j)I_{Nn}|\mathcal{F}(kh-1)\right]\right)\\
\leqslant&\left\|\sum_{j=kh}^{(k+1)h-1}E\left[D^{\mathrm{T}}(j)+D(j)+2\lambda(j)I_{Nn}|\mathcal{F}(kh-1)\right]\right\|\\
\leqslant&\,2\sum_{j=kh}^{(k+1)h-1}E\left[b(j)\left\|\mathcal{L}_{\mathcal{G}(j)}\right\|+a(j)\left\|\mathcal{H}^{\mathrm{T}}(j)\mathcal{H}(j)\right\|+\lambda(j)|\mathcal{F}(kh-1)\right]\\
\leqslant&\,2\sum_{j=kh}^{(k+1)h-1}\max\{a(j),b(j)\}\rho_0+2\sum_{j=kh}^{(k+1)h-1}\lambda(j)\\
\leqslant&\,2\sum_{j=kh}^{(k+1)h-1}(\rho_0a(j)+\rho_0b(j)+\lambda(j))\quad\text{a.s..}
\end{aligned}\tag{5.22}
$$

注意到算法增益递减趋于零, 那么当 $k\to\infty$ 时, (5.22) 式的最后一个不等式的右边趋于零, 并且收敛性不依赖样本轨道. 因此, 存在正整数 l_1, 使得

$$
\lambda_i\left(\sum_{j=kh}^{(k+1)h-1}E\left[D^{\mathrm{T}}(j)+D(j)+2\lambda(j)|\mathcal{F}(kh-1)\right]\right)\leqslant 1\quad\text{a.s.,}
$$
$$
i=1,\cdots,Nn,\quad k\geqslant l_1,
$$

由此可知

$$
\begin{aligned}
&\left\|I_{Nn}-\sum_{j=kh}^{(k+1)h-1}E\left[D^{\mathrm{T}}(j)+D(j)+2\lambda(j)I_{Nn}|\mathcal{F}(kh-1)\right]\right\|\\
=&\,\rho\left(I_{Nn}-\sum_{j=kh}^{(k+1)h-1}E\left[D^{\mathrm{T}}(j)+D(j)+2\lambda(j)I_{Nn}|\mathcal{F}(kh-1)\right]\right)\\
=&\max_{1\leqslant i\leqslant Nn}\left|\lambda_i\left(I_{Nn}-\sum_{j=kh}^{(k+1)h-1}E\left[D^{\mathrm{T}}(j)+D(j)+2\lambda(j)I_{Nn}|\mathcal{F}(kh-1)\right]\right)\right|\\
=&\,1-\lambda_{\min}\left(\sum_{j=kh}^{(k+1)h-1}E\left[D^{\mathrm{T}}(j)+D(j)+2\lambda(j)I_{Nn}|\mathcal{F}(kh-1)\right]\right)
\end{aligned}
$$

$$= 1 - 2\lambda_{\min}\left(\sum_{j=kh}^{(k+1)h-1} E\left[b(j)\widehat{\mathcal{L}}_{\mathcal{G}(j)} \otimes I_n + a(j)\mathcal{H}^{\mathrm{T}}(j)\mathcal{H}(j) + \lambda(j)I_{Nn}|\mathcal{F}(kh-1)\right]\right)$$

$$= 1 - 2\Lambda_k^h - 2\sum_{j=kh}^{(k+1)h-1}\lambda(j), \quad k \geqslant l_1. \tag{5.23}$$

由 Cr 不等式可得

$$\begin{aligned}
&\left[E\left[\|D(j) + \lambda(j)I_{Nn}\|^{2^r}|\mathcal{F}(kh-1)\right]\right]^{\frac{1}{2^r}} \\
\leqslant &\left[E\left[\left(\left\|b(j)\mathcal{L}_{\mathcal{G}(j)} \otimes I_{Nn} + a(j)\mathcal{H}^{\mathrm{T}}(j)\mathcal{H}(j)\right\| + \lambda(j)\right)^{2^r}|\mathcal{F}(kh-1)\right]\right]^{\frac{1}{2^r}} \\
\leqslant &\left[E\left[2^{2^r-1}\left(\left\|b(j)\mathcal{L}_{\mathcal{G}(j)} \otimes I_{Nn} + a(j)\mathcal{H}^{\mathrm{T}}(j)\mathcal{H}(j)\right\|^{2^r} + \lambda^{2^r}(j)\right)|\mathcal{F}(kh-1)\right]\right]^{\frac{1}{2^r}} \\
\leqslant &\, 2\left(\rho_0^{2^r}q^{2^r}(j) + \lambda^{2^r}(j)\right)^{\frac{1}{2^r}} \\
\leqslant &\, 2(\rho_0 q(j) + \lambda(j)), \quad 1 \leqslant r \leqslant h,\ kh \leqslant j \leqslant (k+1)h-1,
\end{aligned}$$

上式联合条件 Hölder 不等式和条件李雅普诺夫不等式得

$$\begin{aligned}
&E\left[\left\|\prod_{j=1}^{r}(D(n_j) + \lambda(n_j)I_{Nn})\right\||\mathcal{F}(kh-1)\right] \\
\leqslant &\left[E\left[\left\|\prod_{j=1}^{r-1}(D(n_j) + \lambda(n_j)I_{Nn})\right\|^2|\mathcal{F}(kh-1)\right]\right]^{\frac{1}{2}} \\
&\times\left[E\left[\|D(n_r) + \lambda(n_r)I_{Nn}\|^2|\mathcal{F}(kh-1)\right]\right]^{\frac{1}{2}} \\
\leqslant &\, 2(\rho_0 q(n_r) + \lambda(n_r))\left[E\left[\left\|\prod_{j=1}^{r-1}(D(n_j) + \lambda(n_j)I_{Nn})\right\|^2|\mathcal{F}(kh-1)\right]\right]^{\frac{1}{2}} \\
\leqslant &\, 2^r\prod_{j=1}^{r}(\rho_0 q(n_j) + \lambda(n_j)) \quad \text{a.s.}, \quad 1 \leqslant r \leqslant h,
\end{aligned} \tag{5.24}$$

其中 $kh \leqslant n_1 \leqslant \cdots \leqslant n_r \leqslant (k+1)h-1$. 一方面,

$$\begin{aligned}
&E[\|M_i(k)\||\mathcal{F}(kh-1)] \\
= &\, E\left[\left\|\sum_{s+t=i}\prod_{l=1}^{s}\left(D^{\mathrm{T}}(n_l) + \lambda(n_l)I_{Nn}\right)\prod_{w=1}^{t}(D(v_{t+1-w}) + \lambda(v_{t+1-w})I_{Nn})\right\|\left|\mathcal{F}(kh-1)\right.\right]
\end{aligned}$$

$$\leqslant \sum_{s+t=i} E\left[\left\|\prod_{l=1}^{s}(D^{\mathrm{T}}(n_l)+\lambda(n_l)I_{Nn})\right\|\left\|\prod_{w=1}^{t}(D(v_{t+1-w})+\lambda(v_{t+1-w})I_{Nn})\right\|\middle|\mathcal{F}(kh-1)\right]$$

$$\leqslant \sum_{s+t=i} 2^{s+t}\prod_{l=1}^{s}(\rho_0 q(n_l)+\lambda(n_l))\prod_{w=1}^{t}(\rho_0 q(v_w)+\lambda(v_w)) \quad \text{a.s.}, \quad 2\leqslant i\leqslant h, \tag{5.25}$$

其中 $kh\leqslant n_1\leqslant\cdots\leqslant n_s\leqslant(k+1)h-1$, $kh\leqslant v_1\leqslant\cdots\leqslant v_t\leqslant(k+1)h-1$. 注意到存在正整数 l_2, 使得 $\rho_0 q(k)+\lambda(k)\leqslant 1, k\geqslant l_2$. 由 (5.25) 式得

$$E[\|M_i(k)\||\mathcal{F}(kh-1)]\leqslant \mathbb{C}_{2h}^{i}2^{i}(\rho_0 q(kh)+\lambda(kh))^2 \quad \text{a.s.}, \quad 2\leqslant i\leqslant h,\ k\geqslant l_2. \tag{5.26}$$

另一方面, 当 $h<i\leqslant 2h$ 时, $M_i(k)$ 最多与 i $(2\leqslant i\leqslant h)$ 个不同元素相乘, 其中矩阵与其转置视为同一元素. 注意到对任意矩阵 A, 都有 $\|A^{\mathrm{T}}A\|=\|A\|^2$. 由 (5.24) 式知

$$E[\|M_i(k)\||\mathcal{F}(kh-1)]\leqslant \mathbb{C}_{2h}^{i}2^{i}(\rho_0 q(kh)+\lambda(kh))^2 \quad \text{a.s.}, \quad h<i\leqslant 2h,\ k\geqslant l_2. \tag{5.27}$$

由 (5.26) 式和 (5.27) 式得

$$\begin{aligned}\left\|E\left[\sum_{i=2}^{2h}M_i(k)\middle|\mathcal{F}(kh-1)\right]\right\| &\leqslant \sum_{i=2}^{2h}\mathbb{C}_{2h}^{i}2^{i}(\rho_0 q(kh)+\lambda(kh))^2\\ &=p(k) \quad \text{a.s.}, \quad k\geqslant l_2.\end{aligned} \tag{5.28}$$

易知 $\sum_{k=0}^{\infty}p(k)<\infty$. 记 $k_2=\max\{l_1,l_2\}$. 由 (5.21) 式、(5.23) 式和 (5.28) 式可得

$$\begin{aligned}&\left\|E\left[\Phi_P^{\mathrm{T}}((k+1)h-1,kh)\Phi_P((k+1)h-1,kh)|\mathcal{F}(kh-1)\right]\right\|\\ &\leqslant 1-2\Lambda_k^h-2\sum_{i=kh}^{(k+1)h-1}\lambda(i)+p(k) \quad \text{a.s.}, \quad k\geqslant k_2.\end{aligned}$$

记 $G_j(k,i)$ 为 $\Phi_P^{\mathrm{T}}((k+1)h-1,i+1)\Phi_P((k+1)h-1,i+1)$ 的二项展开式中的 j 阶项. 同理, 我们有

$$\begin{aligned}&E[\|G_j(k,i)\||\mathcal{F}(i)]\leqslant \mathbb{C}_{2((k+1)h-i-1)}^{j}2^{j}(\rho_0 q(kh)+\lambda(kh))^2 \quad \text{a.s.},\\ &k\geqslant k_2, \quad kh\leqslant i\leqslant (k+1)h-1, \quad 2\leqslant j\leqslant 2((k+1)h-i-1).\end{aligned}$$

上式联立 (5.22) 式得

$$\left\|E\left[\Phi_P^{\mathrm{T}}((k+1)h-1,i+1)\Phi_P((k+1)h-1,i+1)\middle|\mathcal{F}(i)\right]\right\|$$

$$
\begin{aligned}
&= \left\| I_{Nn} - \sum_{j=i+1}^{(k+1)h-1} E\left[D^{\mathrm{T}}(j) + D(j) + 2\lambda(j) I_{Nn} | \mathcal{F}(i)\right] \right. \\
&\quad \left. + E\left[\sum_{j=2}^{2((k+1)h-i-1)} G_j(k,i) \middle| \mathcal{F}(i)\right] \right\| \\
&\leqslant \left\| I_{Nn} - \sum_{j=i+1}^{(k+1)h-1} E\left[D^{\mathrm{T}}(j) + D(j) + 2\lambda(j) I_{Nn} | \mathcal{F}(i)\right] \right\| \\
&\quad + \left\| E\left[\sum_{j=2}^{2((k+1)h-i-1)} G_j(k,i) \middle| \mathcal{F}(i)\right] \right\| \\
&\leqslant 1 + \left\| \sum_{j=i+1}^{(k+1)h-1} E\left[D^{\mathrm{T}}(j) + D(j) + 2\lambda(j) I_{Nn} | \mathcal{F}(i)\right] \right\| \\
&\quad + \sum_{j=2}^{2((k+1)h-i-1)} E\left[\|G_j(k,i)\| | \mathcal{F}(i)\right] \\
&\leqslant 1 + \sum_{j=kh}^{(k+1)h-1} \left\| E\left[D^{\mathrm{T}}(j) + D(j) + 2\lambda(j) I_{Nn} | \mathcal{F}(i)\right] \right\| \\
&\quad + \sum_{j=2}^{2((k+1)h-i-1)} E[\|G_j(k,i)\| | \mathcal{F}(i)] \\
&\leqslant 1 + 2 \sum_{j=kh}^{(k+1)h-1} (\rho_0 a(j) + \rho_0 b(j) + \lambda(j)) \\
&\quad + \sum_{j=2}^{2((k+1)h-i-1)} \mathbb{C}_{2((k+1)h-i-1)}^{j} 2^j (\rho_0 q(kh) + \lambda(kh))^2 \\
&\leqslant 1 + 2 \sum_{j=kh}^{(k+1)h-1} (\rho_0 a(j) + \rho_0 b(j) + \lambda(j)) + \sum_{j=2}^{2h} \mathbb{C}_{2h}^{j} 2^j (\rho_0 q(kh) + \lambda(kh))^2 \\
&= 1 + 2 \sum_{j=kh}^{(k+1)h-1} (\rho_0 a(j) + \rho_0 b(j) + \lambda(j)) + p(k) \quad \text{a.s.,} \quad k \geqslant k_2,
\end{aligned}
$$

由此可知, 存在正整数 k_3, 使得 $\|E[\Phi_P^{\mathrm{T}}((k+1)h-1, i+1)\Phi_P((k+1)h-1, i+1)|\mathcal{F}(i)]\| \leqslant 2 \quad \text{a.s.,} \ k \geqslant k_3$. ■

引理 5.1 的证明　由估计误差方程 (5.8) 可知

$$
\begin{aligned}
&E[V((k+1)h)|\mathcal{F}(kh-1)]\\
=&\sum_{i=1}^{4}E\left[A_i^{\mathrm{T}}(k)A_i(k)+2\sum_{1\leqslant i<j\leqslant 4}A_i^{\mathrm{T}}(k)A_j(k)\middle|\mathcal{F}(kh-1)\right],
\end{aligned}\tag{5.29}
$$

其中 $A_1(k)=\Phi_P((k+1)h-1,kh)\delta(kh)$, $A_2(k)=\sum_{i=kh}^{(k+1)h-1}a(i)\Phi_P((k+1)h-1,i+1)\mathcal{H}^{\mathrm{T}}(i)v(i)$, $A_3(k)=\sum_{i=kh}^{(k+1)h-1}b(i)\Phi_P((k+1)h-1,i+1)W(i)M(i)\xi(i)$ 以及 $A_4(k)=\sum_{i=kh}^{(k+1)h-1}\lambda(i)\Phi_P((k+1)h-1,i+1)(\mathbf{1}_N\otimes x_0)$.

接下来逐项分析 (5.29) 式的右边. 由假设 (A2) 知, 当 $kh\leqslant i\leqslant (k+1)h-1$ 时, $\Phi_P^{\mathrm{T}}((k+1)h-1,kh)\Phi_P((k+1)h-1,i+1)\mathcal{H}^{\mathrm{T}}(i)$ 与 $v(i)$ 相互独立, 由引理 2.5 可得 $\Phi_P^{\mathrm{T}}((k+1)h-1,kh)\Phi_P((k+1)h-1,i+1)\mathcal{H}^{\mathrm{T}}(i)$ 和 $v(i)$ 关于 $\mathcal{F}(kh-1)$ 条件独立. 注意到 $\delta(kh)\in\mathcal{F}(kh-1)$, 那么

$$
E\left[A_1^{\mathrm{T}}(k)A_2(k)|\mathcal{F}(kh-1)\right]=0.\tag{5.30}
$$

同理可得

$$
E\left[A_1^{\mathrm{T}}(k)A_3(k)+A_2^{\mathrm{T}}(k)A_4(k)+A_3^{\mathrm{T}}(k)A_4(k)|\mathcal{F}(kh-1)\right]=0.\tag{5.31}
$$

由引理 5.4可知, 存在正整数 k_2 和 k_3, 使得

$$
\begin{aligned}
&E\left[A_1^{\mathrm{T}}(k)A_4(k)|\mathcal{F}(kh-1)\right]\\
=&\sum_{i=kh}^{(k+1)h-1}\lambda(i)E\big[\delta^{\mathrm{T}}(kh)\Phi_P^{\mathrm{T}}((k+1)h-1,kh)\\
&\times\Phi_P((k+1)h-1,i+1)(\mathbf{1}_N\otimes x_0)|\mathcal{F}(kh-1)\big]\\
\leqslant&\sum_{i=kh}^{(k+1)h-1}\lambda(i)E\big[\,\|\delta^{\mathrm{T}}(kh)\Phi_P^{\mathrm{T}}((k+1)h-1,kh)\|\\
&\times\|\Phi_P((k+1)h-1,i+1)(\mathbf{1}_N\otimes x_0)\||\mathcal{F}(kh-1)\big]\\
\leqslant&\frac{1}{2}\sum_{i=kh}^{(k+1)h-1}\Big(\lambda(i)E\Big[\,\|\Phi_P((k+1)h-1,kh)\delta(kh)\|^2\,|\mathcal{F}(kh-1)\Big]\\
&+\lambda(i)E\Big[\|\Phi_P((k+1)h-1,i+1)(\mathbf{1}_N\otimes x_0)\|^2|\mathcal{F}(kh-1)\Big]\Big)\\
=&\frac{1}{2}\sum_{i=kh}^{(k+1)h-1}\big(\lambda(i)\delta^{\mathrm{T}}(kh)E\big[\Phi_P^{\mathrm{T}}((k+1)h-1,kh)\Phi_P((k+1)h-1,kh)|\mathcal{F}(kh-1)\big]
\end{aligned}
$$

$$
\begin{aligned}
&\times\delta(kh)+\lambda(i)(\mathbf{1}_N\otimes x_0)^{\mathrm{T}}E\big[\Phi_P^{\mathrm{T}}((k+1)h-1,i+1)\\
&\times\Phi_P((k+1)h-1,i+1)|\mathcal{F}(kh-1)\big](\mathbf{1}_N\otimes x_0)\big)\\
\leqslant&\frac{1}{2}\sum_{i=kh}^{(k+1)h-1}\Big(\lambda(i)V(kh)\big\|E\big[\Phi_P^{\mathrm{T}}((k+1)h-1,kh)\Phi_P((k+1)h-1,kh)|\mathcal{F}(kh-1)\big]\big\|\\
&+N\|x_0\|^2\lambda(i)\big\|E\big[\Phi_P^{\mathrm{T}}((k+1)h-1,i+1)\Phi_P((k+1)h-1,i+1)|\mathcal{F}(kh-1)\big]\big\|\Big)\\
\leqslant&\frac{1}{2}\sum_{i=kh}^{(k+1)h-1}\left(\lambda(i)\left(1-2\Lambda_k^h-2\sum_{j=kh}^{(k+1)h-1}\lambda(j)+p(k)\right)V(kh)+2N\|x_0\|^2\lambda(i)\right)\\
\leqslant&\frac{1}{2}\left(\sum_{i=kh}^{(k+1)h-1}\lambda(i)\right)\left(1-2\Lambda_k^h-2\sum_{i=kh}^{(k+1)h-1}\lambda(i)+p(k)\right)V(kh)+Nh\|x_0\|^2\lambda(kh)\\
\leqslant&\frac{1}{2}\left(\sum_{i=kh}^{(k+1)h-1}\lambda(i)\right)(1+p(k))V(kh)\\
&+Nh\|x_0\|^2\lambda(kh)\quad\text{a.s.},\quad k\geqslant\max\{k_2,k_3\},
\end{aligned}\tag{5.32}
$$

其中 $p(k)=(9^h-1-4h)(\rho_0\max\{a(kh),b(kh)\}+\lambda(kh))^2$. 由假设 (A2) 和引理 2.5 得

$$
\begin{aligned}
&E\big[v^{\mathrm{T}}(i)\mathcal{H}(i)\Phi_P^{\mathrm{T}}((k+1)h-1,i+1)\\
&\times\Phi_P((k+1)h-1,j+1)W(j)M(j)\xi(j)|\mathcal{F}(kh-1)\big]\\
=&E\big[E\big[v^{\mathrm{T}}(i)\mathcal{H}(i)\Phi_P^{\mathrm{T}}((k+1)h-1,i+1)\Phi_P((k+1)h-1,j+1)\\
&\times W(j)M(j)\xi(j)|\mathcal{F}(j)\big]|\mathcal{F}(kh-1)\big]\\
=&E\big[E\big[v^{\mathrm{T}}(i)\mathcal{H}(i)\Phi_P^{\mathrm{T}}((k+1)h-1,i+1)\Phi_P((k+1)h-1,j+1)|\mathcal{F}(j)\big]\\
&\times W(j)M(j)\xi(j)|\mathcal{F}(kh-1)\big]\\
=&E\big[E\big[v^{\mathrm{T}}(i)|\mathcal{F}(j)\big]E\big[\mathcal{H}(i)\Phi_P^{\mathrm{T}}((k+1)h-1,i+1)\\
&\times\Phi_P((k+1)h-1,j+1)|\mathcal{F}(j)\big]W(j)M(j)\times\xi(j)|\mathcal{F}(kh-1)\big]\\
=&0,\quad kh\leqslant j<i\leqslant(k+1)h-1,
\end{aligned}\tag{5.33}
$$

以及

$$
\begin{aligned}
&E\big[v^{\mathrm{T}}(i)\mathcal{H}(i)\Phi_P^{\mathrm{T}}((k+1)h-1,i+1)\\
&\times\Phi_P((k+1)h-1,j+1)W(j)M(j)\xi(j)|\mathcal{F}(kh-1)\big]\\
=&E\big[E\big[v^{\mathrm{T}}(i)\mathcal{H}(i)\Phi_P^{\mathrm{T}}((k+1)h-1,i+1)\Phi_P((k+1)h-1,j+1)W(j)M(j)
\end{aligned}
$$

$$
\begin{aligned}
&\times\xi(j)|\mathcal{F}(j-1)\big]|\mathcal{F}(kh-1)\big] \\
&=E\big[v^{\mathrm{T}}(i)\mathcal{H}(i)\Phi_P^{\mathrm{T}}(j-1,i+1)E\big[\Phi_P^{\mathrm{T}}((k+1)h-1,j)\Phi_P((k+1)h-1,j+1) \\
&\quad\times W(j)|\mathcal{F}(j-1)\big]M(j)E\big[\xi(j)|\mathcal{F}(j-1)\big]|\mathcal{F}(kh-1)\big] \\
&=0,\quad kh\leqslant i<j\leqslant(k+1)h-1.
\end{aligned}
\tag{5.34}
$$

因此, 由 (5.33) 式、(5.34) 式、假设 (A1)、(A2)、引理 5.2—引理 5.4 和引理 2.5 可知, 存在正整数 k_1, 使得

$$
\begin{aligned}
&E\big[A_2^{\mathrm{T}}(k)A_3(k)|\mathcal{F}(kh-1)\big] \\
&=\sum_{i,j=kh}^{(k+1)h-1}a(i)b(j)E\big[v^{\mathrm{T}}(i)\mathcal{H}(i)\Phi_P^{\mathrm{T}}((k+1)h-1,i+1) \\
&\quad\times\Phi_P((k+1)h-1,j+1)W(j)M(j)\xi(j)|\mathcal{F}(kh-1)\big] \\
&=\left(\sum_{j<i}+\sum_{i<j}+\sum_{i=j}\right)a(i)b(j)E\big[v^{\mathrm{T}}(i)\mathcal{H}(i)\Phi_P^{\mathrm{T}}((k+1)h-1,i+1) \\
&\quad\times\Phi_P((k+1)h-1,j+1)\times W(j)M(j)\xi(j)|\mathcal{F}(kh-1)\big] \\
&=\sum_{i=kh}^{(k+1)h-1}a(i)b(i)E\big[v^{\mathrm{T}}(i)\mathcal{H}(i)\Phi_P^{\mathrm{T}}((k+1)h-1,i+1)\Phi_P((k+1)h-1,i+1) \\
&\quad\times W(i)M(i)\xi(i)|\mathcal{F}(kh-1)\big] \\
&\leqslant\sum_{i=kh}^{(k+1)h-1}a(i)b(i)E\Big[\big\|E\big[\Phi_P^{\mathrm{T}}((k+1)h-1,i+1) \\
&\quad\times\Phi_P((k+1)h-1,i+1)|\mathcal{F}(i)\big]\big\|\big\|\mathcal{H}^{\mathrm{T}}(i)v(i)+W(i)M(i)\xi(i)\big\|^2|\mathcal{F}(kh-1)\Big] \\
&\leqslant 4\sum_{i=kh}^{(k+1)h-1}a(i)b(i)E\big[\|\mathcal{H}(i)\|^2\|v(i)\|^2+\|W(i)\|^2\|M(i)\|^2\|\xi(i)\|^2|\mathcal{F}(kh-1)\big] \\
&=4\sum_{i=kh}^{(k+1)h-1}a(i)b(i)E\big[E\big[\|\mathcal{H}(i)\|^2|\mathcal{F}(i-1)\big]E\big[\|v(i)\|^2|\mathcal{F}(i-1)\big] \\
&\quad+\|M(i)\|^2E[\|W(i)\|^2|\mathcal{F}(i-1)]\times E\big[\|\xi(i)\|^2|\mathcal{F}(i-1)]|\mathcal{F}(kh-1)\big] \\
&\leqslant 4\sum_{i=kh}^{(k+1)h-1}a(i)b(i)\big(\beta_v\rho_0+N^2\beta_v\rho_0^2\left(4\sigma^2E[V(i)|\mathcal{F}(kh-1)]+2b^2\right)\big)
\end{aligned}
$$

$$\leqslant 4\sum_{i=kh}^{(k+1)h-1} a(i)b(i)\big(\beta_v\rho_0 + N^2\beta_v\rho_0^2\big(2^{h+2}\sigma^2V(kh) + 2^{h+2}h\sigma^2 + 2b^2\big)\big)$$

$$\leqslant 4h\big(\beta_v\rho_0 + N^2\beta_v\rho_0^2\big(2^{h+2}\sigma^2V(kh)$$

$$+ 2^{h+2}h\sigma^2 + 2b^2\big)\big)a(kh)b(kh) \quad \text{a.s.}, \quad k \geqslant \max\{k_1, k_3\}. \tag{5.35}$$

类似于 (5.33) 式和 (5.34) 式, 我们有

$$E\big[v^{\mathrm{T}}(i)\mathcal{H}(i)\Phi_P^{\mathrm{T}}((k+1)h-1,i+1)\Phi_P((k+1)h-1,j+1)\mathcal{H}^{\mathrm{T}}(j)v(j)|\mathcal{F}(kh-1)\big]=0,$$

$$kh \leqslant j \neq i \leqslant (k+1)h-1,$$

联立上式和假设 (A2)、引理 5.4 和引理 2.5 得

$$E\big[A_2^{\mathrm{T}}(k)A_2(k)|\mathcal{F}(kh-1)\big]$$

$$= \sum_{i=kh}^{(k+1)h-1} a^2(i)E\big[v^{\mathrm{T}}(i)\mathcal{H}(i)\Phi_P^{\mathrm{T}}((k+1)h-1,i+1)$$

$$\times\Phi_P((k+1)h-1,i+1)\mathcal{H}^{\mathrm{T}}(i)v(i)|\mathcal{F}(kh-1)\big]$$

$$\leqslant \sum_{i=kh}^{(k+1)h-1} a^2(i)\big\|E\big[E\big[v^{\mathrm{T}}(i)\mathcal{H}(i)\Phi_P^{\mathrm{T}}((k+1)h-1,i+1)$$

$$\times\Phi_P((k+1)h-1,i+1)\mathcal{H}^{\mathrm{T}}(i)v(i)|\mathcal{F}(i)\big]|\mathcal{F}(kh-1)\big]\big\|$$

$$= \sum_{i=kh}^{(k+1)h-1} a^2(i)\big\|E\big[v^{\mathrm{T}}(i)\mathcal{H}(i)E\big[\Phi_P^{\mathrm{T}}((k+1)h-1,i+1)$$

$$\times\Phi_P((k+1)h-1,i+1)|\mathcal{F}(i)\big]\mathcal{H}^{\mathrm{T}}(i)v(i)|\mathcal{F}(kh-1)\big]\big\|$$

$$\leqslant \sum_{i=kh}^{(k+1)h-1} a^2(i)E\Big[\big\|E\big[\Phi_P^{\mathrm{T}}((k+1)h-1,i+1)\Phi_P((k+1)h-1,i+1)|\mathcal{F}(i)\big]\big\|$$

$$\times\big\|\mathcal{H}^{\mathrm{T}}(i)\big\|^2\|v(i)\|^2|\mathcal{F}(kh-1)\Big]$$

$$\leqslant 2\sum_{i=kh}^{(k+1)h-1} a^2(i)E\Big[\big\|\mathcal{H}^{\mathrm{T}}(i)\big\|^2\|v(i)\|^2|\mathcal{F}(kh-1)\Big]$$

$$= 2\sum_{i=kh}^{(k+1)h-1} a^2(i)E\big[\big\|\mathcal{H}^{\mathrm{T}}(i)\mathcal{H}(i)\big\||\mathcal{F}(kh-1)\big]E\big[\|v(i)\|^2|\mathcal{F}(kh-1)\big]$$

$$\leqslant 2\beta_v\rho_0\sum_{i=kh}^{(k+1)h-1} a^2(i)$$

$$\leqslant 2h\beta_v\rho_0 a^2(kh) \quad \text{a.s.}, \quad k \geqslant k_3. \tag{5.36}$$

类似于 (5.33) 式和 (5.34) 式, 我们可知

$$\begin{aligned}&E\big[\xi^{\mathrm{T}}(i)M^{\mathrm{T}}(i)W^{\mathrm{T}}(i)\Phi_P^{\mathrm{T}}((k+1)h-1,i+1)\\&\times\Phi_P((k+1)h-1,j+1)W(j)M(j)\xi(j)|\mathcal{F}(kh-1)\big]\\=&\,0, \quad kh\leqslant j\neq i\leqslant (k+1)h-1,\end{aligned}$$

联立上式、假设 (A2)、引理 5.2—引理 5.4 和引理 2.5 得

$$\begin{aligned}&E\big[A_3^{\mathrm{T}}(k)A_3(k)|\mathcal{F}(kh-1)\big]\\=&\sum_{i=kh}^{(k+1)h-1} b^2(i)E\big[\xi^{\mathrm{T}}(i)M^{\mathrm{T}}(i)W^{\mathrm{T}}(i)\Phi_P^{\mathrm{T}}((k+1)h-1,i+1)\Phi_P((k+1)h-1,i+1)\\&\times W(i)M(i)\xi(i)|\mathcal{F}(kh-1)\big]\\\leqslant&\sum_{i=kh}^{(k+1)h-1} b^2(i)\big\|E\big[E\big[\xi^{\mathrm{T}}(i)M^{\mathrm{T}}(i)W^{\mathrm{T}}(i)\Phi_P^{\mathrm{T}}((k+1)h-1,i+1)\\&\times\Phi_P((k+1)h-1,i+1)\times W(i)M(i)\xi(i)|\mathcal{F}(i)\big]|\mathcal{F}(kh-1)\big]\big\|\\=&\sum_{i=kh}^{(k+1)h-1} b^2(i)\big\|E\big[\xi^{\mathrm{T}}(i)M^{\mathrm{T}}(i)W^{\mathrm{T}}(i)E\big[\Phi_P^{\mathrm{T}}((k+1)h-1,i+1)\\&\times\Phi_P((k+1)h-1,i+1)|\mathcal{F}(i)\big]W(i)M(i)\xi(i)|\mathcal{F}(kh-1)\big]\big\|\\\leqslant&\sum_{i=kh}^{(k+1)h-1} b^2(i)E\big[\big\|E\big[\Phi_P^{\mathrm{T}}((k+1)h-1,i+1)\Phi_P((k+1)h-1,i+1)|\mathcal{F}(i)\big]\big\|\\&\|W(i)\|^2\|M(i)\|^2\times\|\xi(i)\|^2|\mathcal{F}(kh-1)\big]\\\leqslant&\, 2\sum_{i=kh}^{(k+1)h-1} b^2(i)E\big[\|W(i)\|^2\|M(i)\|^2\|\xi(i)\|^2|\mathcal{F}(kh-1)\big]\\=&\, 2\sum_{i=kh}^{(k+1)h-1} b^2(i)E\big[E\big[\|W(i)\|^2|\mathcal{F}(i-1)\big]\|M(i)\|^2E\big[\|\xi(i)\|^2|\mathcal{F}(i-1)\big]|\mathcal{F}(kh-1)\big]\\\leqslant&\, 2N^2\beta_v\rho_0^2\sum_{i=kh}^{(k+1)h-1} b^2(i)\big(4\sigma^2E[V(i)|\mathcal{F}(kh-1)]+2b^2\big)\\\leqslant&\, 2hN^2\beta_v\rho_0^2\big(2^{h+2}\sigma^2V(kh)+2^{h+2}h\sigma^2+2b^2\big)b^2(kh) \quad \text{a.s.}, \quad k\geqslant\max\{k_1,k_3\}.\end{aligned} \tag{5.37}$$

由引理 5.4, 我们有

$$E\left[A_4^{\mathrm{T}}(k)A_4(k)|\mathcal{F}(kh-1)\right] \leqslant 2Nh^2\|x_0\|^2\lambda^2(kh) \quad \text{a.s.}, \quad k \geqslant k_3. \tag{5.38}$$

由引理 5.4 得

$$\begin{aligned} &E\left[A_1^{\mathrm{T}}(k)A_1(k)|\mathcal{F}(kh-1)\right] \\ &\leqslant \left(1-2\Lambda_k^h-2\sum_{i=kh}^{(k+1)h-1}\lambda(i)+p(k)\right)V(kh) \quad \text{a.s.}, \quad k \geqslant k_2. \end{aligned} \tag{5.39}$$

注意到 $\lambda(k)$ 趋于零, 那么存在正整数 k_4, 使得 $\lambda(k) \leqslant 1, k \geqslant k_4$. 将 (5.30)—(5.32) 式以及 (5.35)—(5.39) 式代入 (5.29) 式得

$$\begin{aligned} &E[V((k+1)h)|\mathcal{F}(kh-1)] \\ &\leqslant \left(1-2\Lambda_k^h-2\sum_{i=kh}^{(k+1)h-1}\lambda(i)+\sum_{i=kh}^{(k+1)h-1}\lambda(i)+\Omega(k)\right)V(kh)+\Gamma(k) \\ &\leqslant (1+\Omega(k))\,V(kh)-\left(2\Lambda_k^h+2\sum_{i=kh}^{(k+1)h-1}\lambda(i)\right)V(kh)+\Gamma(k) \quad \text{a.s.}, \quad k \geqslant k_0, \end{aligned}$$

其中 $k_0=\max\{k_1,k_2,k_3,k_4\}$, $\Omega(k)=p(k)+2^{h+3}hN^2\beta_v\sigma^2\rho_0^2b^2(kh)+2^{h+5}hN^2\beta_v\times\sigma^2\rho_0^2a(kh)b(kh)+hp(k)+\sum_{i=kh}^{(k+1)h-1}\lambda(i)$ 以及 $\Gamma(k)=2h\rho_0\beta_va^2(kh)+(2^{h+3}h\sigma^2+4b^2)hN^2\beta_v\rho_0^2\times b^2(kh)+8ha(kh)\,b(kh)(\beta_v\rho_0+N^2\beta_v\rho_0^2(2^{h+2}h\sigma^2+2b^2))+2hN\times\|x_0\|^2\lambda(kh)+2Nh^2\|x_0\|^2\lambda^2(kh)$. 注意到 $p(k)=O(a^2(kh)+b^2(kh)+\lambda^2(kh))$, 故可得 $\Omega(k)+\Gamma(k)=O(a^2(kh)+b^2(kh)+\lambda(kh))$. ■

注释 5.5 矩阵 $\mathcal{A}_{\mathcal{G}(k)}$ 的元素表示图上所有边的权重, 假设这些权重关于样本轨道一致有界是合理的. 同时, 假设回归矩阵条件有界也是符合实际情况的. 例如, 考虑例 5.1 中带有 i.i.d. 高斯白噪声的 AR 模型 (5.2). 在这种情况下, 我们可以看出 $E[\|H_i^{\mathrm{T}}(k)H_i(k)\||\mathcal{F}(k-1)]$ 有界, 但由于高斯白噪声的影响, 回归矩阵 $H_i(k)$ 关于样本轨道不是一致有界的.

下面给出本章的主要结果. 首先, 我们分析算法的收敛性.

定理 5.1 对于算法 (5.6), 如果假设 (A1)、(A2) 成立, 算法增益 $a(k)$, $b(k)$ 和 $\lambda(k)$ 单调递减, 存在正整数 h 和正常数 ρ_0, 使得

(i) $\sum_{k=0}^{\infty}\Lambda_k^h=\infty$ a.s. 且 $\inf_{k\geqslant 0}\left(\Lambda_k^h+\lambda(k)\right)\geqslant 0$ a.s.;

(ii) $\sum_{k=0}^{\infty}\left(a^2(k)+b^2(k)+\lambda(k)\right)<\infty$;

(iii) $\sup_{k\geqslant 0}\left(\left\|\mathcal{L}_{\mathcal{G}(k)}\right\|+\left(E\left[\left\|\mathcal{H}^{\mathrm{T}}(k)\mathcal{H}(k)\right\|^{2^{\max\{h,2\}}}|\mathcal{F}(k-1)\right]\right)^{\frac{1}{2^{\max\{h,2\}}}}\right)\leqslant\rho_0$ a.s.,

那么 $\lim_{k\to\infty}x_i(k)=x_0,\ i\in\mathcal{V}$ a.s..

下面给出定理 5.1 证明的主要思路, 由此解决了现有研究的局限性.

证明思路　随机矩阵的不可交换性、非独立性和非平稳性给在线算法 (5.6) 的收敛性分析带来了本质困难, 为此我们的证明由如下四部分构成. ① 利用概率论中条件期望相关的性质, 通过二项展开技术, 得到状态转移矩阵的上界, 即 $\|E[\Phi_P^{\mathrm{T}}((k+1)h-1,kh)\Phi_P((k+1)h-1,kh)|\mathcal{F}(kh-1)]\|\leqslant 1-2\left(\Lambda_k^h+\sum_{i=kh}^{(k+1)h-1}\lambda(i)\right)+O(a^2(kh)+b^2(kh)+\lambda^2(kh))$ a.s., 在此基础上, 将随机矩阵的分析转化为对信息矩阵 Λ_k^h 最小特征值的研究, 不同于文献 [133, 134], 我们不再需要通过假设独立性去拆分随机矩阵的连乘积. ② 考虑估计误差的平方 $V(kh)$. 由误差方程 (5.8) 以及概率论中的不等式技术, 挖掘 $E[V((k+1)h)|\mathcal{F}(kh-1)]$ 和 $V(kh)$ 之间的关系. 基于引理 5.1, 得到估计误差的平方的非负上鞅不等式. ③ 通过选取合适的算法增益和正则化参数, 借助非负上鞅收敛定理, 证明 $V(kh)$ 和无穷级数 $\sum_{k=0}^{\infty}\left(\Lambda_k^h+\sum_{i=kh}^{(k+1)h-1}\lambda(i)\right)V(kh)$ 几乎必然收敛. ④ 由定理 5.1 的条件 (i), 证明当 $k\to\infty$ 时, $V(kh)\to 0$ a.s., 不同于文献 [269, 297], 不再要求信息矩阵 Λ_k^h 的最小特征值有正的确定性下界. 因此, 我们的结果不仅减弱了对回归矩阵和图的特殊统计性质的依赖, 而且弱化了我们之前工作中的条件.

定理 5.1 的证明　由条件 (iii) 和引理 5.1 知, 存在正整数 k_0, 使得

$$\begin{aligned}&E[V((k+1)h)|\mathcal{F}(kh-1)]\\&\leqslant(1+\Omega(k))V(kh)-2\left(\Lambda_k^h+\sum_{i=kh}^{(k+1)h-1}\lambda(i)\right)V(kh)+\Gamma(k)\quad\text{a.s.},\quad k\geqslant k_0,\end{aligned}$$

其中 $\Omega(k)+\Gamma(k)=O(a^2(kh)+b^2(kh)+\lambda(kh))$ 非负. 根据条件 (i) 和 $V(k)=\|\delta(k)\|^2$ 可知 $\Lambda_k^h+\sum_{i=kh}^{(k+1)h-1}\lambda(i)$ 和 $V(kh)$ 非负且适应于 $\mathcal{F}(kh-1)$, $k\geqslant k_0$. 根据条件 (ii), 我们有 $\sum_{k=0}^{\infty}\Omega(k)+\sum_{k=0}^{\infty}\Gamma(k)<\infty$, 由上式和文献 [223] 中的定理 1 得

$$\sum_{k=0}^{\infty}\left(\Lambda_k^h+\sum_{i=kh}^{(k+1)h-1}\lambda(i)\right)V(kh)<\infty\quad\text{a.s.},$$

且 $V(kh)$ 几乎必然收敛, 此时结合条件 (i) 可知

$$\lim_{k\to\infty}\delta(kh)=0\quad\text{a.s.}.\tag{5.40}$$

记 $m_k=\left\lfloor\dfrac{k}{h}\right\rfloor$. 对于任意 $\varepsilon>0$, 由马尔可夫不等式和条件 (ii)、(iii), 我们有

$$\sum_{k=0}^{\infty}\mathbb{P}\{\|b(k)\mathcal{L}_{\mathcal{G}(k)}\otimes I_n+a(k)\mathcal{H}^{\mathrm{T}}(k)\mathcal{H}(k)\|\geqslant\varepsilon\}\leqslant\varepsilon^{-2}\rho_0^2\sum_{k=0}^{\infty}(a^2(k)+b^2(k))<\infty\ \text{a.s.}.$$

联立 Borel-Cantelli 引理得

$$\mathbb{P}\{\|b(k)\mathcal{L}_{\mathcal{G}(k)}\otimes I_n+a(k)\mathcal{H}^{\mathrm{T}}(k)\mathcal{H}(k)\|\geqslant\varepsilon\ \text{i.o.}\}=0,$$

即 $\|b(k)\mathcal{L}_{\mathcal{G}(k)}\otimes I_n+a(k)\mathcal{H}^{\mathrm{T}}(k)\mathcal{H}(k)\|$ 几乎必然收敛, 由此可知

$$\sup_{k\geqslant 0}\|b(k)\mathcal{L}_{\mathcal{G}(k)}\otimes I_n+a(k)\mathcal{H}^{\mathrm{T}}(k)\mathcal{H}(k)\|<\infty\quad\text{a.s.}.$$

注意到 $0\leqslant k-m_kh<h$, 我们有

$$\Phi_0\triangleq\sup_{k\geqslant 0}\sup_{m_kh\leqslant i\leqslant k}\|\Phi_P(k-1,i)\|<\infty\quad\text{a.s.}.\tag{5.41}$$

根据引理 5.2 可知 $\|W(k)\|\leqslant\sqrt{N}\|\mathcal{A}_{\mathcal{G}(k)}\|$ 以及 $\|M(k)\|\leqslant\sqrt{4\sigma^2V(k)+2b^2}\leqslant 2\sigma\delta(k)+\sqrt{2}b$, 由估计误差方程 (5.8) 和 (5.41) 式得 $\|\delta(k)\|\leqslant f(k)+\sum_{i=m_kh}^{k-1}g(i)\times\|\delta(i)\|$, 其中

$$f(k)=\Phi_0\Bigg(\|\delta(m_kh)\|+\sum_{i=m_kh}^{k-1}(a(i)\|v(i)\|\|\mathcal{H}^{\mathrm{T}}(i)\|$$
$$+b\sqrt{2N}b(i)\|\xi(i)\|\|\mathcal{A}_{\mathcal{G}(i)}\|+\sqrt{N}\|x_0\|\lambda(i))\Bigg),$$

以及 $g(i)=2\sigma\sqrt{N}\Phi_0b(i)\|\xi(i)\|\|\mathcal{A}_{\mathcal{G}(i)}\|$. 根据 Gronwall 不等式可知

$$\|\delta(k)\|\leqslant f(k)+\sum_{i=m_kh}^{k-1}f(i)g(i)\prod_{j=i+1}^{k-1}(1+g(j)).\tag{5.42}$$

对于任意 $\varepsilon>0$, 根据假设 **(A2)**、条件 (ii)、条件 (iii)、引理 5.2 和马尔可夫不等式得

$$\sum_{k=0}^{\infty}\mathbb{P}\{b(k)\|\xi(k)\|\|\mathcal{A}_{\mathcal{G}(k)}\|\geqslant\varepsilon\}\leqslant\varepsilon^{-2}N\beta_v\rho_0^2\sum_{k=0}^{\infty}b^2(k)<\infty\quad\text{a.s.},$$

由 Borel-Cantelli 引理可知$b(k)\|\xi(k)\|\|\mathcal{A}_{\mathcal{G}(k)}\|$几乎必然收敛到零. 同理,$a(k)\|v(k)\|\times\|\mathcal{H}^{\mathrm{T}}(k)\|$ 几乎必然收敛到零, 结合 (5.40) 和 (5.41) 式可得 $\lim_{k\to\infty}f(k)=0$ a.s.. 根据 (5.41) 式可知 $\lim_{k\to\infty}g(k)=0$ a.s.. 因此, 由 (5.42) 式, 我们有 $\lim_{k\to\infty}\delta(k)=0$ a.s.. ■

注释 5.6　算法增益 $a(k), b(k)$ 以及正则化参数 $\lambda(k)$ 的选取对于节点能否估计未知真实参数 x_0 至关重要. 定理 5.1 的 (i) 和 (iii) 蕴含 $\sum_{k=0}^{\infty}(a(k)+b(k))=\infty$, 其要求算法的增益不能太小. 此外, 为了减少量测和通信噪声对于新息项和共识项的影响, 算法增益的单调递减条件和定理 5.1 的条件 (ii) 确保所有节点在获取新的带有噪声的数据时, 避免对当前估计进行过多修改, 从而保证了噪声数据的影响随着算法增益而衰减. 条件 (i) 和 (ii) 给出了算法增益所需满足的条件.

值得注意的是, 条件 (i) 中信息矩阵 Λ_k^h 同时耦合了算法增益、图和回归矩阵. 对于一些特殊情况, 随后的定理 5.2 和推论 5.2 将单独给出算法增益的条件.

注释 5.7　大多数关于去中心化在线回归的研究[133, 134, 292] 都假设均值图为平衡图且强连通. 然而, 即使对于非平衡和非强连通的均值图, 定理 5.1的条件 (i) 依然成立. 例如, 考虑固定图 $\mathcal{G}=\{\mathcal{V}=\{1,2\},\mathcal{A}_{\mathcal{G}}=[w_{ij}]_{2\times 2}\}$, 其中 $w_{12}=1$ 且 $w_{21}=0$. 显然, $\mathcal{G}$ 是非平衡和非强连通的. 假设 $H_1=0, H_2=1$. 选取算法增益 $a(k)=b(k)=\dfrac{1}{k+1}$, 通过计算可得 $\lambda_{\min}\left(b(k)\widehat{\mathcal{L}}_{\mathcal{G}}+a(k)\mathcal{H}^{\mathrm{T}}\mathcal{H}\right)=\dfrac{1}{k+1}\lambda_{\min}\left(\widehat{\mathcal{L}}_{\mathcal{G}}+\mathcal{H}^{\mathrm{T}}\mathcal{H}\right)=\dfrac{1}{2k+2}$, 由此可知条件 (i) 成立, 其中 $h=1$ 且 $\sum_{k=0}^{\infty}\Lambda_k^h=\sum_{k=0}^{\infty}\dfrac{1}{2k+2}=\infty$.

对于不含正则化参数的情形, 我们直接可以由定理 5.1 得到如下推论.

推论 5.1　对于算法 (5.6), $\lambda(k)\equiv 0$, 如果假设 (A1)、(A2) 成立, 且存在正整数 h 和正常数 ρ_0, 使得

(i) $\displaystyle\sum_{k=0}^{\infty}\Lambda_k^h=\infty$ a.s. 且 $\displaystyle\inf_{k\geqslant 0}\Lambda_k^h\geqslant 0$ a.s.;

(ii) $\displaystyle\sum_{k=0}^{\infty}\left(a^2(k)+b^2(k)\right)<\infty$;

(iii) $\displaystyle\sup_{k\geqslant 0}\left(\left\|\mathcal{L}_{\mathcal{G}(k)}\right\|+\left(E\left[\left\|\mathcal{H}^{\mathrm{T}}(k)\mathcal{H}(k)\right\|^{2^{\max\{h,2\}}}|\mathcal{F}(k-1)\right]\right)^{\frac{1}{2^{\max\{h,2\}}}}\right)\leqslant\rho_0$ a.s.,

那么 $\lim_{k\to\infty}x_i(k)=x_0$ a.s., $i\in\mathcal{V}$.

注释5.8　定理 5.1 中正则化算法的条件不如推论 5.1 中非正则化算法的条件那么保守. 例如, 考虑有向图序列 $\{\mathcal{G}(k)=\{\mathcal{V}=\{1,2\},\mathcal{A}_{\mathcal{G}(k)}=[w_{ij}(k)]_{2\times 2}\},k\geqslant 0\}$, $w_{12}(k)=\begin{cases}1, & k=2m,\\ \dfrac{1}{k}, & k=2m+1,\end{cases}$ 其中 $w_{21}(k)=0$ 且回归矩阵满足 $H_1(k)=0$,

$H_2(k)=\begin{cases}1, & k=2m,\\ \dfrac{1}{\sqrt{5k}}, & k=2m+1,\end{cases}$ $m\geqslant 0$. 选取算法增益 $a(k)=b(k)=\dfrac{1}{k+1}$, 那么我们有 $\sum_{k=0}^{\infty}\Lambda_k^1=\infty$. 由于

$$\inf_{k\geqslant 0}\Lambda_k^1\leqslant\inf_{k\geqslant 0}\Lambda_{2k+1}^1=\inf_{k\geqslant 0}\left(-\frac{\sqrt{41}-6}{10(2k+1)^2}\right)<0,$$

那么推论 5.1 中的条件 (i) 不成立. 选取正则化参数 $\lambda(k)=\dfrac{1}{10(k+1)^2}$, 此时由于 $\inf_{k\geqslant 0}(\Lambda_k^1+\lambda(k))=0$, 故定理 5.1 的条件 (i) 成立.

我们列出算法增益随后可能需要满足的条件.

(C1) 算法增益 $\{a(k),k\geqslant 0\}$, $\{b(k),k\geqslant 0\}$ 和正则化参数 $\{\lambda(k),k\geqslant 0\}$ 均为单调递减的非负实数序列, 且满足 $\sum_{k=0}^{\infty}\min\{a(k),b(k)\}=\infty$, $\sum_{k=0}^{\infty}(a^2(k)+b^2(k)+\lambda(k))<\infty$, $a(k)=O(a(k+1))$, $b(k)=O(b(k+1))$ 以及 $\lambda(k)=o(\min\{a(k),b(k)\})$.

(C2) 算法增益 $\{a(k),k\geqslant 0\}$, $\{b(k),k\geqslant 0\}$ 和正则化参数 $\{\lambda(k),k\geqslant 0\}$ 均为单调递减趋于零的非负实数序列, 且满足 $\sum_{k=0}^{\infty}\min\{a(k),b(k)\}=\infty$, $a(k)=O(a(k+1))$, $b(k)=O(b(k+1))$ 以及 $a^2(k)+b^2(k)+\lambda(k)=o(\min\{a(k),b(k)\})$.

注释 5.9 正如前文所述, 正则化参数 $\lambda(k)$ 具有限制算法 (5.6) 的估计 $x_i(k+1)$ 的幅值的作用. 为了确保算法可以通过新息项和共识项协同估计未知真实参数向量 x_0, 条件 (C1)、(C2) 要求正则化参数 $\lambda(k)$ 比新息增益 $a(k)$ 和共识增益 $b(k)$ 衰减得更快.

接下来考虑条件平衡图

$$\begin{aligned}\Gamma_1=\big\{\{\mathcal{G}(k),k\geqslant 0\}|E\left[\mathcal{A}_{\mathcal{G}(k)}|\mathcal{F}(k-1)\right]\\ \succeq \mathbf{0}_{N\times N}\quad \text{a.s.},\ \mathcal{G}(k|k-1)\ \text{为平衡图 a.s.},\ k\geqslant 0\big\},\end{aligned}$$

这里, $E[\mathcal{A}_{\mathcal{G}(k)}|\mathcal{F}(m)]$, $m<k$, 称为 $\mathcal{A}_{\mathcal{G}(k)}$ 关于 $\mathcal{F}(m)$ 的广义条件加权邻接矩阵, 与之关联的随机图称为 $\mathcal{G}(k)$ 关于 $\mathcal{F}(m)$ 的条件有向图, 记作 $\mathcal{G}(k|m)$, 即 $\mathcal{G}(k|m)=\{\mathcal{V},E[\ \mathcal{A}_{\mathcal{G}(k)}|\mathcal{F}(m)]\}$.

对于任意给定的正整数 h 和 k, 记

$$\widetilde{\Lambda}_k^h=\lambda_{\min}\left[\sum_{i=kh}^{(k+1)h-1}E\Big[\widehat{\mathcal{L}}_{\mathcal{G}(i)}\otimes I_n+\mathcal{H}^{\mathrm{T}}(i)\mathcal{H}(i)|\mathcal{F}(kh-1)\Big]\right].$$

由此可知 $\widetilde{\Lambda}_k^h$ 同时包含图的拉普拉斯矩阵和回归矩阵的信息. 如注释 5.6 所示, 定理 5.1 的条件 (i) 中的信息矩阵 Λ_k^h 耦合了算法增益、图和回归矩阵, 由于 $\widehat{\mathcal{L}}_{\mathcal{G}(k)}$

是不定矩阵, 因此对于一般的图和回归矩阵, 通常很难从 Λ_k^h 中解耦出算法增益. 对于条件平衡图 $\mathcal{G}(k)\in\Gamma_1$, 我们有 $\Lambda_k^h\geqslant\min\{a(i),b(i),kh\leqslant i<(k+1)h\}\widetilde{\Lambda}_k^h$ a.s.. 下面的引理给出了 $\widetilde{\Lambda}_k^h$ 的下界, 由此可以看出条件平衡图和所有节点的回归矩阵分别是如何影响这个下界的.

引理 5.5 假设 $\{\mathcal{G}(k),k\geqslant 0\}\in\Gamma_1$, 且存在正常数 ρ_0, 使得

$$\sup_{k\geqslant 0}E\left[\left\|\mathcal{H}^{\mathrm{T}}(k)\mathcal{H}(k)\right\|\big|\mathcal{F}(k-1)\right]\leqslant\rho_0\quad\text{a.s.},$$

那么对于任意给定的正整数 h, 都有

$$\widetilde{\Lambda}_k^h\geqslant\frac{\lambda_2\left[\sum\limits_{i=kh}^{(k+1)h-1}E\left[\widehat{\mathcal{L}}_{\mathcal{G}(i)}|\mathcal{F}(kh-1)\right]\right]}{2Nh\rho_0+N\lambda_2\left[\sum\limits_{i=kh}^{(k+1)h-1}E\left[\widehat{\mathcal{L}}_{\mathcal{G}(i)}|\mathcal{F}(kh-1)\right]\right]}\times\lambda_{\min}\left(\sum_{i=1}^{N}\sum_{j=kh}^{(k+1)h-1}E\left[H_i^{\mathrm{T}}(j)H_i(j)|\mathcal{F}(kh-1)\right]\right)\quad\text{a.s..}$$

证明 给定正整数 k, 由于 $\mathcal{L}_{\mathcal{G}(k)}=\mathcal{D}_{\mathcal{G}(k)}-\mathcal{A}_{\mathcal{G}(k)}$, $\mathbf{1}_N$ 是 $\mathcal{L}_{\mathcal{G}(k)}$ 的零特征值对应的特征向量. 而此时随机图 $\mathcal{G}(k)$ 是条件平衡图, 故 $\mathbf{1}_N$ 也是 $E[\widehat{\mathcal{L}}_{\mathcal{G}(k)}|\mathcal{F}(k-1)]$ 的零特征值对应的特征向量, 从而 $\lambda_{\min}\left(E[\sum_{i=kh}^{(k+1)h-1}\widehat{\mathcal{L}}_{\mathcal{G}(i)}\otimes I_n|\mathcal{F}(kh-1)]\right)=0$, 故 $E[\sum_{i=kh}^{(k+1)h-1}\widehat{\mathcal{L}}_{\mathcal{G}(i)}\otimes I_n|\mathcal{F}(kh-1)]$ 至少有 n 个零特征值, 且零特征值对应的特征向量包含下述向量:

$$s_1(k)=\frac{1}{\sqrt{N}}\mathbf{1}_N\otimes e_1,\cdots,s_n(k)=\frac{1}{\sqrt{N}}\mathbf{1}_N\otimes e_n,$$

其中 e_i 为 $\mathbb{R}^n$ 中的标准正交基, 即第 i 个分量为 1 且其余分量为 0 的向量. 设随机矩阵 $E\left[\sum_{i=kh}^{(k+1)h-1}\widehat{\mathcal{L}}_{\mathcal{G}(i)}\otimes I_n\middle|\mathcal{F}(kh-1)\right]$ 其余特征值为 $\gamma_{n+1}(k),\cdots,\gamma_{Nn}(k)$, 且对应的单位正交特征向量为 $s_{n+1}(k),\cdots,s_{Nn}(k)$. 那么给定正整数 k, 对于任意单位向量 $\eta\in\mathbb{R}^{Nn}$, 都存在 $r_i(k)\in\mathbb{R},1\leqslant i\leqslant Nn$, 使得

$$\eta=\sum_{i=1}^{n}r_i(k)s_i(k)+\sum_{i=n+1}^{Nn}r_i(k)s_i(k)\triangleq\eta_1(k)+\eta_2(k),$$

其中 $\sum_{i=1}^{Nn}r_i^2(k)=1$. 记 $H_{k,i}=\sum_{j=kh}^{(k+1)h-1}E[H_i^{\mathrm{T}}(j)H_i(j)|\mathcal{F}(kh-1)]$, $H_k=\operatorname{diag}(H_{k,1},\cdots,H_{k,N})$, $\mathcal{L}_k=\sum_{i=kh}^{(k+1)h-1}E[\widehat{\mathcal{L}}_{\mathcal{G}(i)}|\mathcal{F}(kh-1)]$, $u_{st}(k)=\eta_s^{\mathrm{T}}(k)H_k\eta_t(k)$

以及 $\widetilde{w}_{st}(k)=\eta_s^{\mathrm{T}}(k)(\mathcal{L}_k\otimes I_n)\eta_t(k)$, $s,t=1,2$. 那么

$$
\begin{aligned}
&\eta^{\mathrm{T}}\left(\sum_{i=kh}^{(k+1)h-1}E\left[\widehat{\mathcal{L}}_{\mathcal{G}(i)}\otimes I_n+\mathcal{H}^{\mathrm{T}}(i)\mathcal{H}(i)|\mathcal{F}(kh-1)\right]\right)\eta\\
&=\left(\eta_1^{\mathrm{T}}(k)+\eta_2^{\mathrm{T}}(k)\right)(H_k+\mathcal{L}_k\otimes I_n)(\eta_1(k)+\eta_2(k))\\
&=u_{11}(k)+u_{22}(k)+2u_{12}(k)+\widetilde{w}_{11}(k)+\widetilde{w}_{22}(k)+2\widetilde{w}_{12}(k).
\end{aligned}\tag{5.43}
$$

接下来令

$$
\zeta(k)=\frac{2h\rho_0}{2h\rho_0+\lambda_2(\mathcal{L}_k)}\in(0,1].
$$

因为 H_k 是半正定矩阵, 所以由柯西不等式可知

$$
\begin{aligned}
2\left|\eta_1^{\mathrm{T}}(k)H_k\eta_2(k)\right|&=2\left|\eta_1^{\mathrm{T}}(k)H_k^{\frac{1}{2}}H_k^{\frac{1}{2}}\eta_2(k)\right|\\
&\leqslant\zeta(k)\eta_1^{\mathrm{T}}(k)H_k\eta_1(k)+\frac{1}{\zeta(k)}\eta_2^{\mathrm{T}}(k)H_k\eta_2(k).
\end{aligned}\tag{5.44}
$$

因此将 (5.44) 式代入 (5.43) 式中可得

$$
\begin{aligned}
&\eta^{\mathrm{T}}\left(\sum_{i=kh}^{(k+1)h-1}E\left[\widehat{\mathcal{L}}_{\mathcal{G}(i)}\otimes I_n+\mathcal{H}^{\mathrm{T}}(i)\mathcal{H}(i)|\mathcal{F}(kh-1)\right]\right)\eta\\
&\geqslant(1-\zeta(k))u_{11}(k)+\left(1-\frac{1}{\zeta(k)}\right)u_{22}(k)+\widetilde{w}_{11}(k)+\widetilde{w}_{22}(k)+2\widetilde{w}_{12}(k).
\end{aligned}\tag{5.45}
$$

下面将对不等式 (5.45) 的右边进行逐项估计. 记 $A_k=[r_1(k),\cdots,r_n(k)]^{\mathrm{T}}$, $B_k=[s_1(k),\cdots,s_n(k)]$, 那么

$$
\begin{aligned}
u_{11}(k)=\eta_1^{\mathrm{T}}(k)H_k\eta_1(k)&=\left(\sum_{i=1}^{n}r_i(k)s_i(k)\right)^{\mathrm{T}}H_k\left(\sum_{i=1}^{n}r_i(k)s_i(k)\right)\\
&=A_k^{\mathrm{T}}B_k^{\mathrm{T}}H_kB_kA_k.
\end{aligned}\tag{5.46}
$$

由于 $H_k=\mathrm{diag}(H_{k,1},\cdots,H_{k,N})$, 且当 $1\leqslant i\leqslant n$ 时, $s_i(k)=\frac{1}{\sqrt{N}}\mathbf{1}_N\otimes e_i$, 那么我们有

$$H_k^{\frac{1}{2}}=\begin{pmatrix}H_{k,1}^{\frac{1}{2}} & 0 & \cdots & 0\\ 0 & H_{k,2}^{\frac{1}{2}} & \cdots & 0\\ \vdots & \vdots & & \vdots\\ 0 & 0 & \cdots & H_{k,n}^{\frac{1}{2}}\end{pmatrix},\quad B_k=\frac{1}{\sqrt{N}}\begin{pmatrix}e_1 & e_2 & \cdots & e_n\\ e_1 & e_2 & \cdots & e_n\\ \vdots & \vdots & & \vdots\\ e_1 & e_2 & \cdots & e_n\end{pmatrix}_{Nn\times n}. \tag{5.47}$$

因此由 (5.47) 式可得

$$\begin{aligned}H_k^{\frac{1}{2}}B_k&=\frac{1}{\sqrt{N}}\begin{pmatrix}H_{k,1}^{\frac{1}{2}}e_1 & H_{k,1}^{\frac{1}{2}}e_2 & \cdots & H_{k,1}^{\frac{1}{2}}e_n\\ H_{k,2}^{\frac{1}{2}}e_1 & H_{k,2}^{\frac{1}{2}}e_2 & \cdots & H_{k,2}^{\frac{1}{2}}e_n\\ \vdots & \vdots & & \vdots\\ H_{k,N}^{\frac{1}{2}}e_1 & H_{k,N}^{\frac{1}{2}}e_2 & \cdots & H_{k,N}^{\frac{1}{2}}e_n\end{pmatrix}\\ &=\frac{1}{\sqrt{N}}\begin{pmatrix}H_{k,1}^{\frac{1}{2}}\\ H_{k,2}^{\frac{1}{2}}\\ \vdots\\ H_{k,N}^{\frac{1}{2}}\end{pmatrix}\left(e_1,e_2,\cdots,e_n\right)=\frac{1}{\sqrt{N}}\begin{pmatrix}H_{k,1}^{\frac{1}{2}}\\ H_{k,2}^{\frac{1}{2}}\\ \vdots\\ H_{k,N}^{\frac{1}{2}}\end{pmatrix}.\end{aligned}$$

因此, 由 $B_k^{\mathrm{T}}H_kB_k=\left(H_k^{\frac{1}{2}}B_k\right)^{\mathrm{T}}\left(H_k^{\frac{1}{2}}B_k\right)$ 可知

$$B_k^{\mathrm{T}}H_kB_k=\frac{1}{N}\sum_{i=1}^{N}H_{k,i}=\frac{1}{N}\sum_{i=1}^{N}\sum_{j=kh}^{(k+1)h-1}E[H_i^{\mathrm{T}}(j)H_i(j)|\mathcal{F}(kh-1)],$$

从而由 (5.46) 式可得

$$u_{11}(k)\geqslant\frac{1}{N}\lambda_{\min}\left(\sum_{i=1}^{N}\sum_{j=kh}^{(k+1)h-1}E\left[H_i^{\mathrm{T}}(j)H_i(j)|\mathcal{F}(kh-1)\right]\right)\left(\sum_{i=1}^{n}r_i^2(k)\right). \tag{5.48}$$

又因为引理条件可得

$$\begin{aligned}u_{22}(k)\leqslant&\|H_k\|\|\eta_2(k)\|^2\\ =&\max_{1\leqslant i\leqslant N}\left\|\sum_{j=kh}^{(k+1)h-1}E[H_i^{\mathrm{T}}(j)H_i(j)|\mathcal{F}(kh-1)]\right\|\|\eta_2(k)\|^2\\ \leqslant&h\rho_0\sum_{i=n+1}^{Nn}r_j^2(k)\quad\text{a.s..}\end{aligned} \tag{5.49}$$

注意到 $1-\dfrac{1}{\zeta(k)}<0$, 因此由 (5.49) 式可得

$$\left(1-\frac{1}{\zeta(k)}\right)u_{22}(k)\geqslant h\rho_0\left(1-\frac{1}{\zeta(k)}\right)\left(1-\sum_{i=1}^{n}r_j^2(k)\right). \tag{5.50}$$

因为此时随机图满足 $\mathcal{G}(k)\in\Gamma_1$, 所以 $\left(E[\widehat{\mathcal{L}}_{\mathcal{G}(i)}|\mathcal{F}(m_ih-1)]\otimes I_n\right)(\mathbf{1}_N\otimes e_j)=\left(E[\widehat{\mathcal{L}}_{\mathcal{G}(i)}|\mathcal{F}(m_ih-1)]\mathbf{1}_N\right)\otimes e_j=0$, 因此可知

$$\widetilde{w}_{11}(k)=\widetilde{w}_{12}(k)=0. \tag{5.51}$$

对于固定的 k, $\{s_i(k),n+1\leqslant i\leqslant Nn\}$ 是规范正交系统, 因此

$$\widetilde{w}_{22}(k)\geqslant\lambda_2(\mathcal{L}_k)\left(1-\sum_{i=1}^{n}r_i^2(k)\right)\quad \text{a.s..} \tag{5.52}$$

记

$$\begin{aligned}F_k(x)=&\left(\frac{1-\zeta(k)}{N}\lambda_{\min}\left(\sum_{i=1}^{N}\sum_{j=kh}^{(k+1)h-1}E\big[H_i^{\mathrm{T}}(j)H_i(j)|\mathcal{F}(kh-1)\big]\right)-\lambda_2(\mathcal{L}_k)\right.\\&\left.-h\rho_0+\frac{h\rho_0}{\zeta(k)}\right)x+\lambda_2(\mathcal{L}_k)+h\rho_0-\frac{h\rho_0}{\zeta(k)},\quad x\in\mathbb{R}.\end{aligned} \tag{5.53}$$

那么由 (5.45) 式和 (5.48)—(5.52) 式可得

$$\eta^{\mathrm{T}}\left(\sum_{i=kh}^{(k+1)h-1}E\big[\widehat{\mathcal{L}}_{\mathcal{G}(i)}\otimes I_n+\mathcal{H}^{\mathrm{T}}(i)\mathcal{H}(i)|\mathcal{F}(kh-1)\big]\right)\eta\geqslant F_k\left(\sum_{i=1}^{n}r_i^2(k)\right)\quad \text{a.s.} \tag{5.54}$$

由于 $\zeta(k)=\dfrac{2h\rho_0}{2h\rho_0+\lambda_2(\mathcal{L}_k)}$, 因此由引理条件可得

$$\begin{aligned}\frac{dF_k(x)}{dx}=&\lambda_{\min}\left(\sum_{i=1}^{N}\sum_{j=kh}^{(k+1)h-1}E\big[H_i^{\mathrm{T}}(j)H_i(j)|\mathcal{F}(kh-1)\big]\right)\frac{1-\zeta(k)}{N}\\&-\lambda_2(\mathcal{L}_k)-h\rho_0+\frac{h\rho_0}{\zeta(k)}\\=&\lambda_{\min}\left(\sum_{i=1}^{N}\sum_{j=kh}^{(k+1)h-1}E\big[H_i^{\mathrm{T}}(j)H_i(j)|\mathcal{F}(kh-1)\big]\right)\frac{\lambda_2(\mathcal{L}_k)}{N(2h\rho_0+\lambda_2(\mathcal{L}_k))}\end{aligned}$$

$$
\begin{aligned}
&-\frac{1}{2}\lambda_2(\mathcal{L}_k)\\
&\leqslant \left\|\sum_{i=1}^{N}\sum_{j=kh}^{(k+1)h-1}E\big[H_i^{\mathrm{T}}(j)H_i(j)|\mathcal{F}(kh-1)\big]\right\|\frac{\lambda_2(\mathcal{L}_k)}{N(2h\rho_0+\lambda_2(\mathcal{L}_k))}-\frac{1}{2}\lambda_2(\mathcal{L}_k)\\
&\leqslant \sum_{i=1}^{N}\sum_{j=kh}^{(k+1)h-1}E\big[\|H_i^{\mathrm{T}}(j)H_i(j)\||\mathcal{F}(kh-1)\big]\frac{\lambda_2(\mathcal{L}_k)}{N(2h\rho_0+\lambda_2(\mathcal{L}_k))}-\frac{1}{2}\lambda_2(\mathcal{L}_k)\\
&\leqslant \frac{Nh\rho_0\lambda_2(\mathcal{L}_k)}{N(2h\rho_0+\lambda_2(\mathcal{L}_k))}-\frac{1}{2}\lambda_2(\mathcal{L}_k)\\
&=-\frac{N\lambda_2^2(\mathcal{L}_k)}{2N(2h\rho_0+\lambda_2(\mathcal{L}_k))}\\
&\leqslant 0 \quad \text{a.s..}
\end{aligned}
$$

从而函数 $F_k(x)$ 关于自变量 x 是单调递减的. 因此当 k 给定时, 对任意 $\eta\in\mathbb{R}^{Nn}$, 都有 $0\leqslant\sum_{i=1}^{n}r_i^2(k)\leqslant 1$, 故由 (5.54) 式可知

$$
\eta^{\mathrm{T}}\left(\sum_{i=kh}^{(k+1)h-1}E[\widehat{\mathcal{L}}_{\mathcal{G}(i)}\otimes I_n+\mathcal{H}^{\mathrm{T}}(i)\mathcal{H}(i)|\mathcal{F}(kh-1)]\right)\eta\geqslant F_k(1)\quad \text{a.s..}\tag{5.55}
$$

注意到, $F_k(1)$ 和 η 选取的坐标无关, 故由 (5.55) 式我们有

$$
\begin{aligned}
\widetilde{\Lambda}_k^h&=\min_{\|\eta\|=1}\eta^{\mathrm{T}}\left(\sum_{i=kh}^{(k+1)h-1}E[\widehat{\mathcal{L}}_{\mathcal{G}(i)}\otimes I_n+\mathcal{H}^{\mathrm{T}}(i)\mathcal{H}(i)|\mathcal{F}(kh-1)]\right)\eta\\
&\geqslant\frac{\lambda_2(\mathcal{L}_k)}{2Nh\rho_0+N\lambda_2(\mathcal{L}_k)}\lambda_{\min}\left(\sum_{i=1}^{N}\sum_{j=kh}^{(k+1)h-1}E[H_i^{\mathrm{T}}(j)H_i(j)|\mathcal{F}(kh-1)]\right)\quad \text{a.s..}
\end{aligned}
$$

引理 5.5 得证. ■

注释 5.10 如果网络结构退化为确定性、无向且连通的图 $\mathcal{G}$, 且 $H_i^{\mathrm{T}}(k)H_i(k)\leqslant\rho_0 I_n$, $i\in\mathcal{V}$ a.s., 那么引理 5.5 中的不等式退化为文献 [285, 286] 中的结果, 即

$$
\widetilde{\Lambda}_k^h\geqslant\frac{\lambda_2(\mathcal{L}_{\mathcal{G}})}{2Nh\rho_0+N\lambda_2(\mathcal{L}_{\mathcal{G}})}\lambda_{\min}\left(\sum_{i=1}^{N}\sum_{j=kh}^{(k+1)h-1}E\left[H_i^{\mathrm{T}}(j)H_i(j)|\mathcal{F}(kh-1)\right]\right)\quad \text{a.s.}
$$

对于条件平衡图的情形, 我们将给出更直观的收敛条件. 首先引入如下定义.

定义 5.1 对于随机无向图序列 $\{\mathcal{G}(k), k \geqslant 0\}$, 如果存在正整数 h 和正常数 θ, 使得

$$\inf_{k\geqslant 0} \lambda_2\left(\sum_{i=kh}^{(k+1)h-1} E\left[\mathcal{L}_{\mathcal{G}(i)}|\mathcal{F}(kh-1)\right]\right) \geqslant \theta \quad \text{a.s.},$$

那么 $\{\mathcal{G}(k), k \geqslant 0\}$ 称为一致条件联合连通的.

注释 5.11 定义 5.1 意味着条件图 $\mathcal{G}(i|kh-1), i = kh, \cdots, (k+1)h-1$ 是联合连通的且其代数平均连通度有一致正下界.

定义 5.2 对于回归矩阵序列 $\{H_i(k), i = 1, \cdots, N, k \geqslant 0\}$, 如果存在正整数 h 和正常数 θ, 使得

$$\inf_{k\geqslant 0} \lambda_{\min}\left(\sum_{i=1}^{N}\sum_{j=kh}^{(k+1)h-1} E\left[H_i^{\mathrm{T}}(j)H_i(j)|\mathcal{F}(kh-1)\right]\right) \geqslant \theta \quad \text{a.s.},$$

那么 $\{H_i(k), i = 1, \cdots, N, k \geqslant 0\}$ 称为一致条件时空联合能观的.

记 $\mathcal{G}(k)$ 的对称图为 $\widehat{\mathcal{G}}(k) = \left\{\mathcal{V}, \mathcal{E}_{\mathcal{G}(k)} \cup \mathcal{E}_{\widetilde{\mathcal{G}}(k)}, \dfrac{\mathcal{A}_{\mathcal{G}(k)} + \mathcal{A}_{\mathcal{G}(k)}^{\mathrm{T}}}{2}\right\}$, 其中 $\widetilde{\mathcal{G}}(k)$ 为 $\mathcal{G}(k)$ 的反向图[148]. 对于 ϕ-混合的随机过程[285], 我们有如下命题.

命题 5.1 假设 $\mathcal{G}(k) \in \Gamma_1$ 且 $\{\mathcal{A}_{\mathcal{G}(k)}, H_i(k), v_i(k), \xi_i(k), i = 1, \cdots, N, k \geqslant 0\}$ 为 ϕ-混合序列.

(i) 如果存在正整数 h_1 和正常数 α_1, 使得

$$\inf_{k\geqslant 0} \lambda_2\left(\sum_{i=kh_1}^{(k+1)h_1-1} E\left[\widehat{\mathcal{L}}_{\mathcal{G}(i)}\right]\right) \geqslant \alpha_1,$$

那么 $\{\widehat{\mathcal{G}}(k), k \geqslant 0\}$ 是一致条件联合连通的.

(ii) 如果存在正整数 h_2 和正常数 α_2, 使得

$$\inf_{k\geqslant 0} \lambda_{\min}\left(\sum_{i=1}^{N}\sum_{j=kh_2}^{(k+1)h_2-1} E\left[H_i^{\mathrm{T}}(j)H_i(j)\right]\right) \geqslant \alpha_2,$$

那么 $\{H_i(k), i = 1, \cdots, N, k \geqslant 0\}$ 是一致条件时空联合能观的.

证明 令 $\{\mathcal{A}_{\mathcal{G}(k)}, H_i(k), v_i(k), \xi_i(k), i \in \mathcal{V}, k \geqslant 0\}$ 的混合速率为 $\phi(k)$. 由于当 $k \to \infty$ 时, $\phi(k) \to 0$, 故存在正整数 T, 使得

$$\phi(k) \leqslant \frac{\alpha_1}{4h_0 + 2}, \quad \forall k \geqslant T. \tag{5.56}$$

令 $h=2h_1+T+1$ 以及 $\theta=0.5\alpha_1$. 注意到 $\mathcal{G}(k)\in\Gamma_1$ 蕴含 $\mathcal{G}(k|k-1)$ 是几乎必然平衡图以及 $E[\mathcal{A}_{\mathcal{G}(k)}|\mathcal{F}(k-1)]\succeq\mathbf{0}_{n\times n}$ a.s., 由此可知 $E[\widehat{\mathcal{L}}_{\mathcal{G}(k)}|\mathcal{F}(k-1)]$ 为 $\dfrac{E[\mathcal{A}_{\mathcal{G}(k)}+\mathcal{A}_{\mathcal{G}(k)}^{\mathrm{T}}|\mathcal{F}(k-1)]}{2}$ 的拉普拉斯矩阵. 根据拉普拉斯矩阵的定义, 我们有

$$
\begin{aligned}
x^{\mathrm{T}}E[\widehat{\mathcal{L}}_{\mathcal{G}(k)}|\mathcal{F}(k-1)]x&=\frac{1}{4}\sum_{i=1}^{N}\sum_{j=1}^{N}E[w_{ij}(k)+w_{ji}(k)|\mathcal{F}(k-1)](x_i-x_j)^2\\
&\geqslant 0,\quad \forall x=[x_1,\cdots,x_N]^{\mathrm{T}}\in\mathbb{R}^N,
\end{aligned}
$$

即 $E[\widehat{\mathcal{L}}_{\mathcal{G}(k)}|\mathcal{F}(k-1)]\geqslant\mathbf{0}_{N\times N}$, 由此得

$$
\lambda_2\left(\sum_{i=kh+T}^{(k+1)h-1}E\left[\widehat{\mathcal{L}}_{\mathcal{G}(i)}\right]\right)\geqslant\alpha_1,\quad\forall k\geqslant 0. \tag{5.57}
$$

根据 ϕ-混合过程的性质以及 (5.56) 式可知

$$
\left\|E\left[\widehat{\mathcal{L}}_{\mathcal{G}(kh+i)}|\mathcal{F}(kh-1)\right]-E\left[\widehat{\mathcal{L}}_{\mathcal{G}(kh+i)}\right]\right\|\leqslant\frac{\alpha_1}{4h_1+2}, \tag{5.58}
$$

其中 $i\geqslant T$. 结合 (5.56)—(5.58) 式可得

$$
\begin{aligned}
&\lambda_2\left(\sum_{i=kh}^{(k+1)h-1}E\left[\widehat{\mathcal{L}}_{\mathcal{G}(i)}|\mathcal{F}(kh-1)\right]\right)\\
&\geqslant\lambda_2\left(\sum_{i=kh+T}^{(k+1)h-1}E\left[\widehat{\mathcal{L}}_{\mathcal{G}(i)}|\mathcal{F}(kh-1)\right]\right)\\
&\geqslant\lambda_2\left(\sum_{i=kh+T}^{(k+1)h-1}E\left[\widehat{\mathcal{L}}_{\mathcal{G}(i)}\right]\right)-\left\|\sum_{i=kh+T}^{(k+1)h-1}E\left[\widehat{\mathcal{L}}_{\mathcal{G}(i)}|\mathcal{F}(kh-1)\right]-\sum_{i=kh+T}^{(k+1)h-1}E\left[\widehat{\mathcal{L}}_{\mathcal{G}(i)}\right]\right\|\\
&\geqslant\alpha_1-(h-T)\frac{\alpha_1}{4h_1+2}\\
&=\theta_1\quad\text{a.s.},\quad\forall k\geqslant 0.
\end{aligned} \tag{5.59}
$$

注意到 $H_i^{\mathrm{T}}(j)H_i(j)\geqslant\mathbf{0}_{N\times N}$ a.s., 类似于 (5.57)—(5.59) 式, 我们可以证明命题 5.1(ii). ■

定理 5.2 对于算法 (5.6), 假设 $\{\mathcal{G}(k),k\geqslant 0\}\in\Gamma_1$, 假设 (A1)、(A2) 成立, 且存在正整数 h 和正常数 ρ_0, 使得

(i) $\left\{\widehat{\mathcal{G}}(k),k\geqslant 0\right\}$ 是一致条件联合连通的;

(ii) $\{H_i(k), i \in \mathcal{V}, k \geqslant 0\}$ 是一致条件时空联合能观的;

(iii) $\sup_{k\geqslant 0}\left(\left\|\mathcal{L}_{\mathcal{G}(k)}\right\| + \left(E\left[\left\|\mathcal{H}^{\mathrm{T}}(k)\mathcal{H}(k)\right\|^{2^{\max\{h,2\}}}|\mathcal{F}(k-1)\right]\right)^{\frac{1}{2^{\max\{h,2\}}}}\right) \leqslant \rho_0$ a.s.,

(I) 如果条件 (C1) 成立, 那么 $\lim_{k\to\infty} x_i(k) = x_0,\ i \in \mathcal{V}$ a.s.;

(II) 如果条件 (C2) 成立, 那么 $\lim_{k\to\infty} E[\|x_i(k) - x_0\|^2] = 0,\ i \in \mathcal{V}$.

为了证明定理 5.2, 我们需要如下引理 5.6.

引理 5.6 对于算法 (5.6), 假设 $\{\mathcal{G}(k), k \geqslant 0\} \in \Gamma_1$, 假设 (A1)、(A2) 成立, 算法增益 $a(k)$, $b(k)$ 和正则化参数 $\lambda(k)$ 单调递减趋于零, 且存在正常数 ρ_0, θ_1 和 θ_2 以及正整数 h, 使得

(i) $\inf_{k\geqslant 0} \lambda_2\left(\sum_{j=kh}^{(k+1)h-1} E\left[\widehat{\mathcal{L}}_{\mathcal{G}(j)}|\mathcal{F}(kh-1)\right]\right) \geqslant \theta_1$ a.s.;

(ii) $\inf_{k\geqslant 0} \lambda_{\min}\left(\sum_{i=1}^{N}\sum_{j=kh}^{(k+1)h-1} E\left[H_i^{\mathrm{T}}(j)H_i(j)|\mathcal{F}(kh-1)\right]\right) \geqslant \theta_2$ a.s.;

(iii) $\sup_{k\geqslant 0}\left(\left\|\mathcal{L}_{\mathcal{G}(k)}\right\| + \left(E\left[\left\|\mathcal{H}^{\mathrm{T}}(k)\mathcal{H}(k)\right\|^{2^{\max\{h,2\}}}|\mathcal{F}(k-1)\right]\right)^{\frac{1}{2^{\max\{h,2\}}}}\right) \leqslant \rho_0$ a.s..

记

$$G(k) = \frac{\theta_1\theta_2}{2Nh\rho_0 + N\theta_1}\min\{a((k+1)h), b((k+1)h)\} + \sum_{i=kh}^{(k+1)h-1}\lambda(i).$$

(I) 如果$\sum_{k=0}^{\infty} G(k) = \infty$且$\sum_{k=0}^{\infty}(a^2(k)+b^2(k)+\lambda(k)) < \infty$, 那么 $\lim_{k\to\infty} x_i(k) = x_0,\ i \in \mathcal{V}$ a.s..

(II) 如果 $\sum_{k=0}^{\infty} G(k) = \infty$ 且 $a^2(kh) + b^2(kh) + \lambda(kh) = o(G(k))$, 那么 $\lim_{k\to\infty} E[\|x_i(k) - x_0\|^2] = 0,\ i \in \mathcal{V}$.

证明 注意到 $\{\mathcal{G}(k), k \geqslant 0\} \in \Gamma_1$, 易知 $E[\widehat{\mathcal{L}}_{\mathcal{G}(k)}|\mathcal{F}(k-1)]$ 为半正定矩阵. 由于 $E[\widehat{\mathcal{L}}_{\mathcal{G}(k)}|\mathcal{F}(mh-1)] = E[E[\widehat{\mathcal{L}}_{\mathcal{G}(k)}|\mathcal{F}(k-1)]|\mathcal{F}(mh-1)]$, $k \geqslant mh$, 那么 $E[\widehat{\mathcal{L}}_{\mathcal{G}(k)}|\mathcal{F}(mh-1)]$ 也是半正定的, 由此可知

$$\begin{aligned}
&\sum_{i=kh}^{(k+1)h-1} E\left[b(i)\widehat{\mathcal{L}}_{\mathcal{G}(i)} \otimes I_n + a(i)\mathcal{H}^{\mathrm{T}}(i)\mathcal{H}(i)|\mathcal{F}(kh-1)\right] \\
&\geqslant \min\{a((k+1)h), b((k+1)h)\}\sum_{i=kh}^{(k+1)h-1} E\left[\widehat{\mathcal{L}}_{\mathcal{G}(i)} \otimes I_n + \mathcal{H}^{\mathrm{T}}(i)\mathcal{H}(i)|\mathcal{F}(kh-1)\right].
\end{aligned} \tag{5.60}$$

根据引理 5.5、条件 (ii) 和 (5.60) 式可得

$$\Lambda_k^h \geqslant \frac{\theta_1\theta_2}{2Nh\rho_0+N\theta_1}\min\{a((k+1)h),b((k+1)h)\} \quad \text{a.s.},$$

由此可得

$$\Lambda_k^h + \sum_{i=kh}^{(k+1)h-1}\lambda(i) \geqslant G(k). \tag{5.61}$$

首先证明引理 5.6(I). 这里, 算法增益保证了样本轨道时空持续激励条件成立, 故由定理 5.1 可知, 算法 (5.6) 几乎必然收敛.

现在证明引理 5.6(II). 根据 (5.61) 式和引理 5.1, 存在正整数 k_0, 使得

$$\begin{aligned}E[V((k+1)h)|\mathcal{F}(kh-1)] \leqslant{}& (1+\Omega(k))V(kh)-2G(k)V(kh)\\&+\Gamma(k) \quad \text{a.s.}, \quad k \geqslant k_0,\end{aligned} \tag{5.62}$$

其中 $\Omega(k)+\Gamma(k)=O(a^2(kh)+b^2(kh)+\lambda(kh))$. 注意到 $G(k)=o(1)$ 以及 $\Omega(k)=o(G(k))$, 不妨设 $0<\Omega(k)\leqslant G(k)<1$, $k\geqslant k_0$. 在 (5.62) 式两边同时取数学期望可得 $E[V((k+1)h)]\leqslant(1-G(k))E[V(kh)]+\Gamma(k)$, $k\geqslant k_0$. 一方面, 我们知道 $\Gamma(k)=o(G(k))$ 且 $\sum_{k=0}^{\infty}G(k)=\infty$, 联立引理 2.7 可得

$$\lim_{k\to\infty}E[V(kh)]=0. \tag{5.63}$$

另一方面, 由引理 5.3 可知, 存在正整数 k_1, 使得

$$E[V(k)]\leqslant 2^hE[V(m_kh)]+h2^h\gamma(m_kh), \quad k\geqslant k_1,$$

其中 $\gamma(k)=o(1)$ 且 $m_k=\left\lfloor\frac{k}{h}\right\rfloor$. 注意到 $0\leqslant k-m_kh<h$, 由 (5.63) 式可得 $\lim_{k\to\infty}E[V(k)]=0$. ■

定理 5.2 的证明 根据条件 (i)、(ii) 和定义 5.1、定义 5.2 可知, 存在正常数 θ_1 和 θ_2, 使得

$$\lambda_2\left(\sum_{j=kh}^{(k+1)h-1}E\left[\widehat{\mathcal{L}}_{\mathcal{G}(j)}|\mathcal{F}(kh-1)\right]\right)\geqslant\theta_1 \quad \text{a.s.}$$

且

$$\lambda_{\min}\left(\sum_{i=1}^{N}\sum_{j=kh}^{(k+1)h-1}E\left[H_i^{\mathrm{T}}(j)H_i(j)|\mathcal{F}(kh-1)\right]\right)\geqslant\theta_2 \quad \text{a.s.}.$$

记 $T_k=(2Nh\rho_0+N\theta_1)^{-1}\theta_1\theta_2\min\{a((k+1)h),b((k+1)h)\}+\sum_{i=kh}^{(k+1)h-1}\lambda(i)$. 根据条件 (C1), 我们有 $\sum_{k=0}^{\infty}T_k=\infty$. 因此, 根据条件 (C1) 和引理 5.6(I), 我们证明了定理 5.2(I).

下面证明定理 5.2(II). 根据条件 (C2) 可得 $\sum_{k=0}^{\infty}T_k=\infty$. 注意到 $a(k)=O(a(k+1))$ 且 $b(k)=O(b(k+1))$, 故存在正常数 C_1 和 C_2, 使得 $a(k)\leqslant C_1a(k+1)$ 且 $b(k)\leqslant C_2b(k+1)$. 记 $C=\max\{C_1,C_2\}$, 有 $\min\{a(k),b(k)\}\leqslant C\min\{a(k+1),b(k+1)\}$, 由此可知

$$
\begin{aligned}
&(\min\{a((k+1)h),b((k+1)h)\})^{-1}\min\{a(kh),b(kh)\}\\
=&\prod_{i=0}^{h-1}[(\min\{a(kh+i+1),b(kh+i+1)\})^{-1}\min\{a(kh+i),b(kh+i)\}]\\
\leqslant& C^h,
\end{aligned}
$$

因此, 我们有

$$
\min\{a(kh),b(kh)\}\leqslant C^h\min\{a((k+1)h),b((k+1)h)\},
$$

上式联立条件 (C2) 可得 $a^2(kh)+b^2(kh)+\lambda(kh)=o(T_k)$. 根据引理 5.6(II) 可知 $\lim_{k\to\infty}E[V(k)]=0$. ■

定理 5.2 的条件 (i)、(ii) 联合条件 (C1) 或条件 (C2) 给出了定理 5.1 的条件 (i) 成立的直观充分条件.

定理 5.1 的条件 (i) 在算法收敛性和性能分析中扮演了关键角色, 我们称其为样本轨道时空持续激励条件. 具体来讲, 为了避免缺乏有效的量测信息或节点之间充分的信息交流而导致无法估计未知真实参数向量, “时空持续激励” 意味着在固定长度的时间区间内, 由图和回归矩阵构成的信息矩阵的最小特征值的无穷级数在几乎所有样本轨道上发散, 即 $\sum_{k=0}^{\infty}\Lambda_k^h=\infty$ a.s.. 为了说明这一点, 考虑一种极端情况, 即每个时刻的回归矩阵均为零, 那么对于任意给定的正整数 h, 都有 $\Lambda_k^h=0$. 在这种情况下, 无论如何设计算法增益, 都无法获得关于未知真实参数向量的任何信息, 因为没有量测信息和信息交互. 这里, “时空” 关注的是由图和所有节点的回归矩阵组成的信息矩阵在固定长度时间区间内的状态, 而非每个时刻的状态, 其中时间性由 h 体现. 定理 5.2 表明, 我们既不要求每个节点是局部时间能观的, 即 $\inf_{k\geqslant 0}\lambda_{\min}(E[\sum_{j=kh}^{(k+1)h-1}H_i^{\mathrm{T}}(j)H_i(j)|\mathcal{F}(kh-1)])$ 有一致正的下界, $\forall\ i\in\mathcal{V}$, 也不要求所有回归模型满足瞬时全局空间能观, 即 $\inf_{k\geqslant 0}\lambda_{\min}(E[\sum_{i=1}^{N}H_i^{\mathrm{T}}(j)H_i(j)|\mathcal{F}(kh-1)])$, $\forall\ j\geqslant 0$.

很多关于去中心化在线线性回归算法的研究成果[133, 134, 293, 296] 都要求回归矩阵和图满足一些特殊的统计性质, 如 i.i.d.、时空独立性或平稳性. 然而, 如果回归

矩阵由自回归模型生成, 则很难满足这些特殊的统计假设. 为了解决这一问题, 在过去的几十年中, 许多学者提出了基于回归矩阵条件期望的持续激励条件. 随机持续激励条件最早是文献 [96] 在分析集中式卡尔曼滤波算法的时候提出来的, 随后在文献 [294] 中得到完善. 文献 [285,286] 在研究去中心化自适应滤波算法中, 针对确定性连通图, 提出了关于回归矩阵条件期望的协同信息条件. 文献 [269, 297] 在研究随机时变图上的去中心化在线估计算法时, 提出了随机时空持续激励条件. 文献 [269] 中的随机时空持续激励条件是指: 由时空观测矩阵和拉普拉斯矩阵组成的信息矩阵在每个时间区间 $[kh,(k+1)h-1]$ 内的最小特征值具有与样本轨道无关的正下界 $c(k)$, 即 $\Lambda_k^h \geqslant c(k)$ a.s. 且 $\sum_{k=0}^{\infty} c(k)=\infty$. 推论 5.1 表明, 我们实际上并不需要这一条件. 另外, 文献 [269] 中要求随机信息矩阵 Λ_k^h 对于所有样本轨道都有一致确定性下界, 这一条件即使对于确定图都很难成立. 下面给出随机时空持续激励条件不成立但样本轨道时空持续激励条件成立的例子.

例 2 考虑固定图 $\mathcal{G}=\{\mathcal{V}=\{1,2\},\mathcal{A}_{\mathcal{G}}=[w_{ij}]_{2\times 2}\}$, $w_{12}=1$ 且 $w_{21}=0$. 令 $H_1=0$ 以及 $H_2=\sqrt{x}$, 其中随机变量 x 服从 $(0.25,1.25)$ 上的均匀分布. 选取算法增益 $a(k)=b(k)=\dfrac{1}{k+1}$. 对于任意给定的正整数 h, 如果假设 (A2) 成立, 那么样本轨道时空持续激励条件成立, 但不存在满足 $\Lambda_k^h \geqslant c(k)$ a.s. 的正实数序列 $\{c(k),k\geqslant 0\}$, 即第 4 章 [269] 中的随机时空持续激励条件不成立.

证明 根据假设 (A2), 我们有 $E[\mathcal{H}^{\mathrm{T}}\mathcal{H}|\mathcal{F}(kh-1)]=E[\mathcal{H}^{\mathrm{T}}\mathcal{H}|\sigma(\mathcal{H})]=\mathcal{H}^{\mathrm{T}}\mathcal{H}$ a.s.. 对任意给定的正整数 h, 由拉普拉斯矩阵的定义可知

$$\Lambda_k^h=\sum_{i=kh}^{(k+1)h-1}\frac{x+1-\sqrt{x^2-2x+2}}{2(i+1)} \quad \text{a.s.}, \quad \forall k\geqslant 0. \tag{5.64}$$

注意到 x 服从 $(0.25,1.25)$ 上的均匀分布, 有 $x+1-\sqrt{x^2-2x+2}>0$ a.s., 结合 (5.64) 式可得

$$\sum_{k=0}^{\infty}\Lambda_k^h=\left(x+1-\sqrt{x^2-2x+2}\right)\sum_{k=0}^{\infty}\sum_{i=kh}^{(k+1)h-1}\frac{1}{2(i+1)}=\infty \quad \text{a.s.}.$$

假设存在正实数序列 $\{c(k),k\geqslant 0\}$ 满足 $\Lambda_k^h\geqslant c(k)$ a.s., 对于任意给定的整数 $k_0>0$, 记 $\mu=\dfrac{(k_0h+1)c(k_0)}{h}$. 由于 $\Lambda_k^h\geqslant c(k)$ a.s., 因此我们有

$$0<\mu\leqslant\frac{x+1-\sqrt{x^2-2x+2}}{2}<1 \quad \text{a.s.}, \tag{5.65}$$

由此可知 $x\geqslant\mu+\dfrac{1}{4(1-\mu)}$ a.s.. 因此, 由 (5.65) 式可知

$$\mathbb{P}\left\{\Lambda_{k_0}^h \geqslant c(k_0)\right\} \leqslant \mathbb{P}\left\{\mu+\frac{1}{4(1-\mu)} \leqslant x \leqslant \frac{5}{4}\right\}=\frac{5}{4}-\mu-\frac{1}{4(1-\mu)}<1,$$

这与 $\Lambda_k^h \geqslant c(k)$ a.s. 矛盾. ■

因此, 样本轨道时空持续激励条件弱化了第 4 章[269] 中的随机时空持续激励条件.

接下来, 对于马尔可夫切换的图和回归矩阵, 我们将给出更直观的收敛条件. 首先列出如下假设.

(A3) $\{\langle\mathcal{H}(k), \mathcal{A}_{\mathcal{G}(k)}\rangle, k \geqslant 0\} \subseteq \mathcal{S}$ 是齐次、一致遍历以及带有唯一平稳分布 π 的马尔可夫链, $\sup_{l\geqslant 1}\|\mathcal{A}_l\|<\infty$ 且 $\sup_{l\geqslant 1}\|\mathcal{H}_l\|<\infty$.

这里, $\mathcal{H}_l=\operatorname{diag}(H_{1,l},\cdots,H_{N,l})$ 且 $\mathcal{S}=\{\langle\mathcal{H}_l,\mathcal{A}_l\rangle, l\geqslant 1\}$, 其中 $\{H_{i,l}\in\mathbb{R}^{n_i\times n}, l\geqslant 1\}$ 为节点 i 的回归矩阵的状态空间, $\{\mathcal{A}_l, l\geqslant 1\}$ 为加权邻接矩阵的状态空间, $\pi=[\pi_1,\pi_2,\cdots]^{\mathrm{T}}$, $\pi_l\geqslant 0$, $l\geqslant 1$, $\sum_{l=1}^{\infty}\pi_l=1$, π_l 表示 $\pi(\langle\mathcal{H}_l,\mathcal{A}_l\rangle)$. 关于齐次遍历马尔可夫链的定义可以参考文献 [172].

推论 5.2 对于算法 (5.6), 假设 $\{\mathcal{G}(k), k\geqslant 0\}\in\Gamma_1$, 假设 (A1)—(A3) 成立, 平稳加权邻接矩阵 $\sum_{l=1}^{\infty}\pi_l\mathcal{A}_l$ 非负, 其关联图是平衡的且含有一棵生成树, 回归模型 (5.1) 是时空一致能观的, 即

$$\lambda_{\min}\left(\sum_{i=1}^{N}\left(\sum_{l=1}^{\infty}\pi_l H_{i,l}^{\mathrm{T}}H_{i,l}\right)\right)>0. \tag{5.66}$$

(I) 如果条件 (C1) 成立, 那么 $\lim_{k\to\infty}x_i(k)=x_0$ a.s., $i\in\mathcal{V}$.

(II) 如果条件 (C2) 成立, 那么 $\lim_{k\to\infty}E[\|x_i(k)-x_0\|^2]=0$, $i\in\mathcal{V}$.

推论 5.2 的证明需要如下引理 5.7.

引理 5.7 对于算法 (5.6), 假设 $\{\mathcal{G}(k), k\geqslant 0\}\in\Gamma_1$, 假设 (A1)、(A2) 成立, 算法增益 $a(k)$, $b(k)$ 和正则化参数 $\lambda(k)$ 单调递减趋于零, 且存在正整数 h 和正常数 θ 以及 ρ_0, 使得

(i) $\inf\limits_{k\geqslant 0}\widetilde{\Lambda}_k^h\geqslant\theta$ a.s.;

(ii) $\sup\limits_{k\geqslant 0}\left(\|\mathcal{L}_{\mathcal{G}(k)}\|+\left(E\left[\left\|\mathcal{H}^{\mathrm{T}}(k)\mathcal{H}(k)\right\|^{2^{\max\{h,2\}}}|\mathcal{F}(k-1)\right]\right)^{\frac{1}{2^{\max\{h,2\}}}}\right)\leqslant\rho_0$ a.s..

记

$$J(k)=\min\{a((k+1)h), b((k+1)h)\}\theta+\sum_{i=kh}^{(k+1)h-1}\lambda(i).$$

(I) 如果 $\sum_{k=0}^{\infty}J(k)=\infty$ 且 $\sum_{k=0}^{\infty}(a^2(k)+b^2(k)+\lambda(k))<\infty$, 那么

$$\lim_{k\to\infty} x_i(k) = x_0 \quad \text{a.s.}, \quad i \in \mathcal{V}.$$

(II) 如果 $\sum_{k=0}^{\infty} J(k) = \infty$ 且 $a^2(kh) + b^2(kh) + \lambda(kh) = o(J(k))$, 那么

$$\lim_{k\to\infty} E[\|x_i(k) - x_0\|^2] = 0, \quad i \in \mathcal{V}.$$

证明 由 $\{\mathcal{G}(k), k \geqslant 0\} \in \Gamma_1$ 可知 $E[\widehat{\mathcal{L}}_{\mathcal{G}(k)}|\ \mathcal{F}(k-1)]$ 半正定, 因此可得

$$\Lambda_k^h \geqslant \min\{a((k+1)h), b((k+1)h)\}\widetilde{\Lambda}_k^h \quad \text{a.s.},$$

故根据条件 (i) 可知

$$\Lambda_k^h + \sum_{i=kh}^{(k+1)h-1} \lambda(i) \geqslant J(k) \quad \text{a.s.}, \tag{5.67}$$

上式联立 $\sum_{k=0}^{\infty} J(k) = \infty$ 可得 $\sum_{k=0}^{\infty}\left(\Lambda_k^h + \sum_{i=kh}^{(k+1)h-1} \lambda(i)\right) = \infty$ a.s.. 注意到 $\sum_{k=0}^{\infty}(a^2(k) + b^2(k) + \lambda(k)) < \infty$, 根据定理 5.1 可知, 算法几乎必然收敛.

接下来证明引理 5.7(II). 由引理 5.1 和 (5.67) 式可知, 存在正整数 k_0, 使得

$$\begin{aligned} & E[V((k+1)h)|\mathcal{F}(kh-1)] \\ & \leqslant (1+\Omega(k))V(kh) - 2J(k)V(kh) + \Gamma(k) \quad \text{a.s.}, \quad k \geqslant k_0, \end{aligned} \tag{5.68}$$

其中 $\Omega(k) + \Gamma(k) = O(a^2(kh) + b^2(kh) + \lambda(kh))$. 注意到 $a^2(kh) + b^2(kh) + \lambda(kh) = o(J(k))$, 我们有 $\Omega(k) = o(J(k))$. 由于 $J(k) = o(1)$, 那么不妨假设 $0 < \Omega(k) \leqslant J(k) < 1$, $k \geqslant k_0$. 在 (5.68) 式两边取数学期望可得

$$E[V((k+1)h)] \leqslant (1 - J(k))\, V(kh) + \Gamma(k) \quad \text{a.s.}, \quad k \geqslant k_0.$$

一方面, 注意到 $\Gamma(k) = o(J(k))$, 故由 $\sum_{k=0}^{\infty} J(k) = \infty$ 和引理 2.7 得

$$\lim_{k\to\infty} E[V(kh)] = 0. \tag{5.69}$$

另一方面, 由引理 5.3 可知, 存在正整数 k_1, 使得

$$E[V(k)] \leqslant 2^h E[V(m_k h)] + h2^h \gamma(m_k h), \quad k \geqslant k_1, \tag{5.70}$$

其中 $\gamma(k) = o(1)$ 且 $m_k = \left\lfloor \dfrac{k}{h} \right\rfloor$. 注意到 $0 \leqslant k - m_k h < h$, 根据 (5.69) 式和 (5.70) 式, 我们有 $\lim_{k\to\infty} E[V(k)] = 0$. ■

推论 5.2 的证明 因为加权邻接矩阵 $\mathcal{A}_{\mathcal{G}(k)}$ 和拉普拉斯矩阵 $\mathcal{L}_{\mathcal{G}(k)}$ 之间存在一一对应关系, 那么由假设 (A3) 可知 $\mathcal{L}_{\mathcal{G}(k)}$ 是带有唯一平稳分布的齐次一致遍历的马尔可夫链. 如果记 $\mathcal{A}_l$ 对应的拉普拉斯矩阵为 $\mathcal{L}_l$ 且 $\widehat{\mathcal{L}}_l=\dfrac{1}{2}(\mathcal{L}_l+\mathcal{L}_l^{\mathrm{T}})$, 那么对于任意 $S_0\in\mathcal{S},k\geqslant 0$ 和 $h\geqslant 1$, 由 $\widetilde{\Lambda}_k^h$ 的定义可知

$$
\begin{aligned}
\widetilde{\Lambda}_k^h&=\lambda_{\min}\left(\sum_{i=kh}^{(k+1)h-1}E\left[\widehat{\mathcal{L}}_{\mathcal{G}(i)}\otimes I_n+\mathcal{H}^{\mathrm{T}}(i)\mathcal{H}(i)|\mathcal{F}(kh-1)\right]\right)\\
&=\lambda_{\min}\left(\sum_{i=kh}^{(k+1)h-1}E\left[\widehat{\mathcal{L}}_{\mathcal{G}(i)}\otimes I_n+\mathcal{H}^{\mathrm{T}}(i)\mathcal{H}(i)|\left\langle\widehat{\mathcal{L}}_{\mathcal{G}(kh-1)},\mathcal{H}(kh-1)\right\rangle=S_0\right]\right)\\
&=\lambda_{\min}\left(\sum_{i=1}^{h}\sum_{l=1}^{\infty}\left(\widehat{\mathcal{L}}_{\mathcal{G}_l}\otimes I_n+\mathcal{H}_l^{\mathrm{T}}\mathcal{H}_l\right)\mathbb{P}^i\left(S_0,\left\langle\widehat{\mathcal{L}}_{\mathcal{G}_l},\mathcal{H}_l\right\rangle\right)\right),\quad S_0\in\mathcal{S},\ k\geqslant 0,\ h\geqslant 1.
\end{aligned}
$$

注意到 $\left\{\widehat{\mathcal{L}}_{\mathcal{G}(k)},k\geqslant 0\right\}$ 和 $\{\mathcal{H}(k),k\geqslant 0\}$ 是一致遍历的且存在唯一的平稳分布, 由 $\sup_{l\geqslant 1}\|\mathcal{L}_l\|<\infty$ 和 $\sup_{l\geqslant 1}\|\mathcal{H}(l)\|<\infty$ 可得

$$
\begin{aligned}
&\left\|\frac{1}{h}\sum_{i=1}^{h}\sum_{l=1}^{\infty}\left(\widehat{\mathcal{L}}_{\mathcal{G}_l}\otimes I_n+\mathcal{H}_l^{\mathrm{T}}\mathcal{H}_l\right)\mathbb{P}^i\left(S_0,\left\langle\widehat{\mathcal{L}}_{\mathcal{G}_l},\mathcal{H}_l\right\rangle\right)-\sum_{l=1}^{\infty}\pi_l\left(\widehat{\mathcal{L}}_{\mathcal{G}_l}\otimes I_n+\mathcal{H}_l^{\mathrm{T}}\mathcal{H}_l\right)\right\|\\
=&\left\|\frac{1}{h}\sum_{i=1}^{h}\sum_{l=1}^{\infty}\left(\widehat{\mathcal{L}}_{\mathcal{G}_l}\otimes I_n+\mathcal{H}_l^{\mathrm{T}}\mathcal{H}_l\right)\mathbb{P}^i\left(S_0,\left\langle\widehat{\mathcal{L}}_{\mathcal{G}_l},\mathcal{H}_l\right\rangle\right)\right.\\
&\left.-\frac{1}{h}\sum_{i=1}^{h}\sum_{l=1}^{\infty}\pi_l\left(\widehat{\mathcal{L}}_{\mathcal{G}_l}\otimes I_n+\mathcal{H}_l^{\mathrm{T}}\mathcal{H}_l\right)\right\|\\
=&\left\|\frac{1}{h}\sum_{i=1}^{h}\sum_{l=1}^{\infty}\left(\widehat{\mathcal{L}}_{\mathcal{G}_l}\otimes I_n+\mathcal{H}_l^{\mathrm{T}}\mathcal{H}_l\right)\left(\mathbb{P}^i\left(S_0,\left\langle\widehat{\mathcal{L}}_{\mathcal{G}_l},\mathcal{H}_l\right\rangle\right)-\pi_l\right)\right\|\\
\leqslant&\left(\sup_{l\geqslant 1}\|\mathcal{L}_l\|+\sup_{l\geqslant 1}\|\mathcal{H}_l\|^2\right)h^{-1}\sum_{i=1}^{h}Rr^{-i}\to 0,\quad h\to\infty,
\end{aligned}
$$

其中 $R>0$ 和 $r>1$ 均为常数. 那么由一致收敛的定义可知当 $h\to\infty$ 时,

$$
\begin{aligned}
&\frac{1}{h}\sum_{i=kh}^{(k+1)h-1}E\left[\widehat{\mathcal{L}}_{\mathcal{G}(i)}\otimes I_n+\mathcal{H}^{\mathrm{T}}(i)\mathcal{H}(i)|\mathcal{F}(kh-1)\right]\\
&\to\sum_{l=1}^{\infty}\pi_l\left(\widehat{\mathcal{L}}_{\mathcal{G}_l}\otimes I_n+\mathcal{H}_l^{\mathrm{T}}\mathcal{H}_l\right)\quad \text{a.s.,}
\end{aligned}
\tag{5.71}
$$

且关于整数 k 和样本轨道是一致收敛的. 对于任意非零向量 $x=[x_1^{\mathrm{T}},\cdots,x_N^{\mathrm{T}}]\in\mathbb{R}^{Nn}$, 其中 $x_i\in\mathbb{R}^n, i=1,\cdots,N$, 如果存在非零向量 $a\in\mathbb{R}^n$, 使得 $x_1=x_2=\cdots=x_N=a$, 那么由推论条件 (Ⅱ) 可知

$$x^{\mathrm{T}}\left(\sum_{l=1}^{\infty}\pi_l\left(\widehat{\mathcal{L}}_{\mathcal{G}_l}\otimes I_n+\mathcal{H}_l^{\mathrm{T}}\mathcal{H}_l\right)\right)x\geqslant a^{\mathrm{T}}\left(\sum_{i=1}^{N}\sum_{l=1}^{\infty}\pi_l H_{i,l}^{\mathrm{T}}H_{i,l}\right)a>0, \tag{5.72}$$

否则, 存在 $i\neq j$, 使得 $x_i\neq x_j$. 此时, 由推论条件 (I), $\sum_{l=1}^{\infty}\pi_l\widehat{\mathcal{L}}_l$ 一定是一个连通图的拉普拉斯矩阵, 从而由引理 2.1 可得

$$x^{\mathrm{T}}\left(\sum_{l=1}^{\infty}\pi_l\left(\widehat{\mathcal{L}}_{\mathcal{G}_l}\otimes I_n+\mathcal{H}_l^{\mathrm{T}}\mathcal{H}_l\right)\right)x\geqslant x^{\mathrm{T}}\left(\sum_{l=1}^{\infty}\pi_l\left(\widehat{\mathcal{L}}_{\mathcal{G}_l}\otimes I_n\right)\right)x>0. \tag{5.73}$$

因此, 结合 (5.72) 式和 (5.73) 式可得

$$\lambda_{\min}\left(\sum_{l=1}^{\infty}\pi_l\left(\widehat{\mathcal{L}}_{\mathcal{G}_l}\otimes I_n+\mathcal{H}_l^{\mathrm{T}}\mathcal{H}_l\right)\right)>0.$$

一方面, 由于自变量为矩阵的函数 $\lambda_{\min}(\cdot)$ 是连续的, 因此存在常数 $\delta>0$, 使得对于任意满足 $\|L-\left(\sum_{l=1}^{\infty}\pi_l(\widehat{\mathcal{L}}_{\mathcal{G}_l}\otimes I_n+\mathcal{H}_l^{\mathrm{T}}\mathcal{H}_l)\right)\|\leqslant\delta$ 的矩阵 L, 都有 $\|\lambda_{\min}(L)-\lambda_{\min}\left(\sum_{l=1}^{\infty}\pi_l(\widehat{\mathcal{L}}_{\mathcal{G}_l}\otimes I_n+\mathcal{H}_l^{\mathrm{T}}\mathcal{H}_l)\right)\|\leqslant\frac{1}{2}\lambda_{\min}\left(\sum_{l=1}^{\infty}\pi_l(\widehat{\mathcal{L}}_{\mathcal{G}_l}\otimes I_n+\mathcal{H}_l^{\mathrm{T}}\mathcal{H}_l)\right)$. 另一方面, 由 (5.71) 式可知存在整数 $h_0>0$, 使得当 $h\geqslant h_0$ 时,

$$\begin{aligned}\sup_{k\geqslant 0}\Bigg\|&\frac{1}{h}\sum_{i=kh}^{(k+1)h-1}E\left[\widehat{\mathcal{L}}_{\mathcal{G}(i)}\otimes I_n+\mathcal{H}^{\mathrm{T}}(i)\mathcal{H}(i)|\mathcal{F}(kh-1)\right]\\&-\sum_{l=1}^{\infty}\pi_l\left(\widehat{\mathcal{L}}_{\mathcal{G}_l}\otimes I_n+\mathcal{H}_l^{\mathrm{T}}\mathcal{H}_l\right)\Bigg\|\leqslant\delta,\end{aligned}$$

因此当 $h\geqslant h_0$ 时, 我们有

$$\begin{aligned}&\sup_{k\geqslant 0}\left\|\frac{1}{h}\widetilde{\Lambda}_k^h-\lambda_{\min}\left(\sum_{l=1}^{\infty}\pi_l\left(\widehat{\mathcal{L}}_{\mathcal{G}_l}\otimes I_n+\mathcal{H}_l^{\mathrm{T}}\mathcal{H}_l\right)\right)\right\|\\\leqslant&\frac{1}{2}\lambda_{\min}\left(\sum_{l=1}^{\infty}\pi_l\left(\widehat{\mathcal{L}}_{\mathcal{G}_l}\otimes I_n+\mathcal{H}_l^{\mathrm{T}}\mathcal{H}_l\right)\right).\end{aligned} \tag{5.74}$$

那么由 (5.74) 式可得

$$\widetilde{\Lambda}_k^h\geqslant\frac{1}{2}\lambda_{\min}\left(\sum_{l=1}^{\infty}\pi_l\left(\widehat{\mathcal{L}}_{\mathcal{G}_l}\otimes I_n+\mathcal{H}_l^{\mathrm{T}}\mathcal{H}_l\right)\right)h_0$$

$$\geqslant \frac{1}{2}\lambda_{\min}\left(\sum_{l=1}^{\infty}\pi_l\left(\widehat{\mathcal{L}}_{\mathcal{G}_l}\otimes I_n+\mathcal{H}_l^{\mathrm{T}}\mathcal{H}_l\right)\right),\quad \text{a.s.}\quad h\geqslant h_0,$$

此时由引理 5.7 可得推论 5.2. ■

注释 5.12 推论 5.2 表明对于一致遍历的齐次马尔可夫切换的图和回归矩阵, 如果平稳图平衡且含有一棵生成树, 即 (5.66) 式成立, 那么样本轨道时空持续激励条件成立. 这里, 回归模型时空联合能观既不要求每个节点局部能观, 即

$$\lambda_{\min}\left(\sum_{l=1}^{\infty}\pi_l H_{i,l}^{\mathrm{T}}H_{i,l}\right)>0,\quad i\in\mathcal{V},$$

也不要求整个回归模型瞬时全局能观, 即

$$\lambda_{\min}\left(\sum_{i=1}^{N}H_{i,l}^{\mathrm{T}}H_{i,l}\right)>0,\quad l=1,2,\cdots.$$

为了评估算法 (5.6) 的性能, 我们将分析去中心化在线正则化算法的遗憾值上界. 节点 j 在时刻 t 的损失泛函定义为

$$l_{j,t}(x)\triangleq\frac{1}{2}\left\|H_j(t)x-y_j(t)\right\|^2,\quad x\in\mathbb{R}^n.$$

算法 (5.6) 在 i 处的遗憾值定义为

$$\mathrm{Regret}_{\mathrm{LMS}}(i,T)\triangleq\sum_{t=0}^{T}\sum_{j=1}^{N}E\left[l_{j,t}(x_i(t))\right]-\sum_{t=0}^{T}\sum_{j=1}^{N}E\left[l_{j,t}\left(x_{\mathrm{LMS}}^*\right)\right],$$

其中

$$x_{\mathrm{LMS}}^*\triangleq\arg\min_{x\in\mathbb{R}^n}\sum_{t=0}^{T}\sum_{j=1}^{N}\frac{1}{2}E\left[\|H_j(t)x-y_j(t)\|^2\right]$$

为最优线性估计参数. 在给出 $\mathrm{Regret}_{\mathrm{LMS}}(i,T)$ 的上界之前, 我们需要如下引理.

引理 5.8 对于算法 (5.6), 如果假设 (A2) 成立, 且存在正常数 ρ_0, 使得

$$\sup_{k\geqslant 0}\left(E\left[\left\|\mathcal{H}^{\mathrm{T}}(k)\mathcal{H}(k)\right\|\,|\mathcal{F}(k-1)\right]\right)\leqslant\rho_0\quad \text{a.s.},$$

那么

$$\mathrm{Regret}_{\mathrm{LMS}}(i,T)\leqslant\frac{1}{2}N\rho_0\sum_{t=0}^{T}E[V(t)],\quad i\in\mathcal{V}.$$

证明 由最优线性估计参数 x^*_{LMS} 的定义、回归模型 (5.1)、假设 (A2) 和引理 2.5 可得

$$x^*_{\mathrm{LMS}} = \arg\min_{x\in\mathbb{R}^n} \sum_{t=0}^{T}\sum_{j=1}^{N}\frac{1}{2}\left[E\left[\|H_j(t)(x-x_0)\|^2\right]+E\left[\|v_j(t)\|^2\right]\right].$$

因此, 我们有 $E[l_{j,t}(x^*_{\mathrm{LMS}})]=\dfrac{1}{2}E[\|v_j(t)\|^2]$. 根据损失泛函 $l_{j,t}(\cdot)$ 的定义和回归模型 (5.1) 可知

$$E[l_{j,t}(x_0)]=\frac{1}{2}E[\|H_j(t)x_0-y_j(t)\|^2]=\frac{1}{2}E[\|v_j(t)\|^2]=E[l_{j,t}(x^*_{\mathrm{LMS}})],$$

以及

$$E[l_{j,t}(x_i(t))]=\frac{1}{2}E\left[E\left[\|H_j(t)(x_i(t)-x_0)-v_j(t)\|^2|\mathcal{F}(t-1)\right]\right].$$

注意到 $x_i(t)$ 适应于 $\mathcal{F}(t-1)$, 根据假设 (A2) 和引理 2.5 可知

$$E\left[l_{j,t}(x_i(t))\right]=\frac{1}{2}E\left[\|H_j(t)(x_i(t)-x_0)\|^2\right]+\frac{1}{2}E\left[\|v_j(t)\|^2\right].$$

因此可得 $\mathrm{Regret}_{\mathrm{LMS}}(i,T)\leqslant\dfrac{\rho_0 N}{2}\sum_{t=0}^{T}E[V(t)]$. ■

注释 5.13 引理 5.8 表明每个节点在时刻 T 的遗憾值的上界都可以表示为 $[0,T]$ 时间段内的均方误差的累加, 由此可以进一步得到遗憾值的上界表达式.

对于一致条件联合连通的图和一致条件时刻联合能观的回归模型, 下面的引理给出了 $\mathrm{Regret}_{\mathrm{LMS}}(i,T), i\in\mathcal{V}$ 的上界.

定理 5.3 对于算法 (5.6), 假设 $\{\mathcal{G}(k),k\geqslant 0\}\in\Gamma_1$ 且假设 (A1)、(A2) 成立. 如果 $a(k)=b(k)=\dfrac{c_1}{(k+1)^\tau}$, $\lambda(k)=\dfrac{c_2}{(k+1)^{2\tau}}$, $c_1>0$, $c_2>0$, $0.5<\tau<1$, 且存在正整数 h 和正常数 ρ_0, 使得

(i) $\left\{\widehat{\mathcal{G}}(k),k\geqslant 0\right\}$ 是一致条件联合连通的;

(ii) $\{H_i(k),i\in\mathcal{V},k\geqslant 0\}$ 是一致条件时空联合能观的;

(iii) $\sup\limits_{k\geqslant 0}\left(\left\|\mathcal{L}_{\mathcal{G}(k)}\right\|+\left(E\left[\left\|\mathcal{H}^{\mathrm{T}}(k)\mathcal{H}(k)\right\|^{2^{\max\{h,2\}}}|\mathcal{F}(k-1)\right]\right)^{\frac{1}{2^{\max\{h,2\}}}}\right)\leqslant\rho_0$ a.s..

那么节点 i 的遗憾值满足

$$\mathrm{Regret}_{\mathrm{LMS}}(i,T)=O\left(T^{1-\tau}\ln T\right),\quad i\in\mathcal{V}. \tag{5.75}$$

证明 由 $\{\mathcal{G}(k), k \geqslant 0\} \in \Gamma_1$ 可知 $E[\widehat{\mathcal{L}}_{\mathcal{G}(k)}|\mathcal{F}(k-1)]$ 半正定. 注意到

$$E[\widehat{\mathcal{L}}_{\mathcal{G}(k)}|\mathcal{F}(mh-1)] = E[E[\widehat{\mathcal{L}}_{\mathcal{G}(k)}|\mathcal{F}(k-1)]|\mathcal{F}(mh-1)], \quad k \geqslant mh,$$

故 $E[\widehat{\mathcal{L}}_{\mathcal{G}(k)}|\mathcal{F}(mh-1)]$ 也是半正定的, 由此可得

$$\sum_{i=kh}^{(k+1)h-1} E\left[b(i)\widehat{\mathcal{L}}_{\mathcal{G}(i)} \otimes I_n + a(i)\mathcal{H}^{\mathrm{T}}(i)\mathcal{H}(i)|\mathcal{F}(kh-1)\right]$$

$$\geqslant \min\{a((k+1)h), b((k+1)h)\} \sum_{i=kh}^{(k+1)h-1} E\left[\widehat{\mathcal{L}}_{\mathcal{G}(i)} \otimes I_n + \mathcal{H}^{\mathrm{T}}(i)\mathcal{H}(i)|\mathcal{F}(kh-1)\right] \quad \text{a.s..}$$

根据条件 (i)、(ii) 和定义 5.1、定义 5.2 可得, 存在正常数 θ_1 和 θ_2, 使得

$$\lambda_2\left(\sum_{j=kh}^{(k+1)h-1} E\left[\widehat{\mathcal{L}}_{\mathcal{G}(j)}|\mathcal{F}(kh-1)\right]\right) \geqslant \theta_1 \quad \text{a.s.}$$

以及

$$\lambda_{\min}\left(\sum_{i=1}^{N}\sum_{j=kh}^{(k+1)h-1} E\left[H_i^{\mathrm{T}}(j)H_i(j)|\mathcal{F}(kh-1)\right]\right) \geqslant \theta_2 \quad \text{a.s.,}$$

此时联立条件 (iii) 和引理 5.5 得

$$\Lambda_k^h \geqslant (2Nh\rho_0 + N\theta_1)^{-1}\theta_1\theta_2 \min\{a((k+1)h), b((k+1)h)\} \quad \text{a.s..}$$

记 $L(k) = (2Nh\rho_0 + N\theta_1)^{-1}\theta_1\theta_2 \min\{a((k+1)h), b((k+1)h)\} + \sum_{i=kh}^{(k+1)h-1}\lambda(i)$, 我们有

$$\Lambda_k^h + \sum_{i=kh}^{(k+1)h-1}\lambda(i) \geqslant L(k) \quad \text{a.s.,}$$

结合引理 5.1 可知, 存在正整数 k_0, 使得

$$\begin{aligned} E[V((k+1)h)|\mathcal{F}(kh-1)] \leqslant{} & (1+\Omega(k))\,V(kh) \\ & - 2L(k)V(kh) + \Gamma(k) \quad \text{a.s.,} \quad k \geqslant k_0, \end{aligned} \tag{5.76}$$

其中 $\Omega(k) + \Gamma(k) = O(a^2(kh) + b^2(kh) + \lambda(kh))$, 由此可知存在正常数 u, 使得 $\Gamma(k) \leqslant u(kh+1)^{-2\tau}$, $k \geqslant 0$. 注意到 $\Omega(k) = o(L(k))$ 以及 $L(k) = o(1)$, 不妨

假设 $0 < \Omega(k) \leqslant L(k) < 1$, $k \geqslant k_0$. 记 $v = (4Nh\rho_0 + 2N\theta_1)^{-1}c_1\theta_1\theta_2$, 易知 $L(k) \geqslant v(kh+h+1)^{-\tau}$, $k \geqslant k_0$. 在 (5.76) 式两边取数学期望得

$$\begin{aligned}
E[V((k+1)h)] &\leqslant (1-L(k))E[V(kh)] + \Gamma(k) \\
&\leqslant \prod_{i=k_0}^{k}(1-L(i))E[V(k_0h)] + \sum_{i=k_0}^{k}\Gamma(i)\prod_{j=i+1}^{k}(1-L(j)) \\
&\leqslant \prod_{i=k_0+1}^{k}(1-L(i))E[V(k_0h)] + \sum_{i=k_0}^{k}\Gamma(i)\prod_{j=i+1}^{k}(1-L(j)) \\
&\leqslant \prod_{i=k_0+1}^{k}\left(1-\frac{v}{(ih+h+1)^{\tau}}\right)\sup_{k\geqslant 0}E[V(k)] \\
&\quad + \sum_{i=k_0}^{k}\frac{u}{(ih+1)^{2\tau}}\prod_{j=i+1}^{k}\left(1-\frac{v}{(jh+h+1)^{\tau}}\right), \quad k > k_0. \quad (5.77)
\end{aligned}$$

注意到

$$\begin{aligned}
\sum_{j=i+1}^{k}\frac{v}{(jh+h+1)^{\tau}} &\geqslant \int_{i+1}^{k}\frac{v}{(xh+h+1)^{\tau}}dx \\
&= \frac{v}{h(1-\tau)}((kh+h+1)^{1-\tau} - (ih+2h+1)^{1-\tau}), \quad i \geqslant 0,
\end{aligned}$$

我们有

$$\begin{aligned}
&\prod_{j=i+1}^{k}\left(1-\frac{v}{(jh+h+1)^{\tau}}\right) \\
&\leqslant \exp\left(-\frac{v}{h(1-\tau)}\left((kh+h+1)^{1-\tau} - (ih+2h+1)^{1-\tau}\right)\right), \quad k_0 \leqslant i \leqslant k. \quad (5.78)
\end{aligned}$$

根据定理 5.2 可得 $\lim_{k\to\infty} E[V(k)] = 0$, 由此可知 $\sup_{k\geqslant 0} E[V(k)] < \infty$. 由 (5.78) 式可知

$$\exp\left(-\frac{v}{h(1-\tau)}(kh+h+1)^{1-\tau}\right) = o((kh+h)^{-\tau}\ln(kh+h)),$$

因此, 我们有

$$\prod_{i=k_0+1}^{k}\left(1-\frac{v}{(ih+h+1)^{\tau}}\right)\sup_{k\geqslant 0}E[V(k)] = o\left((kh+h)^{-\tau}\ln(kh+h)\right). \quad (5.79)$$

记 $\epsilon(k)=\left\lceil\frac{2}{v}(kh+h+1)^{\tau}\ln(kh+h+1)\right\rceil$, 那么有 $\epsilon(k)=o(k)$. 注意到当 $k\to\infty$ 时, $\epsilon(k)\to\infty$, 不妨假设 $k_0<\epsilon(k)\leqslant 2\epsilon(k)\leqslant k$. 一方面, 当 $k_0\leqslant i\leqslant k-1-\epsilon(k)$ 时, 我们有

$$ih+2h+1\leqslant kh+h+1-\epsilon_1(k), \tag{5.80}$$

其中 $\epsilon_1(k)=\left\lceil\frac{2h}{v}(kh+h+1)^{\tau}\ln(kh+h+1)\right\rceil$. 注意到 $(1-x)^{\alpha}\leqslant 1-\alpha x$, $0\leqslant x,\alpha\leqslant 1$, 我们有

$$\left(\frac{kh+h+1-\epsilon_1(k)}{kh+h+1}\right)^{1-\tau}\leqslant 1-\frac{\epsilon_1(k)(1-\tau)}{kh+h+1},$$

由此可知

$$\begin{aligned}(kh+h+1)^{1-\tau}-(kh+h+1-\epsilon_1(k))^{1-\tau}&\geqslant(kh+h+1)^{-\tau}\epsilon_1(k)(1-\tau)\\&\geqslant v^{-1}2h(1-\tau)\ln(kh+h+1).\end{aligned}$$

联立 (5.80) 式可得

$$(h(1-\tau))^{-1}v((kh+h+1)^{1-\tau}-(ih+2h+1)^{1-\tau})\geqslant 2\ln(kh+h+1).$$

故由 (5.78) 式可知

$$\prod_{j=i+1}^{k}\left(1-\frac{v}{(jh+h+1)^{\tau}}\right)\leqslant\frac{1}{(kh+h+1)^2},\quad k_0\leqslant i\leqslant k-1-\epsilon(k),$$

由此可知

$$\sum_{i=k_0}^{k-1-\epsilon(k)}\frac{u}{(ih+1)^{2\tau}}\prod_{j=i+1}^{k}\left(1-\frac{v}{(jh+h+1)^{\tau}}\right)=O\left(k^{-1}\right). \tag{5.81}$$

另一方面, 当 $k-\epsilon(k)\leqslant i\leqslant k$ 时, 有 $k\leqslant 2k-2\epsilon(k)\leqslant 2i$, 此时我们有

$$\frac{u}{(ih+1)^{2\tau}}\leqslant\frac{4^{\tau}u}{(kh+2)^{2\tau}},\quad k-\epsilon(k)\leqslant i\leqslant k.$$

由 $\prod_{j=i+1}^{k}\left(1-\frac{v}{(jh+h+1)^{\tau}}\right)\leqslant 1$ 可得

$$\sum_{i=k-\epsilon(k)}^{k}\frac{u}{(ih+1)^{2\tau}}\prod_{j=i+1}^{k}\left(1-\frac{v}{(jh+h+1)^{\tau}}\right)=O\left((kh+h)^{-\tau}\ln(kh+h)\right). \tag{5.82}$$

因此, 由 (5.81) 式、(5.82) 式可知

$$\sum_{i=k_0}^{k} \frac{u}{(ih+1)^{2\tau}} \prod_{j=i+1}^{k} \left(1-\frac{v}{(jh+h+1)^{\tau}}\right) = O\left((kh+h)^{-\tau}\ln(kh+h)\right). \quad (5.83)$$

结合 (5.77) 式、(5.79) 式和 (5.83) 式可得 $E[V(kh)] = O((kh+h)^{-\tau}\ln(kh+h))$. 由引理 5.3可知, 存在正整数 k_1, 使得 $E[V(k)] \leqslant 2^h E[V(m_k h)] + h2^h\gamma(m_k h)$, $k \geqslant k_1$, 其中 $\gamma(k) = O((k+1)^{-2\tau})$ 且 $m_k = \left\lfloor \dfrac{k}{h} \right\rfloor$. 因此, 我们有 $\sum_{t=0}^{T} E[V(t)] = O(\sum_{t=0}^{T}(t+1)^{-\tau}\ln(t+1))$. 注意到 $\sum_{t=0}^{T}(t+1)^{-\tau}\ln(t+1) = O\bigg(\displaystyle\int_0^T (x+1)^{-\tau} \times \ln(x+1)dx\bigg)$, 根据引理 5.8 可得 (5.75) 式. ■

注释 5.14 Yuan 等[292] 研究了固定图上的非正则去中心化在线线性回归算法, 而本章研究了随机时变图上的去中心化在线正则线性回归算法. 定理 5.3 表明遗憾值上界为 $O(T^{1-\tau}\ln T)$, 其中 $\tau \in (0.5, 1)$ 为取决于衰减算法增益的常数, 改进了文献 [292] 中带有固定增益的结果 $O(\sqrt{T})$.

5.4 仿真算例

考虑由 10 个节点构成的图, 状态分别为 $x_i(k)$, $i = 1, \cdots, 10$, $k \geqslant 0$, 其初值为 $x_1(0) = [12, 11, 6]^{\mathrm{T}}, x_2(0) = [10, 16, 8]^{\mathrm{T}}, x_3(0) = [14, 16, 13]^{\mathrm{T}}, x_4(0) = [15, 12, 9]^{\mathrm{T}}, x_5(0) = [10, 14, 8]^{\mathrm{T}}, x_6(0) = [9, 16, 7]^{\mathrm{T}}, x_7(0) = [8, 13, 11]^{\mathrm{T}}, x_8(0) = [12, 10, 9]^{\mathrm{T}}, x_9(0) = [13, 10, 9]^{\mathrm{T}}, x_{10}(0) = [12, 10, 8]^{\mathrm{T}}$. 每个节点估计未知真实参数向量 $x_0 = [5, 4, 3]^{\mathrm{T}}$.

节点 i 的局部观测数据为 $y_i(k) = H_i(k)x_0 + v_i(k)$, $i = 1, \cdots, 10$, 回归矩阵分别取为

$$\begin{pmatrix} 0 & 0 & 0 \\ \bar{h}_{s,t,k} & 0 & 0 \end{pmatrix}, \begin{pmatrix} 0 & 0 & \bar{h}_{s+2,t,k} \\ 0 & 0 & 0 \\ 0 & 0 & 0 \end{pmatrix}, \begin{pmatrix} 0 & \bar{h}_{5,t,k} & 0 \\ 0 & 0 & 0 \\ \bar{h}_{6,t,k} & 0 & 0 \end{pmatrix}, \quad s = 1, 2,\ t = 1, 2,$$

其中 $\bar{h}_{s,t,k} = (-1)^s h_{s,t}(k) + (-1)^t 0.5, \bar{h}_{s+2,t,k} = (-1)^s h_{s+2,t}(k) + (-1)^t 0.5, \bar{h}_{5,t,k} = (-1)^t h_{5,t}(k) + (-1)^t 0.5, \bar{h}_{6,t,k} = (-1)^{t+1} h_{6,t}(k) + (-1)^{t+1} 0.5$, 且 $h_{i,j}(k), i = 1, 2, 3, 4, 5, 6, j = 1, 2$ 服从 $[0, 1]$ 上的均匀分布且相互独立. 通信信道接收端的信号由 (5.5) 式给出, 其中噪声强度函数为 $f_{ji}(x_j(k) - x_i(k)) = 0.1\|x_j(k) - x_i(k)\| + 0.1$, $i, j = 1, \cdots, 10$. 估计状态的迭代更新由算法 (5.6) 给出, 其中随机权重 $\{w_{ij}(k),$

$i,j=1,\cdots,10,k\geqslant 0\}$ 的选取服从如下规则. 当 $k=2m$ 时, $m\geqslant 0$, 随机权重为区间 $[0,1]$ 上服从均匀分布的随机变量; 当 $k\neq 2m$ 时, $m\geqslant 0$, 随机权重为 $[-0.5,0.5]$ 上服从均匀分布的随机变量. 故随机权重在某些时刻取值为负. 这里, $\{w_{ij}(k),\ i,j=1,\cdots,10,\ k\geqslant 0\}$ 是时空独立的. 因此, 当 $k=2m$ 时, 平均图平衡且连通; 当 $k\neq 2m$ 时, 平均图为空集. 假设量测噪声 $\{v_i(k),i=1,\cdots,10,k\geqslant 0\}$ 和通信噪声 $\{\xi_{ji}(k),i,j=1,\cdots,10,k\geqslant 0\}$ 为服从标准正态分布的随机变量且与随机图独立. 表 5.2 给出了不同的算法增益, 为了方便, 选取 $a(k)=b(k)$.

表 5.2 算法增益设置

	$a(k)$	$b(k)$	$\lambda(k)$
设置 I	$(k+1)^{-0.6}$	$(k+1)^{-0.6}$	$(k+1)^{-2}$
设置 II	$(k+1)^{-0.6}$	$(k+1)^{-0.6}$	$(k+1)^{-3}$
设置 III	$(k+1)^{-0.8}$	$(k+1)^{-0.8}$	$(k+1)^{-2}$
设置 IV	$(k+1)^{-0.8}$	$(k+1)^{-0.8}$	$(k+1)^{-3}$

为了验证样本轨道时空持续激励条件, 图 5.1 展示了根据表 5.2 中的不同算法增益, $R(k)\triangleq(\sum_{i=0}^{k}\Lambda_i^2)^{-1}=(\sum_{i=0}^{k}\lambda_{\min}(\sum_{j=2i}^{2i+1}(b(j)E[\widehat{\mathcal{L}}_{\mathcal{G}(j)}|\mathcal{F}(2i-1)]\otimes I_3+a(j)E[\mathcal{H}^{\mathrm{T}}(j)\mathcal{H}(j)|\mathcal{F}(2i-1)])))^{-1}$ 随时间 k 变化的曲线.

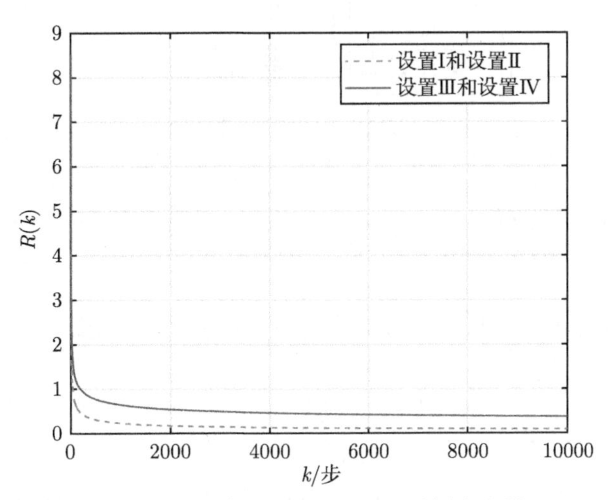

图 5.1 不同算法增益下 $R(k)$ 的样本轨道

这里, 定理 5.1 中所有条件均满足, 其中 $h=2$ 且 $\rho_0=5$. 图 5.2 给出了估计误差的轨迹, 由此可以看出, 对于表 5.2 中不同的算法增益, 随着时间的推移, 每个节点算法的估计都几乎必然收敛到 x_0 的真值. 从图 5.1 和图 5.2 中可以看到, $\sum_{i=0}^{k}\Lambda_i^2$ 越大, 算法的收敛速度越快. 图 5.2 表明: ① 对于相同的正则化参数

$\lambda(k)$, 增益 $a(k)$ 和 $b(k)$ 越大, 算法的收敛速度越快; ② 对于相同的增益, 带有较大正则化参数的算法的收敛速度可能快于带有较小正则化参数的算法.

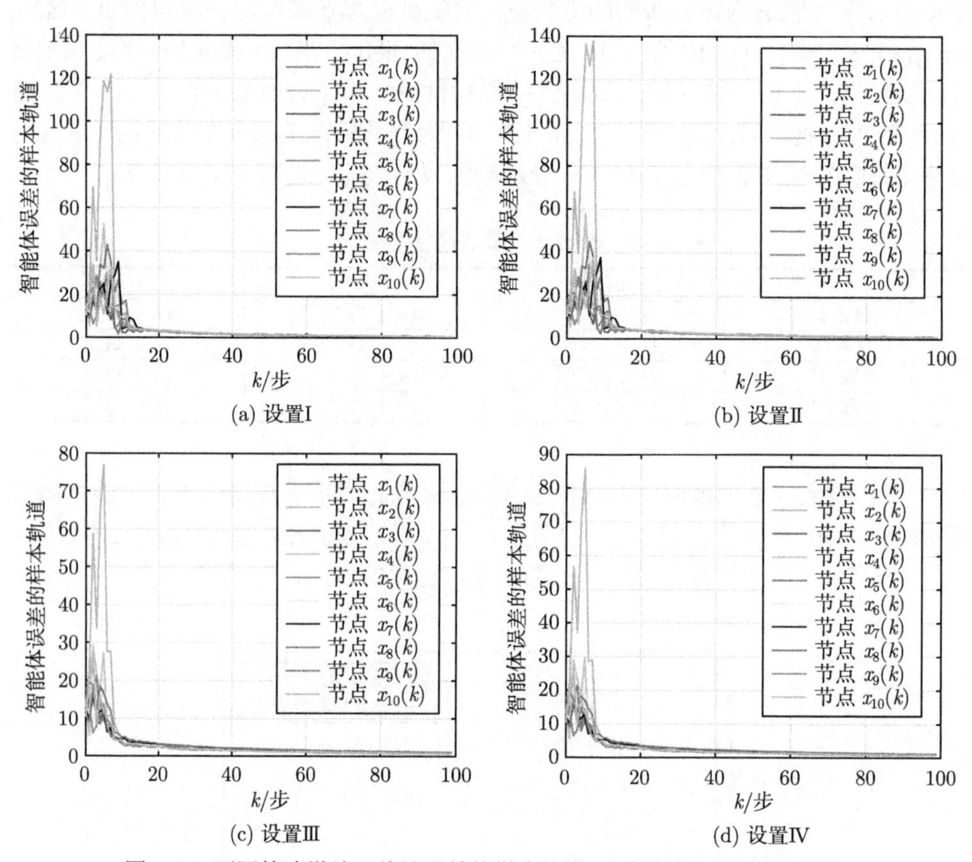

图 5.2　不同算法增益下估计误差的样本轨道 (扫描封底二维码见彩图)

同时, 节点的状态估计的范数的均值轨迹如图 5.3 所示, 其中设置 V 和设置 VI 分别为 $a(k)=b(k)=(k+1)^{-0.6}, \lambda(k)=0$ 和 $a(k)=b(k)=(k+1)^{-0.8}, \lambda(k)=0$. 图 5.3 表明, 相比于非正则化算法, 正则化可以有效减少节点对未知真实向量的估计值, 从而降低模型复杂度, 避免过拟合.

随后, 选取 $a(k)=b(k)=0.1(k+1)^{-0.6}$ 和 $\lambda(k)=0.2(k+1)^{-1.2}$. 通过计算可得

$$\inf_{k\geqslant 0}\lambda_{\min}\left(\sum_{i=1}^{10}\sum_{j=2k}^{2k+1}E\left[H_i^{\mathrm{T}}(j)H_i(j)|\mathcal{F}(2k-1)\right]\right)\geqslant 0.2,$$

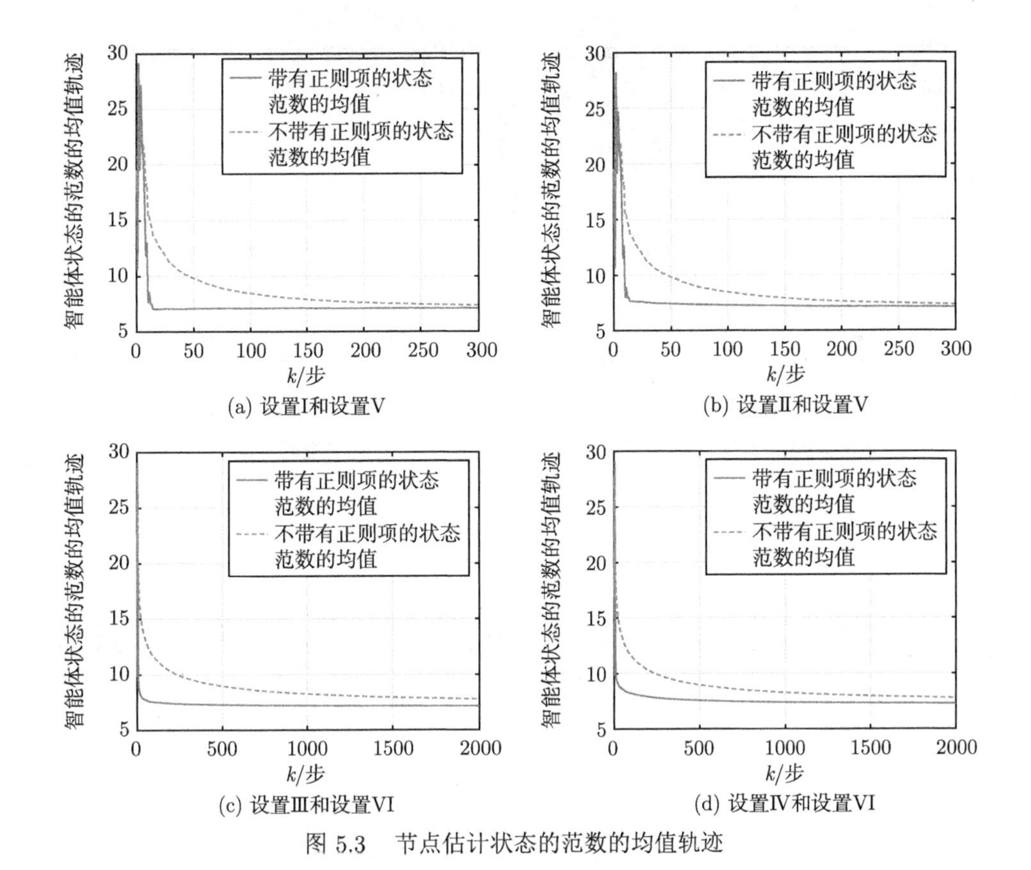

(a) 设置I和设置V (b) 设置II和设置V
(c) 设置III和设置VI (d) 设置IV和设置VI

图 5.3 节点估计状态的范数的均值轨迹

由此可知回归矩阵是一致条件时空联合能观的且 $\{\widehat{\mathcal{G}}(k), k \geqslant 0\}$ 是一致条件时空联合连通的, 其中

$$\inf_{k\geqslant 0} \lambda_2\left(\sum_{i=2k}^{2k+1} E\left[\widehat{\mathcal{L}}_{\mathcal{G}(i)}|\mathcal{F}(2k-1)\right]\right) \geqslant 0.5.$$

因此, 定理 5.3 中所有条件成立. 图 5.4(a) 表明每个节点的状态估计都均方收敛到 x_0. 算法的性能评估由如下的最大平均遗憾值给出

$$\mathrm{MAR} = \frac{\max\limits_{i\in V} \mathrm{Regret}_{\mathrm{LMS}}(i, T)}{T^{1-\tau}\ln T},$$

如图 5.4(b) 所示, 其为时间 T 的函数. 从图 5.4(b) 中可以看到, 最大平均遗憾值趋于常值, 这与定理 5.3 的结果一致, 其中 $\tau = 0.6$.

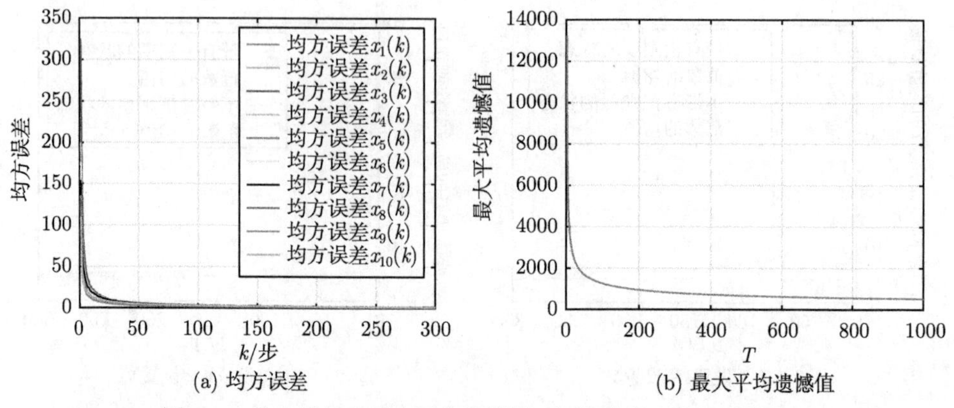

图 5.4　均方误差和最大平均遗憾值 (扫描封底二维码见彩图)

第 6 章　分布式随机梯度下降

6.1　引　　言

受不确定通信网络上分布式统计学习的启发, 本章研究了分布式随机梯度下降算法, 通过网络局部优化器协同最小化局部凸成本函数之和. 局部优化器之间的通信图结构由随机有向图序列来建模, 且随机有向图序列可以具有一定时空依赖性. 我们不要求局部成本函数可微, 且不要求其次梯度有界. 局部优化器只能获得局部成本函数带有随机噪声的次梯度量测信息; 并且通信链路中同时存在加性和乘性通信噪声. 我们考虑分布式随机次梯度优化算法. 通过代数图论、凸分析和非负上鞅收敛定理, 我们证明了如果随机有向图序列是条件平衡且一致条件联合连通的, 那么所有局部优化器的状态几乎必然收敛到同一个全局最优解. 本章的主要贡献有以下几点.

(1) 本章中的局部成本函数不要求是可微的, 只需要次梯度满足线性增长条件. 这种更一般化的模型带来了以下困难. 条件均方误差的递推不等式中不可避免地存在次梯度和局部优化器状态与全局最优解之间的误差的内积. 这导致不能直接应用非负上鞅收敛定理 (引理 6.1). 为此, 首先估计局部优化器状态的均方增长速度的上界 (引理 6.2). 然后将这个上界代入共识误差的李雅普诺夫函数差分不等式中, 得到均方共识的收敛速度 (引理 6.3). 进一步, 将这些速度的估计代入状态与全局最优解之间的条件均方误差的递归不等式中. 最后, 通过选取合适的步长, 利用非负上鞅收敛定理证明所有局部优化器的状态几乎必然收敛到同一个全局最优解. 其关键在于算法步长的选择要慎重, 以消除次梯度线性增长可能带来的递增效应, 并平衡达到共识和寻找最优解之间的速度.

(2) 本章的网络结构由更一般的随机有向图序列来描述, 随机有向图序列是条件平衡的, 且加权邻接矩阵不需要具有特别的统计性质 (如独立同分布、马尔可夫切换或者平稳性等), 也不要求图的每一条边的权重在每个时刻都是非负的. 通过引入条件有向图的概念和发展非平稳随机时变网络上分布式优化的随机李雅普诺夫方法, 建立一致条件联合连通条件来保证分布式随机优化算法的收敛性. 马尔可夫和确定性切换图上的联合连通条件, 以及独立同分布的均值图上的连通条件都是我们条件的特殊情形.

(3) 我们的分布式随机优化算法考虑了随机图、次梯度量测噪声、加性和乘性通信噪声多种随机因素共存的情形. 与只考虑单一随机因素的情形相比, 不同随机因素的耦合项势必会影响优化器状态与任意给定向量之间的均方差值. 此外, 乘性噪声依赖于相邻局部优化器之间的相对状态, 使得状态、图和噪声耦合在一起. 这使得估计局部优化器状态的均方上界变得更加复杂 (引理 6.1). 首先利用条件独立性的性质来处理不同随机因素的耦合项. 然后, 证明状态、网络图和噪声之间耦合项的均方上界依赖于优化器状态与给定向量之差的二阶矩. 最后, 根据算法步长得到局部优化器状态的均方增长速度的估计 (引理 6.2).

本章剩下部分安排如下: 6.2 节介绍了问题模型以及一个满足所介绍的模型和算法的统计机器学习的例子. 6.3 节介绍了主要结论. 6.5 节给出了一个数值例子来验证理论结果.

6.2 问题描述

考虑一个有 N 个节点的网络, 每个节点表示一个局部优化器, 这个网络的任务是求解如下约束优化问题:

$$\min_{x\in\mathbb{R}^n} f(x)=\sum_{i=1}^{N} f_i(x), \tag{6.1}$$

其中每个局部成本函数 $f_i(\cdot)$: $\mathbb{R}^n\to\mathbb{R}$ 为凸函数, 其信息只有优化器 i 知道. 对于问题(6.1), 记最优值为 $f^*=\min_{x\in\mathbb{R}^n} f(x)$ 以及最优解集为 $\mathcal{X}^*=\{x\in\mathbb{R}^n: f(x)=f^*\}$.

设各个局部优化器之间的通信关系由随机有向图序列 $\{\mathcal{G}(k)=\{\mathcal{V},\mathcal{E}_{\mathcal{G}(k)},\mathcal{A}_{\mathcal{G}(k)}\}, k\geqslant 0\}$ 描述, 其中 $\mathcal{V}=\{1,\cdots,N\}$ 是节点集, $\mathcal{E}_{\mathcal{G}(k)}$ 是 k 时刻的边集, $(j,i)\in\mathcal{E}_{\mathcal{G}(k)}$ 当且仅当第 j 个优化器可以直接向第 i 个优化器发送信息. 第 i 个优化器在 k 时刻的邻居集合为 $\mathcal{N}_i(k)=\{j\in\mathcal{V}|(j,i)\in\mathcal{E}_{\mathcal{G}(k)}\}$. $\mathcal{A}_{\mathcal{G}(k)}=[a_{ij}(k)]_{i,j=1}^N$ 为时刻 k 的**广义加权邻接矩阵**, 其中 $a_{ii}(k)=0$, 且 $a_{ij}(k)\neq 0\Leftrightarrow j\in\mathcal{N}_i(k)$, k 时刻信道 (j,i) 上的权值. 记有向图 $\mathcal{G}(k)$ 的广义拉普拉斯矩阵为 $\mathcal{L}_{\mathcal{G}(k)}=\mathcal{D}_{\mathcal{G}(k)}-\mathcal{A}_{\mathcal{G}(k)}$, 其中 $\mathcal{D}_{\mathcal{G}(k)}=\mathrm{diag}(\mathrm{deg}_1^{in}(k),\cdots,\mathrm{deg}_N^{in}(k))$. 令 $\widetilde{\mathcal{G}}(k)=\{\mathcal{V},\mathcal{E}_{\widetilde{\mathcal{G}}(k)},\mathcal{A}_{\widetilde{\mathcal{G}}(k)}\}$ 为 $\mathcal{G}(k)$ 的反向图, 其中 $(i,j)\in\mathcal{E}_{\widetilde{\mathcal{G}}(k)}$ 当且仅当 $(j,i)\in\mathcal{E}_{\mathcal{G}(k)}$ 且 $\mathcal{A}_{\widetilde{\mathcal{G}}(k)}=\mathcal{A}_{\mathcal{G}(k)}^{\mathrm{T}}$. 令 $\widehat{\mathcal{G}}(k)=\left\{\mathcal{V},\mathcal{E}_{\mathcal{G}(k)}\cup\mathcal{E}_{\widetilde{\mathcal{G}}(k)},\dfrac{\mathcal{A}_{\mathcal{G}(k)}^{\mathrm{T}}+\mathcal{A}_{\mathcal{G}(k)}}{2}\right\}$ 为 $\mathcal{G}(k)$ 的对称化图. 记 $\widehat{\mathcal{L}}_{\mathcal{G}(k)}=\dfrac{\mathcal{L}_{\mathcal{G}(k)}+\mathcal{L}_{\mathcal{G}(k)}^{\mathrm{T}}}{2}$.

考虑如下分布式随机次梯度算法:

$$x_i(k+1)=x_i(k)+c(k)\sum_{j\in\mathcal{N}_i(k)} a_{ij}(k)(y_{ji}(k)-x_i(k))-\alpha(k)\tilde{d}_{f_i}(x_i(k)),\quad k\geqslant 0,\ i\in\mathcal{V}, \tag{6.2}$$

其中 $x_i(k) \in \mathbb{R}^n$ 是第 i 个优化器在 k 时刻的状态, 表示最优化问题 (6.1) 的全局最优解的局部估计; $x_i(0) \in \mathbb{R}^n$, $i = 1, 2, \cdots, N$ 为初始状态; $c(k)$ 和 $\alpha(k)$ 为时变步长; $y_{ji}(k) \in \mathbb{R}^n$ 表示第 i 个优化器在 k 时刻对相邻的第 j 个优化器状态的量测, 即

$$y_{ji}(k) = x_j(k) + \psi_{ji}(x_j(k) - x_i(k))\xi_{ji}(k), \quad j \in \mathcal{N}_i(k), \quad i \in \mathcal{V}, \tag{6.3}$$

其中 $\{\xi_{ji}(k), k \geqslant 0\}$ 表示在信道 (j, i) 上的通信噪声序列, 且 $\psi_{ji}(\cdot) : \mathbb{R}^n \to \mathbb{R}$ 是噪声强度函数. $\tilde{d}_{f_i}(x_i(k))$ 表示对局部成本函数 $f_i(x)$ 在 $x = x_i(k)$ 处的一个次梯度 $d_{f_i}(x_i(k))$ 的量测, 即

$$\tilde{d}_{f_i}(x_i(k)) = d_{f_i}(x_i(k)) + \zeta_i(k), \tag{6.4}$$

其中 $\{\zeta_i(k), k \geqslant 0\}$ 是量测噪声序列.

记 $X(k) = [x_1^{\mathrm{T}}(k), \cdots, x_N^{\mathrm{T}}(k)]^{\mathrm{T}}$, $\xi(k) = [\xi_{11}^{\mathrm{T}}(k), \cdots, \xi_{N1}^{\mathrm{T}}(k); \cdots; \xi_{1N}^{\mathrm{T}}(k), \cdots, \xi_{NN}^{\mathrm{T}}(k)]^{\mathrm{T}}$ 及 $\zeta(k) = [\zeta_1^{\mathrm{T}}(k), \cdots, \zeta_N^{\mathrm{T}}(k)]^{\mathrm{T}}$, 其中若对任意 $k \geqslant 0$, $j \notin \mathcal{N}_i(k)$, 则 $\xi_{ji}(k) \equiv \mathbf{0}_n$.

我们作如下假设.

假设6.1 (线性增长条件) 存在非负常数 σ_{di} 和 C_{di}, 使得 $\|d_{f_i}(x)\| \leqslant \sigma_{di}\|x\| + C_{di}$, $\forall\, x \in \mathbb{R}^n$, $d_{f_i}(x) \in \partial f_i(x)$, $i = 1, \cdots, N$.

假设 6.2 存在一个 σ 代数流 $\{\mathcal{F}(k), k \geqslant 0\}$, 使得 $\{\mathcal{A}_{\mathcal{G}(k)}, \mathcal{F}(k), k \geqslant 0\}$ 是适应序列. 通信噪声过程 $\{\xi(k), \mathcal{F}(k), k \geqslant 0\}$ 是一个向量值鞅差序列且存在非负常数 C_ξ 使得 $\sup_{k\geqslant 0} E\left[\|\xi(k)\|^2 \middle| \mathcal{F}(k-1)\right] \leqslant C_\xi$ a.s.. 对于任意的非负整数 k, $\sigma\{\xi(k)\}$ 与 $\sigma\{\mathcal{A}_{\mathcal{G}(k)}, \mathcal{A}_{\mathcal{G}(k+1)}, \cdots\}$ 关于 $\mathcal{F}(k-1)$ 条件独立.

假设6.3 对于假设 6.2 中的 σ 代数流, 次梯度量测噪声序列 $\{\zeta(k), \mathcal{F}(k), k \geqslant 0\}$ 是一个向量值鞅差序列且存在非负常数 σ_ζ 和 C_ζ 使得 $E\left[\|\zeta(k)\|^2 | \mathcal{F}(k-1)\right] \leqslant \sigma_\zeta\|X(k)\|^2 + C_\zeta$ a.s.. 对于任意的非负整数 k, $\sigma\{\zeta(k)\}$ 与 $\sigma\{\mathcal{A}_{\mathcal{G}(k)}, \mathcal{A}_{\mathcal{G}(k+1)}, \cdots\}$ 关于 $\mathcal{F}(k-1)$ 条件独立.

注意到文献 [141] 研究了一个与问题(6.1)类似的问题, 即 $f(x) = \dfrac{1}{N}\sum_{i=1}^N f_i(x)$, 其中 $f_i(x) = E[F_i(x, \eta_i)]$. 尽管与以前的工作相比, 文献 [141] 中使用了相对较弱的假设, 但它们并不弱于我们的假设.

假设6.4 存在非负常数 σ_{ji} 和 b_{ji}, $i, j \in \mathcal{V}$, 使得 $|\psi_{ji}(x)| \leqslant \sigma_{ji}\|x\| + b_{ji}$, $\forall\, x \in \mathbb{R}^n$.

注释 6.1 假设 6.4 表示量测模型 (6.3) 同时包含加性和乘性量测/通信噪声的情况. 分布式参数估计中的抖动量化会导致产生加性通信噪声[133]. 如果采用对数量化, 则智能体 i 对 $x_j(k) - x_i(k)$ 的量化量测为 $x_j(k) - x_i(k) + (x_j(k) - x_i(k))\xi_{ji}(k)$, 其中 $\xi_{ji}(k)$ 可视为白噪声[46].

假设 6.5　$\mathcal{X}^*$ 为非空可数集.

我们称 $E\left[\mathcal{A}_{\mathcal{G}(k)}|\mathcal{F}(m)\right], m \leqslant k-1$ 为 $\mathcal{A}_{\mathcal{G}(k)}$ 关于 $\mathcal{F}(m)$ 的条件广义加权邻接矩阵, 称对应的随机图为 $\mathcal{G}(k)$ 的关于 $\mathcal{F}(m)$ 的条件有向图, 记为 $\mathcal{G}(k|m)$, 即 $\mathcal{G}(k|m) = \{\mathcal{V}, E\left[\mathcal{A}_{\mathcal{G}(k)}|\mathcal{F}(m)\right]\}$. 记 $\lambda_k^h = \lambda_2(\sum_{i=k}^{k+h-1} E[\widehat{\mathcal{L}}_{\mathcal{G}(i)}|\mathcal{F}(k-1)])$. 我们考虑如下条件平衡有向图序列.

假设 6.6　随机图序列 $\{\mathcal{G}(k), k \geqslant 0\} \in \Gamma_1$, 其中

$$\Gamma_1 = \left\{\{\mathcal{G}(k), k \geqslant 0\} \,\middle|\, E\left[\mathcal{A}_{\mathcal{G}(k)}|\mathcal{F}(k-1)\right] \succeq 0_{N\times N} \text{ a.s.}, \mathcal{G}(k|k-1)\text{平衡 a.s.}, k \geqslant 0\right\}.$$

我们给出一个满足上述假设的例子. 局部成本函数 f_i 对应于第 i 个优化器的局部数据相关的风险函数, 即 $f_i(x) = E\left[\ell_i(x;\mu_i)\right] + R_i(x)$, 其中 $\ell_i(\cdot\,;\cdot)$ 是损失函数, 且关于第一个变元是凸的, μ_i 是优化器 i 处的数据样本, 且 $R_i : \mathbb{R}^n \to \mathbb{R}$ 是一个凸的正则项[99]. 在机器学习中, L_1 正则化和 L_2 正则化是两种常见的正则化方式. 在文献 [122] 中给出了一个 L_2 正则化的例子, 其中假设 6.1 自然成立. 我们考虑 L_1 正则化及平方损失函数, 那么称之为 LASSO 回归问题:

$$\min_{x\in\mathbb{R}^n} \sum_{i=1}^{N} \left(E\left[\ell_i(x;u_i(k),p_i(k))\right] + \kappa\|x\|_1\right), \tag{6.5}$$

其中 $\ell_i(x;u_i(k),p_i(k)) = \dfrac{1}{2}\|p_i(k) - u_i^{\mathrm{T}}(k)x\|^2$, $p_i(k) = u_i^{\mathrm{T}}(k)x_0 + \nu_i(k)$, $x_0 \in \mathbb{R}^n$ 是未知参数, $u_i(k) \in \mathbb{R}^n$ 是第 i 个优化器的回归向量且 $\nu_i(k)$ 是局部观测噪声. 随机序列 $\{u_i(k), k \geqslant 0\}$ 和 $\{\nu_i(k), k \geqslant 0\}$ 是互相独立且独立同分布的标准高斯列, 分别满足分布 $N(\mathbf{0}_n, R_{u,i})$ 和 $N(0, \sigma_{\nu,i}^2)$. 可以验证假设 6.1—假设 6.3 成立.

记 $u(k) = (u_1^{\mathrm{T}}(k), \cdots, u_N^{\mathrm{T}}(k))^{\mathrm{T}}, \nu(k) = (\nu_1(k), \cdots, \nu_N(k))^{\mathrm{T}}$. 假设 $\{\xi(k), k \geqslant 0\}$, $\{u(k), k \geqslant 0\}$, $\{\nu(k), k \geqslant 0\}$ 和 $\{\mathcal{A}_{\mathcal{G}(k)}, k \geqslant 0\}$ 相互独立.

首先, 我们将验证假设 6.1 成立. 由 (6.5) 式并取数学期望, 有

$$\begin{aligned}
&E\left[\ell_i(x;u_i(k),p_i(k))\right] \\
={}& \frac{1}{2}E\left[\|u_i^{\mathrm{T}}(k)x_0 + \nu_i(k) - u_i^{\mathrm{T}}(k)x\|^2\right] \\
={}& \frac{1}{2}E\left[\|u_i^{\mathrm{T}}(k)(x_0 - x) + \nu_i(k)\|^2\right] \\
={}& \frac{1}{2}E\left[(x_0 - x)^{\mathrm{T}}u_i(k)u_i^{\mathrm{T}}(k)(x_0 - x) + 2\nu_i(k)u_i^{\mathrm{T}}(k)(x_0 - x) + \nu_i(k)\nu_i(k)\right] \\
={}& \frac{1}{2}\left[(x - x_0)^{\mathrm{T}}R_{u,i}(x - x_0) + \sigma_{\nu,i}\right],
\end{aligned}$$

则 $\nabla E[\ell_i(x;\mu_i(k))] = R_{u,i}(x-x_0)$, 并且局部成本函数 $f_i(x)$ 的次梯度为

$$d_{f_i}(x) = R_{u,i}(x-x_0) + d_{R_i}(x), \quad \forall d_{R_i}(x) \in \partial R_i(x). \tag{6.6}$$

由 $d_{R_i}(x)$ 的定义可知 $\|d_{R_i}(x)\| \leqslant \sqrt{n}\kappa$, $\forall\, d_{R_i}(x) \in \partial R_i(x)$. 因此, 由 (6.6) 式可得

$$\|d_{f_i}(x)\| = \|R_{u,i}(x-x_0) + d_{R_i}(x)\| \leqslant \|R_{u,i}\|\|x\| + \|R_{u,i}\|\|x_0\| + \sqrt{n}\kappa,$$

因此, 假设 6.1 成立. 文献 [158,184,186,245] 要求局部成本函数的次梯度有界, 这不能覆盖上面的情形, 而我们的假设同时覆盖了 L_2 正则化和 L_1 正则化.

其次, 我们将验证假设 6.2 和假设 6.3 成立. 对于 (6.5) 式, 局部成本函数次梯度的量测含有噪声, 即

$$\tilde{d}_{f_i}(x_i(k)) = d_{f_i}(x_i(k)) + \zeta_i(k),$$

其中

$$\zeta_i(k) = (u_i(k)u_i^{\mathrm{T}}(k) - R_{u,i})(x_i(k) - x_0) - u_i(k)\nu_i(k) \tag{6.7}$$

是第 i 个优化器的次梯度量测噪声.

记 $\mathcal{F}(k) = \sigma\{\xi_{ji}(t), u_i(t), \nu_i(t), \mathcal{A}_{\mathcal{G}(t)}, 0 \leqslant t \leqslant k, 1 \leqslant i,j \leqslant N\}, k \geqslant 0, \mathcal{F}(-1) = \{\varnothing, \Omega\}$. 由算法 (6.2)—(6.4) 可得 $(x_i(k) - x_0) \in \mathcal{F}(k-1) \subseteq \mathcal{F}(k), i = 1,\cdots,N$, 且由 (6.7) 式可得 $\zeta_i(k) \in \mathcal{F}(k)$, 所以 $\{\zeta(k), \mathcal{F}(k), k \geqslant 0\}$ 是一个适应的过程. 注意到 $\{u_i(k), k \geqslant 0\}$ 独立同分布, $\{u_i(k), k \geqslant 0\}$, $\{\xi_{ji}(k), k \geqslant 0\}$, $\{\mathcal{A}_{\mathcal{G}(k)}, k \geqslant 0\}$ 和 $\{\nu_i(k), k \geqslant 0\}$ 相互独立. 则 $\sigma\{u_i(k)\}$ 和 $\mathcal{F}(k-1)$ 相互独立. 类似地, $\sigma\{\nu_i(k)\}$ 和 $\mathcal{F}(k-1)$ 相互独立. 因此, 由 (6.7) 式可得

$$\begin{aligned}
& E[\zeta_i(k)|\mathcal{F}(k-1)] \\
={}& E[(u_i(k)u_i^{\mathrm{T}}(k) - R_{u,i})(x_i(k) - x_0) - u_i(k)\nu_i(k)|\mathcal{F}(k-1)] \\
={}& E[(u_i(k)u_i^{\mathrm{T}}(k) - R_{u,i})|\mathcal{F}(k-1)](x_i(k) - x_0) - E[u_i(k)\nu_i(k)|\mathcal{F}(k-1)] \\
={}& (E[u_i(k)u_i^{\mathrm{T}}(k)] - R_{u,i})(x_i(k) - x_0) - E[u_i(k)]E[\nu_i(k)] \\
={}& 0 \quad \text{a.s.}, \quad \forall\, k \geqslant 0, \quad i = 1,\cdots,N.
\end{aligned}$$

因此, $\{\zeta(k), \mathcal{F}(k), k \geqslant 0\}$ 为鞅差序列. 由 (6.7) 式可得

$$\begin{aligned}
& E\left[\zeta_i^{\mathrm{T}}(k)\zeta_i(k)|\mathcal{F}(k-1)\right] \\
={}& E\Big[\left(\left(u_i(k)u_i^{\mathrm{T}}(k) - R_{u,i}\right)(x_i(k) - x_0) - u_i(k)\nu_i(k)\right)^{\mathrm{T}} \\
& \times \left((u_i(k)u_i^{\mathrm{T}}(k) - R_{u,i})(x_i(k) - x_0) - u_i(k)\nu_i(k)\right) \Big| \mathcal{F}(k-1)\Big]
\end{aligned}$$

$$
\begin{aligned}
&= E\Big[(x_i(k)-x_0)^{\mathrm{T}}(u_i(k)u_i^{\mathrm{T}}(k)-R_{u,i})^{\mathrm{T}}(u_i(k)u_i^{\mathrm{T}}(k)-R_{u,i})(x_i(k)-x_0)\\
&\quad -2\nu_i(k)u_i^{\mathrm{T}}(k)(u_i(k)u_i^{\mathrm{T}}(k)-R_{u,i})(x_i(k)-x_0)\\
&\quad +(\nu_i(k))^2u_i^{\mathrm{T}}(k)u_i(k)\Big|\mathcal{F}(k-1)\Big] \quad \text{a.s..}
\end{aligned} \tag{6.8}
$$

注意到 $\sigma(u_i(k))$ 和 $\mathcal{F}(k-1)$ 相互独立, 由 $x_i(k)\in\mathcal{F}(k-1)$ 可得

$$
\begin{aligned}
&E\left[(x_i(k)-x_0)^{\mathrm{T}}(u_i(k)u_i^{\mathrm{T}}(k)-R_{u,i})^{\mathrm{T}}(u_i(k)u_i^{\mathrm{T}}(k)-R_{u,i})(x_i(k)-x_0)\Big|\mathcal{F}(k-1)\right]\\
&=(x_i(k)-x_0)^{\mathrm{T}}E\Big[(u_i(k)u_i^{\mathrm{T}}(k)-R_{u,i})^{\mathrm{T}}(u_i(k)u_i^{\mathrm{T}}(k)-R_{u,i})\Big|\mathcal{F}(k-1)\Big](x_i(k)-x_0)\\
&=(x_i(k)-x_0)^{\mathrm{T}}E\Big[(u_i(k)u_i^{\mathrm{T}}(k)-R_{u,i})^{\mathrm{T}}(u_i(k)u_i^{\mathrm{T}}(k)-R_{u,i})\Big](x_i(k)-x_0) \quad \text{a.s..}
\end{aligned} \tag{6.9}
$$

注意到 $u_i(k)$ 和 $\nu_i(k)$ 相互独立, 由 $x_i(k)\in\mathcal{F}(k-1)$ 和 $E[\nu_i(k)]=0$ 可得

$$
\begin{aligned}
&E\left[-2\nu_i(k)u_i^{\mathrm{T}}(k)(u_i(k)u_i^{\mathrm{T}}(k)-R_{u,i})(x_i(k)-x_0)\Big|\mathcal{F}(k-1)\right]\\
&=-2E\left[\nu_i(k)\Big|\mathcal{F}(k-1)\right]E\left[u_i^{\mathrm{T}}(k)(u_i(k)u_i^{\mathrm{T}}(k)-R_{u,i})\Big|\mathcal{F}(k-1)\right](x_i(k)-x_0)\\
&=-2E\Big[\nu_i(k)\Big]E\left[u_i^{\mathrm{T}}(k)(u_i(k)u_i^{\mathrm{T}}(k)-R_{u,i})\right](x_i(k)-x_0)=0 \quad \text{a.s..}
\end{aligned} \tag{6.10}
$$

由 $u_i(k)$ 和 $\nu_i(k)$ 的定义可知

$$
\begin{aligned}
E\left[(\nu_i(k))^2u_i^{\mathrm{T}}(k)u_i(k)\Big|\mathcal{F}(k-1)\right]&=E\left[(\nu_i(k))^2u_i^{\mathrm{T}}(k)u_i(k)\right]\\
&=E\left[(\nu_i(k))^2\right]E\left[u_i^{\mathrm{T}}(k)u_i(k)\right]\\
&=\sigma_{i,\nu}^2\mathrm{Tr}(R_{u,i}) \quad \text{a.s..}
\end{aligned} \tag{6.11}
$$

将(6.9)—(6.11)式代入(6.8)式可得

$$
\begin{aligned}
&E[\zeta_i^{\mathrm{T}}(k)\zeta_i(k)|\mathcal{F}(k-1)]\\
&=(x_i(k)-x_0)^{\mathrm{T}}E\Big[(u_i(k)u_i^{\mathrm{T}}(k)-R_{u,i})^{\mathrm{T}}(u_i(k)u_i^{\mathrm{T}}(k)-R_{u,i})\Big](x_i(k)-x_0)\\
&\quad+\sigma_{i,\nu}^2\mathrm{Tr}(R_{u,i})\\
&\leqslant 2E\Big[\|u_i(k)u_i^{\mathrm{T}}(k)-R_{u,i}\|^2\Big]\|x_i(k)\|^2+2E\Big[\|u_i(k)u_i^{\mathrm{T}}(k)-R_{u,i}\|^2\Big]\|x_0\|^2\\
&\quad+\sigma_{i,\nu}^2|\mathrm{Tr}(R_{u,i})| \quad \text{a.s..}
\end{aligned}
$$

记 $\sigma_\zeta = \max_{1\leqslant i\leqslant N}\left\{2E\left[\|u_i(k)u_i^{\mathrm{T}}(k)-R_{u,i}\|^2\right]\right\}$ 和 $C_\zeta = N\max_{1\leqslant i\leqslant N}\left\{2E\left[\|u_i(k)u_i^{\mathrm{T}}(k)-R_{u,i}\|^2\right]\|x_0\|^2+\sigma_{i,\nu}^2|\mathrm{Tr}(R_{u,i})|\right\}$, 则有

$$E\left[\zeta^{\mathrm{T}}(k)\zeta(k)\Big|\mathcal{F}(k-1)\right]=\sum_{i=1}^{N}E\left[\zeta_i^{\mathrm{T}}(k)\zeta_i(k)\Big|\mathcal{F}(k-1)\right]\leqslant\sigma_\zeta\|X(k)\|^2+C_\zeta\quad \text{a.s..} \tag{6.12}$$

注意到 $\{\xi(k),k\geqslant 0\}$, $\{u(k),k\geqslant 0\}$, $\{\nu(k),k\geqslant 0\}$ 和 $\{\mathcal{A}_{\mathcal{G}(k)},k\geqslant 0\}$ 相互独立, 由引理 2.5 可得, $\sigma\{\xi(k),\xi(k+1),\cdots\}$ 和 $\sigma\{\mathcal{A}_{\mathcal{G}(k)},\mathcal{A}_{\mathcal{G}(k+1)},\cdots\}$ 关于 $\mathcal{F}(k-1)$, $\forall\ k\geqslant 0$ 条件独立, 这表明 $\sigma\{\mathcal{A}_{\mathcal{G}(k)},\mathcal{A}_{\mathcal{G}(k+1)},\cdots\}$ 和 $\sigma\{\xi(k)\}$ 关于 $\mathcal{F}(k-1)$ 条件独立, 即 $\{\xi(k),k\geqslant 0\}$ 满足假设 6.2.

由(6.7)式可得 $\sigma\{\zeta(k)\}\subseteq\sigma\{u_i(k),\nu_i(k),x_i(k),1\leqslant i\leqslant N\}$. 由 $\sigma\{x_i(k),1\leqslant i\leqslant N\}\subseteq\mathcal{F}(k-1)$ 可得 $\sigma\{\zeta(k)\}\subseteq\sigma\big\{\sigma\{u_i(k),\nu_i(k),1\leqslant i\leqslant N\}\cup\mathcal{F}(k-1)\big\}$. 因此,

$$\sigma\Big\{\sigma\{\zeta(k)\}\cup\mathcal{F}(k-1)\Big\}\subseteq\sigma\Big\{\sigma\{u_i(k),\nu_i(k),1\leqslant i\leqslant N\}\cup\mathcal{F}(k-1)\Big\}. \tag{6.13}$$

注意到 $\{\xi(k),k\geqslant 0\}$, $\{u(k),k\geqslant 0\}$, $\{\nu(k),k\geqslant 0\}$ 和 $\{\mathcal{A}_{\mathcal{G}(k)},k\geqslant 0\}$ 相互独立, $\{u(k),k\geqslant 0\}$ 和 $\{\nu(k),k\geqslant 0\}$ 独立同分布, 则 $\sigma\{u_i(k),\nu_i(k),1\leqslant i\leqslant N\}$ 独立于 $\sigma\big\{\sigma\{\mathcal{A}_{\mathcal{G}(k)},\ \mathcal{A}_{\mathcal{G}(k+1)},\cdots\}\cup\mathcal{F}(k-1)\big\}$. 由文献 [55] 中的推论 7.3.2 可知 $\sigma\{\mathcal{A}_{\mathcal{G}(k)},\mathcal{A}_{\mathcal{G}(k+1)},\cdots\}$ 和 $\sigma\{u_i(k),\nu_i(k),1\leqslant i\leqslant N\}$ 关于 $\mathcal{F}(k-1)$ 条件独立. 则由文献 [55] 中定理 7.3.1 可知对所有 $A\in\sigma\{\mathcal{A}_{\mathcal{G}(k)},\mathcal{A}_{\mathcal{G}(k+1)},\cdots\}$,

$$\mathbb{P}\Big\{A\Big|\sigma\Big\{\sigma\{u_i(k),\nu_i(k),1\leqslant i\leqslant N\}\cup\mathcal{F}(k-1)\Big\}\Big\}=\mathbb{P}\{A|\mathcal{F}(k-1)\}. \tag{6.14}$$

由 (6.13) 式和 (6.14) 式可得

$$\begin{aligned}
&\mathbb{P}\Big\{A\Big|\sigma\Big\{\sigma\{\zeta(k)\}\cup\mathcal{F}(k-1)\Big\}\Big\}\\
&=E\Big[\mathbf{1}_A\Big|\sigma\Big\{\sigma\{\zeta(k)\}\cup\mathcal{F}(k-1)\Big\}\Big]\\
&=E\Big[E\Big[\mathbf{1}_A\Big|\sigma\Big\{\sigma\{u_i(k),\nu_i(k),1\leqslant i\leqslant N\}\cup\mathcal{F}(k-1)\Big\}\Big]\Big|\sigma\Big\{\sigma\{\zeta(k)\}\cup\mathcal{F}(k-1)\Big\}\Big]\\
&=E\Big[E\Big[\mathbf{1}_A\Big|\mathcal{F}(k-1)\Big]\Big|\sigma\Big\{\sigma\{\zeta(k)\}\cup\mathcal{F}(k-1)\Big\}\Big]\\
&=\mathbb{P}\Big\{A\Big|\mathcal{F}(k-1)\Big\}.
\end{aligned}$$

进一步, 由文献 [55] 中的定理 7.3.1 可知 $\sigma\{\zeta(k)\}$ 和 $\sigma\{\mathcal{A}_{\mathcal{G}(k)}, \mathcal{A}_{\mathcal{G}(k+1)}, \cdots\}$ 关于 $\mathcal{F}(k-1)$ 条件独立, 再结合 (6.12) 式可得 $\{\zeta(k), k \geqslant 0\}$ 满足假设 6.3.

对于 LASSO 回归问题 (6.5), 也可以采用分布式近端梯度 (DPG) 法[236], 在达到相同精度的情况下, DPG 算法的迭代次数可能少于分布式随机次梯度下降 (DSG) 算法 (6.2)—(6.4), 但 DPG 算法的实际运行时间并不占优. 这主要是因为 DPG 算法在每一次迭代中, 子问题需要计算. 一般来说, 使用 DSG 算法还是 DPG 算法可能取决于具体问题.

我们考虑以下算法步长的条件, 这些条件需要同时成立.

(C1) $c(k) \downarrow 0$, $\alpha(k) \downarrow 0$, $\sum_{k=0}^{\infty} \alpha(k) = \infty, \sum_{k=0}^{\infty} \alpha^2(k) < \infty, \sum_{k=0}^{\infty} c^2(k) < \infty$, $c(k) = O(c(k+1))$, $k \to \infty$;

(C2) $\lim\limits_{k\to\infty} \dfrac{c^2(k)}{\alpha(k)} = 0$;

(C3) 对任意给定正常数 C, $\sum_{k=0}^{\infty} \alpha(k) \exp(-C \sum_{t=0}^{k} \alpha(t)) < \infty$;

(C4) 对任意给定正常数 C, $\lim_{k\to\infty} \dfrac{\alpha(k) \exp(C \sum_{t=0}^{k} \alpha(t))}{c(k)} = 0$;

(C5) 对任意给定正常数 C 及充分大的 k, 序列 $\{\alpha(k) \exp(C \sum_{t=0}^{k} \alpha(t)), k \geqslant 0\}$ 单调递减且 $\alpha(k) \exp(C \sum_{t=0}^{k} \alpha(t)) - \alpha(k+1) \exp(C \sum_{t=0}^{k+1} \alpha(t)) = O(\alpha^2(k) \times \exp(2C \sum_{t=0}^{k} \alpha(t)))$.

注释 6.2 满足条件 (C1)—(C5) 的步长存在. 例如, $\alpha(k) = \dfrac{\alpha_1}{(k+3) \ln^{\tau_1}(k+3)}$, $\tau_1 \in (0,1]$, $c(k) = \dfrac{\alpha_2}{(k+3)^{\tau_2} \ln^{\tau_3}(k+3)}$, $\tau_2 \in (0.5, 1)$, $\tau_3 \in (-\infty, 1]$, 其中 α_1, α_2 为给定正常数.

证明 对于注释 6.2 中定义的步长 $\alpha(k)$ 和 $c(k)$, 容易验证条件 (C1) 成立. 由引理 6.8 可知 $\lim_{k\to\infty} \left(\sum_{t=0}^{k} \alpha(t) - \int_0^k \alpha(t) dt \right)$ 存在. 因此, 存在正常数 $\tilde{\alpha}_2$, 使得

$$\int_0^k \alpha(t) dt - \tilde{\alpha}_2 \leqslant \sum_{t=0}^{k} \alpha(t) \leqslant \int_0^k \alpha(t) dt + \tilde{\alpha}_2.$$

由注释 6.2 可得

$$\int_0^k \alpha(t) dt = \frac{\alpha_1}{1-\tau_1} (\ln^{1-\tau_1}(k+3) - \ln^{1-\tau_1}(3)).$$

因此,

$$\frac{\alpha_1}{1-\tau_1}(\ln^{1-\tau_1}(k+3)-\ln^{1-\tau_1}(3))-\tilde{\alpha}_2 \leqslant \sum_{t=0}^{k}\alpha(t)$$
$$\leqslant \frac{\alpha_1}{1-\tau_1}(\ln^{1-\tau_1}(k+3)-\ln^{1-\tau_1}(3))+\tilde{\alpha}_2,$$

则对任意给定的正常数 C, 有

$$\alpha_3 \exp\left(\tilde{\alpha}_0 \ln^{1-\tau_1}(k+3)\right) \leqslant \exp\left(C\sum_{t=0}^{k}\alpha(t)\right) \leqslant \alpha_4 \exp\left(\tilde{\alpha}_0 \ln^{1-\tau_1}(k+3)\right), \tag{6.15}$$

其中 $\tilde{\alpha}_0 = \dfrac{C\alpha_1}{1-\tau_1}$, $\alpha_3=\exp\left(-C\left(\dfrac{\alpha_1\ln^{1-\tau_1}(3)}{1-\tau_1}+\tilde{\alpha}_2\right)\right)$, $\alpha_4=\exp\left(-C\left(\dfrac{\alpha_1\ln^{1-\tau_1}(3)}{1-\tau_1}-\tilde{\alpha}_2\right)\right)$.

由注释 6.2 可得

$$\lim_{k\to\infty}\frac{c^2(k)}{\alpha(k)} = \lim_{k\to\infty}\frac{\dfrac{\alpha_2^2}{(k+3)^{2\tau_2}\ln^{2\tau_3}(k+3)}}{\dfrac{\alpha_1}{(k+3)\ln^{\tau_1}(k+3)}} = \frac{\alpha_2^2}{\alpha_1}\lim_{k\to\infty}\frac{\ln^{\tau_1-2\tau_3}(k+3)}{(k+3)^{2\tau_2-1}} = 0.$$

因此, 条件 (C2) 成立.

由 (6.15) 式的左边可得

$$\exp\left(-C\sum_{t=0}^{k}\alpha(t)\right) \leqslant \frac{1}{\alpha_3}\exp\left(-\tilde{\alpha}_0\ln^{1-\tau_1}(k+3)\right) = \frac{1}{\alpha_3}(k+3)^{-\frac{\tilde{\alpha}_0}{\ln^{\tau_1}(k+3)}}, \quad k \geqslant 0,$$

从而有

$$\alpha(k)\exp\left(-C\sum_{t=0}^{k}\alpha(t)\right) \leqslant \frac{\alpha_1}{\alpha_3(k+3)^{1+\frac{\tilde{\alpha}_0}{\ln^{\tau_1}(k+3)}}\ln^{\tau_1}(k+3)}, \quad k \geqslant 0. \tag{6.16}$$

令

$$f(t) = \frac{\alpha_1}{\alpha_3(\exp(t))^{1+\frac{\tilde{\alpha}_0}{t^{\tau_1}}}t^{\tau_1}} = \frac{\alpha_1}{\alpha_3\exp(t+\tilde{\alpha}_0 t^{1-\tau_1})t^{\tau_1}}.$$

由 (6.16) 式可得

$$\alpha(k)\exp\left(-C\sum_{t=0}^{k}\alpha(t)\right) \leqslant f(\ln(k+3)), \quad k \geqslant 0. \tag{6.17}$$

令 $A_k = \int_1^k f(t)dt$, 则有

$$\begin{aligned}
A_k &= \frac{\alpha_1}{\alpha_3(1-\tau_1)} \int_1^{k^{1-\tau_1}} \frac{ds}{\exp(s^{\frac{1}{1-\tau_1}} + \tilde{\alpha}_0 s)} \\
&\leqslant \frac{\alpha_1}{\alpha_3(1-\tau_1)} \int_1^{k^{1-\tau_1}} \frac{ds}{\exp(\tilde{\alpha}_0 s)} \\
&= -\frac{\alpha_1}{\tilde{\alpha}_0 \alpha_3(1-\tau_1)} \exp(-\tilde{\alpha}_0 s)\Big|_1^{k^{1-\tau_1}} \\
&= \frac{1}{\alpha_3 C}(\exp(-\tilde{\alpha}_0) - \exp(-\tilde{\alpha}_0 k^{1-\tau_1})) \\
&\leqslant \frac{\exp(-\tilde{\alpha}_0)}{\alpha_3 C},
\end{aligned}$$

即 A_k 单调递增且有上界, 因此收敛. 另外, 注意到 $f(t)$ 是单调递减的, 由引理 6.8 可知 $\sum_{t=1}^{\infty} f(t) < \infty$, 这结合 (6.17) 式可导出

$$\sum_{k=0}^{\infty} \alpha(k) \exp\left(-C\sum_{t=0}^{k}\alpha(t)\right) \leqslant \sum_{k=0}^{\infty} f(\ln(k+3)) \leqslant \sum_{t=1}^{\infty} f(t) < \infty.$$

因此, 条件 (C3) 成立.

对任意给定的 $0 < \epsilon < 1-\tau_2$, 存在正整数 k_0, 使得 $\dfrac{\tilde{\alpha}_0}{\ln^{\tau_1}(k+3)} < \epsilon$, $k \geqslant k_0$. 因此,

$$\exp\left(\tilde{\alpha}_0 \ln^{1-\tau_1}(k+3)\right) = (k+3)^{\frac{\tilde{\alpha}_0}{\ln^{\tau_1}(k+3)}} \leqslant (k+3)^{\epsilon}, \quad k \geqslant k_0.$$

由 (6.15) 式的右边以及 $c(k)$ 的定义可得

$$\begin{aligned}
\frac{\alpha(k)\exp\left(C\sum_{t=0}^{k}\alpha(t)\right)}{c(k)} &\leqslant \frac{\dfrac{\alpha_1\alpha_4 \exp\left(\tilde{\alpha}_0 \ln^{1-\tau_1}(k+3)\right)}{(k+3)\ln^{\tau_1}(k+3)}}{\dfrac{\alpha_2}{(k+3)^{\tau_2}\ln^{\tau_3}(k+3)}} \\
&\leqslant \frac{\alpha_1\alpha_4 \ln^{\tau_3-\tau_1}(k+3)}{\alpha_2(k+3)^{1-\tau_2-\epsilon}}, \quad k \geqslant k_0.
\end{aligned}$$

由于 $1-\tau_2-\epsilon > 0$, 则有

$$\lim_{k\to\infty} \frac{\alpha_1\alpha_4 \ln^{\tau_3-\tau_1}(k+3)}{\alpha_2(k+3)^{1-\tau_2-\epsilon}} = 0.$$

注意到 $\dfrac{\alpha(k)\exp\left(C\sum_{t=0}^{k}\alpha(t)\right)}{c(k)}>0$, 则有

$$\lim_{k\to\infty}\frac{\alpha(k)\exp\left(C\sum_{t=0}^{k}\alpha(t)\right)}{c(k)}=0,$$

从而可得条件 (C4) 成立.

由注释 6.2 中 $\alpha(k)$ 的定义以及积分中值定理可得

$$\begin{aligned}\int_k^{k+1}d\left(\frac{1}{\alpha(t)}\right)=&\int_k^{k+1}d\left(\frac{(t+3)\ln^{\tau_1}(t+3)}{\alpha_1}\right)\\=&\frac{1}{\alpha_1}\int_k^{k+1}(\ln^{\tau_1}(t+3)+\tau_1\ln^{\tau_1-1}(t+3))dt\\=&\frac{1}{\alpha_1}(\ln^{\tau_1}(s+3)+\tau_1\ln^{\tau_1-1}(s+3)),\quad s\in[k,k+1].\end{aligned}\tag{6.18}$$

由对数函数的单调性, 我们有

$$\frac{1}{\alpha(k+1)}-\frac{1}{\alpha(k)}=\int_k^{k+1}d\left(\frac{1}{\alpha(t)}\right)\geqslant\frac{1}{\alpha_1}\ln^{\tau_1}(k+3).\tag{6.19}$$

对于任意给定的正常数 C, 有

$$\begin{aligned}&\alpha(k)\exp\left(C\sum_{t=0}^{k}\alpha(t)\right)-\alpha(k+1)\exp\left(C\sum_{t=0}^{k+1}\alpha(t)\right)\\&=\exp(C\sum_{t=0}^{k}\alpha(t))\Big(\alpha(k)-\alpha(k+1)\exp(C\alpha(k+1))\Big)\\&=\exp\left(C\sum_{t=0}^{k}\alpha(t)\right)\Bigg(\alpha(k)-\alpha(k+1)\Bigg(1+C\alpha(k+1)\\&\quad+\frac{C^2\alpha^2(k+1)}{2}+o(C^2\alpha^2(k+1))\Bigg)\Bigg)\\&=\alpha(k)\alpha(k+1)\exp\left(C\sum_{t=0}^{k}\alpha(t)\right)\left(\frac{1}{\alpha(k+1)}-\frac{1}{\alpha(k)}-\frac{C\alpha(k+1)}{\alpha(k)}-\frac{C^2\alpha^2(k+1)}{2\alpha(k)}\right)\\&\quad-o\left(\frac{C^2\alpha^2(k+1)}{\alpha(k)}\right).\end{aligned}\tag{6.20}$$

由 (6.19) 式和 (6.20) 式可知, 存在正整数 k_2, 使得

$$\alpha(k)\exp\left(C\sum_{t=0}^{k}\alpha(t)\right)-\alpha(k+1)\exp\left(C\sum_{t=0}^{k+1}\alpha(t)\right)\geqslant 0,\quad k\geqslant k_2, \tag{6.21}$$

表明对充分大的 k, 序列 $\{\alpha(k)\exp\left(C\sum_{t=0}^{k}\alpha(t)\right),k\geqslant 0\}$ 单调递减.

由对数函数的单调性、$\tau_1-1<0$ 及 (6.18) 式可得

$$\int_{k}^{k+1}d\left(\frac{1}{\alpha(t)}\right)\leqslant\frac{1}{\alpha_1}(\ln^{\tau_1}(k+4)+\tau_1\ln^{\tau_1-1}(k+3)). \tag{6.22}$$

由 (6.15) 式的左边可得

$$\frac{1}{\exp\left(C\sum_{t=0}^{k}\alpha(t)\right)}\leqslant\frac{1}{\alpha_3\exp(\tilde{\alpha}_0\ln^{1-\tau_1}(k+3))}. \tag{6.23}$$

由 $\alpha(k)>0$ 可得 $\exp\left(C\sum_{t=0}^{k}\alpha(t)\right)\leqslant\exp\left(C\sum_{t=0}^{k+1}\alpha(t)\right)$, 因此,

$$\begin{aligned}
&\frac{\alpha(k)\exp\left(C\sum_{t=0}^{k}\alpha(t)\right)-\alpha(k+1)\exp\left(C\sum_{t=0}^{k+1}\alpha(t)\right)}{\alpha^2(k)\exp(2C\sum_{t=0}^{k}\alpha(t))}\\
\leqslant&\frac{\alpha(k)\exp\left(C\sum_{t=0}^{k}\alpha(t)\right)-\alpha(k+1)\exp\left(C\sum_{t=0}^{k}\alpha(t)\right)}{\alpha(k)\alpha(k+1)\exp\left(2C\sum_{t=0}^{k}\alpha(t)\right)}\\
=&\frac{\alpha(k)-\alpha(k+1)}{\alpha(k)\alpha(k+1)\exp\left(C\sum_{t=0}^{k}\alpha(t)\right)}\\
=&\left(\frac{1}{\alpha(k+1)}-\frac{1}{\alpha(k)}\right)\frac{1}{\exp\left(C\sum_{t=0}^{k}\alpha(t)\right)}\\
=&\frac{1}{\exp\left(C\sum_{t=0}^{k}\alpha(t)\right)}\int_{k}^{k+1}d\left(\frac{1}{\alpha(t)}\right).
\end{aligned} \tag{6.24}$$

由 (6.22)—(6.24) 式可得

$$\frac{\alpha(k)\exp\left(C\sum_{t=0}^{k}\alpha(t)\right)-\alpha(k+1)\exp\left(C\sum_{t=0}^{k+1}\alpha(t)\right)}{\alpha^2(k)\exp\left(2C\sum_{t=0}^{k}\alpha(t)\right)}$$

$$\leqslant \frac{1}{\alpha_1}\left(\frac{\ln^{\tau_1}(k+4)}{\alpha_3\exp\left(\tilde{\alpha}_0\ln^{1-\tau_1}(k+3)\right)}+\frac{\tau_1\ln^{\tau_1-1}(k+3)}{\alpha_3\exp\left(\tilde{\alpha}_0\ln^{1-\tau_1}(k+3)\right)}\right). \tag{6.25}$$

对于 (6.25) 式右边括号中的第一项, 我们有

$$\begin{aligned}\lim_{k\to\infty}\frac{\ln^{\tau_1}(k+4)}{\alpha_3\exp(\tilde{\alpha}_0\ln^{1-\tau_1}(k+3))}&=\lim_{k\to\infty}\frac{\ln^{\tau_1}(k+3)}{\alpha_3\exp(\tilde{\alpha}_0\ln^{1-\tau_1}(k+3))}\frac{\ln^{\tau_1}(k+4)}{\ln^{\tau_1}(k+3)}\\&=\lim_{t\to\infty}\frac{t^{\frac{\tau_1}{1-\tau_1}}}{\alpha_3\exp(\tilde{\alpha}_0 t)}\lim_{k\to\infty}\frac{\ln^{\tau_1}(k+4)}{\ln^{\tau_1}(k+3)}\\&=0.\end{aligned} \tag{6.26}$$

对于 (6.25) 式右边括号中的第二项, 我们有

$$\lim_{k\to\infty}\frac{\tau_1\ln^{\tau_1-1}(k+3)}{\alpha_3\exp(\tilde{\alpha}_0\ln^{1-\tau_1}(k+3))}=\lim_{k\to\infty}\frac{\tau_1}{\alpha_3\ln^{1-\tau_1}(k+3)\exp(\tilde{\alpha}_0\ln^{1-\tau_1}(k+3))}=0. \tag{6.27}$$

因此, 由 (6.21) 式、(6.25)—(6.27) 式可得

$$\lim_{k\to\infty}\frac{\alpha(k)\exp\left(C\sum_{t=0}^{k}\alpha(t)\right)-\alpha(k+1)\exp\left(C\sum_{t=0}^{k+1}\alpha(t)\right)}{\alpha^2(k)\exp\left(2C\sum_{t=0}^{k}\alpha(t)\right)}=0.$$

因此, 条件 (C5) 成立. ■

6.3 主要结果

记 $D(k)=\mathrm{diag}(a_1^{\mathrm{T}}(k),\cdots,a_N^{\mathrm{T}}(k))\otimes I_n$, 其中 $a_i^{\mathrm{T}}(k)$ 为 $\mathcal{A}_{\mathcal{G}(k)}$ 的第 $i\,(i=1,\cdots,N)$ 行, $\psi_i(k)=\mathrm{diag}(\psi_{1i}(x_1(k)-x_i(k)),\cdots,\psi_{Ni}(x_N(k)-x_i(k)))$, $i=1,\cdots,N$, $\Psi(k)=\mathrm{diag}(\psi_1(k),\cdots,\psi_N(k))\otimes I_n$, $d(k)=[d_{f_1}^{\mathrm{T}}(x_1(k)),\cdots,d_{f_N}^{\mathrm{T}}(x_N(k))]^{\mathrm{T}}$. 记 $\sigma_d=\max_{1\leqslant i\leqslant N}\{\sigma_{di}\}$, $C_d=\max_{1\leqslant i\leqslant N}\{C_{di}\}$, $\sigma=\max_{1\leqslant i,j\leqslant N}\{\sigma_{ji}\}$, $b=\max_{1\leqslant i,j\leqslant N}\{b_{ji}\}$.

将算法 (6.2)—(6.4) 改写成如下紧凑形式

$$X(k+1)=((I_N-c(k)\mathcal{L}_{\mathcal{G}(k)})\otimes I_n)X(k)+c(k)D(k)\Psi(k)\xi(k)-\alpha(k)(d(k)+\zeta(k)). \tag{6.28}$$

记 $\bar{x}(k)=\dfrac{1}{N}\sum_{i=1}^{N}x_i(k)$, 共识误差向量 $\delta(k)=(P\otimes I_n)X(k)$ 以及李雅普诺夫函数 $V(k)=\|\delta(k)\|^2$, 其中 $P=I_N-\dfrac{1}{N}\mathbf{1}_N\mathbf{1}_N^{\mathrm{T}}$. 由 $\det(\lambda I_N-P)=$

$\left(\lambda-1+\frac{1}{N}\right)(\lambda-1)^{N-1}$, 可得 $\|P\|=1$. 由 $(\mathcal{L}_{\mathcal{G}(k)}\otimes I_n)(\mathbf{1}_N\mathbf{1}_N^{\mathrm{T}}\otimes I_n)=\mathbf{0}_{nN\times nN}$ 可得 $(\mathcal{L}_{\mathcal{G}(k)}\otimes I_n)X(k)=(\mathcal{L}_{\mathcal{G}(k)}\otimes I_n)\delta(k)$. 因此, $(P\otimes I_n)((I_N-c(k)\mathcal{L}_{\mathcal{G}(k)})\otimes I_n)X(k)=((I_N-c(k)P\mathcal{L}_{\mathcal{G}(k)})\otimes I_n)\delta(k)$, 结合上式和 (6.28) 式可得

$$
\begin{aligned}
\delta(k+1)=&((I_N-c(k)P\mathcal{L}_{\mathcal{G}(k)})\otimes I_n)\delta(k)+(P\otimes I_n)(c(k)D(k)\Psi(k)\xi(k)-\alpha(k)\zeta(k))\\
&-\alpha(k)(P\otimes I_n)d(k).
\end{aligned}\tag{6.29}
$$

6.3.1 算法收敛性

在下面的定理中, 我们将证明算法 (6.2)—(6.4) 的收敛性.

定理 6.1 对于最优化问题 (6.1), 考虑算法 (6.2)—(6.4), 若

(a) 假设 6.1—假设 6.6 和条件 (C1)—(C5) 成立;

(b) 存在正整数 h 和正常数 θ 和 ρ_0, 使得

(b.1) $\inf_{m\geqslant 0}\lambda_{mh}^h\geqslant\theta$ a.s.;

(b.2) $\sup_{k\geqslant 0}\left[E\left[\|\mathcal{L}_{\mathcal{G}(k)}\|^{2^{\max\{h,2\}}}\Big|\mathcal{F}(k-1)\right]\right]^{\frac{1}{2^{\max\{h,2\}}}}\leqslant\rho_0$ a.s.,

则存在取值于 $\mathcal{X}^*$ 的随机向量 z^*, 使得 $\lim_{k\to\infty}x_i(k)=z^*$, $i=1,\cdots,N$ a.s..

定理 6.1 的证明需要以下 3 个引理.

引理 6.1 对于最优化问题 (6.1), 考虑算法 (6.2)—(6.4), 如果假设 6.1—假设 6.4 和假设 6.6 成立, 且存在正常数 ρ_0, 使得 $\sup_{k\geqslant 0}\left[E\left[\|\mathcal{L}_{\mathcal{G}(k)}\|^2\Big|\mathcal{F}(k-1)\right]\right]^{\frac{1}{2}}\leqslant\rho_0$ a.s., 则下列不等式成立:

(i) $E[V(k+1)|\mathcal{F}(k-1)]$

$$
\begin{aligned}
&\leqslant\left(1+2c^2(k)(\rho_0^2+8\sigma^2C_\xi\rho_1)\right)V(k)+8b^2C_\xi\rho_1c^2(k)\\
&\quad+2\alpha^2(k)(2\sigma_\zeta+3\sigma_d^2)\|X(k)\|^2\\
&\quad+2\alpha^2(k)\left(2C_\zeta+3NC_d^2\right)+2\alpha(k)\|d(k)\|\|\delta(k)\|\quad\text{a.s.},\quad\forall\, k\geqslant 0;
\end{aligned}\tag{6.30}
$$

(ii) 对任意 $x\in\mathbb{R}^n$,

$$
\begin{aligned}
&E\left[\|X(k+1)-\mathbf{1}_N\otimes x\|^2|\mathcal{F}(k-1)\right]\\
&\leqslant\left(1+2c^2(k)(\rho_0^2+8\sigma^2C_\xi\rho_1)+4\alpha^2(k)\left(2\sigma_\zeta+3\sigma_d^2\right)\right)\|X(k)-\mathbf{1}_N\otimes x\|^2\\
&\quad+8b^2C_\xi\rho_1c^2(k)+2\alpha^2(k)\left(2C_\zeta+3NC_d^2+2(3\sigma_d^2+2\sigma_\zeta)N\|x\|^2\right)\\
&\quad-2\alpha(k)d^{\mathrm{T}}(k)(X(k)-\mathbf{1}_N\otimes x)\quad\text{a.s.},\quad\forall\, x\in\mathbb{R}^n,\quad k\geqslant 0,
\end{aligned}\tag{6.31}
$$

其中 ρ_1 是正常数, 满足 $\sup_{k\geqslant 0}E\left[|\mathcal{E}_{\mathcal{G}(k)}|\max_{1\leqslant i,j\leqslant N}a_{ij}^2(k)\Big|\mathcal{F}(k-1)\right]\leqslant\rho_1$ a.s..

证明 由 (6.29) 式、Cr 不等式以及 $\|P\otimes I_n\|=1$, 可得

$$
\begin{aligned}
&V(k+1)\\
\leqslant& V(k)-2c(k)\delta^{\mathrm{T}}(k)\frac{\left(\mathcal{L}_{\mathcal{G}(k)}^{\mathrm{T}}P^{\mathrm{T}}+P\mathcal{L}_{\mathcal{G}(k)}\right)\otimes I_n}{2}\delta(k)+2c^2(k)\|\mathcal{L}_{\mathcal{G}(k)}\otimes I_n\|^2\|\delta(k)\|^2\\
&+2(c(k)D(k)\Psi(k)\xi(k)-\alpha(k)\zeta(k))^{\mathrm{T}}(P\otimes I_n)((I_N-c(k)P\mathcal{L}_{\mathcal{G}(k)})\otimes I_n)\delta(k)\\
&+4c^2(k)\|D^{\mathrm{T}}(k)D(k)\|\|\Psi(k)\|^2\|\xi(k)\|^2+4\alpha^2(k)\|\zeta(k)\|^2\\
&+2\alpha(k)\|d(k)\|\|\delta(k)\|+3\alpha^2(k)\|d(k)\|^2. \qquad (6.32)
\end{aligned}
$$

现在, 考虑 (6.32) 式右边每一项的条件期望. 对第 2 项, 由假设 6.6 和 $\delta(k)\in\mathcal{F}(k-1)$, 可得

$$
\begin{aligned}
&E[-2c(k)\delta^{\mathrm{T}}(k)\frac{(\mathcal{L}_{\mathcal{G}(k)}^{\mathrm{T}}P^{\mathrm{T}}+P\mathcal{L}_{\mathcal{G}(k)})\otimes I_n}{2}\delta(k)|\mathcal{F}(k-1)]\\
=&-2c(k)\delta^{\mathrm{T}}(k)E[\widehat{\mathcal{L}}_{\mathcal{G}(k)}\otimes I_n|\mathcal{F}(k-1)]\delta(k)\\
\leqslant&\, 0 \quad \text{a.s.}. \qquad (6.33)
\end{aligned}
$$

对第 3 项, 由 $\sup_{k\geqslant 0}\left[E\left[\|\mathcal{L}_{\mathcal{G}(k)}\|^2|\mathcal{F}(k-1)\right]\right]^{\frac{1}{2}}\leqslant\rho_0$ a.s., $\|\mathcal{L}_{\mathcal{G}(k)}\otimes I_n\|=\|\mathcal{L}_{\mathcal{G}(k)}\|$ 以及 $\delta(k)\in\mathcal{F}(k-1)$, 可得

$$
\begin{aligned}
E\left[2c^2(k)\|\mathcal{L}_{\mathcal{G}(k)}\otimes I_n\|^2\|\delta(k)\|^2|\mathcal{F}(k-1)\right]=&\,2c^2(k)E\left[\|\mathcal{L}_{\mathcal{G}(k)}\|^2|\mathcal{F}(k-1)\right]\|\delta(k)\|^2\\
\leqslant&\,2\rho_0^2c^2(k)V(k) \quad \text{a.s.}. \qquad (6.34)
\end{aligned}
$$

由 $\delta(k)\in\mathcal{F}(k-1)$ 及假设 6.2, 可得

$$
\begin{aligned}
&E\Big[2c(k)\xi^{\mathrm{T}}(k)\Psi^{\mathrm{T}}(k)D^{\mathrm{T}}(k)(P\otimes I_n)((I_N-c(k)P\mathcal{L}_{\mathcal{G}(k)})\otimes I_n)\delta(k)|\mathcal{F}(k-1)\Big]\\
=&\,2c(k)E[\xi^{\mathrm{T}}(k)|\mathcal{F}(k-1)]\Psi^{\mathrm{T}}(k)E[D^{\mathrm{T}}(k)(P\otimes I_n)\\
&\times((I_N-c(k)P\mathcal{L}_{\mathcal{G}(k)})\otimes I_n)|\mathcal{F}(k-1)]\delta(k)=0. \qquad (6.35)
\end{aligned}
$$

类似地, 由假设 6.3, 可得 $E[2\alpha(k)\zeta^{\mathrm{T}}(k)(P\otimes I_n)((I_N-c(k)P\mathcal{L}_{\mathcal{G}(k)})\otimes I_n)\delta(k)|\mathcal{F}(k-1)]=0$. 因此, 对第 4 项, 结合以上两个不等式可得

$$
\begin{aligned}
&E\Big[2\left(c(k)D(k)\Psi(k)\xi(k)-\alpha(k)\zeta(k)\right)^{\mathrm{T}}(P\otimes I_n)\\
&\times((I_N-c(k)P\mathcal{L}_{\mathcal{G}(k)})\otimes I_n)\delta(k)|\mathcal{F}(k-1)\Big]=0. \qquad (6.36)
\end{aligned}
$$

由假设 6.4 和 Cr 不等式可得

$$\begin{aligned}\|\Psi(k)\|^2 &\leqslant \max_{1\leqslant i,j\leqslant N}\left[2\sigma^2\|x_j(k)-x_i(k)\|^2+2b^2\right]\\&\leqslant 4\sigma^2\max_{1\leqslant i,j\leqslant N}\left[\|x_j(k)-\bar{x}(k)\|^2+\|x_i(k)-\bar{x}(k)\|^2\right]+2b^2\\&\leqslant 4\sigma^2\|X(k)-\mathbf{1}_N^{\mathrm{T}}\otimes\bar{x}(k)\|^2+2b^2.\end{aligned}\tag{6.37}$$

由

$$\begin{aligned}|\mathcal{E}_{\mathcal{G}(k)}|\max_{1\leqslant i,j\leqslant N}a_{ij}^2(k)&\leqslant N(N-1)\max_{1\leqslant i,j\leqslant N}a_{ij}^2(k)\leqslant N(N-1)\|\mathcal{L}_{\mathcal{G}(k)}\|_F^2\\&\leqslant N^2(N-1)\|\mathcal{L}_{\mathcal{G}(k)}\|^2\end{aligned}$$

及 $\sup_{k\geqslant 0}\left[E\left[\|\mathcal{L}_{\mathcal{G}(k)}\|^2|\mathcal{F}(k-1)\right]\right]^{\frac{1}{2}}\leqslant\rho_0$ a.s., 可知存在 $\rho_1>0$, 使得

$$E\left[|\mathcal{E}_{\mathcal{G}(k)}|\max_{1\leqslant i,j\leqslant N}a_{ij}^2(k)|\mathcal{F}(k-1)\right]\leqslant\rho_1\quad\text{a.s..}$$

然后, 对第 5 项, 由 (6.37) 式、假设 6.2、$\|P\otimes I_n\|=1$ 以及 $\|D^{\mathrm{T}}(k)D(k)\|=\lambda_{\max}(D^{\mathrm{T}}(k)D(k))=\max_{1\leqslant i\leqslant N}\lambda_{\max}(a_i(k)a_i^{\mathrm{T}}(k))=\max_{1\leqslant i\leqslant N}\mathrm{Tr}(a_i^{\mathrm{T}}(k)a_i(k))\leqslant|\mathcal{E}_{\mathcal{G}(k)}|\max_{1\leqslant i,j\leqslant N}a_{ij}^2(k)$, 可得

$$\begin{aligned}&E\left[4c^2(k)\|D^{\mathrm{T}}(k)D(k)\|\|\Psi(k)\|^2\|\xi(k)\|^2|\mathcal{F}(k-1)\right]\\=&4c^2(k)\|\Psi(k)\|^2E\left[\|D^{\mathrm{T}}(k)D(k)\||\mathcal{F}(k-1)\right]E\left[\|\xi(k)\|^2|\mathcal{F}(k-1)\right]\\\leqslant&4c^2(k)C_\xi(4\sigma^2V(k)+2b^2)E\left[|\mathcal{E}_{\mathcal{G}(k)}|\max_{1\leqslant i,j\leqslant N}a_{ij}^2(k)|\mathcal{F}(k-1)\right]\\\leqslant&16\sigma^2C_\xi\rho_1c^2(k)V(k)+8b^2C_\xi\rho_1c^2(k)\quad\text{a.s..}\end{aligned}\tag{6.38}$$

对第 6 项, 由假设 6.3 可得

$$E\left[4\alpha^2(k)\|\zeta(k)\|^2|\mathcal{F}(k-1)\right]\leqslant 4\sigma_\zeta\alpha^2(k)\|X(k)\|^2+4C_\zeta\alpha^2(k)\quad\text{a.s..}\tag{6.39}$$

对最后一项, 由假设 6.1 和 Cr 不等式可得

$$E[3\alpha^2(k)\|d(k)\|^2|\mathcal{F}(k-1)]=3\alpha^2(k)\|d(k)\|^2\leqslant 6\alpha^2(k)(\sigma_d^2\|X(k)\|^2+NC_d^2).\tag{6.40}$$

该式结合 (6.32)—(6.39) 式可导出 (6.30) 式.

下面, 证明引理 6.1 (ii). 注意到 $\mathcal{L}_{\mathcal{G}(k)}\mathbf{1}_N=\mathbf{0}_N$, 由 (6.28) 可得

$$
\begin{aligned}
&\|X(k+1)-\mathbf{1}_N\otimes x\|^2\\
\leqslant&\|X(k)-\mathbf{1}_N\otimes x\|^2-2c(k)(X(k)-\mathbf{1}_N\otimes x)^{\mathrm{T}}\frac{1}{2}\left(\mathcal{L}_{\mathcal{G}(k)}^{\mathrm{T}}+\mathcal{L}_{\mathcal{G}(k)}\right)\\
&\otimes I_n(X(k)-\mathbf{1}_N\otimes x)+2c^2(k)\|\mathcal{L}_{\mathcal{G}(k)}\otimes I_n\|^2\|X(k)-\mathbf{1}_N\otimes x\|^2\\
&+2(c(k)D(k)\Psi(k)\xi(k)-\alpha(k)\zeta(k))^{\mathrm{T}}\times((I_N-c(k)\mathcal{L}_{\mathcal{G}(k)})\otimes I_n)(X(k)-\mathbf{1}_N\otimes x)\\
&+4c^2(k)\|D^{\mathrm{T}}(k)D(k)\|\|\Psi(k)\|^2\|\xi(k)\|^2\\
&+4\alpha^2(k)\|\zeta(k)\|^2-2\alpha(k)d^{\mathrm{T}}(k)(X(k)-\mathbf{1}_N\otimes x)+3\alpha^2(k)\|d(k)\|^2.
\end{aligned}
$$

然后, 取上式右边每一项的条件期望, 类似于 (6.32)—(6.39) 式的证明, 我们有 (6.31) 式. ■

引理 6.2 对于最优化问题 (6.1), 考虑算法 (6.2)—(6.4), 若假设 6.1—假设 6.4、假设 6.6 和条件 (C1)—(C3) 成立, 且存在正常数 ρ_0, 使得 $\sup_{k\geqslant 0}\left[E\left[\|\mathcal{L}_{\mathcal{G}(k)}\|^2\middle|\mathcal{F}(k-1)\right]\right]^{\frac{1}{2}}\leqslant\rho_0$ a.s., 则存在常数 $C_1>0$, 使得

$$
E[\|X(k)\|^2]\leqslant C_1\beta(k),\quad\forall\, k\geqslant 0,\tag{6.41}
$$

其中 $\beta(k)=\exp\left(C_0\sum_{t=0}^{k}\alpha(t)\right)$, 且 $C_0=1+2\rho_0^2+16\sigma^2C_\xi\rho_1+8\sigma_\zeta+16\sigma_d^2$.

证明 由 Cr 不等式和 (6.40) 式可得

$$
-2\alpha(k)d^{\mathrm{T}}(k)X(k)\leqslant\alpha(k)(2\sigma_d^2+1)\|X(k)\|^2+2NC_d^2\alpha(k),
$$

该式结合引理 6.1 (ii) 可得

$$
\begin{aligned}
E\big[\|X(k+1)\|^2\big]\leqslant&\big(1+\alpha(k)(2\sigma_d^2+1)+2c^2(k)(\rho_0^2+8\sigma^2C_\xi\rho_1)\\
&+4\alpha^2(k)(2\sigma_\zeta+3\sigma_d^2)\big)\times E\big[\|X(k)\|^2\big]+2NC_d^2\alpha(k)\\
&+8b^2C_\xi\rho_1c^2(k)+2\alpha^2(k)\big(2C_\zeta+3NC_d^2\big).
\end{aligned}\tag{6.42}
$$

由条件 (C1) 和 (C2) 可知存在正整数 k_1, 使得对任意 $k\geqslant k_1$, 有 $\alpha(k)\geqslant\alpha^2(k)$ 且 $\alpha(k)\geqslant c^2(k)$. 因此, 由 (6.42) 式可得

$$
E\left[\|X(k+1)\|^2\right]\leqslant(1+C_0\alpha(k))\,E\left[\|X(k)\|^2\right]+\widetilde{C}_0\alpha(k),\quad\forall\, k\geqslant k_1,
$$

其中 $\widetilde{C}_0=8NC_d^2+8b^2C_\xi\rho_1+4C_\zeta$. 由此可得

$$
\begin{aligned}
E\left[\|X(k+1)\|^2\right]\leqslant&\prod_{i=k_1}^{k}\left[1+C_0\alpha(i)\right]E\left[\|X(k_1)\|^2\right]+\widetilde{C}_0\sum_{i=k_1}^{k}\prod_{j=i+1}^{k}(1+C_0\alpha(j))\alpha(i)\\
\leqslant&\exp\left(C_0\sum_{t=k_1}^{k}\alpha(t)\right)E\left[\|X(k_1)\|^2\right]\\
&+\widetilde{C}_0\sum_{i=k_1}^{k}\alpha(i)\exp\left(C_0\sum_{j=i+1}^{k}\alpha(j)\right)\\
\leqslant&\beta(k)E\left[\|X(k_1)\|^2\right]+\widetilde{C}_0\beta(k)\sum_{i=k_1}^{k}\alpha(i)\exp\left(-C_0\sum_{j=0}^{i}\alpha(j)\right)\\
\leqslant&\beta(k+1)\Bigg(E\left[\|X(k_1)\|^2\right]\\
&+\widetilde{C}_0\sum_{i=k_1}^{\infty}\alpha(i)\exp\left(-C_0\sum_{j=0}^{i}\alpha(j)\right)\Bigg),\quad k\geqslant k_1.
\end{aligned}
$$

该式结合条件 (C3) 可得 (6.41) 式. ■

引理 6.3　对于最优化问题 (6.1), 考虑算法 (6.2)—(6.4), 若

(a) 假设 6.1—假设 6.4、假设 6.6和条件 (C1)—(C5) 成立;

(b) 存在正整数 h 和正常数 θ 和 ρ_0, 使得

(b.1) $\inf_{m\geqslant0}\lambda_{mh}^h\geqslant\theta$ a.s.;

(b.2) $\sup_{k\geqslant0}\left[E\left[\|\mathcal{L}_{\mathcal{G}(k)}\|^{2^{\max\{h,2\}}}\Big|\mathcal{F}(k-1)\right]\right]^{\frac{1}{2^{\max\{h,2\}}}}\leqslant\rho_0$ a.s.,

则

(i) 存在正常数 $C_2>0$, 使得 $E[V(k)]\leqslant C_2\beta^{-3}(k)$, $k\geqslant0$, 其中 $\beta(k)$ 如引理 6.2 定义;

(ii) $V(k)$ 几乎必然衰减, 即 $V(k)\to0$ a.s., $k\to\infty$.

证明　下面先证明引理 6.3 (i). 由引理 6.2, 可知对任意 $mh\leqslant j\leqslant(m+1)h$,

$$E\left[\|X(j)\|^2\right]\leqslant C_1\beta(j)\leqslant C_1\beta((m+1)h).$$

在引理 6.13 中取 $\tau(mh)=\alpha(mh)$, 由条件 (b.1), 注意到 $\beta((m+1)h)\geqslant1$ 且当 $mh\leqslant j\leqslant(m+1)h$ 时, $\alpha(j)\leqslant\alpha(mh)$, $c(j)\leqslant c(mh)$, 那么存在 $C_4>0$ 和

$m_0>0$, 使得

$$
\begin{aligned}
&E[V((m+1)h)]\\
\leqslant&(1+\alpha(mh))\Big[1-2\theta c((m+1)h)+C_4c^2((m+1)h)\Big]E[V(mh)]\\
&+\left(\frac{1}{\alpha(mh)}+2\right)\left(hC_\rho\sum_{j=mh}^{(m+1)h-1}\alpha^2(j)\left(2\sigma_d^2C_1\beta((m+1)h)+2NC_d^2\right)\right)\\
&+4\left(h\rho_1C_\rho C_\xi\times\sum_{j=mh}^{(m+1)h-1}c^2(j)\left(4\sigma^2C_1\beta((m+1)h)+2b^2\right)\right.\\
&\left.+hC_\rho\sum_{j=mh}^{(m+1)h-1}\alpha^2(j)\left(\sigma_\zeta C_1\beta((m+1)h)+C_\zeta\right)\right)\\
\leqslant&\Big[1-2\theta c((m+1)h)+q_0(mh)\Big]E[V(mh)]+p(mh),\quad\forall m\geqslant m_0,
\end{aligned}\tag{6.43}
$$

其中 $q_0(mh)=C_4c^2((m+1)h)+\alpha(mh)\big(1-2\theta c((m+1)h)+C_4c^2((m+1)h)\big)$, $p(mh)=C_5\alpha(mh)\beta((m+1)h)+\big(2C_5+4h^2C_\rho\left(\sigma_\zeta C_1+C_\zeta\right)\big)\alpha^2(mh)\beta((m+1)h)+\big(4h^2\rho_1C_\rho C_\xi(4\sigma^2C_1+2b^2)\big)c^2(mh)\beta((m+1)h)$, $C_5=2h^2C_\rho(\sigma_d^2C_1+NC_d^2)$. 由条件 (C1) 和 (C4) 可得 $q_0(mh)=o(c((m+1)h))$. 因此, 存在正整数 m_3, 使得

$$
0<2\theta c((m+1)h)-q_0(mh)\leqslant 1,\quad\forall\ m\geqslant m_3.\tag{6.44}
$$

记 $\Pi(k)=\dfrac{c(k)V(k)}{\alpha(k)\beta(k)}$. 由 (6.43) 式、(6.44) 式和条件 (C1) 可得

$$
\begin{aligned}
&E[\Pi((m+1)h)]\\
\leqslant&\frac{c((m+1)h)\alpha(mh)\beta(mh)}{c(mh)\alpha((m+1)h)\beta((m+1)h)}[1-2\theta c((m+1)h)+q_0(mh)]E[\Pi(mh)]\\
&+\frac{c((m+1)h)}{\alpha((m+1)h)\beta((m+1)h)}p(mh)\\
\leqslant&\frac{\alpha(mh)\beta(mh)}{\alpha((m+1)h)\beta((m+1)h)}[1-2\theta c((m+1)h)+q_0(mh)]E[\Pi(mh)]\\
&+\frac{c((m+1)h)}{\alpha((m+1)h)\beta((m+1)h)}p(mh),\quad\forall\ m\geqslant\max\{m_0,m_3\}.
\end{aligned}\tag{6.45}
$$

由条件 (C1)、条件 (C4) 和条件 (C5) 可得 $\lim_{k\to\infty}\dfrac{\alpha(k+1)\beta(k+1)}{\alpha(k)\beta(k)}=1-$

$\lim_{k\to\infty}\dfrac{\alpha(k)\beta(k)-\alpha(k+1)\beta(k+1)}{\alpha(k)\beta(k)}=1$, 由该式可得

$$\begin{aligned}
&\lim_{k\to\infty}\frac{\alpha(k)\beta(k)}{\alpha(k+h)\beta(k+h)}\\
&=\lim_{k\to\infty}\frac{\alpha(k)\beta(k)}{\alpha(k+1)\beta(k+1)}\times\cdots\times\lim_{k\to\infty}\frac{\alpha(k+h-1)\beta(k+h-1)}{\alpha(k+h)\beta(k+h)}=1.
\end{aligned}\tag{6.46}$$

这表明存在常数 $C_6>0$, 使得

$$\frac{\alpha(k)\beta(k)}{\alpha(k+h)\beta(k+h)}\leqslant C_6,\quad\forall\, k\geqslant 0.\tag{6.47}$$

由条件 (C5) 可知存在正整数 k_2 和正常数 C_7, 使得

$$\begin{aligned}
\alpha(k)\beta(k)-\alpha(k+h)\beta(k+h)&=\sum_{j=k}^{k+h-1}\big(\alpha(j)\beta(j)-\alpha(j+1)\beta(j+1)\big)\\
&\leqslant C_7\sum_{j=k}^{k+h-1}\alpha^2(j)\beta^2(j)\leqslant hC_7\alpha^2(k)\beta^2(k),\quad k\geqslant k_2,
\end{aligned}$$

该式结合 (6.47) 式可得

$$\begin{aligned}
\frac{\alpha(k)\beta(k)}{\alpha(k+h)\beta(k+h)}&=1+\frac{\alpha(k)\beta(k)-\alpha(k+h)\beta(k+h)}{\alpha(k+h)\beta(k+h)}\\
&\leqslant 1+hC_6C_7\alpha(k)\beta(k),\quad k\geqslant k_2.
\end{aligned}$$

该式结合 (6.44) 式可得对任意 $m\geqslant\max\{m_3,\lceil k_2h^{-1}\rceil\}$,

$$\begin{aligned}
&\frac{\alpha(mh)\beta(mh)}{\alpha((m+1)h)\beta((m+1)h)}\big(1-2\theta c((m+1)h)+q_0(mh)\big)\\
&\leqslant(1+hC_6C_7\alpha(mh)\beta(mh))(1-2\theta c((m+1)h)+q_0(mh))\\
&\leqslant 1-q_1(mh),
\end{aligned}$$

其中 $q_1(mh)=2\theta c((m+1)h)-q_0(mh)-hC_6C_7\alpha(mh)\beta(mh)\big(2\theta c((m+1)h)-1-q_0(mh)\big)$. 该式结合 (6.45) 式可知对任意 $m\geqslant\max\{m_0,m_3,\lceil k_2h^{-1}\rceil\}$,

$$E[\Pi((m+1)h)]\leqslant(1-q_1(mh))E[\Pi(mh)]+\frac{c((m+1)h)p(mh)}{\alpha((m+1)h)\beta((m+1)h)}.\tag{6.48}$$

由条件 (C1) 和 (C4) 可得

$$\lim_{m\to\infty}\frac{\beta(mh)\alpha(mh)}{c((m+1)h)}=0.$$

则 $q_0(mh)+hC_5C_7\alpha(mh)\beta(mh)\big(2\theta c((m+1)h)-1-q_0(mh)\big)=o(c((m+1)h))$. 因此, 由条件 (C1) 和 (C4) 可知存在正整数 m_4, 使得

$$\sum_{m=0}^{\infty}q_1(mh)=\infty,\quad 0<q_1(mh)\leqslant 1,\quad \forall\ m\geqslant m_4. \tag{6.49}$$

注意到 $1\leqslant\dfrac{\beta(k+h)}{\beta(k)}\leqslant\exp(hC_0\alpha(k))$ 且 $\alpha(k)\downarrow 0$, 我们有 $\lim_{k\to\infty}\dfrac{\beta(k+h)}{\beta(k)}=1$. 因此, 由 (6.46) 式可得 $\lim_{k\to\infty}\dfrac{\alpha(k)}{\alpha(k+h)}=1$. 该式结合条件 (C1) 和 (C2) 可得

$$\lim_{m\to\infty}\frac{p(mh)}{\alpha((m+1)h)\beta((m+1)h)}=C_5.$$

那么, 由条件 (C4) 可知

$$\lim_{m\to\infty}\frac{c((m+1)h)p(mh)}{\alpha((m+1)h)\beta((m+1)h)q_1(mh)}=\frac{C_5}{2\theta}.$$

该式结合 (6.48) 式、(6.49) 式和文献 [97] 中的引理 1.2.25 可得

$$\limsup_{m\to\infty}E[\Pi(mh)]\leqslant\lim_{m\to\infty}\frac{c((m+1)h)p(mh)}{\alpha((m+1)h)\beta((m+1)h)q_1(mh)}=\frac{C_5}{2\theta}. \tag{6.50}$$

由 Cr 不等式和 (6.40) 式可得

$$\begin{aligned}2\alpha(k)E\left[\|d(k)\|\,\|\delta(k)\|\right]\leqslant&E\left[\|\alpha(k)d(k)\|^2\right]+E\left[\|\delta(k)\|^2\right]\\\leqslant&\alpha^2(k)E\left[2\sigma_d^2\|X(k)\|^2+2NC_d^2\right]+E[V(k)],\end{aligned}$$

该式结合引理 6.1 (i) 和引理 6.2 可得

$$\begin{aligned}E[V(k+1)]\leqslant&2\big(1+c^2(k)(\rho_0^2+8\sigma^2C_\xi\rho_1)\big)E[V(k)]+2\alpha^2(k)C_1(2\sigma_\zeta+4\sigma_d^2)\beta(k)\\&+8b^2C_\xi\rho_1c^2(k)+2\alpha^2(k)(2C_\zeta+4NC_d^2),\quad k\geqslant 0.\end{aligned}$$

由 (6.50) 式、上式、条件 (C1)—(C3) 和引理 6.9 可得

$$\limsup_{k\to\infty}\frac{c(k+1)E[V(k+1)]}{\alpha(k+1)\beta(k+1)}\leqslant\frac{\eta^h C_5}{2\theta}<\infty,$$

其中 $\eta=2\big(1+c^2(0)(\rho_0^2+8\sigma^2C_\xi\rho_1)\big)$, 表明存在常数 $C_8>0$, 使得

$$E[V(k)]\leqslant C_8\frac{\alpha(k)\beta(k)}{c(k)},\quad \forall\ k\geqslant 0.$$

因此, 当 $C=4C_0$ 时, 由条件 (C4) 可知存在常数 $C_9>0$, 使得对任意 $k\geqslant 0$,

$$E[V(k)]\leqslant C_8\alpha(k)\beta^4(k)\beta^{-3}(k)c^{-1}(k)\leqslant C_8C_9\beta^{-3}(k),$$

即 (i) 成立.

下面证明引理 6.3 (ii). 由条件 (C1) 和 (C4) 可得 $\lim_{k\to\infty}\alpha^2(k)\beta(k)c^{-2}(k)=0$. 由条件 (C1) 可得 $\sum_{k=0}^{\infty}\alpha^2(k)\beta(k)<\infty$. 该式结合文献 [55] 中的推论 4.1.2 以及引理 6.2 可得

$$E\left[\sum_{k=0}^{\infty}\alpha^2(k)\|X(k)\|^2\right]=\sum_{k=0}^{\infty}\alpha^2(k)E\left[\|X(k)\|^2\right]\leqslant C_1\sum_{k=0}^{\infty}\alpha^2(k)\beta(k)<\infty.$$

由 $\sum_{k=0}^{\infty}\alpha^2(k)\|X(k)\|^2$ 的非负性可知

$$\sum_{k=0}^{\infty}\alpha^2(k)\|X(k)\|^2<\infty\quad \text{a.s..}\tag{6.51}$$

由 $\beta(k)\geqslant 1$、Hölder 不等式、(6.40) 式、引理 6.2、引理 6.3 (i)、文献 [55] 中的推论 4.1.2 以及条件 (C3) 可得

$$\begin{aligned}E\left[\sum_{k=0}^{\infty}2\alpha(k)\|d(k)\|\|\delta(k)\|\right]&\leqslant\sum_{k=0}^{\infty}2\alpha(k)\left[E\left[\|d(k)\|^2\right]\right]^{\frac12}\left[E\left[\|\delta(k)\|^2\right]\right]^{\frac12}\\&\leqslant\sum_{k=0}^{\infty}2\alpha(k)\left[2NC_d^2+2\sigma_d^2E\left[\|X(k)\|^2\right]\right]^{\frac12}\left[E[V(k)]\right]^{\frac12}\\&\leqslant\sum_{k=0}^{\infty}2\alpha(k)[2\sigma_d^2C_1\beta(k)+2NC_d^2]^{\frac12}(\beta^{-3}(k))^{\frac12}C_2^{\frac12}\\&\leqslant 2(2(\sigma_d^2C_1+NC_d^2)C_2)^{\frac12}\sum_{k=0}^{\infty}\alpha(k)\beta^{-1}(k)<\infty.\end{aligned}$$

那么, 由 $\sum_{k=0}^{\infty} 2\alpha(k)\|d(k)\|\|\delta(k)\|$ 的非负性可得

$$\sum_{k=0}^{\infty} 2\alpha(k)\|d(k)\|\|\delta(k)\| < \infty \quad \text{a.s.},$$

则由条件 (C1) 和 (6.51) 式可得

$$\begin{aligned}&\sum_{k=0}^{\infty} \big(8b^2 C_\xi \rho_1 c^2(k) + 2\alpha^2(k)(2\sigma_\zeta + 3\sigma_d^2)\|X(k)\|^2 \\ &\quad + 2\alpha^2(k)(2C_\zeta + 3NC_d^2) + 2\alpha(k)\,\|d(k)\|\,\|\delta(k)\|\,\big) < \infty \quad \text{a.s..}\end{aligned}$$

那么, 由引理 6.1 (i)、条件 (C1) 和文献 [223] 中的定理 1 可知当 $k \to \infty$ 时, $V(k)$ 几乎必然收敛到随机变量, 再结合 (i) 可得 (ii). ■

定理 6.1 的证明 由假设 6.1 和局部成本函数的凸性可得对任意 $x^* \in \mathcal{X}^*$,

$$\begin{aligned}-d_{f_i}^{\mathrm{T}}(x_i(k))(x_i(k) - x^*) &\leqslant f_i(x^*) - f_i(\bar{x}(k)) + f_i(\bar{x}(k)) - f_i(x_i(k)) \\ &\leqslant f_i(x^*) - f_i(\bar{x}(k)) + d_{f_i}^{\mathrm{T}}(\bar{x}(k))(\bar{x}(k) - x_i(k)) \\ &\leqslant f_i(x^*) - f_i(\bar{x}(k)) + (\sigma_d\|\bar{x}(k)\| + C_d)\|\bar{x}(k) - x_i(k)\|.\end{aligned}$$

则由 Hölder 不等式可得

$$\begin{aligned}&- 2\alpha(k)d^{\mathrm{T}}(k)(X(k) - \mathbf{1}_N \otimes x^*) \\ &\leqslant 2\alpha(k)(\sqrt{N}(\sigma_d\|\bar{x}(k)\| + C_d)\|\delta(k)\| - (f(\bar{x}(k)) - f(x^*))).\end{aligned}$$

由引理 6.1 (ii) 可知对任意 $x^* \in \mathcal{X}^*$,

$$\begin{aligned}&E[\|X(k+1) - \mathbf{1}_N \otimes x^*\|^2|\mathcal{F}(k-1)] \\ &\leqslant (1 + 2c^2(k)(\rho_0^2 + 8\sigma^2 C_\xi \rho_1) + 4\alpha^2(k)(2\sigma_\zeta + 3\sigma_d^2))\|X(k) - \mathbf{1}_N \otimes x^*\|^2 \\ &\quad + 8b^2 C_\xi \rho_1 c^2(k) + 2\alpha^2(k)\big(2C_\zeta + 3NC_d^2 + 2(3\sigma_d^2 + 2\sigma_\zeta)N\|x^*\|^2\big) \\ &\quad + 2\sqrt{N}\alpha(k)\|\delta(k)\|(\sigma_d\|\bar{x}(k)\| + C_d) - 2\alpha(k)(f(\bar{x}(k)) - f(x^*)) \quad \text{a.s..} \qquad (6.52)\end{aligned}$$

由 Cr 不等式、Hölder 不等式、引理 6.2、引理 6.3 (i)、$\beta(k) \geqslant 1$、条件 (C3) 和文献 [55] 中的推论 4.1.2 可得

$$E\left[\sum_{k=0}^{\infty} \alpha(k)\|\delta(k)\|\,(\sigma_d\|\bar{x}(k)\| + C_d)\right]$$

$$
\begin{aligned}
&\leqslant \sum_{k=0}^{\infty} \alpha(k)\left[E\left[(\sigma_d\|\bar{x}(k)\|+C_d)^2\right]\right]^{\frac{1}{2}}\left[E\left[\|\delta(k)\|^2\right]\right]^{\frac{1}{2}} \\
&\leqslant \sum_{k=0}^{\infty} \alpha(k)\left(\frac{2}{N}\sigma_d^2 E[\|X(k)\|^2]+2C_d^2\right)^{\frac{1}{2}}\sqrt{E[V(k)]} \\
&\leqslant \left(\left(\frac{2}{N}\sigma_d^2 C_1+2C_d^2\right)C_2\right)^{\frac{1}{2}}\sum_{k=0}^{\infty}\alpha(k)\beta^{-1}(k)<\infty.
\end{aligned}
$$

该式结合 $\sum_{k=0}^{\infty}\alpha(k)\|\delta(k)\|(\sigma_d\|\bar{x}(k)\|+C_d)\|$ 的非负性可得

$$
\sum_{k=0}^{\infty}\alpha(k)\|\delta(k)\|(\sigma_d\|\bar{x}(k)\|+C_d)<\infty \quad \text{a.s..}
$$

由条件 (C1) 和上式可得

$$
\begin{aligned}
&\sum_{k=0}^{\infty}\big(8b^2C_\xi\rho_1c^2(k)+2\alpha^2(k)\big(2C_\zeta+3NC_d^2+2(3\sigma_d^2+2\sigma_\zeta)N\|x^*\|^2\big) \\
&+2\sqrt{N}\alpha(k)\|\delta(k)\|(\sigma_d\|\bar{x}(k)\|+C_d)\big)<\infty \quad \text{a.s..}
\end{aligned}
$$

注意到 $f(\bar{x}(k))-f^*\geqslant 0$, 由文献 [223] 中的定理 1 和条件 (C1) 可知, 对任意给定的 $x^*\in\mathcal{X}^*$, 存在可测集 Ω_{x^*} 满足 $\mathbb{P}\{\Omega_{x^*}\}=1$, 使得对任意 $\omega\in\Omega_{x^*}$, $\{\|X(k,\omega)-\mathbf{1}_N\otimes x^*\|,k\geqslant 0\}$ 收敛且 $\sum_{k=0}^{\infty}\alpha(k)[f(\bar{x}(k,\omega))-f^*]<\infty$. 结合 $f(\bar{x}(k,\omega))\geqslant f^*$ 和 $\sum_{k=0}^{\infty}\alpha(k)=\infty$ 可得对任意 $\omega\in\Omega_{x^*}$, $\sup_{k\geqslant 0}\|X(k,\omega)\|<\infty$ 且

$$
\liminf_{k\to\infty} f(\bar{x}(k,\omega))=f^*. \tag{6.53}
$$

记 $\Omega_1=\{\omega|\lim_{k\to\infty}\|x_i(k,\omega)-\bar{x}(k,\omega)\|=0,\ i=1,\cdots,N\}$. 由引理 6.3 (ii) 可知 $\mathbb{P}\{\Omega_1\}=1$. 记 $\Omega_0=(\bigcap_{x^*\in\mathcal{X}^*}\Omega_{x^*})\bigcap\Omega_1$. 由假设 6.5 可得 $\mathbb{P}\{\Omega_0\}=1$. 对任意给定的 $\omega\in\Omega_0$, 由 (6.53) 可知存在 $\{\bar{x}(k,\omega),k\geqslant 0\}$ 的子列 $\{\bar{x}(k_l,\omega),l\geqslant 0\}$, 使得 $\lim_{l\to\infty}f(\bar{x}(k_l,\omega))=f^*$. 由 f 的连续性和 $\{\bar{x}(k_l,\omega),\ l\geqslant 0\}$ 的有界性可知存在 $\{\bar{x}(k_l,\omega),\ l\geqslant 0\}$ 的子列 $\{\bar{x}(k_{l'},\omega),l'\geqslant 0\}$ 收敛到 $\mathcal{X}^*$ 中的点 $z^*(\omega)$, 即 $\lim_{l'\to\infty}\bar{x}(k_{l'},\omega)=z^*(\omega)$, 从而有 $\lim_{l'\to\infty}\|x_i(k_{l'},\omega)-z^*(\omega)\|=0$, $i=1,2,\cdots,N$. 那么可得 $\lim_{l'\to\infty}\|X(k_{l'},\omega)-\mathbf{1}_N\otimes z^*(\omega)\|=0$. 结合 $\{\|X(k,\omega)-\mathbf{1}_N\otimes z^*(\omega)\|,k\geqslant 0\}$ 的收敛性可得 $\lim_{k\to\infty}\|x_i(k,\omega)-z^*(\omega)\|=0$, $i=1,2,\cdots,N$. 然后由 ω 的任意性和 $\mathbb{P}\{\Omega_0\}=1$, 可得 $\lim_{k\to\infty}x_i(k)=z^*$ a.s., $i=1,\cdots,N$. ■

6.3.2 特殊情形

接下来, 我们考虑一些特殊的随机图序列.

首先, 假设 $\{\mathcal{G}(k), k \geqslant 0\}$ 是状态空间可数的马尔可夫链. 对于这种情况, 定理 6.1 的条件 (b.1) 变得更加直观, 且条件 (b.2) 被弱化.

记 $S_1 = \{\mathcal{A}_j, j = 1, 2, \cdots\}$ 是广义加权邻接矩阵的可数集, 并记 $\mathcal{A}_j$ 对应的广义拉普拉斯矩阵为 $\mathcal{L}_j$. 记 $\widehat{\mathcal{L}}_j = \dfrac{\mathcal{L}_j + \mathcal{L}_j^{\mathrm{T}}}{2}$. 我们考虑随机图序列

$$\begin{aligned}\Gamma_2 = \Big\{\{\mathcal{G}(k), k \geqslant 0\} \;\Big|\; & \{\mathcal{A}_{\mathcal{G}(k)}, k \geqslant 0\} \subseteq S_1 \text{是齐次、一致遍历的马尔可夫链, 具有} \\ & \text{唯一平稳分布 } \pi; E\left[\mathcal{A}_{\mathcal{G}(k)} \middle| \mathcal{A}_{\mathcal{G}(k-1)}\right] \succeq \mathbf{0}_{N \times N} \quad \text{a.s.}, \\ & \text{且} E\left[\mathcal{A}_{\mathcal{G}(k)} \middle| \mathcal{A}_{\mathcal{G}(k-1)}\right] \text{的关联有向图平衡 a.s.}, k \geqslant 0\Big\},\end{aligned}$$

其中 $\pi = [\pi_1, \pi_2, \cdots]^{\mathrm{T}}$, $\pi_j \geqslant 0$, $\sum_{j=1}^{\infty} \pi_j = 1$, π_j 是 $\mathcal{A}_j$ 处的平稳概率. 我们有如下推论.

推论 6.1 对于最优化问题 (6.1), 考虑算法 (6.2)—(6.4) 以及关联随机图序列 $\{\mathcal{G}(k), k \geqslant 0\} \in \Gamma_2$, 若

(i) 假设 6.1—假设 6.5 和条件 (C1)—(C5) 成立;

(ii) 拉普拉斯矩阵 $\sum_{j=1}^{\infty} \pi_j \mathcal{L}_j$ 的关联图含有一棵生成树;

(iii) $\sup_{j \geqslant 1} \|\widehat{\mathcal{L}}_j\| < \infty$,

则存在取值于 $\mathcal{X}^*$ 的随机向量 z^*, 使得 $\lim_{k \to \infty} x_i(k) = z^*$ a.s., $i = 1, \cdots, N$.

证明 由 Γ_2 的定义可知 $\Gamma_2 \subseteq \Gamma_1$. 类似于第 3 章中定理 3.2 的证明, 由条件 (ii) 可得定理 6.1 的条件 (b.1) 成立, 且由条件 (iii) 可知定理 6.1 的条件 (b.2) 成立. 最后, 由定理 6.1 可得推论 6.1 的结论. ■

考虑独立图序列

$$\begin{aligned}\Gamma_3 = \Big\{\{\mathcal{G}(k), k \geqslant 0\} \;\Big|\; & \{\mathcal{G}(k), k \geqslant 0\} \text{ 是独立过程}, E\left[\mathcal{A}_{\mathcal{G}(k)}\right] \succeq 0_{N \times N}, \\ & \text{且} E\left[\mathcal{A}_{\mathcal{G}(k)}\right] \text{的对应图平衡}, k \geqslant 0\Big\}.\end{aligned}$$

定理 6.2 对于最优化问题 (6.1), 考虑算法 (6.2)—(6.4) 以及关联随机图序列 $\{\mathcal{G}(k), k \geqslant 0\} \in \Gamma_3$, 若

(i) 假设 6.1—假设 6.5 和条件 (C1)—(C5) 成立;

(ii) 存在正整数 h 使得

$$\inf_{m \geqslant 0} \lambda_2 \left(\sum_{i=mh}^{(m+1)h-1} E\left[\widehat{\mathcal{L}}_{\mathcal{G}(i)}\right] \right) > 0;$$

(iii) $\sup_{k\geqslant 0} E\left[\left\|\mathcal{L}_{\mathcal{G}(k)}\right\|^2\right]<\infty$,

则存在取值于 $\mathcal{X}^*$ 的随机向量 z^*, 使得 $\lim_{k\to\infty} x_i(k)=z^*$ a.s., $i=1,\cdots,N$.

定理 6.2 的证明与定理 6.1 类似, 唯一不同的是, 当 $i\neq j$ 时, 由 $\mathcal{L}_{\mathcal{G}(i)}$ 和 $\mathcal{L}_{\mathcal{G}(j)}$ 之间的独立性, 利用李雅普诺夫不等式和定理 6.2 的条件 (iii) 来证明引理 6.3 的 (6.43) 式, 而不是如定理 6.1 的证明中使用条件 Hölder 不等式. 因此, 在定理 6.2 的条件 (iii) 中不存在对 h 的依赖.

证明 由 $\{\mathcal{G}(k),k\geqslant 0\}\in\Gamma_3$ 可知 $\{\mathcal{G}(k),k\geqslant 0\}\in\Gamma_1$, 且 $E\left[\widehat{\mathcal{L}}_{\mathcal{G}(k)}\right]$ 半正定. 由 $\{\mathcal{G}(k),k\geqslant 0\}$ 的独立性可得 $E[\mathcal{A}_{\mathcal{G}(k)}|\mathcal{F}(k-1)]=E[\mathcal{A}_{\mathcal{G}(k)}]$ 且 $E[\mathcal{L}_{\mathcal{G}(k)}|\mathcal{F}(k-1)]=E[\mathcal{L}_{\mathcal{G}(k)}]$. 由 $\delta(k)\in\mathcal{F}(k-1)$ 及 $(X(k)-\mathbf{1}_N\otimes x)\in\mathcal{F}(k-1)$ 可得

$$
\begin{aligned}
&E\left[\delta^{\mathrm{T}}(k)\frac{\left(\mathcal{L}_{\mathcal{G}(k)}^{\mathrm{T}}P^{\mathrm{T}}+P\mathcal{L}_{\mathcal{G}(k)}\right)\otimes I_n}{2}\delta(k)\middle|\mathcal{F}(k-1)\right]\\
=&\,\delta^{\mathrm{T}}(k)E\left[\frac{\left(\mathcal{L}_{\mathcal{G}(k)}^{\mathrm{T}}P^{\mathrm{T}}+P\mathcal{L}_{\mathcal{G}(k)}\right)\otimes I_n}{2}\middle|\mathcal{F}(k-1)\right]\delta(k)\\
=&\,\delta^{\mathrm{T}}(k)\frac{\left(E\left[\mathcal{L}_{\mathcal{G}(k)}^{\mathrm{T}}\right]+E\left[\mathcal{L}_{\mathcal{G}(k)}\right]\right)\otimes I_n}{2}\delta(k)\geqslant 0,
\end{aligned}\tag{6.54}
$$

且

$$
\begin{aligned}
&E\left[(X(k)-\mathbf{1}_N\otimes x)^{\mathrm{T}}\frac{\left(\mathcal{L}_{\mathcal{G}(k)}^{\mathrm{T}}+\mathcal{L}_{\mathcal{G}(k)}\right)\otimes I_n}{2}(X(k)-\mathbf{1}_N\otimes x)\middle|\mathcal{F}(k-1)\right]\\
=&\,(X(k)-\mathbf{1}_N\otimes x)^{\mathrm{T}}\left(E\left[\widehat{\mathcal{L}}_{\mathcal{G}(k)}|\mathcal{F}(k-1)\right]\otimes I_n\right)(X(k)-\mathbf{1}_N\otimes x)\\
=&\,(X(k)-\mathbf{1}_N\otimes x)^{\mathrm{T}}E\left[\widehat{\mathcal{L}}_{\mathcal{G}(k)}\otimes I_n\right](X(k)-\mathbf{1}_N\otimes x)\geqslant 0.
\end{aligned}\tag{6.55}
$$

类似于引理 6.1 的证明可知, 引理 6.1 依然成立. 由引理 6.1 (ii), 可得引理 6.2. 记 $\rho_2=\sup_{k\geqslant 0}\left[E\left[\left\|\mathcal{L}_{\mathcal{G}(k)}\right\|^2\right]\right]^{\frac{1}{2}}$. 当 $i\neq j$ 时, 由于 $\mathcal{L}_{\mathcal{G}(i)}$ 与 $\mathcal{L}_{\mathcal{G}(j)}$ 独立, 我们不需要使用条件 Hölder 不等式. 这里, 由李雅普诺夫不等式和条件 (iii) 可得

$$
\sup_{k\geqslant 0} E\left[\left\|\mathcal{L}_{\mathcal{G}(k)}\right\|\right]\leqslant \sup_{k\geqslant 0}\left[E\left[\left\|\mathcal{L}_{\mathcal{G}(k)}\right\|^2\right]\right]^{\frac{1}{2}}=\rho_2.
$$

类似于 (6.124) 式可得

$$
\begin{aligned}
&E\left[\left\|\Phi^{\mathrm{T}}((m+1)h,mh)\Phi((m+1)h,mh)-I_N\right.\right.\\
&\left.\left.+\sum_{i=mh}^{(m+1)h-1}c(i)(\mathcal{L}_{\mathcal{G}(i)}^{\mathrm{T}}P^{\mathrm{T}}+P\mathcal{L}_{\mathcal{G}(i)})\right\|\middle|\mathcal{F}(mh-1)\right]\\
&\leqslant C_4c^2((m+1)h),\quad m\geqslant m_0,
\end{aligned}\tag{6.56}
$$

其中 $C_4=C_3[(1+\rho_2)^{2h}-1-2h\rho_2]$. 由 $\{\mathcal{G}(k),k\geqslant 0\}$ 的独立性和条件 (ii), 类似于引理 6.13 中的 (6.126) 式可得

$$
\begin{aligned}
&E\left[\delta^{\mathrm{T}}(mh)\left[\sum_{i=mh}^{(m+1)h-1}c(i)\left(P\mathcal{L}_{\mathcal{G}(i)}+\mathcal{L}_{\mathcal{G}(i)}^{\mathrm{T}}P\right)\otimes I_n\right]\delta(mh)\right]\\
&=E\left[E\left[\delta^{\mathrm{T}}(mh)\left[\sum_{i=mh}^{(m+1)h-1}c(i)\left(P\mathcal{L}_{\mathcal{G}(i)}+\mathcal{L}_{\mathcal{G}(i)}^{\mathrm{T}}P\right)\otimes I_n\right]\delta(mh)\middle|\mathcal{F}(mh-1)\right]\right]\\
&=2E\left[\delta^{\mathrm{T}}(mh)\left[\sum_{i=mh}^{(m+1)h-1}c(i)E\left[\widehat{\mathcal{L}}_{\mathcal{G}(i)}\otimes I_n\right]\right]\delta(mh)\right]\\
&\geqslant 2c((m+1)h)E\left[\delta^{\mathrm{T}}(mh)\left[\sum_{i=mh}^{(m+1)h-1}E\left[\widehat{\mathcal{L}}_{\mathcal{G}(i)}\otimes I_n\right]\right]\delta(mh)\right]\\
&\geqslant 2c((m+1)h)\inf_{m\geqslant 0}\lambda_2\left(\sum_{i=mh}^{(m+1)h-1}E\left[\widehat{\mathcal{L}}_{\mathcal{G}(i)}\right]\right)E[V(mh)].
\end{aligned}\tag{6.57}
$$

类似于引理 6.3 的证明, 引理 6.3 依然成立. 则类似于定理 6.1 的证明可得定理 6.2. ■

注意到无向图是平衡的, 我们得到下面的推论, 这个推论与文献 [122, 245] 中的结果是一致的, 可以由定理 6.2 直接得到.

考虑独立同分布的无向图序列

$$
\begin{aligned}
\Gamma_4=\Big\{\{\mathcal{G}(k),k\geqslant 0\}\Big|&\{\mathcal{G}(k),k\geqslant 0\}\text{ 是独立同分布的随机过程, }E\left[\mathcal{A}_{\mathcal{G}(k)}\right]\succeq 0_{N\times N},\\
&\text{且}E\left[\mathcal{A}_{\mathcal{G}(k)}\right]\text{ 的关联图平衡, }k\geqslant 0\Big\}.
\end{aligned}
$$

定理 6.3 对于最优化问题 (6.1), 考虑算法 (6.2)—(6.4) 和关联随机图序列 $\{\mathcal{G}(k), k \geqslant 0\} \in \Gamma_4$, 若

(i) 假设 6.1—假设 6.5 和条件 (C1)—(C5) 成立;

(ii) $\lambda_2\left(E\left[\mathcal{L}_{\mathcal{G}(0)}\right]\right) > 0$;

(iii) $E\left[\left\|\mathcal{L}_{\mathcal{G}(0)}\right\|^2\right] < \infty$,

则存在取值于 $\mathcal{X}^*$ 的随机向量 z^*, 使得 $\lim_{k\to\infty} x_i(k) = z^*$ a.s., $i = 1, \cdots, N$.

6.3.3 关于假设的讨论

注释 6.3 假设 6.1 比现有对分布式随机梯度下降算法的研究中关于局部成本函数可微和 (次) 梯度有界的假设[6,69,122,123,145,158,177,186,224,237,245] 更弱.

处理 (次) 梯度有界或 Lipschitz 连续的凸成本函数的方法分别利用 (次) 梯度的有界性或 Lipschitz 连续性[6,69,123,145,158,177,186,224,237,245]. 在文献 [224] 中, 局部成本函数的梯度 Lipschitz 连续, 分析节点平均状态与最优解之间的均方误差的关键是通过对全局成本函数在平均状态和最优解处的梯度进行加减项得到递推不等式, 然后利用梯度的 Lipschitz 连续性. 也就是说, 下一时刻的均方误差可以通过上一时刻的均方误差和共识误差来控制. 然而, 对于线性增长的次梯度, 这是不可能的. 另外, 与文献 [245] 不同的是, 次梯度不要求有界, 且文献 [245] 中的不等式 (28) 不成立.

因此, 现有的方法不再适用. 事实上, 次梯度和局部优化器状态与全局最优解之间的误差的内积不可避免地存在于条件均方误差的递推不等式中, 导致非负上鞅收敛定理无法直接使用. 首先在引理 6.2 中估计出状态的均方增长率, 然后将这个增长率代入状态与全局最优解之间的条件均方误差的递归不等式 (6.52) 中.

对于局部成本函数为 μ-强凸的情况, 可以弱化步长的条件. 我们有如下结果.

定理 6.4 对于最优化问题 (6.1), 考虑算法 (6.2)—(6.4), 如果局部成本函数 $f_i(\cdot)$, $i = 1, \cdots, N$ 是 μ-强凸的, 在与定理 6.1 相同的假设条件下, 将条件 (C3)—(C5) 替换为 (C3)'—(C5)', 则

(i) $\lim_{k\to\infty} E\left[\|x_i(k) - z^*\|^2\right] = 0$, $i = 1, \cdots, N$;

(ii) $\lim_{k\to\infty} x_i(k) = z^*$, $i = 1, \cdots, N$ a.s.,

其中 z^* 是(6.1)唯一的最优解, 且

(C3)' $\sum_{k=0}^{\infty} \alpha^{\frac{3}{2}}(k) c^{-\frac{1}{2}}(k) < \infty$;

(C4)' $\lim_{k\to\infty} \dfrac{\alpha(k)}{c(k)} = 0$;

(C5)' 对任意给定的正整数 h, $\dfrac{\alpha(k) - \alpha(k+h)}{\alpha(k+h)} = o(c(k+h))$, $k \to \infty$.

为了证明定理 6.4, 需要以下引理.

引理 6.4 对于最优化问题 (6.1), 考虑算法 (6.2)—(6.4), 步长满足条件 (C1)、(C2). 若问题 (6.1) 中的局部成本函数 $f_i(\cdot)$ 是 μ-强凸的, 假设 6.1—假设 6.4 和假设 6.6 成立, 且存在正常数 ρ_0, 使得 $\sup_{k\geqslant 0}\left[E\left[\|\mathcal{L}_{\mathcal{G}(k)}\|^2\Big|\mathcal{F}(k-1)\right]\right]^{\frac{1}{2}}\leqslant \rho_0$ a.s., 则存在正整数 k_0, 使得

$$\sup_{k\geqslant k_0} E\left[\,\|X(k)\|^2\,\right]\leqslant \frac{2NC_d^2}{\mu^2}+1. \tag{6.58}$$

特别地, 若 $c(k)=\dfrac{c_0}{(k+1)^{\gamma_1}}$, $\alpha(k)=\dfrac{\alpha_0}{(k+1)^{\gamma_2}}$, 其中 $\gamma_1\in(0.5,1)$, $\gamma_2=1$, 则

$$\sup_{k\geqslant\lceil\alpha_0\mu\rceil-1} E\left[\,\|X(k)\|^2\,\right]\leqslant C_{X1}, \tag{6.59}$$

其中

$$\begin{aligned}
&C_{X1}=C_{\varphi_1}(\lceil\alpha_0\mu\rceil)^{\mu\alpha_0}E\left[\|X(\lceil\alpha_0\mu\rceil-1)\|^2\right]+C_{\varphi_1}NC_d^2 2^{\mu\alpha_0+2}\mu^{-2}+C_{\varphi_1}C_{\varphi_3},\\
&C_{\varphi_1}=\exp\Big(\max\{2(\rho_0^2+8\sigma^2C_\xi\rho_1),4(2\sigma_\zeta+3\sigma_d^2)\}\sum_{k=0}^{\infty}(c^2(k)+\alpha^2(k))\Big),\\
&C_{\varphi_3}=\max\{8b^2C_\xi\rho_1,2\big(2C_\zeta+3NC_d^2\big)\}\sum_{k=0}^{\infty}(c^2(k)+\alpha^2(k)).
\end{aligned}$$

证明 注意到 $f_i(\cdot)$ 是 μ-强凸的, 由 $d_{f_i}(k)\in\partial f_i(x_i(k))$ 以及假设 6.1 可得

$$\begin{aligned}
-d_{f_i}^{\mathrm{T}}(k)(x_i(k)-x)&\leqslant f_i(x)-f_i(x_i(k))-\frac{\mu}{2}\|x_i(k)-x\|^2\\
&\leqslant d_{f_i}^{\mathrm{T}}(x)(x-x_i(k))-\frac{\mu}{2}\|x-x_i(k)\|^2-\frac{\mu}{2}\|x_i(k)-x\|^2\\
&\leqslant \frac{1}{2\tau}d_{f_i}^{\mathrm{T}}(x)d_{f_i}(x)+\frac{\tau}{2}(x-x_i(k))^{\mathrm{T}}(x-x_i(k))-\mu\|x_i(k)-x\|^2\\
&\leqslant \frac{1}{\tau}\left(\sigma_d^2\|x\|^2+C_d^2\right)-\frac{1}{2}(2\mu-\tau)\|x_i(k)-x\|^2,\\
&\qquad \forall\, x\in\mathbb{R}^n,\quad \forall\,\tau\in(0,2\mu),\quad i=1,\cdots,N,
\end{aligned}\tag{6.60}$$

其中第 3 个 “$\leqslant$” 可以由不等式 $p^{\mathrm{T}}q\leqslant\dfrac{1}{2\tau}\|p\|^2+\dfrac{\tau}{2}\|q\|^2$, $\forall\,0<\tau<2\mu$ 得到. 因此,

$$-2\alpha(k)E\left[d^{\mathrm{T}}(k)(X(k)-\mathbf{1}_N\otimes x)\right]$$

$$
\begin{aligned}
&= -2\alpha(k)E\left[\sum_{i=1}^{N} d_{f_i}^{\mathrm{T}}(k)(x_i(k)-x)\right] \\
&\leqslant 2\alpha(k)E\left[\sum_{i=1}^{N}\left[\frac{1}{\tau}\left(\sigma_d^2\|x\|^2+C_d^2\right)-\frac{1}{2}(2\mu-\tau)\|x_i(k)-x\|^2\right]\right] \\
&\leqslant \alpha(k)\frac{2N}{\tau}\left(\sigma_d^2\|x\|^2+C_d^2\right)-\alpha(k)(2\mu-\tau)E\left[\|X(k)-\mathbf{1}_N\otimes x\|^2\right],
\end{aligned} \tag{6.61}
$$

该式结合引理 6.1 (ii) 和 $x=\mathbf{0}_n$ 可得

$$
\begin{aligned}
E\left[\|X(k+1)\|^2\right] \leqslant& \big(1-\alpha(k)(2\mu-\tau)+2c^2(k)\left(\rho_0^2+8\sigma^2C_\xi\rho_1\right) \\
&+4\alpha^2(k)\left(2\sigma_\zeta+3\sigma_d^2\right)\big)\times E\left[\|X(k)\|^2\right]+8b^2C_\xi\rho_1c^2(k) \\
&+2\alpha^2(k)\left(2C_\zeta+3NC_d^2\right)+\alpha(k)\frac{2N}{\tau}C_d^2, \quad \forall\, k\geqslant 0.
\end{aligned} \tag{6.62}
$$

下面证明 (6.58) 式. 由条件 (C2) 可得

$$
\lim_{k\to\infty}\frac{8b^2C_\xi\rho_1c^2(k)+2\alpha^2(k)\big(2C_\zeta+3NC_d^2\big)+\alpha(k)\dfrac{2N}{\tau}C_d^2}{\alpha(k)(2\mu-\tau)-2c^2(k)(\rho_0^2+8\sigma^2C_\xi\rho_1)-4\alpha^2(k)(2\sigma_\zeta+3\sigma_d^2)}=\frac{2NC_d^2}{\tau(2\mu-\tau)}. \tag{6.63}
$$

由 $(2\mu-\tau)>0$、条件 (C1) 和 (C2) 可知存在正整数 k_1, 使得 $0<(\alpha(k)(2\mu-\tau)-2c^2(k)(\rho_0^2+8\sigma^2C_\xi\rho_1)-4\alpha^2(k)(2\sigma_\zeta+3\sigma_d^2))\leqslant 1$, $\forall\, k\geqslant k_1$ 且 $\sum_{k=0}^{\infty}(\alpha(k)(2\mu-\tau)-2c^2(k)(\rho_0^2+8\sigma^2C_\xi\rho_1)-4\alpha^2(k)(2\sigma_\zeta+3\sigma_d^2))=\infty$. 则由文献 [97] 中的引理 1.2.25、(6.62) 式和 (6.63) 式可得 $\limsup_{k\to\infty}E\left[\|X(k)\|^2\right]\leqslant\dfrac{2NC_d^2}{\tau(2\mu-\tau)}$. 令 $\tau=\mu$, 可得 (6.58) 式.

接下来证明 (6.59) 式. 当 $\tau=\mu$ 时, 由 (6.62) 式可得

$$
\begin{aligned}
E\left[\|X(k+1)\|^2\right] \leqslant& \left(1-\alpha(k)\mu+\varphi_1(k)\right)E\left[\|X(k)\|^2\right] \\
&+\alpha(k)\frac{2N}{\mu}C_d^2+\varphi_3(k), \quad \forall\, k\geqslant 0,
\end{aligned} \tag{6.64}
$$

其中 $\varphi_1(k)=2c^2(k)(\rho_0^2+8\sigma^2C_\xi\rho_1)+4\alpha^2(k)\left(2\sigma_\zeta+3\sigma_d^2\right)$ 且 $\varphi_3(k)=8b^2C_\xi\rho_1c^2(k)+2\alpha^2(k)\big(2C_\zeta+3NC_d^2\big)$. 令 $T_0=\lceil\alpha_0\mu\rceil-1$, 则对任意的 $k\geqslant T_0$, 有 $1-\alpha(k)\mu+\varphi_1(k)>0$, 因此, 由 (6.64) 式可得

$$
E\left[\|X(k+1)\|^2\right]
$$

$$
\begin{aligned}
&\leqslant \prod_{t=T_0}^{k}(1-\alpha(t)\mu+\varphi_1(t))\,E\left[\|X(T_0)\|^2\right] \\
&\quad+\sum_{s=T_0}^{k}\left(\alpha(s)\frac{2N}{\mu}C_d^2+\varphi_3(s)\right)\prod_{t=s+1}^{k}(1-\alpha(t)\mu+\varphi_1(t)) \\
&\leqslant \exp\left(\sum_{t=T_0}^{k}\varphi_1(t)\right)\exp\left(\sum_{t=T_0}^{k}-\alpha(t)\mu\right)E\left[\|X(T_0)\|^2\right] \\
&\quad+\sum_{s=T_0}^{k}\left(\alpha(s)\frac{2N}{\mu}C_d^2+\varphi_3(s)\right)\times\exp\left(\sum_{t=s+1}^{k}\varphi_1(t)\right)\exp\left(\sum_{t=s+1}^{k}-\alpha(t)\mu\right) \\
&\leqslant C_{\varphi_1}\exp\left(\sum_{t=T_0}^{k}-\alpha(t)\mu\right)E\left[\|X(T_0)\|^2\right]+\sum_{s=T_0}^{k}\left(\alpha(s)\frac{2N}{\mu}C_d^2+\varphi_3(s)\right) \\
&\quad\times C_{\varphi_1}\exp\left(\sum_{t=s+1}^{k}-\alpha(t)\mu\right),\quad k\geqslant T_0.
\end{aligned}
\tag{6.65}
$$

由于 $\alpha(k)=\dfrac{\alpha_0}{k+1}$, 有 $\sum_{t=T_0}^{k}\alpha(t)\geqslant\alpha_0(\ln(k+2)-\ln(T_0+1))$, 该式结合 (6.65) 式可得

$$
\begin{aligned}
&E\left[\|X(k+1)\|^2\right] \\
&\leqslant C_{\varphi_1}\exp\left(-\mu\alpha_0(\ln(k+2)-\ln(T_0+1))\right)E\left[\|X(T_0)\|^2\right] \\
&\quad+\sum_{s=T_0}^{k}\left(\alpha(s)\frac{2N}{\mu}C_d^2+\varphi_3(s)\right)C_{\varphi_1}\exp\left(-\mu\alpha_0(\ln(k+2)-\ln(s+2))\right) \\
&\leqslant C_{\varphi_1}(T_0+1)^{\mu\alpha_0}E\left[\|X(T_0)\|^2\right](k+2)^{-\mu\alpha_0} \\
&\quad+C_{\varphi_1}\frac{2N}{\mu}C_d^2(k+2)^{-\mu\alpha_0}\sum_{s=T_0}^{k}\frac{\alpha_0(s+2)^{\mu\alpha_0}}{s+1}+C_{\varphi_1}C_{\varphi_3} \\
&\leqslant C_{\varphi_1}(T_0+1)^{\mu\alpha_0}E\left[\|X(T_0)\|^2\right](k+2)^{-\mu\alpha_0} \\
&\quad+C_{\varphi_1}\frac{2N}{\mu}C_d^2 2\alpha_0(k+2)^{-\mu\alpha_0}\sum_{s=T_0}^{k}(s+2)^{\mu\alpha_0-1}+C_{\varphi_1}C_{\varphi_3},\quad k\geqslant T_0,
\end{aligned}
\tag{6.66}
$$

其中第 2 个 “$\leqslant$” 由 $(k+2)^{-\mu\alpha_0}\sum_{s=T_0}^{k}\varphi_3(s)(s+2)^{\mu\alpha_0}\leqslant\sum_{s=0}^{\infty}\varphi_3(s)$ 得到, 且最后一

个 "$\leqslant$" 由 $(k+2)^{-\mu\alpha_0}\sum_{s=T_0}^{k}\dfrac{(s+2)^{\mu\alpha_0}}{s+1}=(k+2)^{-\mu\alpha_0}\sum_{s=T_0}^{k}(s+2)^{\mu\alpha_0-1}\left(1+\dfrac{1}{s+1}\right)$ $\leqslant 2(k+2)^{-\mu\alpha_0}\sum_{s=T_0}^{k}(s+2)^{\mu\alpha_0-1}$ 得到. 当 $\mu\alpha_0=1$ 时, 有

$$(k+2)^{-\mu\alpha_0}\sum_{s=T_0}^{k}(s+2)^{\mu\alpha_0-1}=\frac{k-T_0}{k+2}\leqslant 1. \tag{6.67}$$

当 $\mu\alpha_0\neq 1$ 时, 有

$$\begin{aligned}(k+2)^{-\mu\alpha_0}\sum_{s=T_0}^{k}(s+2)^{\mu\alpha_0-1}&\leqslant (k+2)^{-\mu\alpha_0}\int_{T_0-1}^{k+1}(s+2)^{\mu\alpha_0-1}ds\\&=(k+2)^{-\mu\alpha_0}\frac{1}{\mu\alpha_0}\left((k+3)^{\mu\alpha_0}-(T_0+1)^{\mu\alpha_0}\right)\\&\leqslant\frac{1}{\mu\alpha_0}\left(\frac{k+3}{k+2}\right)^{\mu\alpha_0}\leqslant\frac{2^{\mu\alpha_0}}{\mu\alpha_0}.\end{aligned} \tag{6.68}$$

由 (6.66)—(6.68) 式可得 (6.59) 式. ■

引理 6.5 对于最优化问题 (6.1), 考虑算法 (6.2)—(6.4). 若问题 (6.1) 中局部成本函数 $f_i(\cdot)$ 是 μ-强凸的, 假设 6.1—假设 6.4 和假设 6.6 成立, 存在正整数 T 和正常数 C_X, 使得 $\sup_{k\geqslant T}E\left[\|X(k)\|^2\right]\leqslant C_X$, 且存在正常数 ρ_0, 使得 $\sup_{k\geqslant 0}\left[E\left[\left\|\mathcal{L}_{\mathcal{G}(k)}\right\|^2\middle|\mathcal{F}(k-1)\right]\right]^{\frac{1}{2}}\leqslant\rho_0$ a.s., 则

$$\begin{aligned}&E\left[\|X(k+1)-\mathbf{1}_N\otimes z^*\|^2\right]\\&\leqslant\left(1-\frac{\mu}{2N}\alpha(k)+\varphi_1(k)\right)E\left[\|X(k)-\mathbf{1}_N\otimes z^*\|^2\right]+\varphi_2(k),\quad k\geqslant T,\end{aligned} \tag{6.69}$$

其中 z^* 是问题 (6.1) 的唯一最优解, 且

$$\begin{aligned}\varphi_1(k)&=2c^2(k)(\rho_0^2+8\sigma^2C_\xi\rho_1)+4\alpha^2(k)\left(2\sigma_\zeta+3\sigma_d^2\right),\\\varphi_2(k)&=8b^2C_\xi\rho_1c^2(k)+2\alpha^2(k)\big(2C_\zeta+3NC_d^2+2(3\sigma_d^2+2\sigma_\zeta)N\|z^*\|^2\big)\\&\quad+\frac{\mu\alpha(k)}{N}E[V(k)]+2\sqrt{2\left(\sigma_d^2C_X+NC_d^2\right)}\alpha(k)\sqrt{E[V(k)]}.\end{aligned}$$

证明 由引理 6.10、引理 6.12 和 Hölder 不等式可得

$$-2\alpha(k)E\left[d^{\mathrm{T}}(k)\left(X(k)-\mathbf{1}_N\otimes z^*\right)\right]$$

$$\leqslant 2\alpha(k)E[f^* - f(\bar{x}(k))] + 2\alpha(k)\sqrt{N}\left[E\left[(\sigma_d\|\bar{x}(k)\| + C_d)^2\right]\right]^{\frac{1}{2}}\left[E\left[\|\delta(k)\|^2\right]\right]^{\frac{1}{2}}$$

$$\leqslant 2\alpha(k)E[f^* - f(\bar{x}(k))] + 2\sqrt{2\left(\sigma_d^2 C_X + NC_d^2\right)}\alpha(k)\sqrt{E[V(k)]}, \quad k \geqslant T,$$

该式结合引理 6.1 (ii) 可得

$$\begin{aligned}
&E\left[\|X(k+1) - \mathbf{1}_N \otimes z^*\|^2\right] \\
&\leqslant \left(1 + 2c^2(k)\left(\rho_0^2 + 8\sigma^2 C_\xi \rho_1\right) + 4\alpha^2(k)(2\sigma_\zeta + 3\sigma_d^2)\right) E\left[\|X(k) - \mathbf{1}_N \otimes z^*\|^2\right] \\
&\quad + 8b^2 C_\xi \rho_1 c^2(k) + 2\alpha^2(k)\left(2C_\zeta + 3NC_d^2 + 2(3\sigma_d^2 + 2\sigma_\zeta)N\|z^*\|^2\right) \\
&\quad - 2\alpha(k)E[f(\bar{x}(k)) - f^*] + 2\sqrt{2\left(\sigma_d^2 C_X + NC_d^2\right)}\alpha(k)\sqrt{E[V(k)]}, \quad k \geqslant T.
\end{aligned} \tag{6.70}$$

注意到全局成本函数 $f(\cdot)$ 是 μ-强凸的, 我们得到

$$-2\alpha(k)E[f(\bar{x}(k)) - f^*] \leqslant -\mu\alpha(k)E\left[\|\bar{x}(k) - z^*\|^2\right]. \tag{6.71}$$

由不等式 $\|x+y\|^2 \leqslant 2\|x\|^2 + 2\|y\|^2$ 可得

$$\begin{aligned}
E\left[\|X(k) - \mathbf{1}_N \otimes z^*\|^2\right] &= E\left[\|X(k) - \mathbf{1}_N \otimes \bar{x}(k) + \mathbf{1}_N \otimes \bar{x}(k) - \mathbf{1}_N \otimes z^*\|^2\right] \\
&\leqslant 2E\left[\|X(k) - \mathbf{1}_N \otimes \bar{x}(k)\|^2\right] \\
&\quad + 2E\left[\|\mathbf{1}_N \otimes \bar{x}(k) - \mathbf{1}_N \otimes z^*\|^2\right] \\
&= 2E[V(k)] + 2NE\left[\|\bar{x}(k) - z^*\|^2\right].
\end{aligned}$$

由上式可得

$$-E\left[\|\bar{x}(k) - z^*\|^2\right] \leqslant -\frac{1}{2N}E\left[\|X(k) - \mathbf{1}_N \otimes z^*\|^2\right] + \frac{1}{N}E[V(k)].$$

由(6.70)式、(6.71)式及上式可得 (6.69)式. ■

引理 6.6 对于最优化问题(6.1), 考虑算法 (6.2)—(6.4). 若问题 (6.1) 中的局部成本函数 $f_i(\cdot)$ 是 μ-强凸的, 且

(a) 假设 6.1—假设 6.4 和假设 6.6 成立, 条件 (C1)、(C2) 和 (C3)'—(C5)' 成立, 且局部成本函数 $f_i(\cdot), i = 1, \cdots, N$ 是 μ-强凸的;

(b) 存在正整数 h 以及正常数 θ 和 ρ_0, 使得

(b.1) $\inf_{m\geqslant 0}\lambda_{mh}^h \geqslant \theta$ a.s.;

(b.2) $\sup_{k\geqslant 0}\left[E\left[\left\|\mathcal{L}_{\mathcal{G}(k)}\right\|^{2^{\max\{h,2\}}}\Big|\mathcal{F}(k-1)\right]\right]^{\frac{1}{2^{\max\{h,2\}}}} \leqslant \rho_0$ a.s.,

则存在常数 $\hat{C}_{12}>0$ 使得

$$E[V(k)]\leqslant \hat{C}_{12}\frac{\alpha(k)}{c(k)},\quad \forall\, k\geqslant 0. \tag{6.72}$$

证明 当 $\tau(mh)=\alpha(mh)$ 时, 由引理 6.13、引理 6.4 和 $c(k),\alpha(k)$ 的单调性可得

$$\begin{aligned}&E[V((m+1)h)]\\&\leqslant \Big[1-2\theta c((m+1)h)+\hat{q}_0(mh)\Big]E[V(mh)]+\hat{p}(mh),\quad m\geqslant \max\left\{m_0,\left\lceil\frac{k_0}{h}\right\rceil\right\},\end{aligned} \tag{6.73}$$

其中 $\hat{q}_0(mh)=C_4c^2((m+1)h)+\alpha(mh)\big(1-2\theta c((m+1)h)+C_4c^2((m+1)h)\big)$, $\hat{p}(mh)=\hat{C}_6\alpha(mh)+(2\hat{C}_6+\hat{C}_7)\alpha^2(mh)+\hat{C}_8c^2(mh)$, $\hat{C}_6=2h^2C_\rho\left(\sigma_d^2\left(\frac{2NC_d^2}{\mu^2}+1\right)+NC_d^2\right)$, $\hat{C}_7=4h^2C_\rho\left(\sigma_\zeta\left(\frac{2NC_d^2}{\mu^2}+1\right)+C_\zeta\right)$, $\hat{C}_8=4h^2\rho_1C_\rho C_\xi\left(4\sigma^2\left(\frac{2NC_d^2}{\mu^2}+1\right)+2b^2\right)$, C_4 由引理 6.13 给出. 由条件 (C1) 和 (C4)' 可得 $\hat{q}_0(mh)=o(c((m+1)h))$, 因此, 存在正整数 $\hat{m}_3$, 使得

$$0<2\theta c((m+1)h)-q_0(mh)\leqslant 1,\quad m\geqslant \hat{m}_3. \tag{6.74}$$

记 $\widetilde{\Pi}(k)=\dfrac{c(k)V(k)}{\alpha(k)}$. 由条件 (C1)、(C5)' 和 (6.73) 式可得

$$\begin{aligned}&E\left[\widetilde{\Pi}((m+1)h)\right]\\&=E\left[\frac{c((m+1)h)V((m+1)h)}{\alpha((m+1)h)}\right]\\&\leqslant \frac{\alpha(mh)}{\alpha((m+1)h)}\Big[1-2\theta c((m+1)h)+\hat{q}_0(mh)\Big]E\left[\widetilde{\Pi}(mh)\right]+\frac{c((m+1)h)\hat{p}(mh)}{\alpha((m+1)h)}\\&=\big(1+o(c((m+1)h))\big)\Big[1-2\theta c((m+1)h)+\hat{q}_0(mh)\Big]E\left[\widetilde{\Pi}(mh)\right]+\frac{c((m+1)h)\hat{p}(mh)}{\alpha((m+1)h)}\end{aligned}$$

$$= \left[1 - 2\theta c((m+1)h) + \hat{q}_2(mh)\right] E\left[\widetilde{\Pi}(mh)\right] + \frac{c((m+1)h)\hat{p}(mh)}{\alpha((m+1)h)},$$

$$m \geqslant \max\left\{m_0, \hat{m}_3, \left\lceil \frac{k_0}{h} \right\rceil\right\}, \tag{6.75}$$

其中 $\hat{q}_2(mh) = \hat{q}_0(mh) + o(c((m+1)h))\big(1 - 2\theta c((m+1)h) + \hat{q}_0(mh)\big)$. 则有 $\hat{q}_2(mh) = o(c((m+1)h))$. 因此, 由条件 (C1), 存在正整数 $\hat{m}_2$, 使得

$$0 < \hat{q}_1(mh) \leqslant 1, \quad \forall\, m \geqslant \hat{m}_2, \quad 且 \sum_{m=0}^{\infty} \hat{q}_1(mh) = \infty, \tag{6.76}$$

其中 $\hat{q}_1(mh) = 2\theta c((m+1)h) - \hat{q}_2(mh)$. 由条件 (C1) 和条件 (C4)' 可得 $\lim_{m\to\infty} \dfrac{\alpha(mh)}{\alpha((m+1)h)} = 1 + \lim_{m\to\infty} \dfrac{\alpha(mh) - \alpha((m+1)h)}{\alpha((m+1)h)} = 1$. 该式结合条件 (C1) 和 (C2) 可得

$$\begin{aligned}
&\lim_{m\to\infty} \frac{\hat{p}(mh)c((m+1)h)}{\alpha((m+1)h)\hat{q}_1(mh)} \\
&= \lim_{m\to\infty} \frac{c((m+1)h)}{\hat{q}_1(mh)} \lim_{m\to\infty} \frac{\hat{C}_6\alpha(mh) + (2\hat{C}_6 + \hat{C}_7)\alpha^2(mh) + \hat{C}_8 c^2(mh)}{\alpha((m+1)h)} = \frac{\hat{C}_6}{2\theta}.
\end{aligned} \tag{6.77}$$

该式结合引理 6.9, 类似于引理 6.3 的证明, 可得 (6.72) 式. ■

定理 6.4 的证明 由引理 6.4—引理 6.6 可知存在 k_0, $\hat{C}_{12}$, 使得

$$\begin{aligned}
E\left[\|X(k+1) - \mathbf{1}_N \otimes z^*\|^2\right] &\leqslant \left(1 - \frac{\mu}{2N}\alpha(k) + \hat{\varphi}_1(k)\right) E\left[\|X(k) - \mathbf{1}_N \otimes z^*\|^2\right] \\
&\quad + \hat{\varphi}_2(k), \quad k \geqslant k_0,
\end{aligned} \tag{6.78}$$

其中 $\hat{\varphi}_1(k) = 2c^2(k)(\rho_0^2 + 8\sigma^2 C_\xi \rho_1) + 4\alpha^2(k)(2\sigma_\zeta + 3\sigma_d^2)$, $\hat{\varphi}_2(k) = 8b^2 C_\xi \rho_1 c^2(k) + 2\alpha^2(k)\big(2C_\zeta + 3NC_d^2 + 2(3\sigma_d^2 + 2\sigma_\zeta)N\|z^*\|^2\big) + \dfrac{\mu\alpha(k)}{N}\hat{C}_{12}\dfrac{\alpha(k)}{c(k)} + 2\sqrt{2\left(\sigma_d^2 C_X + NC_d^2\right)}$ $\hat{C}_{12}^{\frac{1}{2}}\alpha^{\frac{3}{2}}(k)c^{-\frac{1}{2}}(k)$. 由条件 (C1)、(C2) 和 (C3)' 可知存在 $\hat{k}_0$, 使得 $0 < \dfrac{\mu}{2N}\alpha(k) - \hat{\varphi}_1(k) < 1$, $\forall\, k \geqslant \hat{k}_0$, $\sum_{k=0}^{\infty}\left(\dfrac{\mu}{2N}\alpha(k) - \hat{\varphi}_1(k)\right) = \infty$ 且 $\lim_{k\to\infty} \dfrac{\hat{\varphi}_2(k)}{\dfrac{\mu}{2N}\alpha(k) - \hat{\varphi}_1(k)} = 0$. 那么, 由 (6.78) 式和文献 [97] 中的引理 1.2.25, 可得 $\lim_{k\to\infty} E\big[\|X(k) - \mathbf{1}_N \otimes z^*\|^2\big] = 0$, 即 (i) 成立.

类似于定理 6.1 中 (6.52) 式的证明, 我们有

$$\begin{aligned}
&E\left[\|X(k+1)-\mathbf{1}_N\otimes z^*\|^2\,\middle|\mathcal{F}(k-1)\right]\\
\leqslant&\big(1+2c^2(k)(\rho_0^2+8\sigma^2C_\xi\rho_1)+4\alpha^2(k)(2\sigma_\zeta+3\sigma_d^2)\big)\|X(k)-\mathbf{1}_N\otimes z^*\|^2\\
&+8b^2C_\xi\rho_1c^2(k)+2\alpha^2(k)\big(2C_\zeta+3NC_d^2+2(3\sigma_d^2+2\sigma_\zeta)N\|z^*\|^2\big)\\
&-2\alpha(k)(f(\bar{x}(k))-f(z^*))+2\alpha(k)\sqrt{N}(\sigma_d\|\bar{x}(k)\|+C_d)\|\delta(k)\|\quad\text{a.s..}
\end{aligned}\tag{6.79}$$

由 $\|p+q\|^2\leqslant 2\|p\|^2+2\|q\|^2$, $p,q\in\mathbb{R}^n$, 引理 6.4, 条件 (C1) 和 (C2) 可得

$$\begin{aligned}
E\left[(\sigma_d\|\bar{x}(k)\|+C_d)^2\right]&\leqslant 2\sup_{k\geqslant 0}E\left[\sigma_d^2\|\bar{x}(k)\|^2+C_d^2\right]\\
&\leqslant 2\sup_{k\geqslant 0}E\left[\frac{1}{N}\sigma_d^2\sum_{i=1}^N\|x_i(k)\|^2+C_d^2\right]\\
&\leqslant\frac{2}{N}\sigma_d^2\left(\frac{2NC_d^2}{\mu^2}+1\right)+2C_d^2,\quad k\geqslant k_0,
\end{aligned}\tag{6.80}$$

其中 k_0 由引理 6.4 给出. 由条件 (C1)、(C2)、(C4)'—(C5)' 和引理 6.6 可知存在正数 $\hat{C}_{12}>0$ 使得 $E[V(k)]\leqslant\hat{C}_{12}\dfrac{\alpha(k)}{c(k)}$, $\forall\ k\geqslant 0$. 那么, 由上式和 Hölder 不等式可得

$$\begin{aligned}
E\left[(\sigma_d\|\bar{x}(k)\|+C_d)\|\delta(k)\|\right]&\leqslant\left[E\left[(\sigma_d\|\bar{x}(k)\|+C_d)^2\right]\right]^{\frac{1}{2}}\left[E\left[\|\delta(k)\|^2\right]\right]^{\frac{1}{2}}\\
&\leqslant\sqrt{\frac{2}{N}\sigma_d^2\left(\frac{2NC_d^2}{\mu^2}+1\right)+2C_d^2}\sqrt{E[V(k)]}\\
&\leqslant\sqrt{\frac{2}{N}\sigma_d^2\left(\frac{2NC_d^2}{\mu^2}+1\right)+2C_d^2}\,\hat{C}_{12}^{\frac{1}{2}}\frac{\alpha^{\frac{1}{2}}(k)}{c^{\frac{1}{2}}(k)},\quad k\geqslant k_0.
\end{aligned}\tag{6.81}$$

由条件 (C3)'、上式和文献 [55] 中的推论 4.1.2 可得

$$\begin{aligned}
&E\left[\sum_{k=0}^{\infty}\alpha(k)(\sigma_d\|\bar{x}(k)\|+C_d)\|\delta(k)\|\right]\\
=&\sum_{k=0}^{\infty}\alpha(k)E\left[(\sigma_d\|\bar{x}(k)\|+C_d)\|\delta(k)\|\right]\\
\leqslant&\sum_{k=0}^{k_0}\alpha(k)E\left[(\sigma_d\|\bar{x}(k)\|+C_d)\|\delta(k)\|\right]
\end{aligned}$$

$$+\sqrt{\frac{2}{N}\sigma_d^2\left(\frac{2NC_d^2}{\mu^2}+1\right)+2C_d^2}\hat{C}_{12}^{\frac{1}{2}}\sum_{k=k_0}^{\infty}\frac{\alpha^{\frac{3}{2}}(k)}{c^{\frac{1}{2}}(k)}<\infty.$$

由 $\sum_{k=0}^{\infty}\alpha(k)(\sigma_d\|\bar{x}(k)\|+C_d)\|\delta(k)\|$ 的非负性可得

$$\sum_{k=0}^{\infty}\alpha(k)(\sigma_d\|\bar{x}(k)\|+C_d)\|\delta(k)\|<\infty \quad \text{a.s.}. \tag{6.82}$$

由条件 (C1) 可得

$$\sum_{k=0}^{\infty}\left(8b^2C_\xi\rho_1c^2(k)+2\alpha^2(k)\left(2C_\zeta+3NC_d^2+2(3\sigma_d^2+2\sigma_\zeta)N\|z^*\|^2\right)\right)<\infty.$$

该式结合 (6.82) 式导出 $\sum_{k=0}^{\infty}\Big(8b^2C_\xi\rho_1c^2(k)+2\alpha^2(k)\big(2C_\zeta+3NC_d^2+2(3\sigma_d^2+2\sigma_\zeta)\times N\|z^*\|^2\big)+2\alpha(k)\sqrt{N}(\sigma_d\|\bar{x}(k)\|+C_d)\|\delta(k)\|\Big)<\infty$ a.s.. 注意到 $f(\bar{x}(k))-f^*\geqslant 0$, 由文献 [223] 中的定理 1、条件 (C1) 和 (6.79) 式可得序列 $\{\|X(k)-\mathbf{1}_N\otimes z^*\|^2, k\geqslant 0\}$ 几乎必然收敛. 再结合 (i) 可得 (ii). ■

6.3.4 强凸局部成本函数情形的收敛速度

如果问题 (6.1) 中的局部成本函数 $f_i(\cdot), i=1,\cdots,N$ 是 μ-强凸的, 则优化问题 (6.1) 存在唯一的最优解. 我们记唯一的最优解为 $z^*\in\mathbb{R}^n$. 下面的定理给出了局部优化器的状态均方收敛到 z^* 的收敛速度.

定理6.5 对于最优化问题 (6.1), 考虑算法 (6.2)—(6.4), 步长 $c(k)=\frac{c_0}{(k+1)^{\gamma_1}}$, $\alpha(k)=\frac{\alpha_0}{(k+1)^{\gamma_2}}$, 其中 $\gamma_1\in(0.5,1)$, $\gamma_2\in(\gamma_1,1]$, $c_0>0$, $\alpha_0>0$, 若

(a) 假设 6.1—假设 6.4 和假设 6.6 成立, 且局部成本函数 $f_i(\cdot), i=1,\cdots,N$ 是 μ-强凸的;

(b) 存在正整数 h 和正常数 θ 和 ρ_0, 使得

(b.1) $\inf_{m\geqslant 0}\lambda_{mh}^h\geqslant\theta$ a.s.;

(b.2) $\sup_{k\geqslant 0}\left[E\left[\|\mathcal{L}_{\mathcal{G}(k)}\|^{2^{\max\{h,2\}}}\Big|\mathcal{F}(k-1)\right]\right]^{\frac{1}{2^{\max\{h,2\}}}}\leqslant\rho_0$ a.s.,

则不同的情形下 $E[\|X(k)-\mathbf{1}_N\otimes z^*\|^2]$ 的收敛速度如下:

(1) 若 $3\gamma_1>2\gamma_2$ 且 $\gamma_2\in(\gamma_1,1)$, 则

$$\limsup_{k\to\infty}(k+2)^{\gamma_2-\gamma_1}E\left[\|X(k+1)-\mathbf{1}_N\otimes z^*\|^2\right]\leqslant\frac{2NC_{\varphi_1}C_{\varphi_2}}{\mu\alpha_0};$$

(2) 若 $3\gamma_1 > 2\gamma_2$, $\gamma_2 = 1$ 且 $\gamma_1 + \frac{\mu\alpha_0}{2N} > 1$, 则

$$\limsup_{k\to\infty}(k+2)^{1-\gamma_1}E\left[\|X(k+1) - \mathbf{1}_N \otimes z^*\|^2\right] \leqslant \frac{C_{\varphi_1}C_{\varphi_2}}{\gamma_1 + \frac{\mu\alpha_0}{2N} - 1};$$

(3) 若 $3\gamma_1 > 2\gamma_2$, $\gamma_2 = 1$ 且 $\gamma_1 + \frac{\mu\alpha_0}{2N} = 1$, 则

$$\limsup_{k\to\infty}(k+2)^{1-\gamma_1}(\ln(k+2))^{-1}E\big[\|X(k+1) - \mathbf{1}_N \otimes z^*\|^2\big] \leqslant C_{\varphi_1}C_{\varphi_2};$$

(4) 若 $3\gamma_1 > 2\gamma_2$, $\gamma_2 = 1$ 且 $\gamma_1 + \frac{\mu\alpha_0}{2N} < 1$, 则

$$E\left[\|X(k) - \mathbf{1}_N \otimes z^*\|^2\right] = O\left(k^{-\frac{\mu\alpha_0}{2N}}\right);$$

(5) 若 $3\gamma_1 \leqslant 2\gamma_2$ 且 $\gamma_2 \in \left(\frac{3}{2}\gamma_1, 1\right)$, 则

$$\limsup_{k\to\infty}(k+2)^{2\gamma_1-\gamma_2}E\left[\|X(k+1) - \mathbf{1}_N \otimes z^*\|^2\right] \leqslant \frac{2NC_{\varphi_1}C'_{\varphi_2}}{\mu\alpha_0};$$

(6) 若 $3\gamma_1 \leqslant 2\gamma_2$, $\gamma_2 = 1$ 且 $\frac{\mu\alpha_0}{2N} > 2\gamma_1 - 1$, 则

$$\limsup_{k\to\infty}(k+2)^{2\gamma_1-1}E\left[\|X(k+1) - \mathbf{1}_N \otimes z^*\|^2\right] \leqslant \frac{C_{\varphi_1}C'_{\varphi_2}}{1 - 2\gamma_1 + \frac{\mu\alpha_0}{2N}};$$

(7) 若 $3\gamma_1 \leqslant 2\gamma_2$, $\gamma_2 = 1$ 且 $\frac{\mu\alpha_0}{2N} = 2\gamma_1 - 1$, 则

$$\limsup_{k\to\infty}(k+2)^{2\gamma_1-1}(\ln(k+2))^{-1}E\big[\|X(k+1) - \mathbf{1}_N \otimes z^*\|^2\big] \leqslant C_{\varphi_1}C'_{\varphi_2};$$

(8) 若 $3\gamma_1 \leqslant 2\gamma_2$, $\gamma_2 = 1$ 且 $\frac{\mu\alpha_0}{2N} < 2\gamma_1 - 1$, 则

$$E[\|X(k) - \mathbf{1}_N \otimes z^*\|^2] = O\left(k^{-\frac{\mu\alpha_0}{2N}}\right),$$

其中

$$C_{\varphi_1} = \exp\left(\max\{2(\rho_0^2 + 8\sigma^2 C_\xi \rho_1), 4(2\sigma_\zeta + 3\sigma_d^2)\}\sum_{k=0}^{\infty}(c^2(t) + \alpha^2(t))\right),$$

$$C_{\varphi_2}=4\frac{\alpha_0^2}{c_0}\left(1+2\left(2C_{V1}\left(\frac{1}{N}\sigma_d^2\left(\frac{2NC_d^2}{\mu^2}+1\right)+C_d^2\right)\right)^{\frac{1}{2}}\right),$$

$$C'_{\varphi_2}=4\left(8b^2C_\xi\rho_1+\frac{2\alpha_0^2}{c_0^2}\sqrt{2C_{V2}\left(\frac{1}{N}\sigma_d^2\left(\frac{2NC_d^2}{\mu^2}+1\right)+C_d^2\right)}+1\right)c_0^2,$$

$$C_{V1}=\frac{\eta^hh^2C_\rho\left(2\sigma_d^2\left(\frac{2NC_d^2}{\mu^2}+1\right)+2NC_d^2\right)}{\theta^2},$$

$$C_{V2}=\frac{\eta^hh^2C_\rho\left(2\sigma_d^2\left(\frac{2NC_d^2}{\mu^2}+1\right)+2NC_d^2\right)\alpha_0^2}{\theta^2c_0^3}$$
$$+\frac{4\eta^hh^2\rho_1C_\rho C_\xi\left(4\sigma^2\left(\frac{2NC_d^2}{\mu^2}+1\right)+2b^2\right)}{\theta},$$

$$\eta=2\big(1+c_0^2(\rho_0^2+8\sigma^2C_\xi\rho_1)\big),\quad C_\rho=\left\{2^{2(h-1)}\sum_{l=0}^{2(h-1)}\mathbb{C}_{2(h-1)}^l\rho_0^{2l}\right\}^{\frac{1}{2}}.$$

为了证明定理 6.5, 首先给出如下引理.

引理6.7 对于最优化问题 (6.1), 考虑算法 (6.2)—(6.4), 步长 $c(k)=\frac{c_0}{(k+1)^{\gamma_1}}$, $\alpha(k)=\frac{\alpha_0}{(k+1)^{\gamma_2}}$, 其中 $\gamma_1\in(0.5,1)$, $\gamma_2\in(\gamma_1,1]$, $c_0>0$, $\alpha_0>0$. 若问题 (6.1) 中的局部成本函数 $f_i(\cdot)$ 是 μ-强凸的, 且

(a) 假设 6.1—假设 6.4 和假设 6.6 成立;

(b) 存在正整数 h 以及正常数 θ 和 ρ_0, 使得

(b.1) $\inf_{m\geqslant 0}\lambda_{mh}^h\geqslant\theta$ a.s.;

(b.2) $\sup_{k\geqslant 0}\left[E\left[\left\|\mathcal{L}_{\mathcal{G}(k)}\right\|^{2^{\max\{h,2\}}}|\mathcal{F}(k-1)\right]\right]^{\frac{1}{2^{\max\{h,2\}}}}\leqslant\rho_0$ a.s.;

(i) 当 $3\gamma_1>2\gamma_2$ 时, 有

$$\limsup_{k\to\infty}\frac{c^2(k)E[V(k)]}{\alpha^2(k)}\leqslant C_{V1};\tag{6.83}$$

(ii) 当 $3\gamma_1\leqslant 2\gamma_2$ 时, 有

$$\limsup_{k\to\infty}\frac{E[V(k)]}{c(k)}\leqslant C_{V2}.\tag{6.84}$$

特别地, 当 $\gamma_1 \in \left(0.5, \dfrac{2}{3}\right)$ 且 $\gamma_2 = 1$ 时, 有

$$E[V(k)] \leqslant C_{V3}c(k), \quad \forall\, k \geqslant \lceil \theta c_0 \rceil - 1, \tag{6.85}$$

其中

C_{V1} 和 C_{V2} 由定理 6.5 给出,

$$C_p = \left(\frac{1}{\theta}+2\right)\left(h^2C_\rho\left(2NC_d^2+2\sigma_d^2C_{X1}\right)\right)\frac{\alpha_0^2}{c_0^3}(1+h)$$
$$+4h^2\rho_1C_\rho C_\xi\left(4\sigma^2C_{X1}+2b^2\right)+4h^2C_\rho\left(\sigma_\zeta C_{X1}+C_\zeta\right)\frac{\alpha_0^2}{c_0^2},$$

$$C_{V3} = \frac{\eta^hC_qC_pc_0^2}{c_0\theta\left(1+2h\right)^{-\gamma_1}-\gamma_1h}+\eta^hC_q\exp\left(\frac{c_0\theta((\hat{m}+1)h+1)^{1-\gamma_1}}{h(1-\gamma_1)}\right)E[V(\hat{m}h)]$$
$$\times\exp\left(-\frac{c_0\theta(2h+1)^{1-\gamma_1}}{h(1-\gamma_1)}\right),$$

$$C_q = \max\left\{0,(1+c_0\theta)C_4-2\theta^2\right\}\sum_{m=0}^{\infty}c^2((m+1)h),$$

$$C_4 = (1+h)[(1+\rho_0)^{2h}-1-2h\rho_0],$$

$$\hat{m} = \max\left\{\left\lceil\frac{\lceil\alpha_0\mu\rceil-1}{h}\right\rceil,\left\lceil\frac{\lceil\theta c_0\rceil-1}{h}\right\rceil-1\right\}.$$

证明　当 $\tau(mh)=\tau_0c((m+1)h), \tau_0\in(0,2\theta)$ 时, 由引理 6.13、引理 6.4 及 $c(k)$ 和 $\alpha(k)$ 的单调性可得

$$\begin{aligned}
&E[V((m+1)h)]\\
\leqslant&(1+\tau_0c((m+1)h))\Big[1-2\theta c((m+1)h)+C_4c^2((m+1)h)\Big]E[V(mh)]\\
&+\left(\frac{1}{\tau_0c((m+1)h)}+2\right)\left(h^2C_\rho\left(2\sigma_d^2\left(\frac{2NC_d^2}{\mu^2}+1\right)+2NC_d^2\right)\right)\alpha^2(mh)\\
&+4\Bigg(h^2\rho_1C_\rho C_\xi\left(4\sigma^2\left(\frac{2NC_d^2}{\mu^2}+1\right)+2b^2\right)c^2(mh)\\
&+h^2C_\rho\left(\sigma_\zeta\left(\frac{2NC_d^2}{\mu^2}+1\right)+C_\zeta\right)\alpha^2(mh)\Bigg)\\
=&\Big[1-(2\theta-\tau_0)c((m+1)h)+\tilde{q}_0(mh)\Big]E[V(mh)]+\tilde{p}(mh),\quad m\geqslant\max\left\{m_0,\left\lceil\frac{k_0}{h}\right\rceil\right\},
\end{aligned}\tag{6.86}$$

其中 $\tilde{q}_0(mh)=(C_4-2\tau_0\theta)c^2((m+1)h)+\tau_0 C_4 c^3((m+1)h)$, $\tilde{p}(mh)=\left(\frac{1}{\tau_0 c((m+1)h)}+2\right)\left(h^2C_\rho\times\left(2NC_d^2+2\sigma_d^2\left(\frac{2NC_d^2}{\mu^2}+1\right)\right)\right)\alpha^2(mh)+4h^2\rho_1C_\rho C_\xi\left(4\sigma^2\left(\frac{2NC_d^2}{\mu^2}+1\right)+2b^2\right)c^2(mh)+4h^2C_\rho\left(\sigma_\zeta\left(\frac{2NC_d^2}{\mu^2}+1\right)+C_\zeta\right)\alpha^2(mh)$. 由 $2\theta-\tau_0>0$ 和 $\tilde{q}_0(mh)=o(c((m+1)h))$, 则存在正整数 m_1, 使得

$$0<(2\theta-\tau_0)c((m+1)h)-\tilde{q}_0(mh)\leqslant 1,\quad \forall\ m\geqslant m_1. \tag{6.87}$$

(i) 记 $\widetilde{\Pi}(k)=\frac{c^2(k)V(k)}{\alpha^2(k)}$. 由(6.86)式、(6.87) 式以及 $c(k)$ 单调递减可得

$$\begin{aligned}E\left[\widetilde{\Pi}((m+1)h)\right]\leqslant&\frac{\alpha^2(mh)}{\alpha^2((m+1)h)}\left[1-(2\theta-\tau_0)c((m+1)h)+\tilde{q}_0(mh)\right]E\left[\widetilde{\Pi}(mh)\right]\\&+\frac{c^2((m+1)h)}{\alpha^2((m+1)h)}\tilde{p}(mh),\quad m\geqslant\max\left\{m_0,m_1,\left\lceil\frac{k_0}{h}\right\rceil\right\}.\end{aligned} \tag{6.88}$$

由 $\alpha(k)=\frac{\alpha_0}{(k+1)^{\gamma_2}}$ 可得

$$\frac{\alpha^2(mh)}{\alpha^2((m+1)h)}=\left(1+\frac{h}{\alpha_0}\alpha(mh)\right)^{2\gamma_2}\leqslant\left(1+\frac{\gamma_2 h}{\alpha_0}\alpha(mh)\right)^2\leqslant 1+C_\alpha\alpha(mh), \tag{6.89}$$

其中 $C_\alpha=\frac{\gamma_2 h}{\alpha_0}(2+\gamma_2 h)$, 第 1 个 "$\leqslant$" 由 $(1+x)^\gamma\leqslant 1+\gamma x,\ \forall\ \gamma\in(0,1]$ 得到, 且第 2 个 "$\leqslant$" 由 $\alpha(mh)\leqslant\alpha_0$ 得到. 由 (6.88)式和(6.89)式可得, 对任意 $m\geqslant\max\left\{m_0,m_1,\left\lceil\frac{k_0}{h}\right\rceil\right\}$,

$$\begin{aligned}&E[\widetilde{\Pi}((m+1)h)]\\\leqslant&\left[1-(2\theta-\tau_0)c((m+1)h)+\tilde{q}_1(mh)\right]E[\widetilde{\Pi}(mh)]+\frac{c^2((m+1)h)}{\alpha^2((m+1)h)}\tilde{p}(mh),\end{aligned} \tag{6.90}$$

其中 $\tilde{q}_1(mh)=\tilde{q}_0(mh)+C_\alpha\alpha(mh)\left[1-(2\theta-\tau_0)c((m+1)h)+\tilde{q}_0(mh)\right]$. 注意到 $c(k)=\frac{c_0}{(k+1)^{\gamma_1}}$, $\alpha(k)=\frac{\alpha_0}{(k+1)^{\gamma_2}}$, 则有 $\lim_{k\to\infty}\frac{\alpha(k)}{c(k+h)}=0$, 因此,

$$\lim_{m\to\infty}\frac{\tilde{q}_1(mh)}{c((m+1)h)}=\lim_{m\to\infty}\frac{\tilde{q}_0(mh)}{c((m+1)h)}$$

$$+\lim_{m\to\infty}\frac{C_\alpha\alpha(mh)}{c((m+1)h)}\big(1-(2\theta-\tau_0)c((m+1)h)+\tilde{q}_0(mh)\big)=0,$$

即 $\tilde{q}_1(mh)=o(c((m+1)h))$. 则由 $c(k)=\dfrac{c_0}{(k+1)^{\gamma_1}}$ 和 $2\theta-\tau_0>0$ 可知, 存在正整数 m_2, 使得

$$\begin{aligned}&0<(2\theta-\tau_0)c((m+1)h)-\tilde{q}_1(mh)\leqslant 1,\quad \forall\, m\geqslant m_2,\\&\sum_{m=0}^{\infty}[(2\theta-\tau_0)c((m+1)h)-\tilde{q}_1(mh)]=\infty.\end{aligned}\tag{6.91}$$

由 $3\gamma_1>2\gamma_2$ 可得 $c^2(k)=o\left(\dfrac{\alpha^2(k)}{c(k)}\right)$. 注意到 $\lim_{m\to\infty}\dfrac{\alpha(k)}{\alpha(k+h)}=1$, 由 (6.90) 式、(6.91) 式、$\tilde{q}_1(mh)=o(c((m+1)h))$ 和文献 [97] 中的引理 1.2.25 可得

$$\begin{aligned}\limsup_{k\to\infty}E[\widetilde{\Pi}(mh)]&\leqslant\lim_{m\to\infty}\frac{\dfrac{c^2((m+1)h)}{\alpha^2((m+1)h)}\tilde{p}(mh)}{(2\theta-\tau_0)c((m+1)h)-\tilde{q}_1(mh)}\\&=\frac{h^2C_\rho\left(2\sigma_d^2\left(\dfrac{2NC_d^2}{\mu^2}+1\right)+2NC_d^2\right)}{\tau_0(2\theta-\tau_0)}.\end{aligned}\tag{6.92}$$

由 (6.40) 式可得

$$\begin{aligned}2\alpha(k)E\left[\|d(k)\|\,\|\delta(k)\|\right]\leqslant&E\left[\|\alpha(k)d(k)\|^2\right]+E\left[\|\delta(k)\|^2\right]\\\leqslant&\alpha^2(k)E\left[2\sigma_d^2\|X(k)\|^2+2NC_d^2\right]+E[V(k)],\end{aligned}$$

该式结合引理 6.1 (i) 和引理 6.4 可得

$$\begin{aligned}E[V(k+1)]\leqslant&2\big(1+c^2(k)(\rho_0^2+8\sigma^2C_\xi\rho_1)\big)E[V(k)]+8b^2C_\xi\rho_1c^2(k)\\&+2\alpha^2(k)\left((2\sigma_\zeta+4\sigma_d^2)\left(\frac{2NC_d^2}{\mu^2}+1\right)+\big(2C_\zeta+4NC_d^2\big)\right),\quad k\geqslant k_0.\end{aligned}\tag{6.93}$$

由上式、(6.92) 式和引理 6.9 可得

$$\limsup_{k\to\infty}\frac{c^2(k+1)E[V(k+1)]}{\alpha^2(k+1)}\leqslant\frac{\eta^h h^2C_\rho\left(2\sigma_d^2\left(\dfrac{2NC_d^2}{\mu^2}+1\right)+2NC_d^2\right)}{\tau_0(2\theta-\tau_0)}.$$

由 $(0,2\theta)$ 中 τ_0 的任意性和上式可得 (6.83) 式.

(ii) 当 $3\gamma_1 \leqslant 2\gamma_2$ 时, 有 $\dfrac{\alpha^2(k)}{c(k)} = O(c^2(k))$. 记 $\widehat{\Pi}(k) = \dfrac{V(k)}{c(k)}$. 由 $c(k) = \dfrac{c_0}{(k+1)^{\gamma_1}}$ 可得

$$\frac{c(k)}{c(k+h)} = \frac{\dfrac{c_0}{(k+1)^{\gamma_1}}}{\dfrac{c_0}{(k+1+h)^{\gamma_1}}} = \left(1+\frac{h}{k+1}\right)^{\gamma_1} \leqslant 1 + \frac{\gamma_1 h}{k+1} = 1 + o(c(k)).$$

则由 (6.86) 式和 (6.87) 式可得

$$\begin{aligned}
&E\left[\widehat{\Pi}((m+1)h)\right] \\
=&E\left[\frac{V((m+1)h)}{c((m+1)h)}\right] \\
\leqslant&\frac{c(mh)}{c((m+1)h)}\left[1-(2\theta-\tau_0)c((m+1)h)+\tilde{q}_0(mh)\right]E\left[\widehat{\Pi}(mh)\right]+\frac{\tilde{p}(mh)}{c((m+1)h)} \\
\leqslant&\big(1+o(c(mh))\big)\Big[1-(2\theta-\tau_0)c((m+1)h)+\tilde{q}_0(mh)\Big]E\left[\widehat{\Pi}(mh)\right]+\frac{\tilde{p}(mh)}{c((m+1)h)} \\
=&\Big[1-(2\theta-\tau_0)c((m+1)h)+\tilde{q}_2(mh)\Big]E\left[\widehat{\Pi}(mh)\right]+\frac{\tilde{p}(mh)}{c((m+1)h)}, \\
&\qquad m \geqslant \max\left\{m_0, m_1, \left\lceil\frac{k_0}{h}\right\rceil\right\},
\end{aligned} \tag{6.94}$$

其中 $\tilde{q}_2(mh) = \tilde{q}_0(mh) + o(c(mh))\big(1-(2\theta-\tau_0)c((m+1)h)+\tilde{q}_0(mh)o(c(mh))\big)$, 则 $\tilde{q}_2(mh) = o(c((m+1)h))$. 因此, 存在正整数 m_2, 使得

$$\begin{aligned}
&0 < (2\theta-\tau_0)c((m+1)h) - \tilde{q}_2(mh) \leqslant 1, \quad \forall\, m \geqslant m_2, \\
&\sum_{m=0}^{\infty}[(2\theta-\tau_0)c((m+1)h) - \tilde{q}_2(mh)] = \infty.
\end{aligned} \tag{6.95}$$

由于 $c(k) = \dfrac{c_0}{(k+1)^{\gamma_1}}$, $\alpha(k) = \dfrac{\alpha_0}{(k+1)^{\gamma_2}}$, 以及 $\tilde{p}(mh)$ 的定义和 $3\gamma_1 \leqslant 2\gamma_2$, $\gamma_1 < \gamma_2$ 可得

$$\lim_{m\to\infty}\frac{\tilde{p}(mh)}{c^2((m+1)h)}$$

$$
\begin{aligned}
&= h^2 C_\rho \left(2\sigma_d^2 \left(\frac{2NC_d^2}{\mu^2}+1\right)+2NC_d^2\right) \lim_{m\to\infty} \frac{\alpha^2(mh)}{\tau_0 c^3((m+1)h)} \\
&\quad + 4h^2\rho_1 C_\rho C_\xi \left(4\sigma^2\left(\frac{2NC_d^2}{\mu^2}+1\right)+2b^2\right) \lim_{m\to\infty} \frac{c^2(mh)}{c^2((m+1)h)} \\
&\quad + 4h^2 C_\rho \left(\left(\sigma_d^2+\sigma_\zeta\right)\left(\frac{2NC_d^2}{\mu^2}+1\right)+NC_d^2+C_\zeta\right) \lim_{m\to\infty} \frac{\alpha^2(mh)}{c^2((m+1)h)} \\
&\leqslant h^2 C_\rho \left(2\sigma_d^2 \left(\frac{2NC_d^2}{\mu^2}+1\right)+2NC_d^2\right) \frac{\alpha_0^2}{\tau_0 c_0^3} + 4h^2\rho_1 C_\rho C_\xi \left(4\sigma^2\left(\frac{2NC_d^2}{\mu^2}+1\right)+2b^2\right).
\end{aligned}
\tag{6.96}
$$

由 (6.94)—(6.96) 式和文献 [97] 中的引理 1.2.25 可得

$$
\begin{aligned}
\limsup_{k\to\infty} E[\widehat{\Pi}(mh)] &\leqslant \lim_{m\to\infty} \frac{\dfrac{\tilde{p}(mh)}{c((m+1)h)}}{(2\theta-\tau_0)c((m+1)h)-\tilde{q}_2(mh)} \\
&\leqslant \frac{h^2 C_\rho \left(2\sigma_d^2\left(\dfrac{2NC_d^2}{\mu^2}+1\right)+2NC_d^2\right)\alpha_0^2}{(2\theta-\tau_0)\tau_0 c_0^3} \\
&\quad + \frac{4h^2\rho_1 C_\rho C_\xi\left(4\sigma^2\left(\dfrac{2NC_d^2}{\mu^2}+1\right)+2b^2\right)}{2\theta-\tau_0},
\end{aligned}
$$

该式结合 (6.93) 式和引理 6.9 可得 (6.84) 式.

下面证明 (6.85) 式. 当 $\tau_0=\theta$ 时, 由 (6.86) 式可得

$$
E[V((m+1)h)] \leqslant \Big[1-\theta c((m+1)h)+\tilde{q}_0(mh)\Big] E[V(mh)] + \tilde{p}(mh), \quad m \geqslant \left\lceil \frac{T_0}{h} \right\rceil, \tag{6.97}
$$

其中 $\tilde{q}_0(mh) = \max\{0,(C_4-2\theta^2)c^2((m+1)h)+\theta C_4 c^3((m+1)h)\}$, $\tilde{p}(mh) = \left(\dfrac{1}{\theta c((m+1)h)}+2\right)\left(h^2C_\rho\left(2NC_d^2+2\sigma_d^2 C_{X1}\right)\right)\alpha^2(mh)+4h^2\rho_1 C_\rho C_\xi(4\sigma^2 C_{X1}+2b^2)c^2(mh)+4h^2C_\rho\left(\sigma_\zeta C_{X1}+C_\zeta\right)\alpha^2(mh)$. 记 $T_1=\lceil\theta c_0\rceil-1$, 则 $1-\theta c((m+1)h)+\tilde{q}_0(mh)\geqslant 0$, $\forall\, m\geqslant \left\lceil\dfrac{T_1}{h}\right\rceil-1$. 记 $\hat{m}=\max\left\{\left\lceil\dfrac{T_0}{h}\right\rceil,\left\lceil\dfrac{T_1}{h}\right\rceil-1\right\}$, 由 (6.97) 式可得

$$
E[V((m+1)h)]
$$

$$
\begin{aligned}
&\leqslant \prod_{t=\hat{m}}^{m}\left(1-\theta c((t+1)h)+\tilde{q}_0(th)\right)E[V(\hat{m}h)] \\
&\quad +\sum_{s=\hat{m}}^{m}\tilde{p}(sh)\prod_{t=s+1}^{m}\left(1-\theta c((t+1)h)+\tilde{q}_0(th)\right) \\
&\leqslant \exp\left(\sum_{t=\hat{m}}^{m}\tilde{q}_0(th)\right)\exp\left(\sum_{t=\hat{m}}^{m}-\theta c((t+1)h)\right)E[V(\hat{m}h)] \\
&\quad +\sum_{s=\hat{m}}^{m}\tilde{p}(sh)\exp\left(\sum_{t=s+1}^{m}\tilde{q}_0(th)\right)\exp\left(\sum_{t=s+1}^{m}-\theta c((t+1)h)\right) \\
&\leqslant C_q\exp\left(-\theta\sum_{t=\hat{m}}^{m}c((t+1)h)\right)E[V(\hat{m}h)] \\
&\quad +\sum_{s=\hat{m}}^{m}\tilde{p}(sh)C_q\exp\left(-\theta\sum_{t=s+1}^{m}c((t+1)h)\right),\quad m\geqslant\hat{m}.
\end{aligned}
$$

由于 $c(k)=\dfrac{c_0}{(k+1)^{\gamma_1}}$，可得 $\sum_{t=a}^{m}c((t+1)h)\geqslant\displaystyle\int_a^{m+1}c(t)dt=\dfrac{c_0}{h(1-\gamma_1)}(((m+2)h+1)^{1-\gamma_1}-((a+1)h+1)^{1-\gamma_1})$，由上式可得

$$
\begin{aligned}
&E\left[V((m+1)h)\right] \\
&\leqslant C_q\exp\left(\frac{c_0\theta((\hat{m}+1)h+1)^{1-\gamma_1}}{h(1-\gamma_1)}\right)E\left[V(\hat{m}h)\right]\exp\left(-\frac{c_0\theta((m+2)h+1)^{1-\gamma_1}}{h(1-\gamma_1)}\right) \\
&\quad +\sum_{s=\hat{m}}^{m}\tilde{p}(sh)C_q\exp\left(\frac{c_0\theta((s+2)h+1)^{1-\gamma_1}}{h(1-\gamma_1)}\right) \\
&\quad \exp\left(-\frac{c_0\theta((m+2)h+1)^{1-\gamma_1}}{h(1-\gamma_1)}\right),\quad m\geqslant\hat{m}.
\end{aligned}
\tag{6.98}
$$

由 $c(k)=\dfrac{c_0}{(k+1)^{\gamma_1}}$，$\alpha(k)=\dfrac{\alpha_0}{k+1}$ 可得

$$
\tilde{p}(mh)\leqslant C_pc^2(mh),\tag{6.99}
$$

其中 $C_p=\left(\dfrac{1}{\theta}+2\right)\left(h^2C_\rho\left(2NC_d^2+2\sigma_d^2C_{X1}\right)\right)\dfrac{\alpha_0^2}{c_0^3}(1+h)+4h^2\rho_1C_\rho C_\xi(4\sigma^2C_{X1}+2b^2)+4h^2C_\rho\times(\sigma_\zeta C_{X1}+C_\zeta)\dfrac{\alpha_0^2}{c_0^2}$. 由 (6.99) 式、柯西积分中值定理和 $\sum_{s=\hat{m}}^{m}\tilde{p}(sh)\times$

$$C_q \exp\left(\frac{c_0\theta((s+2)h+1)^{1-\gamma_1}}{h(1-\gamma_1)}\right) \leqslant \int_{s=\hat{m}}^{m+1} \tilde{p}(sh) C_q \exp\left(\frac{c_0\theta((s+2)h+1)^{1-\gamma_1}}{h(1-\gamma_1)}\right)$$

可知, 存在 $m' \in [\hat{m}, m+1]$, 使得

$$\begin{aligned}
&(mh+1)^{\gamma_1} \sum_{s=\hat{m}}^{m} \tilde{p}(sh) C_q \exp\left(\frac{c_0\theta((s+2)h+1)^{1-\gamma_1}}{h(1-\gamma_1)}\right) \exp\left(-\frac{c_0\theta((m+2)h+1)^{1-\gamma_1}}{h(1-\gamma_1)}\right) \\
\leqslant & \frac{C_q C_p \int_{s=\hat{m}}^{m+1} \frac{c_0^2}{(sh+1)^{2\gamma_1}} \exp\left(\frac{c_0\theta((s+2)h+1)^{1-\gamma_1}}{h(1-\gamma_1)}\right)}{(mh+1)^{-\gamma_1} \exp\left(\frac{c_0\theta((m+2)h+1)^{1-\gamma_1}}{h(1-\gamma_1)}\right) - (\hat{m}h+1)^{-\gamma_1} \exp\left(\frac{c_0\theta((\hat{m}+2)h+1)^{1-\gamma_1}}{h(1-\gamma_1)}\right)} \\
= & \frac{C_q C_p \frac{c_0^2}{(m'h+1)^{2\gamma_1}} \exp\left(\frac{c_0\theta((m'+2)h+1)^{1-\gamma_1}}{h(1-\gamma_1)}\right)}{(c_0\theta((m'+2)h+1)^{-\gamma_1}(m'h+1)^{-\gamma_1} - \gamma_1 h(m'h+1)^{-\gamma_1-1}) \exp\left(\frac{c_0\theta((m'+2)h+1)^{1-\gamma_1}}{h(1-\gamma_1)}\right)} \\
= & \frac{C_q C_p c_0^2}{\left(c_0\theta\left(\frac{(m'+2)h+1}{m'h+1}\right)^{-\gamma_1} - \gamma_1 h(m'h+1)^{\gamma_1-1}\right)} \\
\leqslant & \frac{C_q C_p c_0^2}{c_0\theta\,(1+2h)^{-\gamma_1} - \gamma_1 h}.
\end{aligned}$$

由 (6.98) 式、上式、(6.93) 式和引理 6.9 可得 (6.85) 式. ■

定理 6.5 的证明　下面将基于引理 6.5 进一步分析 $E\left[\|X(k) - \mathbf{1}_N \otimes x^*\|^2\right]$ 的收敛速度. 令 $\tilde{k} = k_0$. 由引理 6.4 和引理 6.5 可得

$$\begin{aligned}
&E\left[\|X(k+1) - \mathbf{1}_N \otimes z^*\|^2\right] \\
\leqslant & \prod_{t=\tilde{k}}^{k} \left(1 - \frac{\mu}{2N}\alpha(t) + \varphi_1(t)\right) E\left[\left\|X(\tilde{k}) - \mathbf{1}_N \otimes z^*\right\|^2\right] \\
& + \sum_{s=\tilde{k}}^{k} \varphi_2(s) \prod_{t=s+1}^{k} \left(1 - \frac{\mu}{2N}\alpha(t) + \varphi_1(t)\right) \\
\leqslant & \exp\left(\sum_{t=\tilde{k}}^{k} \varphi_1(t)\right) \exp\left(-\frac{\mu}{2N} \sum_{t=\tilde{k}}^{k} \alpha(t)\right) E\left[\left\|X(\tilde{k}) - \mathbf{1}_N \otimes z^*\right\|^2\right] \\
& + \sum_{s=\tilde{k}}^{k} \varphi_2(s) \exp\left(\sum_{t=s+1}^{k} \varphi_1(t)\right) \exp\left(-\frac{\mu}{2N} \sum_{t=s+1}^{k} \alpha(t)\right)
\end{aligned}$$

$$\leqslant C_{\varphi_1}\exp\left(-\frac{\mu}{2N}\sum_{t=\tilde{k}}^{k}\alpha(t)\right)E\left[\left\|X(\tilde{k})-\mathbf{1}_N\otimes z^*\right\|^2\right]$$
$$+C_{\varphi_1}\sum_{s=\tilde{k}}^{k}\varphi_2(s)\exp\left(-\frac{\mu}{2N}\sum_{t=s+1}^{k}\alpha(t)\right),\quad k\geqslant\tilde{k},\tag{6.100}$$

其中 $C_{\varphi_1}=\sum_{k=0}^{\infty}\varphi_1(k)$. 由于 $c(k)=\dfrac{c_0}{(k+1)^{\gamma_1}}$, $\alpha(k)=\dfrac{\alpha_0}{(k+1)^{\gamma_2}}$, 可知 C_{φ_1} 存在.

由 $\alpha(k)=\dfrac{\alpha_0}{(k+1)^{\gamma_2}}$ 可得 $\displaystyle\int_{s+1}^{k+1}\alpha(x)dx=\sum_{t=s+1}^{k}\int_{t}^{t+1}\alpha(x)dx\leqslant\sum_{t=s+1}^{k}\alpha(t)$, 这意味着

$$\exp\left(-\frac{\mu}{2N}\sum_{t=s+1}^{k}\alpha(t)\right)$$
$$\leqslant\exp\left(-\frac{\mu}{2N}\int_{s+1}^{k+1}\frac{\alpha_0}{(t+1)^{\gamma_2}}dt\right)$$
$$\leqslant\begin{cases}\exp\left(\dfrac{\mu\alpha_0}{2N(1-\gamma_2)}(s+2)^{1-\gamma_2}\right)\exp\left(\dfrac{-\mu\alpha_0}{2N(1-\gamma_2)}(k+2)^{1-\gamma_2}\right), & \gamma_2\neq1,\\ \exp\left(-\dfrac{\mu\alpha_0}{2N}\ln\left(\dfrac{k+2}{s+2}\right)\right)=(s+2)^{\frac{\mu\alpha_0}{2N}}(k+2)^{-\frac{\mu\alpha_0}{2N}}, & \gamma_2=1.\end{cases}\tag{6.101}$$

(•) 当 $3\gamma_1>2\gamma_2$ 时, 由引理 6.7 (i) 可得

$$\limsup_{k\to\infty}\frac{\varphi_2(k)c(k)}{\alpha^2(k)}$$
$$=8b^2C_\xi\rho_1\limsup_{k\to\infty}\frac{c^3(k)}{\alpha^2(k)}+\limsup_{k\to\infty}2c(k)\left(2C_\zeta+3NC_d^2+2(3\sigma_d^2+2\sigma_\zeta)N\|z^*\|^2\right)$$
$$+\limsup_{k\to\infty}\frac{\mu}{N}\frac{c^2(k)E[V(k)]}{\alpha^2(k)}\frac{\alpha(k)}{c(k)}+2\sqrt{2\left(\frac{1}{N}\sigma_d^2\left(\frac{2NC_d^2}{\mu^2}+1\right)+C_d^2\right)}$$
$$\times\limsup_{k\to\infty}\sqrt{\frac{c^2(k)E[V(k)]}{\alpha^2(k)}}$$
$$\leqslant2\sqrt{2C_{V1}\left(\frac{1}{N}\sigma_d^2\left(\frac{2NC_d^2}{\mu^2}+1\right)+C_d^2\right)}.$$

由 $c(k)=\dfrac{c_0}{(k+1)^{\gamma_1}}$, $\alpha(k)=\dfrac{\alpha_0}{(k+1)^{\gamma_2}}$ 以及上式可知, 存在正整数 k_5, 使得

$$\varphi_2(k)\leqslant C_{\varphi_2}(k+2)^{\gamma_1-2\gamma_2},\quad k\geqslant k_5,\tag{6.102}$$

其中 $C_{\varphi_2}=4\dfrac{\alpha_0^2}{c_0}\left(1+2\sqrt{2C_{V1}\left(\dfrac{1}{N}\sigma_d^2\left(\dfrac{2NC_d^2}{\mu^2}+1\right)+C_d^2\right)}\right)$.

(1) $\gamma_2\in(\gamma_1,1)$. 由 (6.101) 式和 (6.102) 式可得

$$\begin{aligned}&\sum_{s=\tilde{k}}^{k}\varphi_2(s)\exp\left(-\frac{\mu}{2N}\sum_{t=s+1}^{k}\alpha(t)\right)\\&\leqslant\sum_{s=\tilde{k}}^{k}C_{\varphi_2}(s+2)^{\gamma_1-2\gamma_2}\exp\left(\frac{\mu\alpha_0}{2N(1-\gamma_2)}(s+2)^{1-\gamma_2}\right)\exp\left(\frac{-\mu\alpha_0}{2N(1-\gamma_2)}(k+2)^{1-\gamma_2}\right)\\&=C_{\varphi_2}\exp\left(\frac{-\mu\alpha_0}{2N(1-\gamma_2)}(k+2)^{1-\gamma_2}\right)\sum_{s=\tilde{k}}^{k}g(s),\quad k\geqslant k_5,\end{aligned}\tag{6.103}$$

其中 $g(s)=(s+2)^{\gamma_1-2\gamma_2}\exp\left(\dfrac{\mu\alpha_0}{2N(1-\gamma_2)}(s+2)^{1-\gamma_2}\right)$, 则存在 $k_6>0$, 使得对任意 $s>k_6$, $g(s)$ 单调递减. 由积分中值定理可得 $\displaystyle\int_s^{s+1}g(t)dt\geqslant g(s)$, 因此,

$$\sum_{s=k_6}^{k}g(s)\leqslant\sum_{s=k_6}^{k}\int_s^{s+1}g(t)dt=\int_{k_6}^{k+1}g(t)dt.$$

则由洛必达法则可得

$$\begin{aligned}&\lim_{k\to\infty}\frac{\displaystyle\int_{k_6}^{k+1}g(t)dt}{(k+2)^{\gamma_1-\gamma_2}\exp\left(\dfrac{\mu\alpha_0}{2N(1-\gamma_2)}(k+2)^{1-\gamma_2}\right)}\\&=\lim_{k\to\infty}\frac{(k+3)^{\gamma_1-2\gamma_2}\exp\left(\dfrac{\mu\alpha_0}{2N(1-\gamma_2)}(k+3)^{1-\gamma_2}\right)}{\left((\gamma_1-\gamma_2)(k+2)^{\gamma_2-1}+\dfrac{\mu\alpha_0}{2N}\right)(k+2)^{\gamma_1-2\gamma_2}\exp\left(\dfrac{\mu\alpha_0}{2N(1-\gamma_2)}(k+2)^{1-\gamma_2}\right)}\\&=\frac{1}{\lim\limits_{k\to\infty}\left((\gamma_1-\gamma_2)(k+2)^{\gamma_2-1}+\dfrac{\mu\alpha_0}{2N}\right)}\lim_{k\to\infty}\left(\frac{k+3}{k+2}\right)^{\gamma_1-2\gamma_2}\end{aligned}$$

$$
\begin{aligned}
&\times \lim_{k\to\infty}\exp\left(\frac{\mu\alpha_0}{2N(1-\gamma_2)}\left((k+3)^{1-\gamma_2}-(k+2)^{1-\gamma_2}\right)\right)\\
&=\frac{2N}{\mu\alpha_0},
\end{aligned}\tag{6.104}
$$

其中最后的 "=" 由 $\lim_{k\to\infty}\left((k+3)^{1-\gamma_2}-(k+2)^{1-\gamma_2}\right)=\lim_{k\to\infty}(k+2)^{-\gamma_2}\left((k+2)^{\gamma_2}(k+3)^{1-\gamma_2}-(k+2)\right)\leqslant\lim_{k\to\infty}(k+2)^{-\gamma_2}\left((k+3)^{\gamma_2}(k+3)^{1-\gamma_2}-(k+2)\right)=\lim_{k\to\infty}(k+2)^{-\gamma_2}=0$ 得到. 由 (6.103)式、(6.104) 式可得

$$
\begin{aligned}
&\limsup_{k\to\infty}(k+2)^{\gamma_2-\gamma_1}\sum_{s=\tilde{k}}^{k}\varphi_2(s)\exp\left(-\frac{\mu}{2N}\sum_{t=s+1}^{k}\alpha(t)\right)\\
\leqslant&\limsup_{k\to\infty}C_{\varphi_2}(k+2)^{\gamma_2-\gamma_1}\exp\left(\frac{-\mu\alpha_0}{2N(1-\gamma_2)}(k+2)^{1-\gamma_2}\right)\sum_{s=\tilde{k}}^{k}g(s)\\
\leqslant&\limsup_{k\to\infty}\frac{C_{\varphi_2}\displaystyle\int_{\max\{\tilde{k},k_6\}}^{k+1}g(t)dt}{(k+2)^{\gamma_1-\gamma_2}\exp\left(\dfrac{\mu\alpha_0}{2N(1-\gamma_2)}(k+2)^{1-\gamma_2}\right)}\\
&+\limsup_{k\to\infty}\frac{(k+2)^{\gamma_2-\gamma_1}C_{\varphi_2}\displaystyle\sum_{s=\tilde{k}}^{\max\{\tilde{k},k_6\}}g(s)}{\exp\left(\dfrac{\mu\alpha_0}{2N(1-\gamma_2)}(k+2)^{1-\gamma_2}\right)}\\
=&\frac{2NC_{\varphi_2}}{\mu\alpha_0}.
\end{aligned}\tag{6.105}
$$

由 $\displaystyle\int_{\tilde{k}}^{k+1}\alpha(x)dx=\sum_{t=\tilde{k}}^{k}\int_{t}^{t+1}\alpha(x)dx\leqslant\sum_{t=\tilde{k}}^{k}\alpha(t)$, 可得

$$
\begin{aligned}
&\limsup_{k\to\infty}(k+2)^{\gamma_2-\gamma_1}\exp\left(-\frac{\mu}{2N}\sum_{t=\tilde{k}}^{k}\alpha(t)\right)\\
\leqslant&\limsup_{k\to\infty}(k+2)^{\gamma_2-\gamma_1}\exp\left(-\frac{\mu}{2N}\int_{\tilde{k}}^{k+1}\frac{\alpha_0}{(t+1)^{\gamma_2}}dt\right)\\
=&\exp\left(\frac{\mu\alpha_0}{2N(1-\gamma_2)}(\tilde{k}+1)^{1-\gamma_2}\right)\limsup_{k\to\infty}\frac{(k+2)^{\gamma_2-\gamma_1}}{\exp\left(\dfrac{\mu\alpha_0}{2N(1-\gamma_2)}(k+2)^{1-\gamma_2}\right)}=0.
\end{aligned}\tag{6.106}
$$

由 (6.100) 式、(6.105) 式和 (6.106) 式可得定理 6.5 (1).

当 $\gamma_2=1$ 时, 由 (6.101) 式和 (6.102) 式可得

$$\begin{aligned}
&\sum_{s=\tilde{k}}^{k}\varphi_2(s)\exp\left(-\frac{\mu}{2N}\sum_{t=s+1}^{k}\alpha(t)\right)\\
\leqslant &C_{\varphi_2}(k+2)^{-\frac{\mu\alpha_0}{2N}}\sum_{s=\tilde{k}}^{k}(s+2)^{\gamma_1-2}(s+2)^{\frac{\mu\alpha_0}{2N}}\\
\leqslant &C_{\varphi_2}(k+2)^{-\frac{\mu\alpha_0}{2N}}\int_{\tilde{k}-1}^{k+1}(s+2)^{\gamma_1-2+\frac{\mu\alpha_0}{2N}}ds\\
\leqslant &\begin{cases}C_{\varphi_2}(k+2)^{-\frac{\mu\alpha_0}{2N}}\ln(k+3), & \gamma_1+\dfrac{\mu\alpha_0}{2N}=1,\\ \dfrac{C_{\varphi_2}}{\gamma_1+\dfrac{\mu\alpha_0}{2N}-1}(k+2)^{-\frac{\mu\alpha_0}{2N}} & \\ \quad\times\left((k+3)^{\gamma_1+\frac{\mu\alpha_0}{2N}-1}-(\tilde{k}+1)^{\gamma_1+\frac{\mu\alpha_0}{2N}-1}\right), & \gamma_1+\dfrac{\mu\alpha_0}{2N}\neq 1,\end{cases}
\end{aligned}\tag{6.107}$$

其中第 2 个 “$\leqslant$” 是因为 $\sum_{s=a}^{b}g(s)\leqslant\int_{a-1}^{b+1}g(s)ds$, 且 $g(s)=(s+2)^{\gamma_1+\frac{\mu\alpha_0}{2N}-2}$ 是非负单调函数.

(2) 当 $\gamma_1+\dfrac{\mu\alpha_0}{2N}>1$ 时, 则有 $\dfrac{C_{\varphi_2}}{\gamma_1+\dfrac{\mu\alpha_0}{2N}-1}>0$, $1-\gamma_1-\dfrac{\mu\alpha_0}{2N}<0$. 由(6.107)式可得

$$\begin{aligned}
&\sum_{s=\tilde{k}}^{k}\varphi_2(s)\exp\left(-\frac{\mu}{2N}\sum_{t=s+1}^{k}\alpha(t)\right)\\
\leqslant &\frac{C_{\varphi_2}}{\gamma_1+\dfrac{\mu\alpha_0}{2N}-1}(k+2)^{-\frac{\mu\alpha_0}{2N}}(k+3)^{\gamma_1+\frac{\mu\alpha_0}{2N}-1},\quad k\geqslant k_5,
\end{aligned}\tag{6.108}$$

该式结合 (6.100) 式和 (6.101) 式可得

$$\begin{aligned}
&\limsup_{k\to\infty}(k+2)^{1-\gamma_1}E\left[\|X(k+1)-\mathbf{1}_N\otimes z^*\|^2\right]\\
\leqslant &\limsup_{k\to\infty}C_{\varphi_1}\left((\tilde{k}+1)^{\frac{\mu\alpha_0}{2N}}(k+2)^{1-\gamma_1-\frac{\mu\alpha_0}{2N}}\right)E\left[\left\|X(\tilde{k})-\mathbf{1}_N\otimes z^*\right\|^2\right]\\
&+\frac{C_{\varphi_1}C_{\varphi_2}}{\gamma_1+\dfrac{\mu\alpha_0}{2N}-1}\limsup_{k\to\infty}\left(\frac{k+3}{k+2}\right)^{\gamma_1+\frac{\mu\alpha_0}{2N}-1}
\end{aligned}$$

$$
=\frac{C_{\varphi_1}C_{\varphi_2}}{\gamma_1+\dfrac{\mu\alpha_0}{2N}-1}. \tag{6.109}
$$

(3) 当 $\gamma_1+\dfrac{\mu\alpha_0}{2N}=1$ 时, 由 (6.100) 式、(6.101) 式和 (6.107) 式可得

$$
\begin{aligned}
&\limsup_{k\to\infty}(k+2)^{1-\gamma_1}(\ln(k+2))^{-1}E\left[\|X(k+1)-\mathbf{1}_N\otimes z^*\|^2\right]\\
\leqslant&\limsup_{k\to\infty}C_{\varphi_1}\left((\tilde{k}+1)^{\frac{\mu\alpha_0}{2N}}(k+2)^{1-\gamma_1-\frac{\mu\alpha_0}{2N}}(\ln(k+2))^{-1}\right)E\left[\left\|X(\tilde{k})-\mathbf{1}_N\otimes z^*\right\|^2\right]\\
&+\limsup_{k\to\infty}C_{\varphi_1}C_{\varphi_2}(k+2)^{1-\gamma_1-\frac{\mu\alpha_0}{2N}}\ln(k+3)(\ln(k+2))^{-1}=C_{\varphi_1}C_{\varphi_2}.
\end{aligned} \tag{6.110}
$$

(4) 当 $\gamma_1+\dfrac{\mu\alpha_0}{2N}<1$ 时, 则有 $\dfrac{C_{\varphi_2}}{\gamma_1+\frac{\mu\alpha_0}{2N}-1}<0$. 由 (6.107) 式可得

$$
\begin{aligned}
&\sum_{s=\tilde{k}}^{k}\varphi_2(s)\exp\left(-\frac{\mu}{2N}\sum_{t=s+1}^{k}\alpha(t)\right)\\
\leqslant&\frac{C_{\varphi_2}}{1-\gamma_1-\dfrac{\mu\alpha_0}{2N}}(k+2)^{-\frac{\mu\alpha_0}{2N}}\left((\tilde{k}+1)^{\gamma_1+\frac{\mu\alpha_0}{2N}-1}-(k+3)^{\gamma_1+\frac{\mu\alpha_0}{2N}-1}\right)\\
\leqslant&\frac{C_{\varphi_2}}{1-\gamma_1-\dfrac{\mu\alpha_0}{2N}}(k+2)^{-\frac{\mu\alpha_0}{2N}}(\tilde{k}+1)^{\gamma_1+\frac{\mu\alpha_0}{2N}-1}\\
\leqslant&\frac{C_{\varphi_2}}{1-\gamma_1-\dfrac{\mu\alpha_0}{2N}}(k+2)^{-\frac{\mu\alpha_0}{2N}},\quad k\geqslant k_5,
\end{aligned} \tag{6.111}
$$

其中最后的 “$\leqslant$” 由 $(\tilde{k}+1)^{\gamma_1+\frac{\mu\alpha_0}{2N}-1}<1$ 得到. 因此, 由 (6.100) 式、(6.101) 式和 (6.111) 式可得

$$
\begin{aligned}
&\limsup_{k\to\infty}(k+2)^{\frac{\mu\alpha_0}{2N}}E\left[\|X(k+1)-\mathbf{1}_N\otimes z^*\|^2\right]\\
\leqslant&C_{\varphi_1}(\tilde{k}+1)^{\frac{\mu\alpha_0}{2N}}E\left[\left\|X(\tilde{k})-\mathbf{1}_N\otimes z^*\right\|^2\right]+\frac{C_{\varphi_1}C_{\varphi_2}}{1-\gamma_1-\dfrac{\mu\alpha_0}{2N}},
\end{aligned}
$$

综上, 可得定理 6.5 (4).

(••) 当 $3\gamma_1\leqslant 2\gamma_2$ 时, 由引理 6.7 (ii) 可得

$$
\limsup_{k\to\infty}\frac{\varphi_2(k)}{c^2(k)}=8b^2C_\xi\rho_1+2\big(2C_\zeta+3NC_d^2+2(3\sigma_d^2+2\sigma_\zeta)N\|z^*\|^2\big)\limsup_{k\to\infty}\frac{\alpha^2(k)}{c^2(k)}
$$

$$
\begin{aligned}
&+\limsup_{k\to\infty}\frac{\mu}{N}\frac{E[V(k)]}{c(k)}\frac{\alpha(k)}{c(k)}\\
&+2\sqrt{2\left(\frac{1}{N}\sigma_d^2\left(\frac{2NC_d^2}{\mu^2}+1\right)+C_d^2\right)}\limsup_{k\to\infty}\sqrt{\frac{E[V(k)]}{c(k)}\frac{\alpha^2(k)}{c^3(k)}}\\
\leqslant\ & 8b^2C_\xi\rho_1+\frac{2\alpha_0^2}{c_0^2}\sqrt{2C_{V2}\left(\frac{1}{N}\sigma_d^2\left(\frac{2NC_d^2}{\mu^2}+1\right)+C_d^2\right)}.
\end{aligned}\tag{6.112}
$$

由 $c(k)=\dfrac{c_0}{(k+1)^{\gamma_1}}$ 和 (6.112) 式可知, 存在正整数 k_7, 使得

$$
\varphi_2(k)\leqslant C'_{\varphi_2}(k+2)^{-2\gamma_1},\quad k\geqslant k_7,\tag{6.113}
$$

其中 $C'_{\varphi_2}=4\left(8b^2C_\xi\rho_1+\dfrac{2\alpha_0^2}{c_0^2}\sqrt{2C_{V2}\left(\dfrac{1}{N}\sigma_d^2\left(\dfrac{2NC_d^2}{\mu^2}+1\right)+C_d^2\right)}+1\right)c_0^2$. 令 $\hat{k}=\max\{\tilde{k},k_7\}$.

(5) 当 $\gamma_2\in\left(\dfrac{3}{2}\gamma_1,1\right)$ 时, 由 (6.101) 式和 (6.113) 式可得当 $k\geqslant\hat{k}$ 时,

$$
\begin{aligned}
&\sum_{s=\hat{k}}^{k}\varphi_2(s)\exp\left(-\frac{\mu}{2N}\sum_{t=s+1}^{k}\alpha(t)\right)\\
\leqslant&\sum_{s=\hat{k}}^{k}C'_{\varphi_2}(s+2)^{-2\gamma_1}\exp\left(\frac{\mu\alpha_0}{2N(1-\gamma_2)}(s+2)^{1-\gamma_2}\right)\exp\left(\frac{-\mu\alpha_0}{2N(1-\gamma_2)}(k+2)^{1-\gamma_2}\right)\\
=&C'_{\varphi_2}\exp\left(\frac{-\mu\alpha_0}{2N(1-\gamma_2)}(k+2)^{1-\gamma_2}\right)\sum_{s=\hat{k}}^{k}(s+2)^{-2\gamma_1}\exp\left(\frac{\mu\alpha_0}{2N(1-\gamma_2)}(s+2)^{1-\gamma_2}\right).
\end{aligned}\tag{6.114}
$$

类似于 (6.104)—(6.106) 式可得

$$
\limsup_{k\to\infty}(k+1)^{2\gamma_1-\gamma_2}E\left[\|X(k+1)-\mathbf{1}_N\otimes z^*\|^2\right]\leqslant\frac{2NC_{\varphi_1}C'_{\varphi_2}}{\mu\alpha_0}.\tag{6.115}
$$

当 $\gamma_2=1$ 时, 由 (6.101) 式和 (6.113) 式可得

$$
\sum_{s=\hat{k}}^{k}\varphi_2(s)\exp\left(-\frac{\mu}{2N}\sum_{t=s+1}^{k}\alpha(t)\right)
$$

$$
\begin{aligned}
&\leqslant C'_{\varphi_2}(k+2)^{-\frac{\mu\alpha_0}{2N}}\sum_{s=\hat{k}}^{k}(s+2)^{-2\gamma_1}(s+2)^{\frac{\mu\alpha_0}{2N}} \\
&\leqslant C'_{\varphi_2}(k+2)^{-\frac{\mu\alpha_0}{2N}}\int_{\hat{k}-1}^{k+1}(s+1)^{-2\gamma_1+\frac{\mu\alpha_0}{2N}}ds \\
&\leqslant \begin{cases} C'_{\varphi_2}(k+2)^{-\frac{\mu\alpha_0}{2N}}\ln(k+2), & \dfrac{\mu\alpha_0}{2N}=2\gamma_1-1, \\ \dfrac{C'_{\varphi_2}}{1-2\gamma_1+\dfrac{\mu\alpha_0}{2N}}(k+2)^{-\frac{\mu\alpha_0}{2N}}\left((k+2)^{1-2\gamma_1+\frac{\mu\alpha_0}{2N}}-\hat{k}^{1-2\gamma_1+\frac{\mu\alpha_0}{2N}}\right), & \dfrac{\mu\alpha_0}{2N}\neq 2\gamma_1-1. \end{cases}
\end{aligned}
\tag{6.116}
$$

类似于定理 6.5 (2)—(4) 的证明, 可得定理 6.5 (6)—(8) 成立. ■

注释 6.4 文献 [158, 184, 278] 研究了具有强凸成本函数的确定性分布式次梯度优化算法的收敛速度, 其中文献 [184, 278] 中 $|f(\bar{x}(k))-f^*|$ 的收敛速度为 $O\left(\dfrac{\log(k)}{\sqrt{k}}\right)$, 且文献 [158] 中 $\|X(k)-\mathbf{1}_N\otimes z^*\|$ 的收敛速度为 $O\left(\dfrac{1}{\sqrt{k}}\right)$. 不同于文献 [158, 184, 278], 考虑随机通信图上带有通信噪声和次梯度噪声的分布式随机次梯度下降算法, 并在定理 6.5 中说明了各种随机因素如何影响算法的收敛速度. 文献 [122] 分析了当通信图独立同分布且均值图为无向连通图时, 精确通信下分布式随机梯度下降算法的收敛速度; 并给出了当步长 $c(k)=\dfrac{c_0}{(1+k)^{\gamma_1}}$ 且 $\alpha(k)=\dfrac{\alpha_0}{k+1}$ 时, 其中 $\gamma_1\in[0,0.5]$, 均方误差的收敛速度为 $O\left(\dfrac{1}{k}\right)$. 这里, 我们考虑带有噪声通信的算法. 为了衰减噪声, 文献 [122] 中的步长是不适用的. 在定理 6.5 中, γ_1 大于 0.5, 导致收敛速度比 $O\left(\dfrac{1}{k}\right)$ 更慢. 与文献 [122] 相比, 在定理 6.5 中, 我们对具有噪声和一般随机图 (即可能是非平稳的) 的分布式随机优化算法在经典步长下的收敛速度进行了系统的分析, 并给出了收敛速度关于算法和网络参数的显式极限界.

注释 6.5 定理 6.5 揭示了收敛速度依赖于步长参数 γ_1, γ_2 和 α_0, 以及成本函数的强凸系数 μ 和局部优化器的个数 N. 此外, 结果还表明, 参数 $\sigma, b, C_\xi, \sigma_d, C_d, \sigma_\zeta, h$ 和 ρ_0 越大, 收敛速度越慢, 其中 $\sigma_d=\max_{1\leqslant i\leqslant N}\{\sigma_{di}\}$, $C_d=\max_{1\leqslant i\leqslant N}\{C_{di}\}$ 为假设 6.1 中的次梯度参数; C_ξ 在假设 6.2 中给出; σ_ζ 是假设 6.3 中给出的次梯度量测噪声的强度系数; $\sigma=\max_{1\leqslant i,j\leqslant N}\{\sigma_{ji}\}$ 和 $b=\max_{1\leqslant i,j\leqslant N}\{b_{ji}\}$ 为假设 6.4 中给出的通信噪声强度系数; h 是图联合连通的区间长度, ρ_0 在条件 (b.2) 中给出. 定理 6.5 有助于在实际应用中选择合适的参数以实现快速收敛.

6.4 补 充 引 理

引理 6.8 (积分判别法[15])　设 $f(x)$ 是 $[0,\infty)$ 上的正的单调递减函数, 且 $\lim_{x\to\infty} f(x)=0$. 对 $n=1,2,\cdots$, 记

$$s_n=\sum_{k=0}^{n} f(k),\quad t_n=\int_0^n f(x)dx,\quad d_n=s_n-t_n.$$

则

(i) $0<f(n+1)\leqslant d_{n+1}\leqslant d_n\leqslant f(0),\ n=1,2,\cdots$;

(ii) $\lim_{n\to\infty} d_n$存在;

(iii) $\{s_n\}$ 收敛的充分必要条件是 $\{t_n\}$ 收敛;

(iv) $0\leqslant d_k-\lim_{n\to\infty} d_n\leqslant f(k),\ k=1,2,\cdots$.

引理 6.9　设 $\{\Phi(k),k\geqslant 0\}$, $\{\tilde{c}_1(k),k\geqslant 0\}$ 和 $\{\tilde{c}_2(k),k\geqslant 0\}$ 为非负实序列, 满足 $\Phi(k+1)\leqslant C_{\Phi1}\Phi(k)+C_{\Phi2}\tilde{c}_2(k),k\geqslant 0$, 其中 $C_{\Phi1}$ 和 $C_{\Phi2}$ 为非负常数且 $C_{\Phi1}\geqslant 1$. 则

$$\Phi(k+1)\leqslant C_{\Phi1}^{h}\Phi(m_kh)+C_{\Phi1}^{h}C_{\Phi2}\sum_{i=m_kh}^{k}\tilde{c}_2(i),$$

其中 $m_k=\left\lfloor\dfrac{k}{h}\right\rfloor$, h 为给定的正整数. 特别地, 若 $\tilde{c}_1(k)>0$, $\tilde{c}_2(k)>0$, $\tilde{c}_2(k)\downarrow 0$, $\limsup_{k\to\infty}\dfrac{\tilde{c}_1(k)}{\tilde{c}_1(k+h)}\leqslant 1$, $\lim_{k\to\infty}\dfrac{\tilde{c}_2(k)}{\tilde{c}_1(k)}=0$, 且 $\limsup_{m\to\infty}\dfrac{\Phi(mh)}{\tilde{c}_1(mh)}\leqslant C_{\Phi3}$, 则 $\limsup_{k\to\infty}\dfrac{\Phi(k)}{\tilde{c}_1(k)}\leqslant C_{\Phi1}^{h+1}C_{\Phi3}$.

证明　记 $m_k=\left\lfloor\dfrac{k}{h}\right\rfloor$, 则 $0\leqslant k-m_kh<h$, $\forall\ k\geqslant 0$. 由 $\Phi(k+1)\leqslant C_{\Phi1}\Phi(k)+C_{\Phi2}\tilde{c}_2(k)$ 可得

$$\begin{aligned}\Phi(k+1)&\leqslant C_{\Phi1}^{k-m_kh+1}\Phi(m_kh)+\sum_{i=m_kh}^{k}C_{\Phi1}^{k-i}C_{\Phi2}\tilde{c}_2(i)\\&\leqslant C_{\Phi1}^{h+1}\Phi(m_kh)+C_{\Phi1}^{h}C_{\Phi2}\sum_{i=m_kh}^{k}\tilde{c}_2(i).\end{aligned}$$

那么有

$$\limsup_{k\to\infty}\frac{\Phi(k+1)}{\tilde{c}_1(k+1)}$$

$$
\begin{aligned}
&\leqslant C_{\Phi1}^{h+1}\limsup_{k\to\infty}\frac{\Phi(m_kh)}{\tilde{c}_1(m_kh)}\limsup_{k\to\infty}\frac{\tilde{c}_1(m_kh)}{\tilde{c}_1(k+1)}\\
&\quad+hC_{\Phi1}^{h}C_{\Phi2}\limsup_{k\to\infty}\frac{\tilde{c}_2(m_kh)}{\tilde{c}_1(m_kh)}\limsup_{k\to\infty}\frac{\tilde{c}_1(m_kh)}{\tilde{c}_1(k+1)}\\
&\leqslant C_{\Phi1}^{h+1}C_{\Phi3}.
\end{aligned}
$$

■

引理 6.10 对于最优化问题 (6.1), 考虑算法 (6.2)—(6.4). 若假设 6.1 成立, 则

$$\|d(k)\|^2\leqslant 2\sigma_d^2\|X(k)\|^2+2NC_d^2.$$

证明 由假设 6.1 可得

$$\|d(k)\|^2=\sum_{i=1}^{N}\|d_{f_i}(k)\|^2\leqslant\sum_{i=1}^{N}(\sigma_{di}\|x_i(k)\|+C_{di})^2\leqslant 2\sigma_d^2\|X(k)\|^2+2NC_d^2.$$ ■

引理 6.11 对于最优化问题(6.1), 考虑算法 (6.2)—(6.4). 若假设 6.4 成立, 则对任意给定的 $x\in\mathbb{R}^n$, 有

$$\|\Psi(k)\|^2\leqslant 4\sigma^2\|X(k)-\mathbf{1}_N^{\mathrm{T}}\otimes x\|^2+2b^2. \tag{6.117}$$

证明 由 $\Psi(k)$ 的定义和假设 6.4 可得

$$
\begin{aligned}
\|\Psi(k)\|^2&=\max_{1\leqslant i,j\leqslant N}(\psi_{ji}(x_j(k)-x_i(k)))^2\\
&\leqslant\max_{1\leqslant i,j\leqslant N}\left[2\sigma^2\|x_j(k)-x_i(k)\|^2+2b^2\right]\\
&\leqslant 4\sigma^2\max_{1\leqslant i,j\leqslant N}\left[\|x_j(k)-x\|^2+\|x_i(k)-x\|^2\right]+2b^2\\
&\leqslant 4\sigma^2\left\|X(k)-\mathbf{1}_N^{\mathrm{T}}\otimes x\right\|^2+2b^2.
\end{aligned}
$$

因此, (6.117) 式成立. ■

引理 6.12 对于最优化问题 (6.1), 考虑算法 (6.2)—(6.4). 若假设 6.1 成立, 则

$$
\begin{aligned}
&-2\alpha(k)d^{\mathrm{T}}(k)(X(k)-\mathbf{1}_N\otimes x^*)\\
\leqslant&-2\alpha(k)(f(\bar{x}(k))-f(x^*))+2\alpha(k)\sqrt{N}(\sigma_d\|\bar{x}(k)\|+C_d)\|\delta(k)\|,\quad\forall x^*\in\mathcal{X}^*,\ k\geqslant 0.
\end{aligned}
$$

证明 由 $d_{f_i}(k)\in\partial f_i(x_i(k))$ 和假设 6.1 可知, 对任意给定的 $x^*\in\mathcal{X}^*$, 有

$$-d_{f_i}^{\mathrm{T}}(k)(x_i(k)-x^*)\leqslant f_i(x^*)-f_i(x_i(k))$$

$$
\begin{aligned}
&= f_i(x^*) - f_i(\bar{x}(k)) + f_i(\bar{x}(k)) - f_i(x_i(k)) \\
&\leqslant f_i(x^*) - f_i(\bar{x}(k)) + d_i^{\mathrm{T}}(\bar{x}(k))(\bar{x}(k) - x_i(k)) \\
&\leqslant f_i(x^*) - f_i(\bar{x}(k)) + (\sigma_d\|\bar{x}(k)\| + C_d)\|\bar{x}(k) - x_i(k)\|,
\end{aligned}
$$

从而可得

$$
\begin{aligned}
&-2\alpha(k)d^{\mathrm{T}}(k)(X(k) - \mathbf{1}_N \otimes x^*) \\
&= -2\alpha(k)\sum_{i=1}^{N} d_{f_i}^{\mathrm{T}}(k)(x_i(k) - x^*) \\
&\leqslant 2\alpha(k)\sum_{i=1}^{N}(f_i(x^*) - f_i(\bar{x}(k))) + 2\alpha(k)\sum_{i=1}^{N}(\sigma_d\|\bar{x}(k)\| + C_d)\|\bar{x}(k) - x_i(k)\| \\
&\leqslant 2\alpha(k)(f(x^*) - f(\bar{x}(k))) + 2\alpha(k)\sqrt{N}(\sigma_d\|\bar{x}(k)\| + C_d)\|\delta(k)\|.
\end{aligned}
$$

■

引理 6.13　对于最优化问题(6.1), 考虑算法 (6.2)—(6.4), 若

(a) 假设 6.1—假设 6.4、假设 6.6和条件 (C1) 成立;

(b) 存在正整数 h 以及正常数 θ 和 ρ_0, 使得

(b.1) $\inf_{m\geqslant 0}\lambda_{mh}^{h} \geqslant \theta$ a.s.;

(b.2) $\sup_{k\geqslant 0}\left[E\left[\|\mathcal{L}_{\mathcal{G}(k)}\|^{2^{\max\{h,2\}}}|\mathcal{F}(k-1)\right]\right]^{\frac{1}{2^{\max\{h,2\}}}} \leqslant \rho_0$ a.s.,

则存在正常数 C_4 使得对任意给定的正序列 $\{\tau(k),\ k\geqslant 0\}$, 有

$$
\begin{aligned}
E[V((m+1)h)] \leqslant{}& (1+\tau(mh))\Big[1 - 2\theta c((m+1)h) + C_4 c^2((m+1)h)\Big]E[V(mh)] \\
&+\left(\frac{1}{\tau(mh)}+2\right)\left(hC_\rho\sum_{j=mh}^{(m+1)h-1}\alpha^2(j)(2\sigma_d^2 E\left[\|X(j)\|^2\right]+2NC_d^2)\right. \\
&+4\left(h\rho_1 C_\rho C_\xi\sum_{j=mh}^{(m+1)h-1}c^2(j)(4\sigma^2 E\left[\|X(j)\|^2\right]+2b^2)\right. \\
&\left.\left.+hC_\rho\sum_{j=mh}^{(m+1)h-1}\alpha^2(j)\big(\sigma_\zeta E\left[\|X(j)\|^2\right]+C_\zeta\big)\right)\right),\quad m\geqslant m_0.
\end{aligned}
\tag{6.118}
$$

证明　记 $\Phi(m,s) = (I_N - c(m-1)P\mathcal{L}_{\mathcal{G}(m-1)})\cdots(I_N - c(s)P\mathcal{L}_{\mathcal{G}(s)})$, $m >$

$s \geqslant 0$, $\Phi(s,s)=I_N$, $s \geqslant 0$. 由 (6.29) 式并进行迭代计算可得

$$\delta((m+1)h)=(\Phi((m+1)h,mh)\otimes I_n)\delta(mh)+\tilde{\Lambda}_m^{mh}-\tilde{d}_m^{mh}, \tag{6.119}$$

其中

$$\tilde{\Lambda}_m^{mh}=\sum_{j=mh}^{(m+1)h-1}(\Phi((m+1)h,j+1)P\otimes I_n)\big(c(j)D(j)\Psi(j)\xi(j)-\alpha(j)\zeta(j)\big), \tag{6.120}$$

$$\tilde{d}_m^{mh}=\sum_{j=mh}^{(m+1)h-1}\alpha(j)(\Phi((m+1)h,j+1)P\otimes I_n)d(j). \tag{6.121}$$

由 $V(k)$ 的定义、(6.119) 式及 $-2\left(\tilde{\Lambda}_m^{mh}\right)^{\mathrm{T}}\left(\tilde{d}_m^{mh}\right)\leqslant\left(\tilde{\Lambda}_m^{mh}\right)^{\mathrm{T}}\left(\tilde{\Lambda}_m^{mh}\right)+\left(\tilde{d}_m^{mh}\right)^{\mathrm{T}}$ $\left(\tilde{d}_m^{mh}\right)$ 可得

$$\begin{aligned}V((m+1)h)\leqslant{}&\delta^{\mathrm{T}}(mh)(\Phi^{\mathrm{T}}((m+1)h,mh)\Phi((m+1)h,mh)\otimes I_n)\delta(mh)\\&+2\left(\tilde{\Lambda}_m^{mh}\right)^{\mathrm{T}}\left(\tilde{\Lambda}_m^{mh}\right)+2\delta^{\mathrm{T}}(mh)(\Phi^{\mathrm{T}}((m+1)h,mh)\otimes I_n)\tilde{\Lambda}_m^{mh}\\&+2\left(\tilde{d}_m^{mh}\right)^{\mathrm{T}}\left(\tilde{d}_m^{mh}\right)-2\delta^{\mathrm{T}}(mh)(\Phi^{\mathrm{T}}((m+1)h,mh)\otimes I_n)\tilde{d}_m^{mh}.\end{aligned} \tag{6.122}$$

现在考虑 (6.122) 式右边每一项的数学期望. 对于第 1 项, 由条件 (C1) 可知存在正整数 m_0 和正常数 C_3, 使得 $c^2(mh)\leqslant C_3c^2((m+1)h)$, $\forall m\geqslant m_0$, 且 $c(k)\leqslant 1$, $\forall\ k\geqslant m_0h$. 由条件 (b.2) 和条件李雅普诺夫不等式可得

$$\sup_{k\geqslant 0}E\left[\|\mathcal{L}_{\mathcal{G}(k)}\|^i|\mathcal{F}(k-1)\right]\leqslant\sup_{k\geqslant 0}\left[E\left[\|\mathcal{L}_{\mathcal{G}(k)}\|^{2^h}|\mathcal{F}(k-1)\right]\right]^{\frac{i}{2^h}}\leqslant\rho_0^i\quad\text{a.s.},\ \forall\,2\leqslant i\leqslant 2^h. \tag{6.123}$$

通过逐项相乘, 利用条件 Hölder 不等式, 注意到 $c(mh)$ 随着 m 的增加单调递减, 由 (6.123) 式可得

$$\begin{aligned}E\Bigg[\Bigg\|&\Phi^{\mathrm{T}}((m+1)h,mh)\Phi((m+1)h,mh)-I_N\\&+\sum_{i=mh}^{(m+1)h-1}c(i)\left(\mathcal{L}_{\mathcal{G}(i)}^{\mathrm{T}}P^{\mathrm{T}}+P\mathcal{L}_{\mathcal{G}(i)}\right)\Bigg\|\Bigg|\mathcal{F}(mh-1)\Bigg]\end{aligned}$$

$$\leqslant C_4c^2((m+1)h), \quad m \geqslant m_0, \tag{6.124}$$

其中 $C_4 = C_3\left[(1+\rho_0)^{2h} - 1 - 2h\rho_0\right]$. 由 $\delta(mh) \in \mathcal{F}(mh-1)$ 可得 $V(mh) \in \mathcal{F}(mh-1)$. 注意到 $\|A \otimes I_n\| = \|A\|$, 则有

$$\begin{aligned}
&E\Bigg[\delta^{\mathrm{T}}(mh)\Bigg[\Bigg[\Phi^{\mathrm{T}}((m+1)h, mh)\Phi((m+1)h, mh) - I_N \\
&\quad + \sum_{i=mh}^{(m+1)h-1} c(i)\left[\mathcal{L}_{\mathcal{G}(i)}^{\mathrm{T}}P^{\mathrm{T}} + P\mathcal{L}_{\mathcal{G}(i)}\right]\Bigg] \otimes I_n\Bigg]\delta(mh)\Bigg] \\
&\leqslant E\Bigg[\Bigg\|\Phi^{\mathrm{T}}((m+1)h, mh)\Phi((m+1)h, mh) - I_N \\
&\quad + \sum_{i=mh}^{(m+1)h-1} c(i)\left(\mathcal{L}_{\mathcal{G}(i)}^{\mathrm{T}}P^{\mathrm{T}} + P\mathcal{L}_{\mathcal{G}(i)}\right)\Bigg\|V(mh)\Bigg] \\
&= E\Bigg[E\Bigg[\Bigg\|\Phi^{\mathrm{T}}((m+1)h, mh)\Phi((m+1)h, mh) - I_N \\
&\quad + \sum_{i=mh}^{(m+1)h-1} c(i)\left(\mathcal{L}_{\mathcal{G}(i)}^{\mathrm{T}}P^{\mathrm{T}} + P\mathcal{L}_{\mathcal{G}(i)}\right)\Bigg\|\Bigg|\mathcal{F}(mh-1)\Bigg]V(mh)\Bigg] \\
&\leqslant C_4c^2((m+1)h)E[V(mh)], \quad m \geqslant m_0.
\end{aligned} \tag{6.125}$$

注意到 $\mathcal{G}(i|i-1)$ 平衡 a.s., 可知当 $mh \leqslant i \leqslant (m+1)h-1$ 时, $\mathcal{G}(i|mh-1)$ 平衡 a.s., 则由条件 (b.1) 可得

$$\begin{aligned}
&E\left[\delta^{\mathrm{T}}(mh)\left[\sum_{i=mh}^{(m+1)h-1} c(i)\left(P\mathcal{L}_{\mathcal{G}(i)} + \mathcal{L}_{\mathcal{G}(i)}^{\mathrm{T}}P\right) \otimes I_n\right]\delta(mh)\right] \\
&= E\left[E\left[\delta^{\mathrm{T}}(mh)\left[\sum_{i=mh}^{(m+1)h-1} c(i)\left(P\mathcal{L}_{\mathcal{G}(i)} + \mathcal{L}_{\mathcal{G}(i)}^{\mathrm{T}}P\right) \otimes I_n\right]\delta(mh)\Bigg|\mathcal{F}(mh-1)\right]\right] \\
&= 2E\left[\delta^{\mathrm{T}}(mh)\left[\sum_{i=mh}^{(m+1)h-1} c(i)E\left[\widehat{\mathcal{L}}_{\mathcal{G}(i)} \otimes I_n\Big|\mathcal{F}(mh-1)\right]\right]\delta(mh)\right] \\
&\geqslant 2c((m+1)h)E\left[\delta^{\mathrm{T}}(mh)\left[\sum_{i=mh}^{(m+1)h-1} E\left[\widehat{\mathcal{L}}_{\mathcal{G}(i)} \otimes I_n\Big|\mathcal{F}(mh-1)\right]\right]\delta(mh)\right] \\
&\geqslant 2c((m+1)h)E\left[\lambda_{mh}^{h}V(mh)\right]
\end{aligned}$$

$$\geqslant 2c((m+1)h)E\left[\inf_{m\geqslant 0}(\lambda_{mh}^h)V(mh)\right]$$

$$\geqslant 2\theta c((m+1)h)E[V(mh)], \tag{6.126}$$

该式结合 (6.125) 式可得

$$\begin{aligned}
&E[\delta^{\mathrm{T}}(mh)(\Phi^{\mathrm{T}}((m+1)h,mh)\Phi((m+1)h,mh)\otimes I_n)\delta(mh)]\\
&=E\Bigg[\delta^{\mathrm{T}}(mh)\Bigg[\Big[\Phi^{\mathrm{T}}((m+1)h,mh)\Phi((m+1)h,mh)-I_N\\
&\quad+\sum_{i=mh}^{(m+1)h-1}c(i)\left[\mathcal{L}_{\mathcal{G}(i)}^{\mathrm{T}}P^{\mathrm{T}}+P\mathcal{L}_{\mathcal{G}(i)}\right]\Big]\otimes I_n\Bigg]\delta(mh)\Bigg]+E[V(mh)]\\
&\quad-E\left[\delta^{\mathrm{T}}(mh)\sum_{i=mh}^{(m+1)h-1}c(i)\Big[\left[\mathcal{L}_{\mathcal{G}(i)}^{\mathrm{T}}P^{\mathrm{T}}+P\mathcal{L}_{\mathcal{G}(i)}\right]\otimes I_n\Big]\delta(mh)\right]\\
&\leqslant\Big[1-2\theta c((m+1)h)+C_4c^2((m+1)h)\Big]E[V(mh)],\quad m\geqslant m_0.
\end{aligned}\tag{6.127}$$

对于 (6.122) 式右边的第 2 项, 由 (6.120) 式可得

$$\begin{aligned}
\left(\tilde{\Lambda}_m^{mh}\right)^{\mathrm{T}}\left(\tilde{\Lambda}_m^{mh}\right)&=\left(\tilde{\xi}_m^{mh}-\tilde{\zeta}_m^{mh}\right)^{\mathrm{T}}\left(\tilde{\xi}_m^{mh}-\tilde{\zeta}_m^{mh}\right)\\
&\leqslant 2\left(\tilde{\xi}_m^{mh}\right)^{\mathrm{T}}\left(\tilde{\xi}_m^{mh}\right)+2\left(\tilde{\zeta}_m^{mh}\right)^{\mathrm{T}}\left(\tilde{\zeta}_m^{mh}\right),
\end{aligned}\tag{6.128}$$

其中 $\tilde{\xi}_m^{mh}=\sum_{j=mh}^{(m+1)h-1}c(j)(\Phi((m+1)h,j+1)P\otimes I_n)D(j)\Psi(j)\xi(j)$ 且 $\tilde{\zeta}_m^{mh}=\sum_{j=mh}^{(m+1)h-1}\alpha(j)(\Phi((m+1)h,\,j+1)P\otimes I_n)\zeta(j)$. 则由 Cr 不等式可得

$$\begin{aligned}
&E\left[\left(\tilde{\xi}_m^{mh}\right)^{\mathrm{T}}\left(\tilde{\xi}_m^{mh}\right)\right]\\
&\leqslant h\sum_{j=mh}^{(m+1)h-1}c^2(j)E\Big[\xi^{\mathrm{T}}(j)\Psi^{\mathrm{T}}(j)D^{\mathrm{T}}(j)((P\Phi^{\mathrm{T}}((m+1)h,j+1)\\
&\quad\times\Phi((m+1)h,j+1)P)\otimes I_n)D(j)\Psi(j)\xi(j)\Big]\\
&\leqslant h\sum_{j=mh}^{(m+1)h-1}c^2(j)E\Big[\left\|\Phi^{\mathrm{T}}((m+1)h,j+1)\Phi((m+1)h,j+1)\right\|\\
&\quad\times\|D(j)\|^2\|\Psi(j)\|^2\|\xi(j)\|^2\Big].
\end{aligned}\tag{6.129}$$

由假设 6.2 可得

$$
\begin{aligned}
& E\left[\left\|\Phi^{\mathrm{T}}((m+1)h, j+1)\Phi((m+1)h, j+1)\right\|\|D(j)\|^2\|\Psi(j)\|^2\|\xi(j)\|^2\right] \\
= & E\left[\|\Psi(j)\|^2 E[\|\Phi^{\mathrm{T}}((m+1)h, j+1)\Phi((m+1)h, j+1)\|\|D(j)\|^2\|\xi(j)\|^2|\mathcal{F}(j-1)]\right] \\
= & E\Big[\|\Psi(j)\|^2 E[\|\Phi^{\mathrm{T}}((m+1)h, j+1)\Phi((m+1)h, j+1)\|\|D(j)\|^2|\mathcal{F}(j-1)] \\
& \times E[\|\xi(j)\|^2|\mathcal{F}(j-1)]\Big] \\
\leqslant & C_\xi E\Big[\|\Psi(j)\|^2 E[\|\Phi^{\mathrm{T}}((m+1)h, j+1)\Phi((m+1)h, j+1)\| \\
& \times \|D(j)\|^2|\mathcal{F}(j-1)]\Big], \quad mh \leqslant j \leqslant (m+1)h-1. \qquad (6.130)
\end{aligned}
$$

由条件 (b.2) 可知存在正常数 ρ_1, 使得

$$
\sup_{k\geqslant 0}\left[E\left[\|D(k)\|^4\left|\mathcal{F}(k-1)\right.\right]\right]^{\frac{1}{2}} \leqslant \rho_1 \quad \text{a.s.}. \qquad (6.131)
$$

由条件 (b.2) 和 (6.123) 式可得

$$
\begin{aligned}
& \left[E\left[\left\|\Phi^{\mathrm{T}}((m+1)h, j+1)\Phi((m+1)h, j+1)\right\|^2|\mathcal{F}(j-1)\right]\right]^{\frac{1}{2}} \leqslant C_\rho \quad \text{a.s.}, \\
& \qquad mh \leqslant j \leqslant (m+1)h-1, \qquad (6.132)
\end{aligned}
$$

其中 $C_\rho = \left\{2^{2(h-1)}\sum_{l=0}^{2(h-1)}\mathbb{C}_{2(h-1)}^l\rho_0^{2l}\right\}^{\frac{1}{2}}$, $\mathbb{C}_{2(h-1)}^l$ 是从 $2(h-1)$ 个数中选择 l 个数的组合数. 由 (6.131) 式、(6.132) 式和条件 Hölder 不等式可得

$$
\begin{aligned}
& E\left[\|\Phi^{\mathrm{T}}((m+1)h, j+1)\Phi((m+1)h, j+1)\|\|D(j)\|^2|\mathcal{F}(j-1)\right] \\
\leqslant & \left\{E\left[\|\Phi^{\mathrm{T}}((m+1)h, j+1)\Phi((m+1)h, j+1)\|^2|\mathcal{F}(j-1)\right]\right\}^{\frac{1}{2}} \\
& \left\{E\left[\|D(j)\|^4|\mathcal{F}(j-1)\right]\right\}^{\frac{1}{2}} \\
\leqslant & \rho_1 C_\rho \quad \text{a.s.}. \qquad (6.133)
\end{aligned}
$$

由引理 6.11、(6.129) 式、(6.130) 式和 (6.133) 式可得

$$
E\left[\left(\tilde{\xi}_m^{mh}\right)^{\mathrm{T}}\left(\tilde{\xi}_m^{mh}\right)\right] \leqslant h\rho_1 C_\rho C_\xi \sum_{j=mh}^{(m+1)h-1} c^2(j)\left(4\sigma^2 E\left[\|X(j)\|^2\right]+2b^2\right). \qquad (6.134)
$$

由条件 Hölder 不等式、假设 6.3 和 (6.132) 式可得

$$
\begin{aligned}
&E\left[\|\Phi^{\mathrm{T}}((m+1)h,j+1)\Phi((m+1)h,j+1)\|\|\zeta(j)\|^2\right]\\
&=E\left[E\left[\|\Phi^{\mathrm{T}}((m+1)h,j+1)\Phi((m+1)h,j+1)\|\|\zeta(j)\|^2|\mathcal{F}(j-1)\right]\right]\\
&=E\left[E\left[\|\Phi^{\mathrm{T}}((m+1)h,j+1)\Phi((m+1)h,j+1)\||\mathcal{F}(j-1)\right]E\left[\|\zeta(j)\|^2|\mathcal{F}(j-1)\right]\right]\\
&\leqslant E\left[\left\{E[\|\Phi^{\mathrm{T}}((m+1)h,j+1)\Phi((m+1)h,j+1)\|^2|\mathcal{F}(j-1)]\right\}^{\frac{1}{2}}\left(\sigma_\zeta\|X(j)\|^2+C_\zeta\right)\right]\\
&\leqslant C_\rho\left(\sigma_\zeta E\left[\|X(j)\|^2\right]+C_\zeta\right),\quad mh\leqslant j\leqslant(m+1)h-1,
\end{aligned}
\tag{6.135}
$$

从而导出

$$
\begin{aligned}
&E\left[\left(\tilde{\zeta}_m^{mh}\right)^{\mathrm{T}}\left(\tilde{\zeta}_m^{mh}\right)\right]\\
&\leqslant hE\left[\sum_{j=mh}^{(m+1)h-1}\alpha^2(j)\zeta^{\mathrm{T}}(j)P\Phi^{\mathrm{T}}((m+1)h,j+1)\Phi((m+1)h,j+1)P\zeta(j)\right]\\
&\leqslant h\sum_{j=mh}^{(m+1)h-1}\alpha^2(j)E\left[\left\|\Phi^{\mathrm{T}}((m+1)h,j+1)\Phi((m+1)h,j+1)\right\|\|\zeta(j)\|^2\right]\\
&\leqslant hC_\rho\sum_{j=mh}^{(m+1)h-1}\alpha^2(j)\left(\sigma_\zeta E\left[\|X(j)\|^2\right]+C_\zeta\right).
\end{aligned}
\tag{6.136}
$$

因此, 由 (6.128) 式、(6.134) 式和 (6.136) 式可得

$$
\begin{aligned}
E\left[\left(\tilde{\Lambda}_m^{mh}\right)^{\mathrm{T}}\left(\tilde{\Lambda}_m^{mh}\right)\right]\leqslant{}&2h\rho_1C_\rho C_\xi\sum_{j=mh}^{(m+1)h-1}c^2(j)\left(4\sigma^2E\left[\|X(j)\|^2\right]+2b^2\right)\\
&+2hC_\rho\sum_{j=mh}^{(m+1)h-1}\alpha^2(j)\left(\sigma_\zeta E\left[\|X(j)\|^2\right]+C_\zeta\right).
\end{aligned}
\tag{6.137}
$$

对于 (6.122) 式右边的第 3 项, 由 $\delta(mh)\in\mathcal{F}(j-1)$, $j\geqslant mh$ 和假设 6.2 可得

$$
\begin{aligned}
&E\left[\delta^{\mathrm{T}}(mh)((\Phi^{\mathrm{T}}((m+1)h,mh)\Phi((m+1)h,j+1)P)\otimes I_n)D(j)\Psi(j)\xi(j)\right]\\
&=E\Big[\delta^{\mathrm{T}}(mh)E\Big[((\Phi^{\mathrm{T}}((m+1)h,mh)\Phi((m+1)h,j+1)P)I_n)D(j)\Psi(j)\xi(j)\Big|\mathcal{F}(j-1)\Big]\Big]\\
&=E\Big[\delta^{\mathrm{T}}(mh)E\left[((\Phi^{\mathrm{T}}((m+1)h,mh)\Phi((m+1)h,j+1)P)\otimes I_n)D(j)|\mathcal{F}(j-1)\right]
\end{aligned}
$$

$$\times \Psi(j)E[\xi(j)|\mathcal{F}(j-1)]\Big]$$

$$=0, \quad mh \leqslant j \leqslant (m+1)h-1, \quad m \geqslant 0. \tag{6.138}$$

类似地, 由假设 6.3 可得 $E\big[\delta^{\mathrm{T}}(mh)((\Phi^{\mathrm{T}}((m+1)h,mh)\Phi((m+1)h,j+1)P)\otimes I_n)\zeta(j)\big]=0$, $mh\leqslant j\leqslant (m+1)h-1$, $m\geqslant 0$. 该式结合 (6.120) 式和 (6.138) 式可得

$$E\left[\delta^{\mathrm{T}}(mh)(\Phi((m+1)h,mh)\otimes I_n)^{\mathrm{T}}\tilde{\Lambda}_m^{mh}\right]=0. \tag{6.139}$$

由引理 6.10、(6.132) 式和条件 Hölder 不等式可得

$$\begin{aligned}
&E\left[\left\|\Phi^{\mathrm{T}}((m+1)h,j+1)\Phi((m+1)h,j+1)\right\|\|d(j)\|^2\right]\\
\leqslant& E\left[\left\|\Phi^{\mathrm{T}}((m+1)h,j+1)\Phi((m+1)h,j+1)\right\|\left(2\sigma_d^2\|X(j)\|^2+2NC_d^2\right)\right]\\
=&E\Bigg[E\Big[\left\|\Phi^{\mathrm{T}}((m+1)h,j+1)\Phi((m+1)h,j+1)\right\|\Big|\mathcal{F}(j-1)\Big]\\
&\times\left(2\sigma_d^2\|X(j)\|^2+2NC_d^2\right)\Bigg]\\
\leqslant& E\Bigg[\Big[E\big[\|\Phi^{\mathrm{T}}((m+1)h,j+1)\Phi((m+1)h,j+1)\|^2\big|\mathcal{F}(j-1)\big]\Big]^{\frac{1}{2}}\\
&\times\left(2\sigma_d^2\|X(j)\|^2+2NC_d^2\right)\Bigg]\\
\leqslant& C_\rho\left(2\sigma_d^2E\left[\|X(j)\|^2\right]+2NC_d^2\right),\quad j\geqslant mh,
\end{aligned}\tag{6.140}$$

其中第 1 个 “=” 由 $X(j)\in\mathcal{F}(j-1)$ 得到. 再结合 (6.121) 式和 Cr 不等式

$$\begin{aligned}
&E\left[\left(\tilde{d}_m^{mh}\right)^{\mathrm{T}}\left(\tilde{d}_m^{mh}\right)\right]\\
\leqslant& h\sum_{j=mh}^{(m+1)h-1}\alpha^2(j)E\left[d^{\mathrm{T}}(j)((P^{\mathrm{T}}\Phi^{\mathrm{T}}((m+1)h,j+1)\Phi((m+1)h,j+1)P)\otimes I_n)d(j)\right]\\
\leqslant& h\sum_{j=mh}^{(m+1)h-1}\alpha^2(j)E\left[\left\|P^{\mathrm{T}}\Phi^{\mathrm{T}}((m+1)h,j+1)\Phi((m+1)h,j+1)P\right\|\|d(j)\|^2\right]\\
\leqslant& hC_\rho\sum_{j=mh}^{(m+1)h-1}\alpha^2(j)\left(2\sigma_d^2E\left[\|X(j)\|^2\right]+2NC_d^2\right).
\end{aligned}\tag{6.141}$$

对于 (6.122) 式右边的第 5 项, 由 $p^{\mathrm{T}}q \leqslant \frac{1}{2\tau}\|p\|^2 + \frac{\tau}{2}\|q\|^2,\ \forall\ \tau > 0,\ p, q \in \mathbb{R}^n$ 以及 (6.127) 式和 (6.141) 式可得

$$
\begin{aligned}
&-2E\left[\delta^{\mathrm{T}}(mh)\left(\Phi^{\mathrm{T}}((m+1)h, mh)\otimes I_n\right)\tilde{d}_m^{mh}\right]\\
&\leqslant \tau(mh)E\left[\delta^{\mathrm{T}}(mh)(\Phi^{\mathrm{T}}((m+1)h, mh))(\Phi((m+1)h, mh)\otimes I_n)\delta(mh)\right]\\
&\quad + \frac{1}{\tau(mh)}E\left[(\tilde{d}_m^{mh})^{\mathrm{T}}(\tilde{d}_m^{mh})\right]\\
&\leqslant \tau(mh)\Big[1 - 2\theta c((m+1)h) + C_4c^2((m+1)h)\Big]E[V(mh)]\\
&\quad + \frac{hC_\rho}{\tau(mh)}\sum_{j=mh}^{(m+1)h-1}\alpha^2(j)\left(2\sigma_d^2E\left[\|X(j)\|^2\right] + 2NC_d^2\right).
\end{aligned}
$$

对 (6.122) 式两边取数学期望, 由 (6.127) 式、(6.137) 式、(6.139) 式、(6.141) 式和上式可得 (6.118) 式. ■

注释 6.6 若条件 (C1)—(C5) 成立, 则条件 (C3)'—(C5)' 成立. 由条件 (C4) 可知, 对任意给定的正常数 $C > 0$, 有

$$
\lim_{k\to\infty}\frac{\alpha^{\frac{3}{2}}(k)\exp(C\sum_{t=0}^{k}\alpha(t))}{c^{\frac{1}{2}}(k)\alpha(k)} = \lim_{k\to\infty}\left(\frac{\alpha(k)\exp(2C\sum_{t=0}^{k}\alpha(t))}{c(k)}\right)^{\frac{1}{2}} = 0.
$$

由上式和条件 (C3) 可得条件 (C3)' . 由条件 (C1) 和 (C4) 可知, 对任意给定的正常数 $C > 0$, 有

$$
\lim_{k\to\infty}\frac{\alpha(k)}{c(k)} = \lim_{k\to\infty}\frac{\alpha(k)\exp\left(C\sum_{t=0}^{k}\alpha(t)\right)}{c(k)}\lim_{k\to\infty}\frac{1}{\exp(C\sum_{t=0}^{k}\alpha(t))} = 0.
$$

即条件 (C4)' 成立. 由条件 (C5), 类似于引理 6.3 的证明, 对任意给定的正整数 h, 有

$$
\alpha(k)\beta(k) - \alpha(k+h)\beta(k+h) \leqslant hC_5C_7\alpha(k)\beta(k)\alpha(k+h)\beta(k+h), \quad k \geqslant k_2, \tag{6.142}
$$

其中 $\beta(k)$ 和 k_2 由引理 6.2和引理 6.3 的 (6.48) 给出. 由条件 (C1) 可知存在 $\widetilde{k}_2 > 0$ 使得 $0 < hC_0\alpha(k) < 1,\ \forall\ k \geqslant \widetilde{k}_2$. 则

$$
\frac{\beta(k+h)}{\beta(k)} - 1 = \exp\left(C_0\sum_{t=k+1}^{k+h}\alpha(t)\right) - 1
$$

$$\leqslant \exp\left(hC_0\alpha(k+1)\right)-1\leqslant hC_0\alpha(k+1),\quad k\geqslant \widetilde{k}_2.$$

由 (6.142) 式和上式可得

$$\begin{aligned}\frac{\alpha(k)-\alpha(k+h)}{\alpha(k+h)}&=\frac{\alpha(k)\beta(k)-\alpha(k+h)\beta(k+h)}{\alpha(k+h)\beta(k)}+\frac{\alpha(k+h)\beta(k+h)-\alpha(k+h)\beta(k)}{\alpha(k+h)\beta(k)}\\&\leqslant hC_5C_7\alpha(k)\beta(k+h)+hC_0\alpha(k+1),\quad k\geqslant\max\{k_2,\ \widetilde{k}_2\}.\end{aligned}\tag{6.143}$$

注意到 $1\leqslant\dfrac{\beta(k+h)}{\beta(k)}\leqslant\exp(hC_0\alpha(k))$ 且 $\alpha(k)\downarrow 0$, 可知 $\lim_{k\to\infty}\dfrac{\beta(k+h)}{\beta(k)}=1$. 因此, 由条件 (C1)、(C4) 和 (C4)' 可得

$$\begin{aligned}&\limsup_{k\to\infty}\frac{hC_5C_7\alpha(k)\beta(k+h)+hC_0\alpha(k+1)}{c(k+h)}\\&=hC_5C_7\limsup_{k\to\infty}\frac{\alpha(k)\beta(k)}{c(k)}\limsup_{k\to\infty}\frac{\beta(k+h)}{\beta(k)}\limsup_{k\to\infty}\frac{c(k)}{c(k+h)}\\&\quad+hC_0\limsup_{k\to\infty}\frac{\alpha(k+1)}{c(k+1)}\limsup_{k\to\infty}\frac{c(k+1)}{c(k+h)}=0.\end{aligned}$$

该式结合 (6.143) 式可得条件 (C5)'.

6.5 仿真算例

考虑具有 20 个节点的随机网络上的 LASSO 回归问题 (6.5). $\{\mathcal{G}(k),k\geqslant 0\}$ 是独立同分布的随机通信图序列. 所有边的随机权重 $\{a_{i,j}(k),\ i,j=1,\cdots,20\}$ 通过以下规则选取. 对任意非负整数 m, 当 $k=4m$ 时, $\{a_{i,j}(k),\ i,j=1,\cdots,20\}$ 服从 $[0,1]$ 上的均匀分布; 当 $k\neq 4m$ 时, 随机权重服从 $[-0.5,0.5]$ 上的均匀分布. 假设通信噪声 $\{\xi_{ji}(k),i,j=1,\cdots,N,k\geqslant 0\}$ 均为独立且服从标准正态分布的随机变量. 假设 $\{\xi_{ji}(k),i,j=1,\cdots,N,k\geqslant 0\}$, $\{u_i(k),i=1,\cdots,N,k\geqslant 0\}$, $\{\nu_i(k),i=1,\cdots,N,k\geqslant 0\}$ 和 $\{\mathcal{G}(k),k\geqslant 0\}$ 相互独立. 令 $\kappa=0.1$, $\sigma=0.1$ 以及 $b=0.1$. 为了方便起见, 考虑一维状态变量, 即 $n=1$, 因此 $R_{u,i}=1$. 令 $x_0=6$, 则 $x_0-\kappa>0$. 注意到 $0\in\partial f(x_0-\kappa)$, 从而 $x_0-\kappa$ 是问题 (6.5)[28] 的唯一最优解. 令初值 $x_i(0)=0$, $i=1,2,\cdots,20$, 步长 $c(k)=1/(k+3)^{0.75}$ 以及 $\alpha(k)=3/((k+3)\ln(k+3))$.

我们对算法 (6.2)—(6.4) 作了仿真实现. 所有局部优化器的状态轨迹如图 6.1 (a) 所示, 表明所有局部优化器的状态渐近收敛到 $x_0-\kappa$. 令步长 $c(k)=1/(k+$

$1)^{0.4}$ 以及 $\alpha(k)=3/(k+1)$. 我们对算法 (6.2)—(6.4) 有通信噪声和无通信噪声的情形均作了仿真实现. 图 6.1 (b) 表明, 如果没有如文献 [122] 中的通信噪声 (即 $\sigma=0,b=0$), 则算法的均方误差趋于 0; 如果有通信噪声, (即 $\sigma=0.1,b=0.1$), 则均方误差不会收敛到 0. 对于存在通信噪声的情况 ($\sigma=0.1,b=0.1$), 选取 $c(k)=1/(k+1)^{0.7}$ 和 $\alpha(k)=16/(k+1)$. 图 6.1 (c) 表明 $E[\|X(k)-\mathbf{1}_N\otimes z^*\|^2]$ 的收敛速度为 $O(k^{-0.3})$, 而当步长 $c(k)=1/(k+1)^{0.4}$ 及 $\alpha(k)=3/(k+1)$ 时, 均方误差不会收敛到 0.

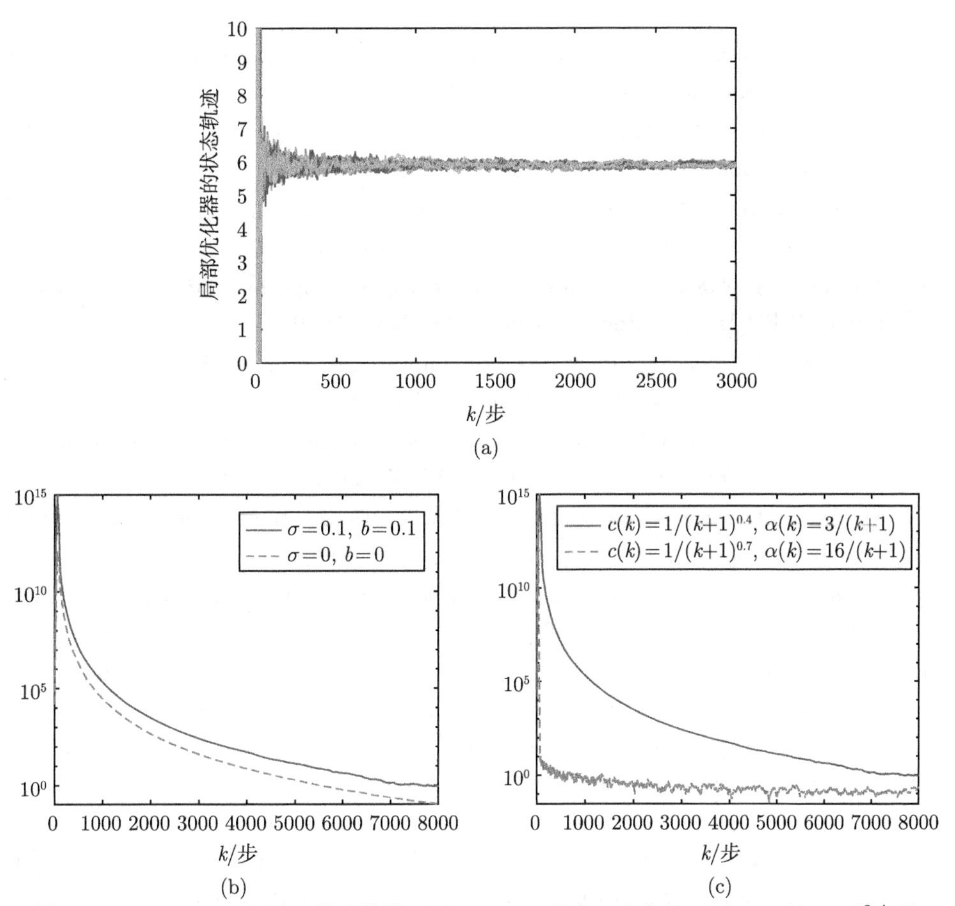

图 6.1 (a) LASSO 回归: 状态轨迹; (b) LASSO 回归: 当步长 $c(k)=1/(k+1)^{0.4}$ 及 $\alpha(k)=3/(k+1)$ 时, 均方误差的收敛; (c) LASSO 回归: 虚线是 $k^{0.3}E[\|X(k)-\mathbf{1}_N\otimes z^*\|^2]$ 的运动轨迹; 实线是 $E[\|X(k)-\mathbf{1}_N\otimes z^*\|^2]$ 的运动轨迹

参考文献

[1] Abdolee R, Champagne B, Sayed A H. Diffusion adaptation over multi-agent networks with wireless link impairments. IEEE Trans. Mobile Computing, 2016, 15(6): 1362-1376.

[2] Abur A, Expósito A G. Power System State Estimation: Theory and Implementation. New York, Basel: Marcel Dekker, Inc., 2004.

[3] Akyildiz I F, Su W, Sankarasubramaniam Y, et al. A survey on sensor networks. IEEE Communications Magazine, 2002, 40(8): 102-114.

[4] Alami R, Fleury S, Herrb M, et al. Multi-robot cooperation in the MARTHA project. IEEE Robotics and Automation Magazine, 1998, 5(1): 36-47.

[5] Alaviani S S, Elia N. Distributed multiagent convex optimization over random digraphs. IEEE Trans. Autom. Control, 2020, 65(3): 986-998.

[6] Alghunaim S A, Sayed A H. Distributed coupled multiagent stochastic optimization. IEEE Trans. Autom. Control, 2020, 65(1): 175-190.

[7] Al-Sayed S, Zoubir A M, Sayed A H. Robust distributed estimation by networked agents. IEEE Trans. Signal Processing, 2017, 65(15): 3909-3921.

[8] Altafini C. Consensus problems on networks with antagonistic interactions. IEEE Transactions on Automatic Control, 2013, 58(4): 935-946.

[9] Altman E, Başar T. Multiuser rate-based flow control. IEEE Transactions on Communication, 1998, 46(7): 940-949.

[10] Altman E, Başar T, Srikant R. Nash equilibria for combined flow control and routing in networks: Asymptotic behavior for a large number of users. IEEE Transactions on Automatic Control, 2002, 47(6): 917-930.

[11] Altman E, Boulogne T, El-Azouzi R, et al. A survey on networking games in telecommunications. Computers and Operations Research, 2006, 33(2): 286-311.

[12] Altman E, Wynter L. Equilibrium games and pricing in transportation and telecommunicati on networks. Networks and Spatial Economics, 2004, 4(1): 7-21.

[13] Amelina N, Fradkov A, Jiang Y, et al. Approximate consensus in stochastic networks with application to load balancing. IEEE Transactions on Information Theory, 2015, 61(4): 1739-1752.

[14] Anderson B D O, Moore J B. Linear Optimal Control. Englewood Cliffs: Prentice-Hall, 1971.

[15] Apostol T. Mathematical Analysis. 2nd ed. New York: Addison Wesley, 1974.

[16] Arambel P O, Rago C, Mehra R K. Covariance intersection algorithm for distributed spacecraft state estimation. Proc. Amer. Contr. Conf., Arlington, VA, USA, 2001: 4398-4403.

[17] Ash R B. Real Analysis and Probability. New York: Academic Press, 1972.

[18] Aysal T C, Barner K E. Convergence of consensus models with stochastic distrubances. IEEE Transactions on Information Theory, 2010, 56(8): 4101-4113.

[19] Baccelli F, Hong D, Liu Z. Fixed point methods for the simulation of the sharing of a local loop by a large number of interacting TCP connections. INRIA Tech. Report, 4154, 2001.

[20] Bajović D, Xavier J, Moura J M F, et al. Consensus and products of random stochastic matrices: Exact rate for convergence in probability. IEEE Transactions on Signal Processing, 2013, 61(10): 2557-2571.

[21] Balch T, Arkin R C. Behavior-based formation control for multirobot teams. IEEE Transactions on Robotics and Automation, 1998, 14(6): 926-939.

[22] Ballal P, Lewis F, Hudas G R. Trust-based collaborative control for teams in communication networks. Proc. of the 2008 Army Science Conference, Orlando, 2008.

[23] Basşr T, Olsder G J. Dynamic Noncooperative Game Theory. London: Academic Press, 1982.

[24] Bastianello N, Carli R, Schenato L, et al. Asynchronous distributed optimization over lossy networks via relaxed ADMM: Stability and linear convergence. IEEE Trans. Autom. Control, 2021, 66(6): 2620-2635.

[25] Bauso D, Giarré L, Pesenti R. Non-linear protocols for optimal distributed consensus in networks of dynamic agents. Systems and Control Letters, 2006, 55(11): 918-928.

[26] Bedi A S, Koppel A, Rajawat K. Asynchronous saddle point algorithm for stochastic optimization in heterogeneous networks. IEEE Transactions on Signal Processing, 2019, 67(7): 1742-1757.

[27] Berman A, Zhang X D. Lower bounds for the eigenvalues of Laplacian matrices. Linear Algebra and its Applications, 2000, 316(1): 13-20.

[28] Bertsekas D P. Stochastic optimization problems with nondifferentiable cost functionals. J. Optim. Theory Appl., 1973, 12(2): 218-231.

[29] Bertsekas D P, Tsitsiklis J N. Comments on Coordination of groups of mobile autonomous agents using nearest neighbor rules. IEEE Transactions on Automatic Control, 2007, 52(5): 968-969.

[30] Bhatia R. Matrix Analysis. New York: Springer-Verlag, 1997.

[31] Bien F. Constructions of telephone networks by group representations. Notices of the Amer. Math. Society, 1989, 36(1): 5-22.

[32] Birkhoff G, Rota G C. Ordinary Differential Equations. New York: John Wiley and Sons, 1969.

[33] Blondel V D, Hendrickx J M, Olshevsky A, et al. Convergence in multiagent coordination, consensus, and flocking. Proc. of the 44th IEEE Conference on Decision and Control and the European Control Conference 2005, Seville, Spain, 2006: 2996-3000.

[34] Bollobás B. Modern Graph Theory. New York: Springer-Verlag, 1998.

[35] Bonabeau E, Dorigo M, Theraulaz G. Swarm Intelligence: From Natural to Artificial Systems. Oxford: Oxford University Press, 1999.

[36] Bond A H, Gasser L. Readings in Distributed Artificial Intelligence. San Mateo: Morgan Kaufmann Publishers, 1988.

[37] Borkar V, Varaiya P. Asymptotic agreement in distributed estimation. IEEE Transactions on Automatic Control. 1982, AC-27(3): 650-655.

[38] Boyd S, Diaconis P, Xiao L. Fastest mixing Markov chain on a graph. SIAM Review, 2004, 46(4): 667-689.

[39] Boyd S, Ghosh A, Prabhakar B, et al. Randomized gossip algorithms. IEEE Transactions on Information Theory, 2006, 52(6): 2508-2530.

[40] Campbell M E, Whitacre W W. Cooperative tracking using vision measurements on SeaScan UAVs. IEEE Transactions on Control Systems Technology, 2007, 15(4): 613-626.

[41] Cao M, Morse A S, Anderson B D O. Reaching a consensus in a dynamically changing environment: Convergence rates, measurement delays and asynchronous events. SIAM Journal on Control and Optimization, 2008, 47(2): 601-623.

[42] Cao M, Spielman D A, Morse A S. A lower bound on convergence of a distributed network consensus algorithm. Proc. of the 44th Conference on Decision and Control, and the European Control Conference 2005, Seville, Spain, 2005: 2356-2361.

[43] Carli R, Fagnani F, Frasca P, et al. Average consensus on networks with transmission noise or quantization. Proc. of European Control Conference 2007, 2007: 1852-1857.

[44] Carli R, Fagnani F, Frasca P, et al. Efficient quantized techniques for consensus algorithms. NeCST Workshop, Nancy, France, 2007.

[45] Carli R, Fagnani F, Frasca P, et al. A probabilistic analysis of the average consensus algorithm with quantized communication. Proc. of the 17th IFAC World Congress, Seoul, Korea, 2008: 8062-8067.

[46] Carli R, Fagnani F, Speranzon A, et al. Communication constraints in the average consensus problem. Automatica, 2008, 44(3): 671-684.

[47] Cattivelli F S, Sayed A H. Diffusion LMS strategies for distributed estimation. IEEE Trans. Signal Processing, 2010, 58(3): 1035-1048.

[48] Cesa-Bianchi N, Long P M, Warmuth M K. Worst-case quadratic loss bounds for prediction using linear functions and gradient descent. IEEE Trans. Neural Networks, 1996, 7(3): 604-619.

[49] Chan H, Özgüner U. Closed-loop control of systems over communications network with queues. International Journal of Control, 1995, 62(3): 493-510.

[50] Chen H F, Guo L. Identification and Stochastic Adaptive Control. Boston: Birkhäuser, 1991.

[51] Chen Y, Kar S, Moura J M F. Resilient distributed estimation: Sensor attacks. IEEE Trans. Automatic Control, 2019, 64(9): 3772-3779.

[52] Chen Y, Shi Y. Consensus for linear multiagent systems with time-varying delays: A frequency domain perspective. IEEE Trans. Cybernetics, 2017, 47(8): 2143-2150.

[53] Chen Y Q, Wang Z M. Formation control: A review and a new consideration. Proc. IEEE/RSJ International Conference on Intelligent Robots and Systems, 2005, 2-6, August, 2005: 3181-3186.

[54] Chong C Y, Kumar S P, Hamilton B A. Sensor networks: Evolution, opportunities, and challenges. Proceedings of the IEEE, 2003, 91(8): 1247-1256.

[55] Chow Y S, Teicher H. Probability Theory: Independence, Interchangeability, Martingales. New York: Springer-Verlag, 1997.

[56] Chow Y S, Teicher H. Probability Theory: Independence, Interchangeability, Martingales. 3rd ed. New York: Springer-Verlag, 2003.

[57] Chung F. Laplacians and the Cheeger inequality for directed graphs. Annals of Combinatorics, 2005, 9(1): 1-19.

[58] Chung F R K. Spectral graph theory. American Mathematical Society, 1997.

[59] Cortés J. Distributed algorithms for reaching consensus on general functions. Automatica, 2008, 44(3): 726-737.

[60] Couzin I D, Krause J, Franks N R, et al. Effective leadership and decision-making in animal groups on the move. Nature, 2005, 433(7025): 513-516.

[61] Czirók A, Ben-Jacob E, Cohen I, et al. Formation of complex bacterial colonies via self-generated vortices. Physical Review E, 1996, 54(2): 1791-1801.

[62] Das S, Moura J M F. Consensus+innovations distributed Kalman filter with optimized gains. IEEE Trans. Signal Processing, 2017, 65(2): 467-481.

[63] Davidoff G P, Sarnak P, Valette A. Elementary Number Theory, Group Theory and Ramanujan Graphs. London: Cambridge University Press, 2003.

[64] DeGroot M H. Reaching a consensus. Journal of the American Statistical Association, 1974, 69(345): 118-121.

[65] Diestel R. Graph Theory. 3rd ed. New York: Springer-Verlag, 2005.

[66] Dimarogonas D V, Johansson K H. Stability analysis for multi-agent systems using the incidence matrix: Quantized communication and formation control. Automatica, 2010, 46(4): 695-700.

[67] Dixit R, Bedi A S, Rajawat K. Online learning over dynamic graphs via distributed proximal gradient algorithm. IEEE Transactions on Automatic Control, 2021, 66(11): 5065-5079.

[68] Djaidja S, Wu Q. An overview of distributed consensus of multi-agent systems with measurement/communication noises. Proc. 34th Chinese Control Conf., Hangzhou, China, 2015: 7285-7290.

[69] Doan T, Lubars J, Beck C, et al. Convergence rate of distributed random projections. IFAC-PapersOnLine, 2018, 51(23): 373-378.

[70] Donetti L, Hurtado P I, Muñoz M A. Entangled networks, synchronization, and optimal network topology. Physical Review Letters, 2005, 95(18): 188701.

[71] Doob J L. Stochastic Processes. New York: John Wiley, 1953.

[72] Easley D, Kleinberg J. Networks, Crowds, and Markets: Reasoning About a Highly Connected World. Cambridge: Cambridge University Press, 2010.

[73] Elia N. Remote stabilization over fading channels. Systems and Control Letters, 2005, 54(3): 237-249.

[74] Elia N, Mitter S K. Stabilization of linear systems with limited information. IEEE Transactions on Automatic Control, 2001, 46(9): 1384-1400.

[75] Engwerda J. Feedback Nash equilibria in the scalar infinite horizon LQ-game. Automatica, 2000, 36(1): 135-139.

[76] Erdmann U, Ebeling W, Mikhailov A S. Noise-induced transition from translational to rotational motion of swarms. Physical Review E, 2005, 71(5): 051904.

[77] Erickson G M. Differential game models of advertising competition. European Journal of Operational Research, 1995, 83: 431-438.

[78] Evgeniou T, Pontil M, Poggio T. Regularization networks and support vector machines. Advances in Computational Mathematics, 2000, 13(1): 1-50.

[79] Falcao D M, Wu F F, Murphy L. Parallel and distributed state estimation. IEEE Trans. Power Systems, 1995, 10(2): 724-730.

[80] Fan J, Li R. Variable selection via nonconcave penalized likelihood and its oracle properties. J. Amer. Stat. Assoc., 2001, 96(456): 1348-1360.

[81] Fax J A, Murray R M. Information flow and cooperative control of vehicle formations. IEEE Transactions on Automatic Control, 2004, 49(9): 1465-1476.

[82] Feddema J T, Lewis C, Schoenwald D A. Decentralized control of cooperative robotic vehicles: Theory and application. IEEE Transactions on Robotics Automation, 2002, 18(5): 852-864.

[83] Friedman A. Stochastic Differential Equations and Applications, Volumn 1. New York: Academic Press, 1975.

[84] Frost V S, Stiles J A, Shanmugan K S, et al. A model for radar images and its application to adaptive digital filtering of multiplicative noise. IEEE Transactions on Pattern Analysis and Machine Intelligence, 1982, 4(2): 157-166.

[85] Fu M, Xie L. The sector bound approach to quantized feedback control. IEEE Transactions on Automatic Control, 2005, 50(11): 1698-1711.

[86] Gaillard P, Gerchinovitz S, Huard M. et al. Uniform regret bounds over $\mathbb{R}^d$ for the sequential linear regression problem with the square loss. Proc. 30th Int. Conf. Algorithmic Learning Theory, Chicago, USA, 2019: 404-432.

[87] Gazi V, Passino K M. Stability analysis of swarms. IEEE Transactions on Automatic Control, 2003, 48(4): 692-697.

[88] Gerchinovitz S. Sparsity regret bounds for individual sequences in online linear regression. J. Machine Learning Research, 2013, 14(1): 729-769.

[89] Gholami M R, Jansson M, Ström E G, et al. Diffusion estimation over cooperative multi-agent networks with missing data. IEEE Trans. Signal and Information Processing over Networks, 2016, 2(3): 276-289.

[90] Girosi F. An equivalence between sparse approximation and support vector machines. Neural Computation, 1998, 10(6): 1455-1480.

[91] Godichon-Baggioni A, Werge N, Wintenberger O. Learning from time-dependent streaming data with online stochastic algorithms. arXiv preprint: 2205.12549, 2022.

[92] Godsil C, Royle G. Algebraic Graph Theory. New York: Springer-Verlag, 2001.

[93] Goodwin G C, Sin K S. Adaptive Filtering, Prediction and Control. Englewood Cliffs: Prentice-Hall, 1984.

[94] Gronwall T H. Note on the derivatives with respect to a parameter of the solutions of a system of differential equations. Annual of Mathematics, 1919, 20(4): 292-296.

[95] Grünbaum D, Okubo A. Modelling social animal aggregations. //Frontiers in Mathematical Biology. Berlin: Springer-Verlag, 1994: 296-325.

[96] Guo L. Estimating time-varying parameters by the Kalman filter based algorithm: Stability and convergence IEEE Trans. Automatic Control, 1990, 35(2): 141-147.

[97] Guo L. Time-Varying Stochastic Systems: Stability and Adaptive Theory. 2nd ed. Beijing: Science Press, 2020.

[98] Hannebauer M. Autonomous Dynamic Reconfiguration in Multiagent Sytems: Improving the Quality and Efficiency of Collaborative Problem Solving, New York: Springer-Verlag, 2002.

[99] Hastie T, Tibshirani R, Friedman J H. The Elements of Statistical Learning: Data Mining, Inference, and Prediction. New York: Springer, 2003.

[100] Hatano Y, Mesbahi M. Agreement over random networks. IEEE Transactions on Automatic Control, 2005, 50(11): 1867-1872.

[101] Hazan E. Introduction to online convex optimization. Foundations and Trends in Optimization, 2016, 2(3/4): 157-325.

[102] Helbing D, Farkas I, Vicsek T. Simulating dynamical features of escape panic. Nature, 2000, 407(6803): 487-490.

[103] Hendricx J M, Blondel V D. Convergence of different linear and non-linear Vicsek models. Proc. of the 17th International Symposium on Mathematical Theory of Networks and Systems, 2006: 1229-1240.

[104] Hong M, Chang T H. Stochastic proximal gradient consensus over random networks. IEEE Trans. Signal Process., 2017, 65(11): 2933-2948.

[105] Hong Y G, Gao L X, Cheng D Z, et al. Lyapunov-based approach to multiagent systems with switching jointly connected interconnection. IEEE Transactions on Automatic Control, 2007, 52(5): 943-948.

[106] Hong Y G, Hu J P, Gao L X. Tracking control for multi-agent consensus with an active leader and variable topology. Automatica, 2006, 42(7): 1177-1182.

[107] Hoogendoorn S P. Pedestrian flow modeling by adaptive control. Transportation Research Record, 2004, 1878: 95-103.

[108] Huang M. Stochastic approximation for consensus: A new approach via ergodic backward products. IEEE Transactions on Automatic Control, 2012, 57(12): 2994-3008.

[109] Huang M, Caines P E, Malhamé R P. Individual and mass behaviour in large population stochastic wireless power control problems: Centralized and Nash equilibrium solutions. Proc. of the 42nd IEEE Conference on Decision and Control, Maui, Hawaii, 2003: 98-103.

[110] Huang M, Caines P E, Malhamé R P. Uplink power adjustment in wireless communication systems: A stochastic control analysis. IEEE Transactions on Automatic Control, 2004, 49(10): 1693-1708.

[111] Huang M, Caines P E, Malhamé R P. Large-population cost-coupled LQG problems: generalizations to non-uniform individuals. Proc. of the 43rd IEEE Conference on Decision and Control, Nassau, Bahamas, 2004: 3453-3458.

[112] Huang M, Caines P E, Malhamé R P. Large-population cost-coupled LQG problems with nonuniform agents: Individual-mass behavior and decentralized ϵ-Nash equilibria. IEEE Transactions on Automatic Control, 2007, 52(9): 1560-1571.

[113] Huang M, Dey S, Nair G N, et al. Stochastic consensus over noisy networks with Markovian and arbitrary switches. Automatica, 2010, 46(10): 1571-1583.

[114] Huang M, Malhamé R P, Caines P E. On a class of large-scale cost coupled Markov games with applications to decentralized power control. Proc. of the 43rd IEEE Conference on Decision and Control, Nassau, Bahamas, 2004: 2830-2835.

[115] Huang M, Malhamé R P, Caines P E. Nash strategies and adaptation for decentralized games involving weakly-coupled agents. Proc. of the 44th IEEE Conference on Decision and Control and the European Control Conference 2005, Seville, Spain, 2005: 1050-1055.

[116] Huang M, Malhamé R P, Caines P E. Nash certainty equivalence in large population stochastic dynamic games: Connections with the physics of interacting particle systems. Proc. of the 45th IEEE Conference on Decision and Control, San Diego, CA, 2006: 4921-4926.

[117] Huang M, Manton J H. Stochastic consensus seeking with measurement noise: Convergence and asymptotic normality. Proc. of 2008 American Control Conference, Seattle, WA, 2008: 1337-1342.

[118] Huang M, Manton J H. Coordination and consensus of networked agents with noisy measurements: stochastic algorithms and asymptotic behavior. SIAM Journal on Control and Optimization, 2009, 48(1): 134-161.

[119] Ishihara J Y, Alghunaim S A. Diffusion LMS filter for distributed estimation of systems with stochastic state transition and observation matrices. Proc. Amer. Contr. Conf., Seattle, WA, USA, 2017: 5199-5204.

[120] Ivanov V K, Vasin V V, Tanana V P. Theory of Linear Ill-Posed Problems and Its Applications. Berlin, Germany: Walter de Gruyter, 2002.

[121] Jadbabaie A, Lin J, Morse A S. Coordination of groups of mobile autonomous agents using nearest neighbor rules. IEEE Transactions on Automatic Control, 2003, 48(6): 988-1001.

[122] Jakovetic D, Bajovic D, Sahu A K, et al. Convergence rates for distributed stochastic optimization over random networks. Proc. 57th IEEE Conf. Decis. Control, Miami Beach, Fontainebleau, USA, 2018: 4238-4245.

[123] Jakovetić D, Xavier J, Moura J M F. Fast distributed gradient methods. IEEE Trans. Autom. Control, 2014, 59(5): 1131-1146.

[124] Jamil W, Bouchachia A. Competitive regularised regression. Neurocomputing, 2020, 390: 374-383.

[125] Kabanov Y, Pergamenshchikov S. Two-Scale Stochastic Systems. Berlin: Springer-Verlag, 2003.

[126] Kallenberg O. Foundations of Modern Probability. 2nd ed. New York: Springer-Verlag, 2002.

[127] Kamal A T, Farrell J A, Roy-Chowdhury A K. Information weighted consensus filters and their application in distributed camera networks. IEEE Transactions on Automatic Control, 2013, 58(12): 3112-3125.

[128] Kar S, Moura J M F. Distributed consensus algorithms in sensor networks: Quantized data. Arxiv preprint arXiv:0712.1609, 2007.

[129] Kar S, Moura J M F. Sensor networks with random links: Topology design for distributed consensus. IEEE Transactions on Signal Processing, 2008, 56(7): 3315-3326.

[130] Kar S, Moura J M F. Distributed consensus algorithms in sensor networks with imperfect communication: Link failures and channel noise. IEEE Transactions on Signal Processing, 2009, 57(1) 355-369.

[131] Kar S, Moura J M F. Convergence rate analysis of distributed gossip (linear parameter) estimation: Fundamental limits and tradeoffs. IEEE J. Sel. Topics Signal Processing, 2011, 5(4): 674-690.

[132] Kar S, Moura J M F. Gossip and distributed Kalman filtering: Weak consensus under weak detectability. IEEE Trans. Signal Processing, 2011, 59(4): 1766-1784.

[133] Kar S, Moura J M F, Ramanan K. Distributed parameter estimation in sensor networks: Nonlinear observation models and imperfect communication. IEEE Trans. Information Theory, 2012, 58(6): 3575-3605.

[134] Kar S, Moura J M F. Consensus+innovations distributed inference over networks: Cooperation and sensing in networked systems. IEEE Signal Processing Magazine, 2013, 30(3): 99-109.

[135] Kar S, Moura J M F, Poor H V. Distributed linear parameter estimation: Asymptotically efficient adaptive strategies. SIAM Journal on Control and Optimization, 2013, 51(3): 2200-2229.

[136] Kashyap A, Basar T, Srikant R. Consensus with quantized information updates. Proc. of the 45th IEEE Conference on Decision and Control, San Diego, CA, 2006: 2728-2733.

[137] Kashyap A, Başar T, Srikant R. Quantized consensus. Automatica, 2007, 43(7): 1192-1203.

[138] Kingston D B, Beard R W. Discrete-time average-consensus under switching network topologies. Proc. of the 2006 American Control Conference, Minneapolis, MN, 2006: 3551-3556.

[139] Kingston D B, Ren W, Beard R W. Consensus algorithms are input-to-state stable. Proc. of the 2005 American Control Conference, Portland, OR, 2005: 1686-1690.

[140] Kivinen J, Warmuth M K. Exponentiated gradient versus gradient descent for linear predictors. Information and Computation, 1997, 132(1): 1-63.

[141] Koloskova A, Loizou N, Boreiri S, et al. A unified theory of decentralized SGD with changing topology and local updates. Proc. 37 th International Conference on Machine Learning, Vienna, Austria, 2020: 5381-5393.

[142] Korilis Y A, Lazar A. On the existence of equilibria in noncooperative optimal flow control. Journal of the ACM, 1995, 42(3): 584-613.

[143] Kuznetsov V, Mohri M. Time series prediction and online learning. Journal of Machine Learning Research, 2016, 49(24): 1190-1213.

[144] Lafferriere G, Williams A, Caughman J, et al. Decentralized control of vehicle formations. Systems and Control Letters, 2005, 54(9): 899-910.

[145] Lei J, Chen H, Fang H. Asymptotic properties of primal-dual algorithm for distributed stochastic optimization over random networks with imperfect communications. SIAM J. Control Optim., 2018, 56(3): 2159-2188.

[146] Leonard N E, Olshevsky A. Cooperative learning in multiagent systems from intermittent measurements. SIAM. J. Control and Optimization, 2015, 53(1): 1-29.

[147] Li S, Wang H, Wang M. Multi-agent coordination using nearest neighbor rules: Revisiting the Vicsek model. arXiv: cs/0407021v2, 2004.

[148] Li T, Wang J. Distributed averaging with random network graphs and noises. IEEE Trans. Information Theory, 2018, 64(11): 7063-7080.

[149] Li T, Wu F, Zhang J F. Multi-agent consensus with relative-state-dependent measurement noises. IEEE Transactions on Automatic Control, 2014, 59(9): 2463-2468.

[150] Li T, Zhang J F. Mean square average-consensus under measurement noises and fixed topologies: Necessary and sufficient conditions. Automatica, 2009, 45(8): 1929-1936.

[151] Li T, Zhang J F. Consensus conditions of multi-agent systems with time-varying topologies and stochastic communication noises. IEEE Transactions on Automatic Control, 2010, 55(9): 2043-2057.

[152] Lim M T, Gajic Z. Subsystem-level optimal control of weakly coupled linear stochastic systems composed of N subsystems. Optimal Control Applications and Methods, 1999, 20(2): 93-112.

[153] Li Q, Jiang Z P. Relaxed conditions for consensus in multi-agent coordination. Journal of Systems Science and Complexity, 2008, 21(3): 347-361.

[154] Lin Z, Francis B, Maggiore M. State agreement for continuous-time coupled nonlinear systems. SIAM Journal on Control and Optimization, 2007, 46(1): 288-307.

[155] Liu B, Lu W, Chen T. Consensus in networks of multiagents with switching topologies modeled as adapted stochastic processes. SIAM Journal on Control and Optimization, 2011, 49(1): 227-253.

[156] Tian Y P, Liu C L. Robust consensus of multi-agent systems with diverse input delays and asymmetric interconnection perturbations. Automatica, 2009, 45(5): 1347-1353.

[157] Liu S, Li T, Xie L. Distributed consensus for multiagent systems with communication delays and limited data rate. SIAM J. Control and Optimization, 2011, 49(6): 2239-2262.

[158] Liu S, Qiu Z, Xie L. Convergence rate analysis of distributed optimization with projected subgradient algorithm. Automatica, 2017, 83: 162-169.

[159] Liu S, Xie L, Zhang H. Distributed consensus for multi-agent systems with delays and noises in transmission channels. Automatica, 2011, 47(5): 920-934.

[160] Liu Y, Liu J, Basar T. Differentially private gossip gradient descent. Proc. 57th IEEE Conf. Decision and Control, Miami, USA, 2018: 2777-2782.

[161] Liu Y, Passino K M. Stable social foraging swarms in a noisy environment. IEEE Transactions on Automatic Control, 2004, 49(1): 30-44.

[162] Liu Z, Guo L. Connectivity and synchronization of Vicsek's model. Science in China, Series F: Information Sciences, 2007, 37(8): 979-988.

[163] Long Y, Liu S, Xie L. Distributed consensus of discrete-time multi-agent systems with multiplicative noises. International Journal of Robust and Nonlinear Control, 2015, 38(2): 3113-3131.

[164] Lopes C G, Sayed A H. Diffusion least-mean squares over adaptive networks: Formulation and performance analysis. IEEE Trans. Signal Processing, 2008, 56(7): 3122-3136.

[165] Lynch N. Distributed Algorithms. San Matero, CA: Morgan Kaufmann, 1996.

[166] Ma C Q, Zhang J F. Necessary and sufficient conditions for consensusability of linear multi-agent systems. IEEE Transactions on Automatic Control, 2010, 55(5): 1263-1268.

[167] Mach R, Schweitzer F. Multi-agent model of biological swarming. Lecture Notes in Computer Science. Berlin: Springer-Verlag, 2003: 810-820.

[168] Mahmoud M. Robust Control and Filtering for Time-Delay Systems. Boca Raton: CRC Press, 2000.

[169] Matei I, Baras J S, Somarakis C. Convergence results for the linear consensus problem under Markovian random graphs. SIAM Journal on Control and Optimization, 2013, 51(2): 1574-1591.

[170] Matsushita T. Algorithm for atomic resolution holography using modified L_1-regularized linear regression and steepest descent method. Physica Status Solidi (b), 2018, 255(11): 1800091.

[171] Merris R. Laplacian matrices of graphs: a survey. Linear Algebra and Its Application, 1994, 197(198): 143-176.

[172] Meyn S P, Tweedie R L. Markov Chains and Stochastic Stability. London: Springer-Verlag, 1993.

[173] Michel A N, Miller R K. Qualitative Analysis of Large Scale Dynamical Systems. New York: Academic Press, 1977.

[174] Millán P, Orihuela L, Vivas C, et al. Distributed consensus-based estimation considering network induced delays and dropouts. Automatica, 2012, 48(10): 2726-2729.

[175] Minsky M. The Society of Mind. New York: Simon & Schuster, Inc., 1988.

[176] Mohebifard R, Hajbabaie A. Distributed optimization and coordination algorithms for dynamic traffic metering in urban street networks. IEEE Trans. Intell. Transp., 2019, 20(5): 1930-1941.

[177] Mokhtari A, Ling Q, Ribeiro A. Network Newton distributed optimization methods. IEEE Trans. Signal Process., 2017, 65(1): 146-161.

[178] Moreau L. Stability of multiagent systems with time-dependent communication links. IEEE Transactions on Automatic Control, 2005, 50(2): 169-182.

[179] Moreau L. Stability of continuous-time distributed consensus algorithms. Proc. of the 43rd IEEE Conference on Decision and Control, Nassau, Bahamas, 2004: 3998-4003.

[180] Mukaidani H. A numerical analysis of the Nash strategy for weakly coupled large scale systems. IEEE Transactions on Automatic Control, 2006, 51(8): 1371-1377.

[181] Mukaidani H, Xu H. Nash strategies for large scale interconnected systems. Proc. of 43rd IEEE Conference on Decision and Control, Nassau, Bahamas, 2004: 4862-4867.

[182] Nahi N E. Optimal recursive estimation with uncertain observation. IEEE Trans. Information Theory, 1969, 15(4): 457-462.

[183] Nair G N, Evans R J. Exponential stabilisability of finite-dimensional linear systems with limited data rates. Automatica, 2003, 39(4): 585-593.

[184] Nedić A, Olshevsky A. Distributed optimization over time-varying directed graphs. IEEE Trans. Autom. Control, 2015, 60(3): 601-615.

[185] Nedić A, Olshevsky A, Ozdaglar A, et al. On distributed averaging algorithms and quantization effects. Arxiv preprint arXiv:0711.4179, 2007.

[186] Nedić A, Ozdaglar A. Distributed subgradient methods for multi-agent optimization. IEEE Trans. Autom. Control, 2009, 54(1): 48-61.

[187] Neveu J. Discrete-Parameter Martingales. Amsterdam: North-Holland, 1975.

[188] Ni Y H, Li X. Consensus seeking in multi-agent systems with multiplicative measurement noises. Systems and Control Letters, 2013, 62(5): 430-437.

[189] Ng K H R, Tatinati S, Khong A W H. Grade prediction from multi-valued click-stream traces via bayesian-regularized deep neural networks. IEEE Trans. Signal Processing, 2021, 69: 1477-1491.

[190] Ögren P, Fiorelli E, Leonard N E. Cooperative control of mobile sensor networks: Adaptive gradient climbing in a distributed environment. IEEE Transactions on Automatic Control, 2004, 49(8): 1292-1302.

[191] Okubo A. Dynamical aspects of animal grouping: Swarms, schools, flocks and herds. Advances in Biophysics, 1986, 22: 1-94.

[192] Olfati-Saber R. Distributed Kalman filter with embedded consensus filters. Proc. of the 44th IEEE Conference on Decision and Control and the European Control Conference 2005, Seville, Spain, 2005: 8179-8184.

[193] Olfati-Saber R. Flocking for multi-agent dynamic systems: Algorithms and theory. IEEE Transactions on Automatic Control, 2006, 51(3): 401-420.

[194] Olfati-Saber R. Algebraic connectivity ratio of Ramanujan graphs. Proc. of the 2007 American Control Conference, New York, 2007: 4619-4624.

[195] Olfati-Saber R, Fax J A, Murray R M. Consensus and cooperation in networked multi-agent systems. Proc. of the IEEE, 2007, 95(1): 215-233.

[196] Olfati-Saber R, Jalalkamali P. Coupled distributed estimation and control for mobile sensor networks. IEEE Transactions on Automatic Control, 2012, 57(10): 2609-2614.

[197] Olfati-Saber R, Murray R M. Consensus problems in networks of agents with switching topology and time-delays. IEEE Transactions on Automatic Control, 2004, 49(9): 1520-1533.

[198] Olfati-Saber R, Shamma J S. Consensus filters for sensor networks and distributed sensor fusion. Proc. of the 44th IEEE Conference on Decision and Control and the European Control Conference 2005, Seville, Spain, 2005: 6698-6703.

[199] Olshevsky A, Tsitsiklis J N. Convergence rates in distributed consensus and averaging. Proc. of the 45th IEEE Conference on Decision and Control, San Diego, CA, 2006: 3387-3392.

[200] Olshevsky A, Tsitsiklis J N. Convergence speed in distributed consensus and averaging. SIAM Journal on Control and Optimization, 2009, 48(1): 33-55.

[201] Passino K M. Biomimicry of bacterial foraging for distributed optimization and control. IEEE Control Systems Magazine, 2002, 22(3): 52-67.

[202] Patterson S, Bamieh B, El Abbadi A. Convergence rates of distributed average consensus with stochastic link failures. IEEE Transactions on Automatic Control, 2010, 55(4): 880-892.

[203] Peng C, Zhang J. Delay-distribution-dependent load frequency control of power systems with probabilistic interval delays. IEEE Trans. Power Systems, 2016, 31(4): 3309-3317.

[204] Piggott M J, Solo V. Diffusion LMS with correlated regressors I: Realization-Wise stability. IEEE Trans. Signal Processing, 2016, 64(21): 5473-5484.

[205] Piggott M J, Solo V. Diffusion LMS with correlated regressors II: Performance. IEEE Trans. Signal Processing, 2017, 65(15): 3934-3947.

[206] Poggio T, Smale S. The mathematics of learning: Dealing with data. Notices of the American Mathematical Society, 2003, 50(5): 537-544.

[207] Polyak B T. Introduction to Optimization. New York: Optimization Software Inc., 1987.

[208] Porfiri M, Stilwell D J. Consensus seeking over random weighted directed graphs. IEEE Transactions on Automatic Control, 2007, 52(9): 1767-1773.

[209] Preciado V M, Verghese G C. Synchronization in generalized Erös-Rényi networks of nonlinear oscillators. Proc. of the 44th IEEE Conference on Decision and Control and the European Control Conference 2005, Seville, Spain, 2005: 4628-4633.

[210] Predd J B, Kulkarni S R, Poor H V. A collaborative training algorithm for distributed learning. IEEE Trans. Information Theory, 2009, 55(4): 1856-1871.

[211] Pu S, Nedić A. Distributed stochastic gradient tracking methods. Math. Program., 2021, 187(1): 409-457.

[212] Qu Z H, Wang J, Hull R A. Cooperative control of dynamical systems with application to autonomous vehicles. IEEE Transactions on Automatic Control, 2008, 53(4): 894-911.

[213] Rajagopal R, Wainwright M J. Network-based consensus averaging with general noisy channels. IEEE Transactions on Signal Processing, 2011, 59(1): 373-385.

[214] Reif J H, Wang H Y. Social potential fields: A distributed behavioral control for autonomous robots. Robotics and Autonomous Systems, 1999, 27: 171-194.

[215] Ren W. Multi-vehicle consensus with a time-varying reference state. Systems and Control Letters, 2007, 56(7-8): 474-483.

[216] Ren W, Beard R W. Consensus seeking in multiagent systems under dynamically changing interaction topologies. IEEE Transactions on Automatic Control, 2005, 50(5): 655-661.

[217] Ren W, Beard R W. Distributed Consensus in Multi-vehicle Cooperative Control. London: Springer-Verlag, 2008.

[218] Ren W, Beard R W, Atkins E M. A survey of consensus problems in multi-agent coordination. Proc. of the 2005 American Control Conference, Portland, OR, 2005: 1859-1864.

[219] Ren W, Beard R W, Kingston D B. Multi-agent Kalman consensus with relative uncertainty. Proc. of the 2005 American Control Conference, Portland, OR, 2005: 1865-1870.

[220] Ren W, Moore K L, Chen Y Q. High-order and model reference consensus algorithms in cooperative control of multivehicle systems. Journal of Dynamic Systems, Measurement and Control, 2007, 129(5): 678-688.

[221] Reynolds C W. Flocks, herds and schools: A distributed behavioral model. ACM SIGGRAPH Computer Graphics, 1987, 21(4): 25-34.

[222] Rigatos G, Siano P, Zervos N. A distributed state estimation approach to condition monitoring of nonlinear electric power systems. Asian J. Control, 2012, 15(3): 1-12.

[223] Robbins H, Siegmund D. A convergence theorem for non negative almost supermartingales and some applications. Optim. Methods Statist., 1971: 233-257.

[224] Sahu A K, Jakovetić D, Bajovic D, et al. Distributed zeroth order optimization over random networks: A Kiefer-Wolfowitz stochastic approximation approach. Proc. 57th IEEE Conf. Decis. Control, Miami Beach, Fontainebleau, USA, 2018: 4951-4958.

[225] Sahu A K, Jakovetić D, Kar S. $\mathcal{CIRFE}$: A distributed random fields estimator. IEEE Trans. Signal Processing, 2018, 66(18): 4980-4995.

[226] Sahu A K, Kar S, Moura J M F, et al. Distributed constrained recursive nonlinear least-squares estimation: Algorithms and asymptotics. IEEE Trans. Signal and Information Processing Over Networks, 2016, 2(4): 426-441.

[227] Salehi A T, Jadbabaie A. A necessary and sufficient condition for consensus over random networks. IEEE Transactions on Automatic Control, 2008, 53(3): 791-795.

[228] Sandell N, Varaiya P, Athans M, et al. Survey of decentralized control methods for large scale systems. IEEE Transactions on Automatic Control, 1978, 23(2): 108-128.

[229] Savkin A V. Coordinated collective motion of groups of autonomous mobile robots: Analysis of Vicsek's model. IEEE Transactions on Automatic Control, 2004, 49(6): 981-983.

[230] Sayed A H. Adaptive networks. Proceedings of IEEE, 2014, 102(4): 460-497.

[231] Scaman K, Bach F, Bubeck S, et al. Optimal algorithms for non-smooth distributed optimization in networks. Proc. 32nd Conf. Neural Information Processing Systems, Montréal, Canada, 2018: 2745-2754.

[232] Schizas I D, Mateos G, Giannakis G B. Distributed LMS for consensus-based in-network adaptive processing. IEEE Trans. Signal Processing, 2009, 57(6): 2365-2382.

[233] Sepulchre R, Paley D A, Leonard N E. Stabilization of planar collective motion with limited communication. IEEE Transactions on Automatic Control, 2008, 53(3): 706-719.

[234] Shalev-Shwartz S. Online learning and online convex optimization. Foundations and Trends® in Machine Learning, 2012, 4(2): 107-194.

[235] Bar-Shalom Y, Li X R, Kirubarajan T. Estimation with Applications to Tracking and Navigation. New York: Wiley, 2001.

[236] Shi W, Ling Q, Wu G, et al. A proximal gradient algorithm for decentralized composite optimization. IEEE Trans. Signal Process., 2015, 63(22): 6013-6023.

[237] Shi W, Ling Q, Yuan K, et al. On the linear convergence of the ADMM in decentralized consensus optimization. IEEE Trans. Signal Process., 2014, 62(7): 1750-1761.

[238] Shnayder V, Hempstead M, Chen B R, et al. Simulating the power consumption of large-scale sensor network applications. Proc. of the 2nd International Conference on Embedded Networked Sensor Systems, 2004: 188-200.

[239] Siljak D D. Large-Scale Dynamic Systems: Stability and Structure. New York: North-Holland, 1978.

[240] Simić S N, Sastry S. Distributed environmental monitoring using random sensor networks. Lecture Notes in Computer Science, 2003, 2634: 582-592.

[241] Simões A, Xavier J. FADE: Fast and asymptotically efficient distributed estimator for dynamic networks. IEEE Trans. Signal Processing, 2019, 567(8): 2080-2092.

[242] Sinha A, Ghose D. Generalization of linear cyclic pursuit with application to rendezvous of multiple autonomous agents. IEEE Transactions on Automatic Control, 2006, 51(11): 1819-1824.

[243] Smith R G. The contract net protocol: High-level communication and control in a distributed problem solver. IEEE Transactions on Computers, C, 1980, 29(12): 1104-1113.

[244] Smith R G. A Framework for Distributed Problem Solving. UMI Research Press, 1980.

[245] Srivastava K, Nedić A. Distributed asynchronous constrained stochastic optimization. IEEE J. Sel. Top. Signal Process., 2011, 5(4): 772-790.

[246] Stroock D W, Varadhan S R S. Multidimensional Diffusion Processes. New York: Springer-Verlag, 1997.

[247] Sun Y, Wohlberg B, Kamilov U S. An online plug-and-play algorithm for regularized image reconstruction. IEEE Trans. Computational Imaging, 2019, 5(3): 395-408.

[248] Tahbaz-Salehi A, Jadbabaie A. A necessary and sufficient condition for consensus over random networks. IEEE Transactions on Automatic Control, 2008, 53(3): 791-795.

[249] Tahbaz-Salehi A, Jadbabaie A. Consensus over ergodic stationary graph processes. IEEE Transactions on Automatic Control, 2010, 55(1): 225-230.

[250] Tang G, Guo L. Convergence of a class of multi-agent systems in probablistic framework. Journal of Systems Science and Complexity, 2007, 20(2): 173-197.

[251] Tang H, Li T. Convergence rates of discrete-time stochastic approximation consensus algorithms: Graph-related limit bounds. Systems and Control Letters, 2018, 112: 9-17.

[252] Tatikonda S, Mitter S. Control under communication constraints. IEEE Transactions on Automatic Control, 2004, 49(7): 1056-1068.

[253] Theodoridis S. Machine Learning: A Bayesian and Optimization Perspective. London: Academic Press, 2015.

[254] Thrampoulidis C, Oymak S, Hassibi B. Regularized linear regression: A precise analysis of the estimation error. Proc. 28th Conf. Learning Theory, 2015, 1683-1709.

[255] Tian Y P. Time synchronization in WSNs with random bounded communication delays. IEEE Trans. Automatic Control, 2017, 62(10): 5445-5450.

[256] Touri B, Nedić A. Product of random stochastic matrices. IEEE Transactions on Automatic Control, 2014, 59(2): 437-448.

[257] Tsitsiklis J, Bertsekas D, Athans M. Distributed asynchronous deterministic and stochastic gradient optimization algorithms. IEEE Transactions on Automatic Control, 1986, 31(9): 803-812.

[258] Tuna S E. LQR-based coupling gain for synchronization of linear systems. Mathematics, 2008, (1): 1-8.

[259] Ugrinovskii V. Distributed robust estimation over randomly switching networks using H_∞ consensus. Automatica, 2013, 49(1): 160-168.

[260] Vicsek T, Czirók A, Ben-Jacob E. et al., Novel type of phase transition in a system of self-driven particles. Physical Review Letters, 1995, 75(6): 1226-1229.

[261] De Vito E, Rosasco L, Caponnetto A, et al. Learning from examples as an inverse problem. J. Machine Learning Research, 2005, 6(5): 883-904.

[262] Vovk V. Competitive on-line statistics. International Statistical Review, 2001, 69(2): 213-248.

[263] 王朝珠, 秦化淑. 最优控制理论. 北京: 科学出版社, 2003.

[264] Wang D, Wang D, Wang J L, et al. Discrete-time distributed optimization for multi-agent systems under Markovian switching topologies. Proc. IEEE Int. Conf. Control Autom., Ohrid, Macedonia, 2017: 747-752.

[265] 王高雄, 周之铭, 朱思铭, 等. 常微分方程. 2 版. 北京: 高等教育出版社, 1983.

[266] Wang J, Elia N. Distributed averaging under constraints on information exchange: Emergence of Lévy flights. IEEE Transactions on Automatic Control, 2012, 57(10): 2435-2449.

[267] Wang J, Elia N. Mitigation of complex behavior over networked systems: Analysis of spatially invariant structures. Automatica, 2013, 49(6): 1626-1638.

[268] Wang J, Li T. Sufficient conditions on distributed averaging with compound noises and fixed topologies. Proceedings of the 28th Chinese Control and Decision Conference, Yinchuan, China, 2016: 844-849.

[269] Wang J, Li T, Zhang X. Decentralized cooperative online estimation with random observation matrices, communication graphs and time delays. IEEE Trans. Information Theory, 2021, 67(6): 4035-4059.

[270] Wang J H, Cheng D Z, Hu X M. Consensus of multi-agent linear dynamic systems. Asian Journal of Control, 2008, 10(2): 144-155.

[271] Wang L, Guo L. Robust consensus and soft control of multi-agent systems with noises. Journal of Systems Science and Complexity, 2008, 21(3): 406-415.

[272] 王梓坤. 随机过程论. 北京: 科学出版社, 1965.

[273] Wasserman S, Faust K. Social Network Analysis: Methods and Applications. Cambridge: Cambridge University Press, 1994.

[274] Weeren A J T M, Schumacher J M, Engwerda J C. Asymptotic analysis of linear feedback Nash equilibria in nonzero-sum linear quadratic differential games. Journal of Optimization theory and Applications, 1999, 101(3): 693-722.

[275] Weiss G. Multiagent Systems: A Modern Approach to Distributed Artificial Intelligence. Cambridge: MIT Press, 1999.

[276] Wood A J, Wollenberg B F. Power Generation, Operation, and Control. 3rd ed. New York: Wiley, 2013.

[277] Wu C W. Synchronization and convergence of linear dynamics in random directed networks. IEEE Transactions on Automatic Control, 2006, 51(7): 1207-1210.

[278] Xi C, Khan U A. Distributed subgradient projection algorithm over directed graphs. IEEE Trans. Autom. Control, 2017, 62(8): 3986-3992.

[279] Xiao F, Wang L. Asynchronous consensus in continuous-time multi-agent systems with switching topology and time-varying delays. IEEE Transactions on Automatic Control, 2008, 53(8): 1804-1816.

[280] Xiao L. Dual averaging methods for regularized stochastic learning and online optimization. J. Mach. Learn. Res., 2010, 11: 2543-2596.

[281] Xiao L, Boyd S. Fast linear iterations for distributed averaging. Systems and Control Letters, 2004, 53(1): 65-78.

[282] Xiao L, Boyd S, Kim S J. Distributed average consensus with least-mean square deviation. Journal of Parallel and Distributed Computing, 2007, 67(1): 33-46.

[283] Xiao L, Boyd S, Lall S. A scheme for robust distributed sensor fusion based on average consensus. Proceedings of the 4th International Symposium on Information Processing in Sensor Networks, 2005: 63-70.

[284] Xie G M, Wang L. Consensus control for a class of networks of dynamic agents. International Journal of Robust and Nonlinear Control, 2007, 17(10/11): Special Issue: Communicating-Agent Networks, 941-959.

[285] Xie S, Guo L. Analysis of normalized least mean squares-based consensus adaptive filters under a general information condition. SIAM J. Control and Optimization, 2018, 56(5): 3404-3431.

[286] Xie S, Guo L. Analysis of distributed adaptive filters based on diffusion strategies over sensor networks. IEEE Trans. Automatic Control, 2018, 63(11): 3643-3658.

[287] Xue H, Ren Z. Sketch discriminatively regularized online gradient descent classification. Applied Intelligence, 2020, 50: 1367-1378.

[288] Yan F, Sundaram S, Vishwanathan S, et al. Distributed autonomous online learning: Regrets and intrinsic privacy-preserving properties. IEEE Trans. Knowledge and Data Engineering, 2013, 25(11): 2483-2493.

[289] Yeung D W K, Petrosyan L A. Cooperative Stochastic Differential Games. New York: Springer-Verlag, 2006.

[290] Yi P, Hong Y, Liu F. Distributed gradient algorithm for constrained optimization with application to load sharing in power systems. Systems Control Lett., 2015, 83(711): 45-52.

[291] Yi P, Lei J, Hong Y. Distributed resource allocation over random networks based on stochastic approximation. Systems Control Lett., 2018, 114: 44-51.

[292] Yuan D, Proutiere A, Shi G. Distributed online linear regressions. IEEE Trans. Information Theory, 2021, 67(1): 616-639.

[293] Zhang J, He X, Zhou D. Distributed filtering over wireless sensor networks with parameter and topology uncertainties. International J. Control, 2020, 93(4): 910-921.

[294] Zhang J F, Guo L, Chen H F. L_p-stability of estimation errors of Kalman filter for tracking time-varying parameters. Int. J. Adaptive Control and Signal Processing, 1991, 5(3): 155-174.

[295] Zhang L Q, Shi Y, Chen T W, et al. A new method for stabilization of networked control systems with random delays. IEEE Trans. Automatic Control, 2005, 50(8): 1177-1181.

[296] Zhang Q, Zhang J F. Distributed parameter estimation over unreliable networks with Markovian switching topologies. IEEE Trans. Automatic Control, 2012, 57(10): 2545-2560.

[297] Zhang X, Li T, Gu Y. Consensus+innovations distributed estimation with random network graphs, observation matrices and noises. Proc. 59th IEEE Conf. Decision and Control, Jeju Island, Republic of Korea, 2020: 4318-4323.

[298] Zhang Y, Li F, Chen Y. Leader-following-based distributed Kalman filtering in sensor networks with communication delay. J. the Franklin Institute, 2017, 354(16): 7504-7520.

[299] Zhang Y, Tian Y P. Consentability and protocol design of multi-agent systems with stochastic switching topology. Automatica, 2009, 45(5): 1195-1201.

[300] Zhang Z, Zhang Y, Guo D, et al. Communication-efficient federated continual learning for distributed learning system with Non-IID data. Science China Information Sciences, 2022, 66(2): 122102.

[301] Zhou K, Doyle J C. Essentials of Robust Control. Upper Saddle River: Prentice-Hall, 1998.

[302] Zhou N, Trudnowski D J, Pierre J W, et al. Electromechanical mode online estimation using regularized robust RLS methods. IEEE Trans. Power Systems, 2008, 23(4): 1670-1680.

[303] Zou H. The adaptive lasso and its oracle properties. J. Amer. Stat. Assoc., 2006, 101(476): 1418-1429.